计算机科学与技术丛书

Arm嵌入式系统原理及应用

STM32F103微控制器架构、编程与开发

李正军◎编著

U0227513

清華大學出版社

北京

内 容 简 介

本书秉承"新工科"理念，从科研、教学和工程实际应用出发，理论联系实际，全面系统地讲述了基于 STM32F103 的嵌入式系统原理与应用。

全书共 12 章，主要内容包括绪论、嵌入式微处理器、STM32 系列微控制器、嵌入式开发环境的搭建、STM32 中断、STM32 GPIO、STM32 定时器、STM32 通用同步/异步收发器、STM32 SPI 串行总线、STM32 I2C 串行总线、STM32 A/D 转换器和 STM32 DMA 控制器。全书内容丰富，体系先进，结构合理，理论与实践相结合，尤其注重工程应用技术。

本书可作为高等院校各类自动化、软件工程、机器人、自动检测、机电一体化、人工智能、电子与电气工程、计算机应用、信息工程、物联网等相关专业的本科生、研究生的教材，也可作为广大从事嵌入式系统开发的工程技术人员的参考用书。

图书在版编目（CIP）数据

Arm 嵌入式系统原理及应用：STM32F103 微控制器架构、编程与开发 / 李正军编著. —北京：清华大学出版社，2024.1（2025.2 重印）

（计算机科学与技术丛书）

ISBN 978-7-302-64052-3

Ⅰ．①A… Ⅱ．①李… Ⅲ．①微控制器 Ⅳ．① TP368.1

中国国家版本馆 CIP 数据核字（2023）第 129302 号

策划编辑：盛东亮
责任编辑：吴彤云
封面设计：李召霞
责任校对：时翠兰
责任印制：沈　露

出版发行：清华大学出版社
　　　网　　址：https://www.tup.com.cn, https://www.wqxuetang.com
　　　地　　址：北京清华大学学研大厦 A 座　　邮　编：100084
　　　社 总 机：010-83470000　　邮　购：010-62786544
　　　投稿与读者服务：010-62776969，c-service@tup.tsinghua.edu.cn
　　　质量反馈：010-62772015，zhiliang@tup.tsinghua.edu.cn
　　　课件下载：https://www.tup.com.cn，010-83470236
印 装 者：三河市龙大印装有限公司
经　　销：全国新华书店
开　　本：186mm×240mm　　印　张：22.25　　字　数：499 千字
版　　次：2024 年 3 月第 1 版　　印　次：2025 年 2 月第 2 次印刷
印　　数：2501～3500
定　　价：79.00 元

产品编号：099663-01

嵌入式系统是以应用为中心，以计算机技术为基础，软硬件可以裁剪，对性能、成本、体积、功耗及可靠性有严格要求的专用计算机系统。在现实生活中，凡是涉及计算机控制的电子产品绝大多数都用到了嵌入式计算机系统，特别是在目前热门的人工智能、无人驾驶、机器人、无人机、汽车电子、航空航天、海洋监测、智能监控、智慧健康等领域。嵌入式技术与人们日常生活方方面面的关系越来越紧密，如消费电子、计算机、通信一体化趋势日益明显。作为计算机领域的一个重要组成部分，嵌入式系统已成为教学、研究与应用的热点。

由于嵌入式系统的专用性和多样性，以及新技术、新工艺、新需求的不断涌现，嵌入式系统设计面临巨大挑战。在微电子技术、处理器性能、操作系统、通信技术、接口技术和封装技术的推动下，涌现出大量新的系统和应用。随着相关技术的迅速发展，嵌入式技术不断演化和更新，对嵌入式系统新技术的学习也跨入了一个新阶段。

计算机是 20 世纪人类最伟大的发明之一，由此带来的信息化改变了人们的生活方式，也推动了人类社会的变革。嵌入式系统是应用最广泛的计算机系统之一，随着物联网、信息物理融合系统的发展，嵌入式系统技术已经得到飞速发展。

嵌入式系统的发展确实超乎了我们的想象。从早期的 8 位单片机，到目前主流的 32 位单片机，其应用已深深渗透于生产、生活的各个方面。作为 Arm 的一个典型系列，STM32以其较高的性能和优越的性价比，毫无疑问地成为 32 位单片机市场的主流。把 STM32 引入大学的培养体系，已经成为广大高校师生的普遍共识和共同实践。

32 位微控制器时代已经到来。32 位微控制器性能优越，功能强大但结构复杂，使很多嵌入式工程师望而却步。读者对一本好的嵌入式系统入门教材的需求越来越迫切。

正是基于市场需求，Arm 公司率先推出了一款基于 Arm V7 架构的 32 位 Arm Cortex-M微控制器内核。Cortex-M 系列内核支持两种运行模式，即线程模式（Thread Mode）与处理者模式（Handler Mode）。这两种模式都有各自独立的堆栈，使得内核更加支持实时操作系统，并且 Cortex-M 系列内核支持 Thumb-2 指令集。因此，基于 Cortex-M 系列内核的微控制器的开发和应用可以在 C 语言环境中完成。

Arm Cortex-M3 是采用哈佛结构、拥有独立指令总线和数据总线的 32 位处理器内核，指令总线和数据总线共享同一个存储器空间（一个统一的存储器系统），为系统资源的分配和管理提供了很好的支持。

继 Cortex-M 系列内核诞生之后，意法半导体公司积极响应当今嵌入式产品市场的新要求和新挑战，推出了基于 Cortex-M 系列内核的 STM32 微控制器。它具有出色的微控制器内核和完善的系统结构设计，以及易于开发、性能高、兼容性好、功耗低、实时处理能力和数字信号处理能力强等优点，这使得 STM32 微控制器一上市就迅速占领了中低端微控制器市场。STM32 微控制器不仅完美地适应了当前市场的需求，还使意法半导体公司在低价位和高性能两条产品主线上取得了巨大进步。正因为如此，基于 Arm Cortex-M3 的 STM32 系列 MCU 以其高性能、低功耗、高可靠性和低价格的特点，逐渐成为高校师生与工程师学习和使用的主要 MCU 类型。

因此，本书以意法半导体公司的基于 32 位 Arm 内核的 STM32F103 为背景机型，介绍嵌入式系统原理与应用。由于 STM32 的网上资源非常丰富，因此便于读者学习参考。

本书的特点如下。

（1）采用流行的 STM32F103 系列嵌入式微控制器讲述嵌入式系统原理与应用。

（2）内容精练，图文并茂，循序渐进，重点突出。

（3）不讲述烦琐的 STM32 寄存器，重点讲述 STM32 的库函数。

（4）以理论为基础，以应用为主导，章节内容安排逻辑性强，层次分明，易教易学。

（5）结合国内主流硬件开发板（野火 STM32 开发板 F103-霸道），书中给出了各个外设模块的硬件设计和软件设计实例，其代码均在开发板上调试通过，并通过 TFT LCD 或串口调试助手查看调试结果，可以很好地培养学生的硬件理解能力和软件编程能力，起到举一反三的效果。

（6）所选开发板的价格在 500 元左右，且容易买到，方便学校实验教学。

全书共 12 章。第 1 章对嵌入式系统进行概述，介绍嵌入式系统的组成、实时操作系统、嵌入式系统的软件、嵌入式系统的分类、嵌入式系统的应用领域、嵌入式系统的体系和嵌入式系统的设计方法；第 2 章对嵌入式微处理器进行概述，介绍 Arm 嵌入式微处理器、嵌入式微处理器的分类和特点、Cortex-M3 嵌入式微处理器；第 3 章对 STM32 系列微控制器进行概述，介绍 STM32F1 系列产品系统架构和 STM32F103ZET6 内部架构、STM32F103ZET6 的存储器映像、STM32F103ZET6 的时钟结构、STM32F103VET6 的引脚、STM32F103VET6 最小系统设计；第 4 章讲述嵌入式开发环境的搭建，包括 Keil MDK5 安装配置、Keil MDK 新工程的创建、Cortex-M3 微控制器软件接口标准 CMSIS、STM32F103 开发板的选择和 STM32 仿真器的选择；第 5 章讲述 STM32 中断，包括中断概述、STM32F1 中断系统、STM32F1 外部中断/事件控制器 EXTI、STM32F1 的中断系统库函数、STM32F1 外部中断设计流程和 STM32F1 外部中断设计实例；第 6 章讲述 STM32 GPIO，包括 STM32 通用输入输出接口概述、GPIO 功能、GPIO 常用库函数、GPIO 使用流程、GPIO 输出应用实例和 GPIO 输入应用实例；第 7 章讲述 STM32 定时器，包括 STM32 定时器概述、基本定时器、通用定时器、定时器库函数、定时器应用实例和 SysTick 系统滴答定时器；第 8 章讲述 STM32 通用同步/异步收发器，包括串行通信基础、STM32 的 USART 工作原理、USART 库函数和 USART 串行通信应用实例；第 9 章讲述 STM32 SPI 串行总线，包括 STM32 的 SPI 通信原理、STM32F1 SPI 串行总线的工作原理、STM32 的 SPI 库函

数、STM32 SPI 与 Flash 存储器接口的应用实例；第 10 章讲述 STM32 I2C 串行总线，包括
STM32 I2C 串行总线的通信原理、STM32 I2C 串行总线接口、STM32F103 的 I2C 库函数和
STM32 I2C 与 EEPROM 接口的应用实例；第 11 章讲述 STM32 A/D 转换器，包括模拟量输
入通道、模拟量输入信号类型与量程自动转换、STM32F103VET6 集成的 ADC 模块、ADC
库函数和 A/D 转换器应用实例；第 12 章讲述 STM32 DMA 控制器，包括 STM32 DMA 的
基本概念、DMA 的结构和主要特征、DMA 的功能描述、DMA 库函数和 DMA 应用实例。

本书结合编者多年的科研和教学经验，遵循"循序渐进，理论与实践并重，共性与个性
兼顾"的原则，将理论实践一体化的教学方式融入其中。书中实例开发过程用到的是目前
使用最广泛的野火 STM32 F103-霸道开发板，由此开发各种功能，书中实例均进行了调试。
读者也可以结合实际或手里现有的开发板开展实验，均能获得实验结果。书中实例由浅入
深，层层递进，在帮助读者快速掌握某一外设功能的同时，有效融合其他外部设备，如按键、
LED 显示、USART 串行通信、ADC 和各类传感器等，设计嵌入式系统，体现学习的系统性。

本书数字资源丰富，配有电子课件、教学大纲、习题及答案等电子配套资源。

本书引用了大量参考文献，在此一并向这些参考文献的作者表示真诚的感谢。由于编者
水平有限，加上时间仓促，书中不妥之处在所难免，敬请广大读者不吝指正。

编者
2024 年 1 月

目 录
CONTENTS

视频目录
VIDEO CONTENTS

视 频 名 称	时长 / 分钟	位 置
第 01 集　绪论	13	1.1 节
第 02 集　绪论	12	1.2 节，1.3 节
第 03 集　绪论	10	1.4 节
第 04 集　绪论	8	1.5 节，1.6 节，1.7 节
第 05 集　绪论	8	1.8 节
第 06 集　嵌入式微处理器	12	2.1 节
第 07 集　嵌入式微处理器	8	2.2 节
第 08 集　嵌入式微处理器	32	2.3 节
第 09 集　STM32 系列微控制器	15	3.1 节
第 10 集　STM32 系列微控制器	12	3.2 节
第 11 集　STM32 系列微控制器	14	3.3 节
第 12 集　嵌入式开发平台的搭建	14	4.1 节
第 13 集　嵌入式开发平台的搭建	12	4.2 节，4.3 节
第 14 集　嵌入式开发平台的搭建	5	4.4 节
第 15 集　STM32 中断	13	5.1 节
第 16 集　STM32 中断	10	5.2 节
第 17 集　STM32 中断	15	5.3 节
第 18 集　STM32 GPIO	7	6.1 节
第 19 集　STM32 GPIO	15	6.2 节
第 20 集　STM32 GPIO	7	6.3 节
第 21 集　STM32 定时器	12	7.1 节，7.2 节
第 22 集　STM32 定时器	17	7.3 节
第 23 集　STM32 定时器	12	7.4 节
第 24 集　STM32 通用同步异步收发器	7	8.1 节
第 25 集　STM32 通用同步异步收发器	11	8.2 节
第 26 集　STM32 通用同步异步收发器	10	8.3 节
第 27 集　STM32 SPI 串行总线	15	9.1 节
第 28 集　STM32 SPI 串行总线	15	9.2 节
第 29 集　STM32 SPI 串行总线	8	9.3 节
第 30 集　STM32 I2C 串行总线	15	10.1 节

视 频 名 称	时长/分钟	位　　置
第 31 集　STM32 I2C 串行总线	7	10.2 节
第 32 集　STM32 I2C 串行总线	6	10.3 节
第 33 集　STM32 A/D 转换器	10	11.1 节，11.2 节
第 34 集　STM32 A/D 转换器	18	11.3 节
第 35 集　STM32 A/D 转换器	6	11.4 节
第 36 集　STM32 DMA 控制器	10	12.1 节，12.2 节
第 37 集　STM32 DMA 控制器	11	12.3 节
第 38 集　STM32 DMA 控制器	7	12.4 节，12.5 节

第 1 章　　绪　　论

本章将对嵌入式系统进行概述，介绍嵌入式系统的组成、实时操作系统、嵌入式系统的软件、嵌入式系统的分类、嵌入式系统的应用领域、嵌入式系统的体系和嵌入式系统的设计方法。

1.1　嵌入式系统

随着计算机技术的不断发展，计算机的处理速度越来越快，存储容量越来越大，外围设备的性能越来越好，满足了高速数值计算和海量数据处理的需要，形成了高性能的通用计算机系统。

微课视频

以往按照计算机的体系结构、运算速度、结构规模、适用领域，计算机可分为大型机、中型机、小型机和微型机，并以此组织学科和产业分工，这种分类沿袭了约 40 年。近 20 年来，随着计算机技术的迅速发展，以及计算机技术和产品对其他行业的广泛渗透，以应用为中心的分类方法变得更加切合实际。

电气与电子工程师学会（Institute of Electrical and Electronics Engineers，IEEE）定义的嵌入式系统（Embedded Systems）是"用于控制、监视或辅助操作机器和设备运行的装置"[①]。这主要是从应用上加以定义的，从中可以看出嵌入式系统是软件和硬件的综合体，还可以涵盖机械等附属装置。

国内普遍认同的嵌入式系统的定义是：以计算机技术为基础，以应用为中心，软件、硬件可剪裁，适合应用系统对功能可靠性、成本、体积、功耗严格要求的专业计算机系统。在构成上，嵌入式系统以微控制器及软件为核心部件，两者缺一不可；在特征上，嵌入式系统具有方便、灵活地嵌入其他应用系统的特征，即具有很强的可嵌入性。

按嵌入式微控制器类型划分，嵌入式系统可分为以单片机为核心的嵌入式单片机系统、以工业计算机板为核心的嵌入式计算机系统、以数字信号处理器（Digital Signal Processor，

---

① 原文为 devices used to control, monitor, or assist the operation of equipment, machinery or plants.

DSP）为核心的嵌入式数字信号处理器系统、以现场可编程门阵列（Field Programmable Gate Array，FPGA）为核心的嵌入式可编程片上系统（System on a Programmable Chip，SOPC）等。

嵌入式系统在含义上与传统的单片机系统和计算机系统有很多重叠部分。为了方便区分，在实际应用中，嵌入式系统还应该具备以下 3 个特征。

（1）嵌入式系统的微控制器通常是由 32 位及以上的精简指令集计算机（Reduced Instruction Set Computer，RISC）处理器组成的。

（2）嵌入式系统的软件系统通常是以嵌入式操作系统为核心，外加用户应用程序。

（3）嵌入式系统在特征上具有明显的可嵌入性。

嵌入式系统应用经历了无操作系统、单操作系统、实时操作系统和面向 Internet 4 个阶段。21 世纪无疑是一个网络的时代，互联网的快速发展及广泛应用为嵌入式系统的发展及应用提供了良好的机遇。"人工智能"这一技术一夜之间人尽皆知，而嵌入式在其发展过程中扮演着重要角色。

嵌入式系统的广泛应用和互联网的发展导致了物联网概念的诞生，设备与设备之间、设备与人之间以及人与人之间要求实时互联，导致了大量数据的产生，大数据一度成为科技前沿，每天世界各地产生的数据量呈指数增长，数据远程分析成为必然要求，云计算被提上日程。数据存储、传输、分析等技术的发展无形中催生了人工智能，因此人工智能看似突然出现在大众视野，实则经历了近半个世纪的漫长发展，其制约因素之一就是大数据。而嵌入式系统正是获取数据的最关键的系统之一。人工智能的发展可以说是嵌入式系统发展的产物，同时人工智能的发展要求更多、更精准的数据，以及更快、更方便的数据传输。这促进了嵌入式系统的发展，两者相辅相成，嵌入式系统必将进入一个更加快速的发展时期。

1.1.1 嵌入式系统概述

嵌入式系统的发展大致经历了以下 3 个阶段。

（1）以嵌入式微控制器为基础的初级嵌入式系统。

（2）以嵌入式操作系统为基础的中级嵌入式系统。

（3）以 Internet 和实时操作系统（Real Time Operating System，RTOS）为基础的高级嵌入式系统。

嵌入式技术与 Internet 技术的结合正在推动着嵌入式系统的飞速发展，嵌入式系统市场展现出了美好的前景，也对嵌入式系统的生产厂商提出了新的挑战。

通用计算机具有计算机的标准形式，通过装配不同的应用软件，应用在社会的各个方面。现在，在办公室、家庭中广泛使用的个人计算机（Personal Computer，PC）就是通用计算机最典型的代表。

而嵌入式计算机则是以嵌入式系统的形式隐藏在各种装置、产品和系统中。在许多应用领域，如工业控制、智能仪器仪表、家用电器、电子通信设备等，对嵌入式计算机的应用有着不同的要求，主要如下。

（1）能面对控制对象，如面对物理量传感器的信号输入、面对人机交互的操作控制、面对对象的伺服驱动和控制。

（2）可嵌入应用系统。由于体积小、低功耗、价格低廉，可方便地嵌入应用系统和电子产品中。

（3）能在工业现场环境中长时间可靠运行。

（4）控制功能优良。对外部的各种模拟和数字信号能及时捕捉，对多种不同的控制对象能灵活地进行实时控制。

可以看出，满足上述要求的计算机系统与通用计算机系统是不同的。换句话讲，能够满足和适合以上这些应用的计算机系统与通用计算机系统在应用目标上有巨大的差异。一般将具备高速计算能力和海量存储，用于高速数值计算和海量数据处理的计算机称为通用计算机系统。而将面对工控领域对象，嵌入各种控制应用系统、各类电子系统和电子产品中，实现嵌入式应用的计算机系统称为嵌入式计算机系统，简称为嵌入式系统。

嵌入式系统将应用程序和操作系统与计算机硬件集成在一起，简单地讲，就是系统的应用软件与系统的硬件一体化。这种系统具有软件代码小、高度自动化、响应速度快等特点，特别适合面向对象的要求实时和多任务的应用。

特定的环境和特定的功能要求嵌入式系统与所嵌入的应用环境成为一个统一的整体，并且往往要满足紧凑、可靠性高、实时性好、功耗低等技术要求。面向具体应用的嵌入式系统，以及系统的设计方法和开发技术，构成了今天嵌入式系统的重要内涵，也是嵌入式系统发展为一个相对独立的计算机研究和学习领域的原因。

1.1.2 嵌入式系统和通用计算机系统比较

作为计算机系统的不同分支，嵌入式系统和人们熟悉的通用计算机系统既有共性，也有差异。

1. 嵌入式系统和通用计算机系统的共同点

嵌入式系统和通用计算机系统都属于计算机系统，从系统组成上讲，它们都是由硬件和软件构成的；它们的工作原理是相同的，都是存储程序机制。从硬件上看，嵌入式系统和通用计算机系统都是由中央处理器（Central Processing Unit，CPU）、存储器、输入/输出接口和中断系统等部件组成；从软件上看，嵌入式系统软件和通用计算机软件都可以划分为系统软件和应用软件两类。

2. 嵌入式系统和通用计算机系统的不同点

作为计算机系统的一个新兴的分支，嵌入式系统与人们熟悉和常用的通用计算机系统相比，又具有以下不同点。

（1）形态。通用计算机系统具有基本相同的外形（如主机、显示器、鼠标和键盘等）并且独立存在；而嵌入式系统通常隐藏在具体某个产品或设备（称为宿主对象，如空调、洗衣机、数字机顶盒等）中，它的形态随着产品或设备的不同而不同。

（2）功能。通用计算机系统一般具有通用而复杂的功能，任意一台通用计算机都具有文档编辑、影音播放、娱乐游戏、网上购物和通信聊天等通用功能；而嵌入式系统嵌入在某个宿主对象中，功能由宿主对象决定，具有专用性，通常是为某个应用量身定做的。

（3）功耗。目前，通用计算机系统的功耗一般为 200W 左右；而嵌入式系统的宿主对象通常是小型应用系统，如手机、智能手环等，这些设备不可能配置容量较大的电源，因此低功耗一直是嵌入式系统追求的目标，如日常生活中使用的智能手机，其待机功率为 100 ～ 200mW，即使在通话时功率也只有 4 ～ 5W。

（4）资源。通用计算机系统通常拥有大而全的资源（如鼠标、键盘、硬盘、内存条和显示器等）；而嵌入式系统受限于嵌入的宿主对象（如手机、智能手环等），通常要求小型化和低功耗，其软硬件资源受到严格的限制。

（5）价值。通用计算机系统的价值体现在"计算"和"存储"上，计算能力（处理器的字长和主频等）和存储能力（内存和硬盘的大小和读取速度等）是通用计算机系统的通用评价指标；而嵌入式系统往往嵌入某个设备和产品中，其价值一般不取决于其内嵌的处理器的性能，而体现在它所嵌入和控制的设备。例如，一台智能洗衣机往往用洗净比、洗涤容量和脱水转速等指标衡量，而不以其内嵌的微控制器的运算速度和存储容量等来衡量。

1.1.3　嵌入式系统的特点

通过嵌入式系统的定义和嵌入式系统与通用计算机系统的比较，可以看出嵌入式系统具有以下特点。

1. 专用性强

嵌入式系统通常是针对某种特定的应用场景，与具体应用密切相关，其硬件和软件都是面向特定产品或任务而设计的。不但一种产品中的嵌入式系统不能应用到另一种产品中，甚至都不能嵌入同一种产品的不同系列。例如，洗衣机的控制系统不能应用到洗碗机中，甚至不同型号洗衣机中的控制系统也不能相互替换，因此嵌入式系统具有很强的专用性。

2. 可裁剪性

受限于体积、功耗和成本等因素，嵌入式系统的硬件和软件必须高效率地设计，根据实际应用需求"量体裁衣"，去除冗余，从而使系统在满足应用要求的前提下达到最精简的配置。

3. 实时性好

许多嵌入式系统应用于宿主系统的数据采集、传输与控制过程时，普遍要求嵌入式系统具有较好的实时性。例如，现代汽车中的制动器、安全气囊控制系统，武器装备中的控制系统，某些工业装置中的控制系统等，这些应用对实时性有着极高的要求，一旦达不到应有的实时性，就有可能造成极其严重的后果。另外，虽然有些系统本身的运行对实时性要求不是很高，但实时性也会对用户体验感产生影响，如需要避免人机交互的卡顿、遥控反应迟钝等情况。

4. 可靠性高

嵌入式系统的应用场景多种多样，面对复杂的应用环境，嵌入式系统应能够长时间稳定可靠地运行。在某些应用中，嵌入式系统硬件或软件中存在的一个小 Bug，都有可能导致灾难性后果的发生。例如，波音 737 MAX 客机在 2018—2019 年相继发生的两起重大空难，都是因为迎角传感器（Angle of Attack，AOA）的数据错误，触发了防失速控制系统自动操作，机头不断下压。飞行员多次手动拉伸未果，最终导致飞机坠毁的灾难性事故。由此可见，高可靠性要求是特殊应用中嵌入式系统的显著特征。

5. 体积小、功耗低

由于嵌入式系统要嵌入具体的应用对象体中，其体积大小受限于宿主对象，因此往往对其体积有着严格的要求。例如，心脏起搏器就只有一粒胶囊的大小。2020 年 8 月，埃隆•马斯克发布的拥有 1024 个信道的 Neuralink 脑机接口只有一枚硬币大小。同时，由于嵌入式系统在移动设备、可穿戴设备以及无人机、人造卫星等应用设备中不可能配置交流电源或大容量的电池，因此低功耗也往往是嵌入式系统所追求的一个重要指标。

6. 注重制造成本

与其他商品一样，制造成本会对嵌入式系统设备或产品在市场上的竞争力有很大的影响。同时，嵌入式系统产品通常会进行大量生产。例如，现在的消费类嵌入式系统产品，通常的年产量会在百万、千万甚至亿数量级。节约单个产品的制造成本，意味着总制造成本的海量节约，会产生可观的经济效益。因此，注重嵌入式系统的硬件和软件的高效设计，在满足应用需求的前提下有效地降低单个产品的制造成本，也成为嵌入式系统所追求的重要目标之一。

7. 生命周期长

随着计算机技术的飞速发展，像桌面计算机、笔记本电脑以及智能手机这样的通用计算机系统的更新换代速度大大加快，更新周期通常为 18 个月左右。然而，嵌入式系统和实际具体应用装置或系统紧密结合，一般会伴随具体嵌入的产品维持 8 ～ 10 年的相对较长的使用时间，其升级换代往往是和宿主对象系统同步进行的。因此，相较于通用计算机系统，嵌入式系统产品一旦进入市场后，不会像通用计算机系统那样频繁换代，通常具有较长的生命周期。

8. 不可垄断性

代表传统计算机行业的 Wintel（Windows-Intel）联盟统治桌面计算机市场长达 30 多年，形成了事实上的市场垄断。而嵌入式系统是将先进的计算机技术、半导体电子技术和网络通信技术与各个行业的具体应用相结合后的产物，其拥有更为广阔和多样化的应用市场，行业细分市场极其宽泛，这一点就决定了嵌入式系统必然是一个技术密集、资金密集、高度分散、不断创新的知识集成系统。特别是 5G 技术、物联网技术、人工智能技术与嵌入式系统的快速融合，催生了嵌入式系统创新产品的不断涌现，没有一家企业能够形成对嵌入式系统市场的垄断，给嵌入式系统产品的设计研发提供了广阔的市场空间。

1.2 嵌入式系统的组成

嵌入式系统是一个在功能、可靠性、成本、体积和功耗等方面有严格要求的专用计算机系统，因此具有一般计算机组成结构的共性。从总体上看，嵌入式系统的核心部分由嵌入式硬件和嵌入式软件组成；从层次结构上看，嵌入式系统可划分为硬件层、驱动层、操作系统层以及应用层 4 个层次，如图 1-1 所示。

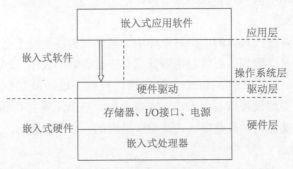

图 1-1　嵌入式系统的组成结构

微课视频

嵌入式硬件（硬件层）是嵌入式系统的物理基础，主要包括嵌入式处理器、存储器、输入/输出（I/O）接口和电源等。其中，嵌入式处理器是嵌入式系统的硬件核心，通常可分为嵌入式微处理器、嵌入式微控制器、嵌入式数字信号处理器以及嵌入式片上系统等主要类型。

存储器是嵌入式系统硬件的基本组成部分，包括随机存取存储器（Random Access Memory，RAM）、Flash、电擦除可编程只读存储器（Electrically-Erasable Programmable Read-Only Memory，EEPROM）等主要类型，承担着存储嵌入式系统程序和数据的任务。目前的嵌入式处理器中已经集成了较为丰富的存储器资源，同时也可通过 I/O 接口在嵌入式处理器外部扩展存储器。

I/O 接口及设备是嵌入式系统对外联系的纽带，负责与外部世界进行信息交换。I/O 接口主要包括数字接口和模拟接口两大类，其中数字接口又可分为并行接口和串行接口，模拟接口包括模数转换器（Analog to Digital Converter，ADC）和数模转换器（Digital to Analog Converter，DAC）。并行接口可以实现数据的所有位同时并行传输，传输速度快，但通信线路复杂，传输距离短。串行接口则采用数据位一位位顺序传输的方式，通信线路少，传输距离远，但传输速度相对较慢。常用的串行接口有通用同步/异步收发器（Universal Synchronous/Asnchronous Receiver/Transmitter，USART）接口、串行外设接口（Serial Peripheral Interface，SPI）、芯片间总线（P2C）接口以及控制器局域网（Controller Area Network，CAN）接口等，实际应用时可根据需要选择不同的接口类型。I/O 设备主要包括人机交互设备（按键、显示器等）和机机交互设备（传感器、执行器等），可根据实际应用需求选择所需的设备类型。

嵌入式软件运行在嵌入式硬件平台之上，指挥嵌入式硬件完成嵌入式系统的特定功能。嵌入式软件可包括硬件驱动（驱动层）、嵌入式操作系统（操作系统层）以及嵌入式应用软件（应用层）3 个层次。另外，有些系统包含中间层，中间层也称为硬件抽象层（Hardware Abstract Layer，HAL）或板级支持包（Board Support Package，BSP），对于底层硬件，它主要负责相关硬件设备的驱动；而对于上层的嵌入式操作系统或应用软件，它提供了操作和控制硬件的规则与方法。嵌入式操作系统（操作系统层）是可选的，简单的嵌入式系统无须嵌入式操作系统的支持，由应用层软件通过驱动层直接控制硬件层完成所需功能，也称为"裸金属"（Bare-Metal）运行。对于复杂的嵌入式系统，应用层软件通常需要在嵌入式操作系统内核以及文件系统、图形用户界面、通信协议栈等系统组件的支持下，完成复杂的数据管理、人机交互以及网络通信等功能。

嵌入式处理器是一种在嵌入式系统中使用的微处理器。从体系结构来看，与通用 CPU 一样，嵌入式处理器也分为冯·诺依曼（von Neumann）结构的嵌入式处理器和哈佛（Harvard）结构的嵌入式处理器。冯·诺依曼结构是一种将内部程序空间和数据空间合并在一起的结构，程序指令和数据的存储地址指向同一个存储器的不同物理位置，程序指令和数据的宽度相同，取指令和取操作数通过同一条总线分时进行。大部分通用处理器采用的是冯·诺依曼结构，也有不少嵌入式处理器采用冯·诺依曼结构，如 Intel 8086、Arm7、MIPS、PIC16 等。哈佛结构是一种将程序空间和数据空间分开在不同的存储器中的结构，每个空间的存储器独立编址，独立访问，设置了与两个空间存储器相对应的两套地址总线和数据总线，取指令和执行能够重叠进行，数据的吞吐率提高了一倍，同时指令和数据可以有不同的数据宽度。大多数嵌入式处理器采用了哈佛结构或改进的哈佛结构，如 Intel 8051、Atmel AVR、Arm9、Arm10、Arm11、Arm Cortex-M3 等系列嵌入式处理器。

从指令集的角度看，嵌入式处理器也有复杂指令集（Complex Instruction Set Computer，CISC）和精简指令集（Reduced Instruction Set Computer，RISC）两种指令集架构。早期的处理器全部采用的是 CISC 架构，它的设计动机是要用最少的机器语言指令完成所需的计算任务。为了提高程序的运行速度和软件编程的方便性，CISC 处理器不断增加可实现复杂功能的指令和多种灵活的寻址方式，使处理器所含的指令数目越来越多。然而，指令数量越多，完成微操作所需的逻辑电路就越多，芯片的结构就越复杂，器件成本也相应越高。相比之下，RISC 指令集是一套优化过的指令集架构，可以从根本上快速提高处理器的执行效率。在 RISC 处理器中，每个机器周期都在执行指令，无论简单还是复杂的操作，均由简单指令的程序块完成。由于指令高度简约，RISC 处理器的晶体管规模普遍都很小而且性能强大。因此，继 IBM 公司推出 RISC 架构和处理器产品后，众多厂商纷纷开发出自己的 RISC 指令系统，并推出自己的 RISC 架构处理器，如 DEC 公司的 Alpha、SUN 公司的 SPARC、HP 公司的 PA-RISC、MIPS 技术公司的 MIPS、Arm 公司的 Arm 等。RISC 处理器被广泛应用于消费电子产品、工业控制计算机和各类嵌入式设备中。RISC 处理器的热潮出现在 RISC-V 开源指令集架构推出后，涌现出了各种基于 RISC-V 架构的嵌入式处理器，国外的有 SiFive 公司的

U54-MC Coreplex、GreenWaves Technologies 公司的 GAP8、Western Digital 公司的 SweRV EH1，国内的有睿思芯科（深圳）技术有限公司的 Pygmy、芯来科技（武汉）有限公司的 Hammingbird（蜂鸟）E203、晶心科技（武汉）有限公司的 AndeStar V5 和 AndesCore N22，以及平头哥半导体有限公司的玄铁 910 等。

1.3　实时操作系统

作为管理计算机硬件与软件资源的程序，操作系统（Operating System，OS）在现代计算机体系结构中占有重要的地位。目前，广泛使用的操作系统有 3 类，即批处理操作系统、分时操作系统和实时操作系统。

批处理操作系统不具有用户交互性，用户将作业提交给操作系统执行后就不再干预，多用于早期的大中型计算机系统，如 IBM 公司的 DOS/VSE 系统。

分时操作系统可以让多个计算机用户共享系统资源，及时响应和服务于联机用户，多应用于网络操作系统，如 UNIX 系统。但是，对于分时操作系统，软件的执行对时间的要求并不严格。

微课视频

实时操作系统是对事件进行实时处理，虽然事件可能在无法预知的时刻到达，但是软件在事件发生时必须能够在严格的时限（系统响应时间）内作出响应，即使是在尖峰负荷下，也应如此。若不满足时限，则可能造成灾难性的后果，尤其在航天、军事、工业控制等系统响应时间要求较为严格的领域中。同时，实时操作系统的重要特点是具有系统的可确定性，即系统能对运行情况的最好和最坏运行时间作出精确估计。因此,实时操作系统在现代工业、军事、能源、自动化、通信等方面有着重要的应用。

1.3.1　实时系统的概念

在实时系统中，程序执行的正确性既包括逻辑结果的正确性，也包括运行时间的约束性。如果一个系统能够及时地响应外部或内部的事件请求，在指定或确定的时间内完成对该事件的处理，那么称该系统具有"实时性"。而一个操作系统若能够在优先确定的时间内对异步输入进行处理并输出结果，同时具有事件驱动性，则这个操作系统具备了"实时性"，可以称为实时操作系统（Real Time Operating System，RTOS）。

实时操作系统是一种既能提供有效机制和服务保证系统的实时性调度和资源管理，也能保证时间和资源的可预测性以及可计算性的操作系统。

在大部分实时操作系统中都提供了基于任务的应用程序接口（Application Programming Interface，API）函数，这些 API 使用较小且独立的应用代码片，通过抽象的时序关系相互作用以减少 API 之间的相互依赖。同时，实时操作系统还提供了任务的优先级机制，可以将非关键性任务和关键性任务分开处理。实时操作系统采用事件驱动机制，不会浪费时间片去处理未发生的事件，这也保证了实时性。

与通用操作系统相比，实时操作系统占用更少的内存，资源利用率更高，系统响应时间高度可预测。因此，实时操作系统不仅要满足应用功能性要求，还要满足实时性要求，在应用环境不可预测的条件下，始终保证系统行为的可预测性。

通用操作系统注重系统的平均表现（如系统响应时间、吞吐量以及资源利用率等），强调"整体表现"。而实时操作系统注重的是每个实时任务在最坏情况下的实时性要求，强调"最坏情况下的个体表现"。

通用操作系统与实时操作系统的区别主要体现在四方面：任务调度策略、内存管理方式、中断处理方式和系统管理方式。

在任务调度方面，通用操作系统中的任务调度策略一般采用基于优先级的抢先式调度策略，对于优先级相同的进程则采用时间片轮询调度方式。实时操作系统中的任务调度策略通常采用静态表驱动方式和固定优先级抢先式调度方式。

在内存管理方面，通用操作系统资源充足且实时性要求不高，考虑到内存的性能以及安全问题，常引入虚拟存储器管理机制。但是，这种机制增加了系统开销，因此在实时操作系统中一般不采用。

在中断处理方面，由于通用操作系统对实时性要求没有那么严格，中断处理程序始终先于其他用户进程被响应；而实时操作系统则尽可能地屏蔽中断以保证系统的响应时间。

在系统管理方面，实时操作系统对于系统调用、内存管理等开销通常会设定时间上界，而通用操作系统则无此要求；同时，通用操作系统核心态系统调用为不可重入，而实时操作系统则设计为可重入以保证系统的可预测性。

1.3.2 实时操作系统的基本特征

实时操作系统具有实时性、可靠性、可确定性和容错性等基本特征。

1. 实时性

实时操作系统保证系统能够在预定或规定的时间内完成对外部事件的响应和处理。每个实时任务具有时间约束，所有实时任务必须要保证在任何情况下，都能按照实时任务调度算法满足其时间约束。实时性是实时操作系统最基本的特征。为了保证系统的实时性，系统通常既需要依赖于硬件提供精确的时钟精度，也需要本身具有高精度计时系统，以确定实时应用中某个任务或函数执行的时间。

2. 可靠性

实时系统执行中产生的故障可能会导致人身、财产等重大损失。实时操作系统需要保证系统能够正确、实时地执行，并且将产生故障的概率降到可控范围内。同时，通过特定的机制使系统在故障产生时仍然能够有效地执行部分关键性任务，最大限度地降低不可抗拒故障因素给系统带来的不良影响。

3. 可确定性

实时操作系统的任务可确定性是指其任务必须按照预定时间或时间间隔进行调度和执

行。当多个任务竞争使用处理器和资源时，实时操作系统可以采取中断机制或调度算法保证任务的正确执行。系统实时性的保证依赖于系统能够准确地对任务的执行时间进行判断，包括硬件延迟的确定性和应用程序响应时间的确定性，保证应用程序执行时间是有界的，从而保证实时任务的执行能够满足时间约束。

4. 容错性

对于系统在执行过程中产生的错误或故障，实时操作系统能够通过有效的算法等机制预估并最小化其带来的影响，保证系统在最坏的情况下对于部分关键性任务仍然能正确执行。容错性是相对于可靠性而言的，可靠性着重于系统错误发生之前，通过优化调度算法等机制尽力消除所有潜在的故障。而容错性则强调即使发生了故障，也要保障系统能够正常工作。尽管系统在设计时通过了严格的测试和验证，但是在运行中产生的软件和硬件错误还是不可避免的，所以实时操作系统的容错性至关重要。

1.3.3　实时操作系统性能的衡量指标

对于一个实时操作系统性能评估的测量基准有 Wetstone、Dhrystone、Hartstone 以及 Rhealstone 等。Rhealstone 基准是目前工业界评判实时系统性能指标的主要基准之一。通过对实时操作系统的 6 个时间量进行计算，将其加权获得 Rhealstone 数，数值越小，证明该系统实时性越好。这 6 个时间量如下。

（1）任务切换时间（上下文切换时间，Context Switch Time）：系统在两个独立的任务之间切换所需要的时间。

（2）抢占时间（Preemption Time）：系统从正在执行的低优先级任务转移到开始执行高优先级任务所需要的时间。

（3）中断延迟时间（Interrupt Latency Time）：从接收到中断信号到操作系统作出响应，并完成进入中断服务例程所需要的时间。

（4）信号量混洗时间（Semaphore Shuffling Time）：由于系统多任务执行的互斥原理，在一个任务执行完成后释放信号量到另一个等待该信号量的任务被激活所需要的时间间隔。

（5）死锁解除时间（Deadlock Breaking Time）：系统进入死锁状态到解除死锁顺利执行所需要的时间。

（6）数据报吞吐时间（Datagram Throughput Time）：一个任务进行数据传输到另一个任务，每秒可以传输的字节数。

1.3.4　实时操作系统的分类

任务若没有在截止时间完成，根据所造成后果的严重程度将实时操作系统分为硬实时和软实时操作系统。

1. 硬实时操作系统

硬实时操作系统具有刚性的时限，要求所有任务必须在任何条件下（即使在最坏的各种处理负载下）都能在规定的时间内完成，任何任务超过其截止时间都会造成系统整体的失败。任务超过截止时间会导致灾难性的后果，系统的收益为负无穷。例如，导弹控制系统、自动驾驶系统等的操作系统都属于硬实时操作系统。

2．软实时操作系统

相对于硬实时操作系统，软实时操作系统具有一定的"容忍度"。软实时操作系统具有灵活的时限，任务超过其截止时间所造成的后果没有那么严重，可能仅仅降低了系统的吞吐量。任务超过截止时间不会导致严重的后果，系统的收益也可能为正。例如，IPTV 数字电视机顶盒，需要实时解码视频流，如果丢失了一个或几个视频帧，显然会造成视频的品质变差，但是只要进行简单的去抖处理，丢失几个视频帧不会对整个系统造成不可挽回的影响。

1.3.5　POSIX 标准

可移植性操作系统接口（Portable Operating System Interface of UNIX，POSIX）是由 IEEE 开发的操作系统接口标准。作为一个标准的软件接口，POSIX 的主要目的是在跨越 UNIX 各种变型操作系统之间，完善应用程序的互操作性和可移植性。理论上，只要两个操作系统都支持 POSIX，如果写的程序和编译的程序能够在一个操作系统上执行，那么该程序也可以在不改变源代码的情况下通过编译在另一个操作系统上执行。

POSIX 标准定义了操作系统为应用程序提供的标准接口，以及与操作系统各个方面相关的内容和协议。目前，该标准已经成为实时操作系统的主要标准之一。虽然 POSIX 早期是为在 UNIX 环境下应用程序的可移植性而开发，但发展起来后，也适用于包括 UNIX 在内的其他操作系统。

POSIX 标准设计的目的是保证一个支持 POSIX 兼容操作系统的程序可以应用在任何一个（即使来自其他开发厂商）POSIX 操作系统上，无须修改便可以编译执行。因此，POSIX 具有跨平台开发的特性。而与那些依靠虚拟机等这类中间层支持、损失部分性能而获取跨平台开发能力的标准不同，POSIX 不需要中间层的支持，而是在自身原有应用程序接口之上，再封装一层 POSIX 兼容层，来提供对 POSIX 的支持，因此保留了原来操作系统的性能。

下面举个简单的例子描述 POSIX 工作的基本原理。在不同平台下，内核在完成同一功能时往往使用的函数有所不同。例如，在 Linux 系统下进程创建函数是 Fork()，而在 Windows 系统下进程创建函数是 CreatProcess()，现需要将一个具有进程创建函数的 Linux 程序应用移植到 Windows 平台，根据 POSIX 标准，需要先将 Linux 系统下的 Fork() 函数封装成 POSIX_Fork() 函数，将 Windows 系统下的 CreatProcess() 函数封装成 POSIX_Fork() 函数，然后同时在头文件中进行声明，这样程序就在源代码级别可移植了。

POSIX 标准定义了一套语言规范，包括访问核心服务的编程语言标准接口和特殊语言服务的标准接口。POSIX 标准基于 C 语言，面向应用，支持实时扩展，无超级用户和系统管理，对原有程序代码和原有实现进行最小代价的封装和修改，并对各种接口设备以及各种数据格式进行定义和说明。

1.3.6　实时操作系统的典型应用

实时操作系统主要应用在需要实时处理大数据量或大运算量的并行系统中。

航空航天领域采用硬实时系统来确保时间。例如，美国"好奇号"火星探测车就是采用 VxWorks 硬实时操作系统。

在工业制造领域，涉及人身安全或执行重要任务时通常采用硬实时操作系统，如飞机控制系统以及汽车安全气囊系统等。

在军事领域也通常采用性能稳定的实时系统，如美国的 F/A-18、F-16 战斗机以及"爱国者"导弹等。

在通信或电子产品领域，例如，IPTV 机顶盒通常采用软实时操作系统对视频进行实时解码。

1.4　嵌入式系统的软件

微课视频

嵌入式系统的软件一般固化于嵌入式存储器中，是嵌入式系统的控制核心，控制着嵌入式系统的运行，实现嵌入式系统的功能。由此可见，嵌入式系统的软件在很大程度上决定整个嵌入式系统的价值。

从软件结构上划分，嵌入式系统的软件分为无操作系统和带操作系统两种。

1.4.1　无操作系统的嵌入式软件

对于通用计算机，操作系统是整个软件的核心，不可或缺。然而，对于嵌入式系统，由于其专用性，在某些情况下无需操作系统。尤其在嵌入式系统发展的初期，由于较低的硬件配置、单一的功能需求以及有限的应用领域（主要集中在工业控制和国防军事领域），嵌入式软件的规模通常较小，没有专门的操作系统。

在组成结构上，无操作系统的嵌入式软件仅由引导程序和应用程序两部分组成，如图 1-2 所示。引导程序一般由汇编语言编写，在嵌入式系统上电后运行，完成自检、存储映射、时钟系统和外设接口配置等一系列硬件初始化操作。应用程序一般由 C 语言编写，直接架构在硬件之上，在引导程序之后运行，负责实现嵌入式系统的主要功能。

图 1-2　无操作系统的嵌入式软件结构

1.4.2　带操作系统的嵌入式软件

随着嵌入式应用在各个领域的普及和深入，嵌入式系统向多样化、智能化和网络化发展，其对功能、实时性、可靠性和可移植性等方面的要求越来越高，嵌入式软件日趋复杂，越来越多地采用嵌入式操作系统＋应用软件的模式。相比于无操作系统的嵌入式软件，带操作系统的嵌入式软件规模较大，其应用软件架构于嵌入式操作系统上，而非直接面对嵌入式硬件，可靠性高，开发周期短，易于移植和扩展，适用于功能复杂的嵌入式系统。

带操作系统的嵌入式软件的体系结构如图 1-3 所示，自下而上包括设备驱动层、操作系统层和应用软件层等。

图 1-3　带操作系统的嵌入式软件的体系结构

1.4.3　嵌入式操作系统的分类

按照嵌入式操作系统对任务响应的实时性来分类，嵌入式操作系统可以分为嵌入式非实时操作系统和嵌入式实时操作系统（RTOS），它们的主要区别在于任务调度处理方式不同。

1. 嵌入式非实时操作系统

嵌入式非实时操作系统主要面向消费类产品应用领域。大部分嵌入式非实时操作系统都支持多用户和多进程，负责管理众多的进程并为它们分配系统资源，属于不可抢占式操作系统。非实时操作系统尽量缩短系统的平均响应时间并提高系统的吞吐率，在单位时间内为尽可能多的用户请求提供服务，注重平均表现性能，不关心个体表现性能。例如，对于整个系统，注重所有任务的平均响应时间而不关心单个任务的响应时间；对于某个单个任务，注重每次执行的平均响应时间而不关心某次特定执行的响应时间。典型的嵌入式非实时操作系统有 Linux、iOS 等。

2. 嵌入式实时操作系统

嵌入式实时操作系统主要面向控制、通信等领域。嵌入式实时操作系统除了要满足应用的功能需求，还要满足应用提出的实时性要求，属于抢占式操作系统。嵌入式实时操作系统能及时响应外部事件的请求，并以足够快的速度予以处理，其处理结果能在规定的时间内控制、监控生产过程或对处理系统作出快速响应，并控制所有任务协调、一致地运行。因此，嵌入式实时操作系统采用各种算法和策略，始终保证系统行为的可预测性。这要求在系统运行的任何时刻，在任何情况下，嵌入式实时操作系统的资源调配策略都能为争夺资源（包括 CPU、内存、网络带宽等）的多个实时任务合理地分配资源，使每个实时任务的实时性要求都能得到满足（要求每个实时任务在最坏情况下都要满足实时性要求）。嵌入式实时操作系统总是执行当前优先级最高的进程，直至结束执行，中间的时间通过 CPU 频率等可以推算出来。由于虚存技术访问时间的不可确定性，在嵌入式实时操作系统中一般不采用标准的虚存技术。典型的嵌入式实时操作系统有 VxWorks、μC/OS-Ⅱ、QNX、FreeRTOS、eCOS、RTX 和 RT-Thread 等。

1.4.4　嵌入式实时操作系统的功能

嵌入式实时操作系统满足了实时控制和实时信息处理领域的需要，在嵌入式领域应用十分广泛，一般包含实时内核、内存管理、文件系统、图形接口、网络组件等。在不同的应用中，可对嵌入式实时操作系统进行裁剪和重新配置。一般来讲，嵌入式实时操作系统需要完成以下管理功能。

1. 任务管理

任务管理是嵌入式实时操作系统的核心和灵魂，决定了操作系统的实时性能。任务管理通常包含优先级设置、多任务调度机制和时间确定性等。

嵌入式实时操作系统支持多个任务，每个任务都具有优先级，任务越重要，被赋予的优先级越高。优先级的设置分为静态优先级和动态优先级两种。静态优先级指的是每个任务在运行前都被赋予一个优先级，而且这个优先级在系统运行期间是不能改变的。动态优先级则是指每个任务的优先级（特别是应用程序的优先级）在系统运行时可以动态地改变。任务调度主要是协调任务对计算机系统资源的争夺使用，任务调度直接影响到系统的实时性能，一般采用基于优先级抢占式调度。系统中每个任务都有一个优先级，内核总是将 CPU 分配给处于就绪态的优先级最高的任务运行。如果系统发现就绪队列中有比当前运行任务优先级更高的任务，就会把当前运行任务置于就绪队列，调入高优先级任务运行。系统采用优先级抢占方式进行调度，可以保证重要的突发事件得到及时处理。嵌入式实时操作系统调用的任务与服务的执行时间应具有可确定性，系统服务的执行时间不依赖于应用程序任务的多少，因此，系统完成某个确定任务的时间是可预测的。

2. 任务同步与通信机制

实时操作系统的功能一般要通过若干任务和中断服务程序共同完成。任务与任务之间、任务与中断间任务及中断服务程序之间必须协调动作、互相配合，这就涉及任务间的同步与通信问题。嵌入式实时操作系统通常是通过信号量、互斥信号量、事件标志和异步信号实现同步的，通过消息邮箱、消息队列、管道和共享内存提供通信服务。

3. 内存管理

通常在操作系统的内存中既有系统程序，也有用户程序，为了使两者都能正常运行，避免程序间相互干扰，需要对内存中的程序和数据进行保护。存储保护通常需要硬件支持，很多系统都采用内存管理单元（Memory Management Unit，MMU），并结合软件实现这一功能。但由于嵌入式系统的成本限制，内核和用户程序通常都在相同的内存空间中。内存分配方式可分为静态分配和动态分配。静态分配是在程序运行前一次性分配相应内存，并且在程序运行期间不允许再申请或在内存中移动；动态分配则允许在程序运行的整个过程中进行内存分配。静态分配使系统失去了灵活性，但对实时性要求比较高的系统是必需的；而动态分配赋予了系统设计者更多自主性，系统设计者可以灵活地调整系统的功能。

4. 中断管理

中断管理是实时系统中一个很重要的部分，系统经常通过中断与外部事件交互。评估系统的中断管理性能主要考虑的是否支持中断嵌套、中断处理机制、中断延时等。中断处理是整个运行系统中优先级最高的代码，它可以抢占任何任务级代码运行。中断机制是多任务环境运行的基础，是系统实时性的保证。

1.4.5　典型的嵌入式操作系统

使用嵌入式操作系统主要是为了有效地对嵌入式系统的软硬件资源进行分配、任务调度切换、中断处理，以及控制和协调资源与任务的并发活动。由于 C 语言可以更好地对硬件资源进行控制，嵌入式操作系统通常采用 C 语言编写。当然，为了获得更快的响应速度，有时也需要采用汇编语言编写一部分代码或模块，以达到优化的目的。嵌入式操作系统与通用操作系统相比在两方面有很大的区别。一方面，通用操作系统为用户创建了一个操作环境，在这个环境中，用户可以和计算机交互，执行各种各样的任务；而嵌入式系统一般只是执行有限类型的特定任务，并且一般不需要用户干预。另一方面，在大多数嵌入式操作系统中，应用程序通常作为操作系统的一部分内置于操作系统中，随操作系统启动时自动在只读存储器（Read-Only Memory，ROM）或 Flash 中运行；而在通用操作系统中，应用程序一般是由用户选择加载到 RAM 中运行的。

随着嵌入式技术的快速发展，国内外先后问世了 150 多种嵌入式操作系统，较常见的国外嵌入式操作系统有 μC/OS、FreeRTOS、Embedded Linux、VxWorks、QNX、RTX、Windows IoT Core、Android Things 等。虽然国产嵌入式操作系统发展相对滞后，但在物联网技术与应用的强劲推动下，国内厂商也纷纷推出了多种嵌入式操作系统，并得到了日益广泛的应用。目前较为常见的国产嵌入式操作系统有华为 Lite OS、华为 HarmonyOS、阿里巴巴 AliOS Things、翼辉 SylixOS、赛睿德 RT-Thread 等。

1. 华为 Lite OS

Lite OS 是华为技术有限公司（简称华为）于 2015 年 5 月发布的轻量级开源物联网嵌入式操作系统，遵循 BSD-3 开源许可协议。其内核包括任务管理、内存管理、时间管理、通信机制、中断管理、队列管理、事件管理、定时器、异常管理等操作系统的基础组件。各组件均可以单独运行。另外，Lite OS 还提供了软件开发工具包 Lite OS SDK。目前 Lite OS 支持 Arm Cortex-M0/M3/M4/M7 等芯片架构，适配了包括 ST、NXP、GD、MindMotion、Silicon、Atmel 等主流开发商的开发板，具备零配置、自发现和自组网的能力。

Lite OS 的主要特点如下。

（1）高实时性、高稳定性。

（2）超小内核，基础内核体积可以裁剪至不到 10KB。

（3）低功耗，最低功耗可在微瓦（μW）级。

（4）支持动态加载和分散加载。

（5）支持功能静态裁剪。

（6）开发门槛低，设备布置以及维护成本低，开发周期短，可广泛应用于智能家居、个人穿戴、车联网、城市公共服务、制造业等领域。

2. 华为 HarmonyOS

HarmonyOS（鸿蒙 OS）是华为推出的基于微内核的全场景分布式嵌入式操作系统。HarmonyOS 采用了微内核设计，通过简化内核功能，使内核只提供多进程调度和多进程通信等最基础的服务，而让内核之外的用户态尽可能多地实现系统服务，同时添加了相互之间的安全保护，拥有更强的安全特性和更低的时延。HarmonyOS 使用确定时延引擎和高性能进程间通信（Inter-Process Communication，IPC）两大技术解决现有系统性能不足的问题。确定时延引擎可在任务执行前分配系统中任务执行优先级及时限，优先级高的任务资源将优先保障调度，同时微内核结构小巧的特性使 IPC 性能大大提高。HarmonyOS 的分布式 OS 架构和分布式软总线技术具备公共通信平台、分布式数据管理、分布式能力调度和虚拟外设四大能力，能够将分布式应用底层技术的实现难度对应用开发者进行屏蔽，使开发者聚焦于自身业务逻辑，像开发同一终端应用那样开发跨终端分布式应用，实现跨终端的无缝协同。HarmonyOS 2.0 已在智慧屏、PC、手表 / 手环和手机上获得应用，并将覆盖到音箱、耳机以及虚拟现实（Virtual Reality，VR）眼镜等应用产品中。

3. 阿里巴巴 AliOS Things

AliOS Things 是阿里巴巴集团控股有限公司（简称阿里巴巴）面向物联网领域推出的轻量级开源物联网嵌入式操作系统。除操作系统内核外，AliOS Things 包含了硬件抽象层、板级支持包、协议栈、中间件、AOS API 以及应用示例等组件，支持各种主流的 CPU 架构，包括 Arm Cortex-M0+/M3/M4/M7/A7/A53/A72、RISC-V、C-SKY、MIPS-I 和 Renesas 等。AliOS Things 采用了阿里巴巴自主研发的高效实时嵌入式操作系统内核，该内核与应用在内存及硬件的使用上严格隔离，在保证系统安全性的同时，具备极致性能，如极简开发、云端一体、丰富组件、安全防护等关键能力。AliOS Things 支持终端设备到阿里云 Link 的连接，可广泛应用在智能家居、智慧城市、新出行等领域，正在成长为国产自主可控、云端一体化的新型物联网嵌入式操作系统。AliOS Things 已应用于互联网汽车、智能电视、智能手机、智能手表等不同终端，正在逐步形成强大的阿里云物联网（Internet of Thing，IoT）生态。

4. 翼辉 SylixOS

SylixOS 是由北京翼辉信息技术有限公司推出的开源嵌入式实时操作系统，从 2006 年开始研发，经过多年的持续开发与改进，已成为一个功能全面、稳定可靠、易于开发的大型嵌入式实时操作系统平台。翼辉 SylixOS 采用小而巧的硬实时内核，支持 256 个优先级抢占式调度和优先级继承，支持虚拟进程和无限多任务数，调度算法先进、高效、性能强劲。SylixOS 目前已支持 Arm、MIPS、PowerPC、x86、SPARC、DSP、RISC-V、C-SKY 等架构的处理器，包括主流国产的飞腾全系列、龙芯全系列、中天微 CK810、兆芯全系列等处理器，同时支持对称多处理器（Symmetrical Multi-Processor，SMP）平台，并针对不同的处理器提供优化的驱动程序，提高了系统的整体性能。SylixOS 支持掉电安全文件系统（True Power Safe File System，TpsFs）、文件配置表（File Allocation Table，FAT）、YAFFS（Yet Another Flash File System）、ROOTFS（根文件系统）、PROCFS（进程文件系统）、网络文件系统（Network File System，NFS）、ROMFS（只读文件系统）等多种常用文件系统，以及 Qt、MicroWindows、μC/GUI 等第三方图形库。SylixOS 还提供了完善的网络功能以及丰富的网络工具。此外，SylixOS 的应用编程接口符合《军用嵌入式实时操作系统应用编程接口》（GJB 7714—2012）和 IEEE、国际标准化组织（International Organization for Standardization，ISO）、国际电工委员会（International Electrotechnical Commission，IEC）相关操作系统的编程接口规范，用户现有应用程序可以很方便地进行迁移。目前，SylixOS 的应用已覆盖网络设备、国防安全、工业自动化、轨道交通、电力、医疗、航空航天、汽车电子等诸多领域。

5. 睿赛德 RT-Thread

RT-Thread 的全称是 Real Time-Thread，是由上海睿赛德电子科技有限公司推出的一个开源嵌入式实时多线程操作系统。RT-Thread 3.1.0 及以前的版本遵循 GPL V2+ 开源许可协议，3.1.0 以后的版本遵循 Apache License 2.0 开源许可协议。RT-Thread 主要由内核层、组件与服务层、软件包 3 部分组成。其中，内核层包括 RT-Thread 内核和 libcpu/BSP（芯片移植相关文件 / 板级支持包）。RT-Thread 内核是整个操作系统的核心部分，包括多线程及其调度、信号量、邮箱、消息队列、内存管理、定时器等内核系统对象的实现，而 libcpu/BSP 与硬件密切相关，由外设驱动和 CPU 移植构成。组件与服务层是 RT-Thread 内核之上的上层软件，包括虚拟文件系统、FinSH 命令行界面、网络框架、设备框架等，采用模块化设计，做到组件内部高内聚、组件之间低耦合。软件包是运行在操作系统平台上且面向不同应用领域的通用软件组件，包括物联网相关的软件包、脚本语言相关的软件包、多媒体相关的软件包、工具类软件包、系统相关的软件包以及外设库与驱动类软件包等。RT-Thread 支持所有主流的嵌入式微控制器（Microcontroller Unit，MCU）架构，如 Arm Cortex-M/R/A、MIPS、x86、Xtensa、C-SKY、RISC-V，即支持市场上绝大多数主流的 MCU 和 Wi-Fi 芯片。相较于 Linux 操作系统，RT-Thread 具有实时性高、占用资源少、体积小、功耗低、启动快速等特点，非常适用于各种资源受限的场合。经过多年发展，RT-Thread 已经拥有一个国内较大的嵌入式开源社区，同时被广泛应用于能源、车载、医疗、消费电子等多个行业，累计装机量超过 2000 万台，成为我国自主开发、国内最成熟稳定和装机量最大的开源嵌入式实时操作系统之一。

6. µC/OS-Ⅱ

µC/OS-Ⅱ（Micro-Controller Operating System Two）是一种基于优先级的可抢占式的硬实时内核。它属于一个完整、可移植、可固化、可裁剪的抢占式多任务内核，包含了任务调度、任务管理、时间管理、内存管理和任务间的通信和同步等基本功能。µC/OS-Ⅱ嵌入式系统可用于各类 8 位单片机、16 位和 32 位微控制器和数字信号处理器。

µC/OS-Ⅱ嵌入式系统源于 Jean J.Labrosse 在 1992 年编写的一个嵌入式多任务实时操作系统，1999 年改写后命名为 µC/OS-Ⅱ，并在 2000 年被美国航空管理局认证。µC/OS-Ⅱ系统具有足够的安全性和稳定性，可以运行在航天器等对安全要求极为苛刻的系统之上。

µC/OS-Ⅱ系统是专门为计算机的嵌入式应用而设计的。µC/OS-Ⅱ系统中 90% 的代码是用 C 语言编写的，CPU 硬件相关部分是用汇编语言编写的。总量约 200 行的汇编语言部分被压缩到最低限度，便于移植到任何一种其他 CPU 上。用户只要有标准的 ANSI 的 C 交叉编译器，有汇编器、连接器等软件工具，就可以将 µC/OS-Ⅱ系统嵌入所要开发的产品中。µC/OS-Ⅱ系统具有执行效率高、占用空间小、实时性能优良和可扩展性强等特点，目前几乎已经移植到了所有知名的 CPU 上。

µC/OS-Ⅱ系统的主要特点如下。

（1）开源性。µC/OS-Ⅱ系统的源代码全部公开，用户可直接登录 µC/OS-Ⅱ的官方网站下载，网站上公布了针对不同微处理器的移植代码。用户也可以从有关出版物上找到详尽的源代码讲解和注释。这样使系统变得透明，极大地方便了 µC/OS-Ⅱ系统的开发，提高了开发效率。

（2）可移植性。绝大部分 µC/OS-Ⅱ系统的源代码是用移植性很强的 ANSI C 语句写的，和微处理器硬件相关的部分是用汇编语言写的。汇编语言编写的部分已经压缩到最小限度，使 µC/OS-Ⅱ系统便于移植到其他微处理器上。µC/OS-Ⅱ系统能够移植到多种微处理器上的条件是：只要该微处理器有堆栈指针，有 CPU 内部寄存器入栈、出栈指令。另外，使用的 C 编译器必须支持内嵌汇编（In-line Assembly）或该 C 语言可扩展、可连接汇编模块，使关中断、开中断能在 C 语言程序中实现。

（3）可固化。µC/OS-Ⅱ系统是为嵌入式应用而设计的，只要具备合适的软、硬件工具，µC/OS-Ⅱ系统就可以嵌入用户的产品中，成为产品的一部分。

（4）可裁剪。用户可以根据自身需求只使用 µC/OS-Ⅱ系统中应用程序需要的系统服务。这种可裁剪性是靠条件编译实现的。只要在用户的应用程序中（用 # define constants 语句）定义那些 µC/OS-Ⅱ系统中的功能是应用程序需要的就可以了。

（5）抢占式。µC/OS-Ⅱ系统是完全抢占式的实时内核。µC/OS-Ⅱ系统总是运行就绪条件下优先级最高的任务。

（6）多任务。µC/OS-Ⅱ系统 2.8.6 版本可以管理 256 个任务，目前预留 8 个给系统，因此应用程序最多可以有 248 个任务。系统赋予每个任务的优先级是不相同的，µC/OS-Ⅱ系统不支持时间片轮转调度法。

（7）可确定性。μC/OS-Ⅱ系统全部的函数调用与服务的执行时间都具有可确定性。也就是说，μC/OS-Ⅱ系统的所有函数调用与服务的执行时间都是可知的，即μC/OS-Ⅱ系统服务的执行时间不依赖于应用程序任务的多少。

（8）任务栈。μC/OS-Ⅱ系统的每个任务有自己单独的栈，μC/OS-Ⅱ系统允许每个任务有不同的栈空间，以便压低应用程序对 RAM 的需求。使用μC/OS-Ⅱ系统的栈空间校验函数，可以确定每个任务到底需要多少栈空间。

（9）系统服务。μC/OS-Ⅱ系统提供很多系统服务，如邮箱、消息队列、信号量、块大小固定的内存的申请与释放、时间相关函数等。

（10）中断管理，支持嵌套。中断可以使正在执行的任务暂时挂起。如果优先级更高的任务被该中断唤醒，则高优先级的任务在中断嵌套全部退出后立即执行，中断嵌套层数可达 255 层。

μC/OS-Ⅱ系统一些典型的应用领域如下。

（1）汽车电子方面：发动机控制、防抱死系统（Anti-lock Braking System，ABS）、全球定位系统（Global Positioning System，GPS）等。

（2）办公用品：传真机、打印机、复印机、扫描仪等。

（3）通信电子：交换机、路由器、调制解调器、智能手机等。

（4）过程控制：食品加工、机械制造等。

（5）航空航天：飞机控制系统、喷气式发动机控制等。

（6）消费电子：MP3/MP4/MP5 播放器、机顶盒、洗衣机、电冰箱、电视机等。

（7）机器人和武器制导系统等。

7. 嵌入式 Linux

Linux 诞生于 1991 年 10 月 5 日（这是第 1 次正式向外公布时间），是一套开源、免费使用和自由传播的类 UNIX 操作系统。Linux 是一个基于 POSIX 和 UNIX 的支持多用户、多任务、多线程和多 CPU 的操作系统。它能运行主要的 UNIX 工具软件、应用程序和网络协议，支持 32 位和 64 位硬件。Linux 继承了 UNIX 以网络为核心的设计思想，是一个性能稳定的多用户网络操作系统，存在许多不同的版本，但它们都使用了 Linux 内核。Linux 可安装在计算机硬件中，如手机、平板电脑、路由器、视频游戏控制台、台式计算机、大型机和超级计算机。

Linux 遵循 GPL（GNU 通用公共许可证）协议，无须为每例应用交纳许可证费，并且拥有大量免费且优秀的开发工具和庞大的开发人员群体。Linux 有大量应用软件，并且其中大部分都遵循 GPL 协议，是源代码开放且免费的，可以在稍加修改后应用于用户自己的系统，因此软件的开发和维护成本很低。Linux 完全使用 C 语言编写，应用入门简单，只要懂操作系统原理和 C 语言即可。Linux 内核精悍，运行所需资源少，稳定，并具备优秀的网络功能，十分适合嵌入式操作系统应用。

嵌入式 Linux 具有以下特点。

（1）嵌入式 Linux 是完全开源的，因此它广泛应用于高校教学。研究嵌入式 Linux 代码的专家、学者远比研究其他操作系统的多，而且 Internet 上的资源丰富，还有大量的图书、资料，使学习 Linux 系统的代价最小。

（2）嵌入式 Linux 是免费的，不涉及任何版权和专利。这一点被商界所看重，因此，大部分嵌入式产品在初期都使用过嵌入式 Linux 版本。嵌入式 Linux 被很多团体和组织二次开发后，形成具有独立知识产权的嵌入式操作系统，所以，嵌入式 Linux 变种系统非常多，如 WindRiver Linux 和 μCLinux 等。

（3）嵌入式 Linux 与 Qt 相结合，使嵌入式 Linux 具有良好的图形人机界面，甚至可以和 Windows CE 相媲美，而且 Qt 目前也是开源的。

（4）嵌入式 Linux 的移植能力强，其变种形式几乎可应用于所有主流嵌入式系统中。嵌入式 Linux 对外设的驱动能力很强，驱动接口程序设计相对容易，网络上有大量常用设备的驱动代码可供参考借鉴。

（5）嵌入式 Linux 在内核、文件系统、网络支持等方面均有突出的特点。新的 Linux 内核具有 200 多万行源代码，可支持 32 个 CPU，实时性显著提高（但严格意义上不是实时操作系统），采用了更有效的任务调度器，增加了对多种嵌入式处理器的支持，在多媒体和网络通信方面也有很大提高。

8. VxWorks

VxWorks 是美国 WindRiver 公司于 1983 年设计研发的一种嵌入式实时操作系统，具有良好的持续发展能力、可裁剪微内核结构、高效的任务管理、灵活的任务间通信、微秒级的中断处理、友好的开发环境等优点。由于其良好的可靠性和卓越的实时性，VxWorks 被广泛地应用在通信军事、航空、航天等高精尖技术及实时性要求极高的领域，如卫星通信、军事演习、弹道制导、飞机导航等。VxWorks 不提供源代码，只提供二进制代码和应用接口。

VxWorks 具有以下特点。

（1）可靠性极高。VxWorks 通过了 Do-178B、ARINC 653 和 IEC 61508 等标准严格的安全性验证，因而它主要应用于军事、航空、航天等对安全性和实时性要求极高的场合。稳定性和可靠性高是 VxWorks 最受欢迎的特点。

（2）实时性好。实时性是指能够在限定时间内执行完规定功能并对外部异步事件作出响应的能力。VxWorks 系统实时性极好，系统本身开销很小，进程调度、进程间通信、中断处理等系统程序精练有效，造成的任务切换延时很短，提供了优先级抢先式和时间片轮换方式多任务调度，使硬件系统发挥出最好的实时性。例如，美国的 F-16 战斗机、B-2 隐身轰炸机和"爱国者"导弹，甚至 1997 年的火星探测器上也使用了 VxWorks 系统。

（3）可裁剪性好。VxWorks 内核只有 8KB，其他系统模块可根据需要定制，使 VxWorks 系统具有灵活的可裁剪性，既可用于极小型单片系统，也可用于大规模网络系统。VxWorks 的存储脚本（Memory Footprint）可以指定系统运行内存空间大小（这里的存储脚本可理解为基于 VxWorks 的应用程序可执行代码）。

（4）开发环境友好。基于图形化的集成开发环境 WindRiver Workbench，可开展基于 VxWorks 和 WindRiver Linux 系统应用的工程开发。WindRiver Workbench 是一个完备的设计、调试、仿真和工程集成解决方案。

9. Android

目前，Google 的 Android 系统已经是家喻户晓的嵌入式操作系统，也是苹果（Apple）公司的 iOS 的主要竞争对手。有趣的是，正是依靠与 iOS 的商业竞争，Android 系统才得以诞生和发展。

Android 系统基于 Linux 系统，是 Google 在 2005 年并购 Danger 公司后发展其 Android 计划的成果（当时由于 iPhone 取得了巨大成功，该计划实质上制定了与 iOS 竞争的策略）。Andy Rubin 是这个计划的负责人，该计划主要针对智能手持设备。Android 的运行库文件只有 250KB，最基本内存配置为 32MB 内存、32MB 闪存和 200MHz 处理器。

作为嵌入式操作系统，比较 Android、Windows CE 和 iOS 的意义不大，因为它们都实现了对硬件资源的抽象和美观的图形用户界面，并且 Android 系统是开源的。但是，Android 系统还可被视为一个应用系统，其集成的一些软件的附加值相当高。例如，Google 地图以及与 Google 地图相关的生活关爱软件能从根本上为人们节省时间并改善人们的生活。此外，多媒体娱乐软件和基于云计算与网络服务的软件也相当出色，这些是 Android 系统的独特优势。

开发 Android 系统应用程序与开发 Windows CE 应用程序类似，可基于软件开发工具包（Software Development Kit，SDK）和 Eclipse 集成开发环境，或基于 Android Studio 集成开发环境实现，就目前来说，相对于 Windows CE 和 iOS，Android 系统还没有明显的劣势。

Android 是一种基于 Linux 的自由及开放源代码的操作系统，主要应用于移动设备，如智能手机和平板电脑。Android 逐渐扩展到其他领域，如电视、数码相机、游戏机、智能手表等。

10. Windows CE

Windows Embedded Compact（即 Windows CE）是微软公司嵌入式、移动计算平台的基础，它是一个可抢先式、多任务、多线程并具有强大通信能力的 32 位嵌入式操作系统，是微软公司为移动应用、信息设备、消费电子和各种嵌入式应用而设计的实时系统，目标是实现移动办公、便携娱乐和智能通信。

Windows CE 是模块化的操作系统，主要包括 4 个模块，即内核（Kernel）、文件子系统、图形窗口事件子系统（GWES）和通信模块。其中，内核负责进程与线程调度、中断处理、虚拟内存管理等；文件子系统管理文件操作、注册表和数据库等；图形窗口事件子系统包括图形界面、图形设备驱动和图形显示 API 函数等；通信模块负责设备与 PC 间的互联和网络通信等。目前 Windows CE 的最高版本为 7.0，作为 Windows 10 操作系统的移动版。Windows CE 支持 4 种处理器架构，即 x86、MIPS、Arm 和 SH4，同时支持多媒体设备、图形设备、存储设备、打印设备和网络设备等多种外设。除了在智能手机方面得到广泛应用之外，Windows CE 也被应用于机器人、工业控制、导航仪、掌上电脑和示波器等设备上。

相对于其他嵌入式实时操作系统，Windows CE 具有以下优点。

（1）具有美观的图形用户界面，而且该界面与桌面 Windows 系统一脉相承，操作直观简单。

（2）开发基于 Windows CE 的应用程序相对简单，因为 Windows CE 的 API 函数集是桌面 Windows 系统 API 函数的子集，熟悉桌面 Windows 程序设计的程序员可以很快地掌握 Windows CE 应用程序的设计方法，所以 Windows CE 应用程序的开发成本较低。

（3）Windows CE 的文件管理功能非常强大，支持桌面 Windows 系统的 FAT、FAT32 等。

（4）Windows CE 的可移植性较好。

（5）Windows CE 的设备驱动程序开发相对容易。

（6）Windows CE 的电源管理功能较好，主要体现在 Windows Phone 上。

（7）Windows CE 的进程管理和中断处理机制较好。

（8）Windows CE 支持桌面 Windows 系统的众多文件格式，如 Word 和 Excel 等，这种兼容性方便桌面 Windows 用户在 Windows CE 设备上处理文档和数据。

Windows CE 凭借上述突出优点，在便携设备、信息家电和工业监控等领域得到了广泛的应用。

微课视频

1.4.6　软件架构选择建议

从理论上讲，基于操作系统的开发模式具有快捷、高效的特点，开发的软件移植性、后期维护性、程序稳健性等都比较好。但不是所有系统都要基于操作系统，因为这种模式要求开发者对操作系统的原理有比较深入的掌握，一般功能比较简单的系统，不建议使用操作系统，毕竟操作系统也占用系统资源；也不是所有系统都能使用操作系统，因为操作系统对系统的硬件有一定的要求。因此，在通常情况下，虽然 STM32 单片机是 32 位系统，但不主张嵌入操作系统。如果系统足够复杂，任务足够多，又或者有类似于网络通信、文件处理、图形接口需求加入，不得不引入操作系统管理软硬件资源时，也要选择轻量化的操作系统，如选择 μC/OS-Ⅱ 的比较多，其相应的参考资源也比较多；建议不要选择 Linux、Android 和 Windows CE 这样的重量级操作系统，因为 STM32F1 系列微控制器硬件系统在未进行扩展时，是不能满足此类操作系统的运行需求的。

1.5　嵌入式系统的分类

嵌入式系统应用非常广泛，其分类也可以有多种多样的方式。可以按嵌入式系统的应用对象进行分类，也可以按嵌入式系统的功能和性能进行分类，还可以按嵌入式系统的结构复杂度进行分类。

1.5.1　按应用对象分类

按应用对象分类，嵌入式系统主要分为军用嵌入式系统和民用嵌入式系统两大类。

军用嵌入式系统又可分为车载、舰载、机载、弹载、星载等，通常以机箱、插件甚至芯片形式嵌入相应设备和武器系统之中。军用嵌入式系统除了在体积小、重量轻、性能好等方面的要求之外，往往也对苛刻工作环境的适应性和可靠性提出了严格的要求。

民用嵌入式系统又可按其应用的商业、工业和汽车等领域进行分类，主要考虑的是温度适应能力、抗干扰能力以及价格等因素。

1.5.2　按功能和性能分类

按功能和性能分类，嵌入式系统主要分为独立嵌入式系统、实时嵌入式系统、网络嵌入式系统和移动嵌入式系统等类别。

独立嵌入式系统是指能够独立工作的嵌入式系统，它们从模拟或数字端口采集信号，经信号转换和计算处理后，通过所连接的驱动、显示或控制设备输出结果数据。常见的计算器、音视频播放器、数码相机、视频游戏机、微波炉等就是独立嵌入式系统的典型应用。

实时嵌入式系统是指在一定的时间约束（截止时间）条件下完成任务执行过程的嵌入式系统。根据截止时间的不同，实时嵌入式系统又可分为硬实时嵌入式系统和软实时嵌入式系统。硬实时嵌入式系统是指必须在给定的时间期限内完成指定任务，否则就会造成灾难性后果的嵌入式系统，如在军事、航空航天、核工业等一些关键领域应用的嵌入式系统。软实时嵌入式系统是指偶尔不能在给定时间范围内完成指定的操作，或在给定时间范围外执行的操作仍然是有效和可接受的嵌入式系统，如人们日常生活中所使用的消费类电子产品、数据采集系统、监控系统等。

网络嵌入式系统是指连接着局域网、广域网或互联网的嵌入式系统。网络连接方式可以是有线的，也可以是无线的。嵌入式网络服务器就是一种典型的网络嵌入式系统，其中所有嵌入式设备都连接到网络服务器，并通过 Web 浏览器进行访问和控制，如家庭安防系统、ATM、物联网设备等。这些系统中所有传感器和执行器节点均通过某种协议进行连接、通信与控制。网络嵌入式系统是目前嵌入式系统中发展最快的分类。

移动嵌入式系统是指具有便携性和移动性的嵌入式系统，如手机、手表、智能手环、数码相机、便携式播放器以及智能可穿戴设备等。移动嵌入式系统是目前嵌入式系统中最受欢迎的分类。

1.5.3　按结构复杂度分类

按结构复杂度分类，嵌入式系统主要分为小型嵌入式系统、中型嵌入式系统和复杂嵌入式系统三大类。

小型嵌入式系统通常是指以 8 位或 16 位处理器为核心设计的嵌入式系统。其处理器的内存（RAM）、程序存储器（ROM）和处理速度等资源都相对有限，应用程序一般用汇编语言或嵌入式 C 语言编写，通过汇编器或 / 和编译器进行汇编或 / 和编译后生成可执行的机器码，并采用编程器将机器码烧写到处理器的程序存储器中。例如，电饭锅、洗衣机、微波炉、键盘等就是小型嵌入式系统的一些常见应用。

中型嵌入式系统通常是指以 16 位、32 位处理器或数字信号处理器为核心设计的嵌入式系统。这类嵌入式系统相较于小型嵌入式系统具有更高的硬件和软件复杂性，嵌入式应用软件主要采用 C 语言、C++ 语言、Java 语言、实时操作系统、调试器、模拟器和集成开发环境等工具进行开发，如 POS 机、不间断电源（Uninterruptible Power Supply，UPS）、扫描仪、机顶盒等。

复杂嵌入式系统与小型和中型嵌入式系统相比具有极高的硬件和软件复杂性，实现更为复杂的功能，需要采用性能更高的 32 位或 64 位处理器、专用集成电路（Application Specific Intergrated Circuit，ASIC）或现场可编程逻辑阵列（FPGA）器件进行设计。这类嵌入式系统有着很高的性能要求，需要通过软、硬件协同设计的方式将图形用户界面、多种通信接口、网络协议、文件系统甚至数据库等组件进行有效封装。例如，网络交换机、无线路由器、IP 摄像头、嵌入式 Web 服务器等系统就属于复杂嵌入式系统。

微课视频

1.6　嵌入式系统的应用领域

嵌入式系统主要应用在以下领域。

1. 工业控制

基于嵌入式芯片的工业自动化设备将获得长足的发展，目前已经有大量的 8 位、16 位、32 位嵌入式微控制器在应用中，网络化是提高生产效率和产品质量、节省人力资源的主要途径，如工业过程控制、数字机床、电力系统、电网安全、电网设备监测、石油化工系统。就传统的工业控制产品而言，低端型采用的往往是 8 位单片机，但是随着技术的发展，32 位、64 位的处理器逐渐成为工业控制设备的核心，在未来几年内必将快速发展。

2. 交通管理

在车辆导航、流量控制、信息监测与汽车服务方面，嵌入式系统已经获得了广泛的应用，如内嵌 GPS 模块、全球移动通信系统（Global System for Mobile Communication，GSM）模块的移动定位终端已经在各种运输行业获得了成功的使用，目前 GPS 设备已经从尖端领域进入了普通百姓的家庭。

3. 信息家电

信息家电将成为嵌入式系统最大的应用领域，冰箱、空调等的网络化、智能化将引领人们的生活步入一个崭新的空间。即使用户不在家里，也可以通过电话线、网络进行远程控制，在这些设备中，嵌入式系统将大有用武之地。

4．家庭智能管理系统

水、电、煤气的远程自动抄表，安全防火、防盗系统，其中嵌有的专用控制芯片将代替传统的人工检查，并实现更高、更准确和更安全的性能。目前在服务领域，如远程点菜器等已经体现了嵌入式系统的优势。

5．POS 网络及电子商务

公共交通无接触智能卡（Contactless Smartcard，CSC）发行系统、公共电话卡发行系统、自动售货机、各种智能 ATM 终端将全面走入人们的生活，手持一卡就可以行遍天下。

6．环境工程与自然

嵌入式系统在水文资料实时监测、防洪体系及水土质量监测、堤坝安全、地震监测网、实时气象信息网、水源和空气污染监测等方面有很广泛的应用，在很多环境恶劣、地况复杂的地区，将实现无人监测。

7．机器人

嵌入式芯片的发展将使机器人在微型化、高智能方面优势更加明显，同时会大幅度降低机器人的价格，使其在工业领域和服务领域获得更广泛的应用。

8．机电产品

相对于其他的领域，机电产品可以说是嵌入式系统应用最典型、最广泛的领域之一。从最初的单片机到现在的工控机、片上系统（System on a Chip，SoC），嵌入式系统在各种机电产品中均有着巨大的市场。

微课视频

9．物联网

嵌入式系统已经在物联网方面取得大量成果，在智能交通、POS 收银、工厂自动化等领域已经广泛应用，仅在智能交通行业就已经取得非常明显的社会效益和经济效益。

随着移动应用的发展，嵌入式系统移动应用的前景非常广阔，包括可穿戴设备、智能硬件、物联网。随着低功耗技术的发展，随身可携带的嵌入式应用将会深入人们生活的各个方面。

1.7　嵌入式系统的体系

嵌入式系统是一个专用计算机应用系统，是一个软件和硬件集合体。图 1-4 所示为一个典型嵌入式系统的组成结构。

嵌入式系统的硬件层一般由嵌入式处理器、内存、人机接口、复位 / 看门狗电路、I/O接口电路等组成，它是整个系统运行的基础，通过人机接口和 I/O 接口实现和外部的通信。嵌入式系统的软件层主要由应用程序、硬件抽象层、嵌入式操作系统和驱动程序、板级支持包组成。嵌入式操作系统主要实现应用程序和硬件抽象层的管理，在一些应用场合可以不使用，直接编写裸机应用程序。嵌入式系统软件运行在嵌入式处理器中。在嵌入式操作系统的管理下，设备驱动层将硬件电路接收控制指令和感知的外部信息传递给应用层，经过处理后，将控制结果或数据再反馈给系统硬件层，完成存储、传输或执行等功能要求。

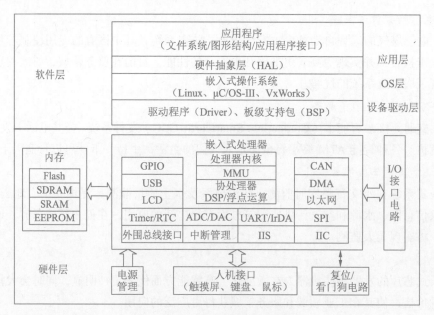

图 1-4　典型嵌入式系统的组成结构

1.7.1　硬件架构

嵌入式系统的硬件架构以嵌入式处理器为核心，由存储器、外围设备、通信模块、电源及复位等必要的辅助接口组成。嵌入式系统是量身定做的专用计算机应用系统，不同于普通计算机组成，在实际应用中的嵌入式系统硬件配置非常精简。除了微处理器和基本的外围设备，其余的电路都可根据需要和成本进行裁剪、定制，因此嵌入式系统硬件配置非常经济、可靠。

随着计算机技术、微电子技术及纳米芯片加工工艺技术的发展，以微处理器为核心的集成多种功能的 SoC 芯片已成为嵌入式系统的核心。这些 SoC 集成了大量的外围 USB、以太网、ADC/DAC、互联网信息服务（Internet Information Services，IIS）等功能模块。可编程片上系统（SOPC）结合了 SoC 和可编程逻辑器件（Programmable Logic Device，PLD）的技术优点，使系统具有可编程的功能，是可编程逻辑器件在嵌入式应用中的完美体现，极大地提高了系统在线升级、换代的能力。以 SoC/SOPC 为核心，用最少的外围器件和连接器件构成一个应用系统，以满足系统的功能需求，是嵌入式系统发展的一个方向。

因此，嵌入式系统设计是以嵌入式微处理器 /SoC/SOPC 为核心，结合外围接口设备，包括存储设备、通信扩展设备、扩展设备接口和辅助设备（电源、传感器、执行器等），构成硬件系统以完成系统设计的。

1.7.2　软件层次

嵌入式系统软件可以直接面向硬件的裸机程序开发，也可以基于操作系统的嵌入式程序开发。当嵌入式系统应用功能简单时，相应的硬件平台结构也相对简单，这时可以使用裸机程序开发方式，不仅能够降低系统复杂度，还能够实现较好的系统实时性，但是要求程序设计人员对硬件构造和原理比较熟悉。如果嵌入式系统应用较复杂，相应的硬件平台结构也相对复杂，这时可能需要一个嵌入式操作系统管理和调度内存、多任务、周边资源等。在进行基于操作系统的嵌入式程序设计开发时，操作系统通过对驱动程序的管理，将硬件各组成部分抽象成一系列 API 函数，这样在编写应用程序时，程序设计人员就可以减少对硬件细节的关注，专注于程序设计，从而减轻程序设计人员的工作负担。

嵌入式系统软件结构一般包含 3 个层面：设备驱动层、OS 层、应用层（包括硬件抽象层、应用程序）。由于嵌入式系统应用的多样性，需要根据不同的硬件电路和嵌入式系统应用特点，对软件部分进行裁剪。现代高性能嵌入式系统的应用越来越广泛，嵌入式操作系统的使用成为必然发展趋势。

1. 设备驱动层

设备驱动层一般由板级支持包和驱动程序组成，是嵌入式系统中不可或缺的部分。设备驱动层的作用是为上层程序提供外围设备的操作接口，并且实现设备的驱动程序。上层程序可以不管设备内部实现细节，只须调用设备驱动的操作接口即可。

应用程序运行在嵌入式操作系统上，利用嵌入式操作系统提供的接口完成特定功能。嵌入式操作系统具有应用的任务调度和控制等核心功能。根据不同的应用，硬件平台所具备功能各不相同，而且所使用的硬件也不相同，具有复杂的多样性。因此，针对不同硬件平台进行嵌入式操作系统的移植是极为耗时的工作，为简化不同硬件平台间操作系统的移植问题，在嵌入式操作系统和硬件平台之间增加了硬件抽象层（HAL）。有了硬件抽象层，嵌入式操作系统和应用程序就不需要关心底层的硬件平台信息，内核与硬件相关的代码也不必因硬件的不同而修改，只要硬件抽象层能够提供必需的服务即可，从而屏蔽底层硬件，方便进行系统的移植。通常硬件抽象层是以板级支持包的形式完成对具体硬件的操作的。

1）板级支持包

板级支持包（BSP）是介于主板硬件和嵌入式操作系统中驱动程序之间的一层。BSP 是所有与硬件相关的代码的集合，为嵌入式操作系统的正常运行提供了最基本、最原始的硬件操作的软件模块。BSP 和嵌入式操作系统息息相关，为上层的驱动程序提供了访问硬件的寄存器的函数包，使之能够更好地运行于主板硬件。

BSP 具有以下三大功能。

（1）系统上电时的硬件初始化，如对系统内存、寄存器及设备的中断进行设置。这是比较系统化的工作，硬件上电初始化要根据嵌入式开发所选的 CPU 类型、硬件及嵌入式操作系统的初始化等多方面决定 BSP 应实现什么功能。

（2）为嵌入式操作系统访问硬件驱动程序提供支持。驱动程序经常需要访问硬件的寄存器，如果整个系统为统一编址，那么开发人员可直接在驱动程序中用 C 语言的函数访问硬件的寄存器。但是，如果系统为单独编址，那么 C 语言将不能直接访问硬件的寄存器，只有汇编语言编写的函数才能对硬件的寄存器进行访问。BSP 就是为上层的驱动程序提供访问硬件的寄存器的函数包。

（3）集成硬件相关和硬件无关的嵌入式操作系统所需的软件模块。BSP 是相对于嵌入式操作系统而言的，不同的嵌入式操作系统对应于不同定义形式的 BSP。例如，VxWorks 的 BSP 和 Linux 的 BSP 相对于某一 CPU 来说尽管实现的功能一样，但是写法和接口定义是完全不同的，所以写 BSP 一定要按照该系统 BSP 的定义形式（BSP 的编程过程大多数是在某个成型的 BSP 模板上进行修改的），这样才能与上层嵌入式操作系统保持正确的接口，良好地支持上层嵌入式操作系统。

2）驱动程序

只有安装了驱动程序，嵌入式操作系统才能操作硬件平台，驱动程序控制嵌入式操作系统和硬件之间的交互。驱动程序提供一组嵌入式操作系统可理解的抽象接口函数，如设备初始化、打开、关闭、发送、接收等。一般而言，驱动程序与设备的控制芯片有关。驱动程序运行在高特权级的处理器环境中，可以直接对硬件进行操作，但正因如此，任何一个设备驱动程序的错误都可能导致嵌入式操作系统的崩溃，因此好的驱动程序需要有完备的错误处理函数。

2. OS 层

嵌入式操作系统是一种支持嵌入式系统应用的操作系统软件，是嵌入式系统的重要组成部分。嵌入式操作系统通常包括与硬件相关的底层驱动软件、系统内核、设备驱动接口、通信协议、图形界面、标准化浏览器等。嵌入式操作系统具有通用操作系统的基本特点。例如，能有效管理越来越复杂的系统资源；能把硬件虚拟化，将开发人员从繁忙的驱动程序移植和维护中解脱出来；能提供库函数、驱动程序、工具集及应用程序。与通用操作系统相比较，嵌入式操作系统在系统实时高效性、硬件的相关依赖性、软件固态化及应用的专用性等方面具有较为突出的特点。嵌入式操作系统具有通用操作系统的基本特点，能够有效管理复杂的系统资源，并且把硬件虚拟化。

一般情况下，嵌入式操作系统可以分为两类，一类是面向控制、通信等领域的嵌入式实时操作系统（RTOS），如 VxWorks、PSOS、QNX、μCOS-Ⅱ、RT-Thread、FreeRTOS 等；另一类是面向消费电子产品的嵌入式非实时操作系统，如 Linux、Android、iOS 等，这类产品包括智能手机、机顶盒、电子书等。

3. 应用层

1）硬件抽象层

硬件抽象层本质上就是一组对硬件进行操作的 API，是对硬件功能抽象的结果。硬件抽象层通过 API 为嵌入式操作系统和应用程序提供服务。但是，在 Windows 和 Linux 操作系统下，硬件抽象层的定义是不同的。

Windows 操作系统下的硬件抽象层定义：位于嵌入式操作系统的最底层，直接操作硬件，隔离与硬件相关的信息，为上层的嵌入式操作系统和驱动程序提供一个统一的接口，起到对硬件的抽象作用。HAL 简化了驱动程序的编写，使嵌入式操作系统具有更好的可移植性。

Linux 操作系统下的硬件抽象层定义：位于嵌入式操作系统和驱动程序之上，是一个运行在用户空间中的服务程序。

Linux 和所有 UNIX 一样，习惯用文件抽象设备，任何设备都是一个文件，如 /dev/mouse 是鼠标的设备文件名。这种方法看起来不错，每个设备都有统一的形式，但使用起来并没有那么容易，设备文件名没有什么规范，从一个简单的文件名无法得知它是什么设备、具有什么特性。乱七八糟的设备文件，让设备的管理和应用程序的开发变得很麻烦，所以有必要提供一个硬件抽象层为上层应用程序提供统一的接口，Linux 的硬件抽象层就这样应运而生了。

2）应用程序

应用程序是为完成某项或某几项特定任务而被开发运行于嵌入式操作系统之上的程序，如文件操作、图形操作等。在嵌入式操作系统上编写应用程序一般需要一些应用程序接口。应用程序接口（API）又称为应用编程接口，是软件系统不同组部分衔接的约定。应用程序接口的设计十分重要，良好的接口设计可以降低系统各部分的相互依赖性，提高组成单元的内聚性，降低组成单元间的耦合程度，从而提高系统的维护性和扩展性。

根据嵌入式系统应用需求，应用程序通过调用嵌入式操作系统的 API 函数操作系统硬件，从而实现应用需求。一般情况下，嵌入式应用程序建立在主任务基础之上，可以是多任务的，通过嵌入式操作系统管理工具（信号量、队列等）实现任务间通信和管理，进而实现应用需要的特定功能。

微课视频

1.8 嵌入式系统的设计方法

1.8.1 嵌入式系统的总体结构

在不同的应用场合，嵌入式系统呈现出的外观和形式各不相同，但通过对其内部结构进行分析可以发现，一个嵌入式系统一般都由嵌入式微处理器系统和被控对象组成。其中，嵌入式微处理器系统是整个系统的核心，由硬件层、中间层、软件层和功能层组成；被控对象可以是各种传感器、电机、输入/输出设备等，可以接收嵌入式微处理器系统发出的控制命令，执行所规定的操作或任务。下面对嵌入式系统的主要组成进行简单描述。

1. 硬件层

硬件层由嵌入式微处理器、外围电路和外部设备组成。在一个嵌入式微处理器的基础上增加电源电路、复位电路、调试接口和存储器电路，就构成一个嵌入式核心控制模块。其中，操作系统和应用程序都可以固化在 ROM 或 Flash 中，为方便使用，有的模块在此基础上增加了液晶显示（Liquid Crystal Display，LCD）、键盘、USB 接口，以及其他一些功能的扩展电路和接口。

嵌入式系统的硬件层是以嵌入式处理器为核心的,最初的嵌入式处理器都是为通用目的而设计的。后来,随着微电子技术的发展,出现了 ASIC,它是一种为具体任务而特殊设计的专用集成电路。由于 ASIC 在设计过程中进行了专门优化,其性能、性价比都非常高,采用 ASIC 可以降低系统软硬件设计的复杂度和系统成本。有的嵌入式微处理器利用 ASIC 实现,但 ASIC 的前期设计费用非常高,而且一旦设计完成,就无法升级和扩展,一般只有在一些产量非常大的产品设计中才考虑使用 ASIC。

2. 中间层

硬件层与软件层之间为中间层,也称为 BSP(板级支持包),将系统软件与底层硬件部分隔离,使系统的底层设备驱动程序与硬件无关,一般应具有相关硬件的初始化、数据的输入/输出操作和硬件设备的配置等功能。BSP 是主板硬件环境和操作系统的中间接口,是软件平台中具有硬件依赖性的那一部分,主要目的是支持操作系统,使之能够更好地运行于硬件主板上。

一般来说,纯粹的 BSP 所包含的内容是与系统有关的驱动程序,如网络驱动程序和系统中的网络协议、串口驱动程序和系统的下载调试等。离开这些驱动程序,系统就不能正常工作。

3. 软件层

软件层主要是操作系统,有的还包括文件系统、图形用户接口和网络系统等。操作系统是嵌入式应用软件的基础和开发平台,实际上是一段程序,系统复位后首先执行,相当于用户的主程序,用户的其他应用程序都建立在操作系统之上。操作系统是一个标准的内核,将中断、I/O、定时器等资源都封装起来,以方便用户使用。

操作系统的引入大大完善了嵌入式系统的功能,方便了应用软件的设计,但同时也占用了宝贵的嵌入式系统资源。一般在大型的或需要多任务的应用场合才考虑使用嵌入式操作系统。

4. 功能层

功能层由基于操作系统开发的应用程序组成,用来完成对被控对象的控制功能。为了方便用户操作,往往需要具有友好的人机界面。

对于一些复杂的系统,在系统设计的初期阶段就要对系统的需求进行分析,确定系统功能。然后将系统的功能映射到整个系统的硬件、软件和执行装置的设计过程中,这个过程称为系统的功能实现。

1.8.2　嵌入式系统设计流程

嵌入式系统的应用开发是按照一定的流程进行的,一般由 5 个阶段构成:需求分析、体系结构设计、软/硬件设计、系统集成和代码固化,各个阶段之间往往要求不断地重复和修改直至最终完成设计目标。

嵌入式系统开发已经逐步规范化,在遵循一般工程开发流程的基础上,必须将硬件、软件、人力等各方面资源综合起来。嵌入式系统发都是软件、硬件的结合体和协同开发过程,这是其最大的特点。嵌入式系统设计流程如图 1-5 所示。

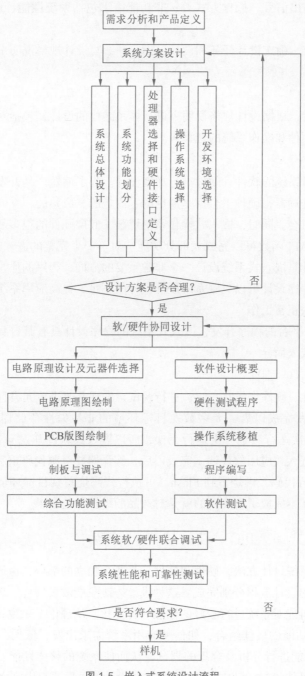

图 1-5 嵌入式系统设计流程

1. 需求分析

嵌入式系统的特点决定了系统在开发初期的需求分析中就要搞清楚需要完成的任务。在此阶段需要分析系统的需求，一般分为功能需求和非功能需求两方面。功能需求是系统的基本功能，如输入/输出信号、操作方式等；非功能需求包括系统性能、成本、功耗、体积、重量等因素。

根据系统的需求，确定设计任务和设计目标，并编写设计规格说明书，作为正式指导设计和验收的标准。

2. 体系结构设计

需求分析完成后，根据设计规格说明书进行体系结构的设计，包括对硬件、软件的功能划分，以及系统的硬件和操作系统的选型等。

3. 软/硬件设计

基于体系结构对系统的软件、硬件进行详细设计。为了缩短产品开发周期，设计往往是并行的。对于每个处理器，硬件平台都是通用的、固定的、成熟的，在开发过程中减少了硬件系统错误的引入机会。同时，嵌入式操作系统屏蔽了底层硬件的很多复杂信息，开发者利用操作系统提供的 API 函数可以完成大部分功能。对于一个完整的嵌入式应用系统的开发，应用系统的程序设计是嵌入式系统设计一个非常重要的方面，程序的质量直接影响整个系统功能的实现，好的程序设计可以克服系统硬件设计的不足，提高应用系统的性能；反之，会使整个应用系统无法正常工作。

不同于基于 PC 平台的程序开发，嵌入式系统的程序设计具有其自身的特点，程序设计的方法也会因系统或人而异。

4. 系统集成和代码固化

把系统中的软件、硬件集成在一起，进行调试，发现并改进单元设计过程中的错误。

嵌入式软件开发完成以后，大多数在目标环境的非易失性存储器中运行，程序写入Flash 固化，保证每次运行后下一次运行无误，所以嵌入式软件开发与普通软件开发相比，增加了固化阶段。嵌入式应用软件调试完成以后，编译器要对源代码重新编译一次，以产生固化到环境的可执行代码，再烧写到 Flash。可执行代码烧写到目标环境中固化后，整个嵌入式系统的开发就基本完成了，剩下的就是对产品的维护和更新了。

1.8.3　嵌入式系统的软/硬件协同设计技术

传统的嵌入式系统设计方法，硬件和软件分为两个独立的部分，由硬件工程师和软件工程师分别按照拟定的设计流程分别完成。这种设计方法只能改善硬件、软件各自的性能，而有限的设计空间不可能对系统进行较好的性能综合优化。从理论上来说，每个应用系统都存在一个硬件、软件功能的最佳组合，如何从应用系统需求出发，依据一定的指导原则和分配算法对软/硬件功能进行分析及合理的划分，从而使系统的整体性能、运行时间、能量耗损、存储能量达到最佳状态，已成为软/硬件协同设计的重要研究内容之一。

系统协同设计与传统设计相比有以下两个显著的区别。

（1）描述硬件和软件使用统一的表示形式。

（2）软 / 硬件划分可以选择多种方案，直到满足要求。

显然，这种设计方法对于具体的应用系统而言，容易获得满足综合性能指标的最佳解决方案。传统方法虽然也可改进软 / 硬件性能，但由于这种改进是各自独立进行的，不一定使系统综合性能达到最佳。

传统的嵌入式系统开发采用软件开发与硬件开发分离的方式，其过程可描述如下。

（1）需求分析。

（2）软 / 硬件分别设计、开发、调试、测试。

（3）系统集成。

（4）集成测试。

（5）若系统正确，则结束，否则继续进行。

（6）若出现错误，需要对软 / 硬件分别验证和修改；返回步骤（3），再继续进行集成测试。

虽然在系统设计的初始阶段考虑了软 / 硬件的接口问题，但由于软件与硬件分别开发，各自部分的修改和缺陷很容易导致系统集成出现错误。由于设计方法的限制，这些错误不但难以定位，而且更重要的是对它们的修改往往会涉及整个软件结构或硬件配置的改动。显然，这是灾难性的。

为避免上述问题，一种新的开发方法应运而生——软 / 硬件协同设计方法。首先，应用独立于任何硬件和软件的功能性规格方法对系统进行描述，采用的方法包括有限态自动机（Finite-State Machine，FSM）、统一化的规格语言（CSP、VHDL）或其他基于图形的表示工具，其作用是对软 / 硬件统一表示，便于功能的划分和综合。然后，在此基础上对软 / 硬件进行划分，即对软 / 硬件的功能模块进行分配。但是，这种功能分配不是随意的，而是从系统功能要求和限制条件出发，依据算法进行的。完成软 / 硬件功能划分之后，需要对划分结果进行评估。一种方法是性能评估，另一种方法是对硬件、软件综合之后的系统依据指令级评价参数进行评估。如果评估结果不满足要求，说明划分方案选择不合理，需重新划分软 / 硬件模块，以上过程重复，直至系统获得一个满意的软 / 硬件实现为止。

软 / 硬件协同设计过程可描述如下。

（1）需求分析。

（2）软 / 硬件协同设计。

（3）软 / 硬件实现。

（4）软 / 硬件协同测试和验证。

这种方法的特点是在协同设计、协同测试和协同验证方面，充分考虑了软 / 硬件的关系，并在设计的每个层次上给予测试验证，尽早发现和解决问题，避免灾难性错误的出现。

第 2 章   嵌入式微处理器

本章对嵌入式微处理器进行概述，介绍 Arm 嵌入式微处理器、嵌入式微处理器分类和特点以及 Cortex-M3 嵌入式微处理器。

2.1   Arm 嵌入式微处理器简介

微课视频

Arm（Advanced RISC Machine）既是一个公司的名字，也是一类微处理器的通称，还可以认为是一种技术的名字。Arm 系列处理器是由英国 Arm 公司设计的，是全球最成功的 RISC 计算机。1990 年，Arm 公司从剑桥的 Acorn 独立出来并上市；1991 年，Arm 公司设计出全球第 1 款 RISC 处理器。从此以后，Arm 处理器被授权给众多半导体制造厂，成为低功耗和低成本的嵌入式应用的市场领导者。

Arm 公司是全球领先的半导体知识产权（Intellectual Property，IP）提供商，与一般的公司不同，Arm 公司既不生产芯片，也不销售芯片，而是设计出高性能、低功耗、低成本和高可靠性的 IP 内核，如 Arm7TDMI、Arm9TDMI、Arm10TDMI 等，授权给各半导体公司使用。半导体公司在授权付费使用 Arm 内核的基础上，根据自己公司的定位和各自不同的应用领域，添加适当的外围电路，从而形成自己的嵌入式微处理器或微控制器芯片产品。目前，绝大多数的半导体公司都使用 Arm 公司的授权，如 Intel、IBM、三星、德州仪器、飞思卡尔（Freescale）、恩智浦（NXP）、意法半导体等。这样既使 Arm 技术获得更多的第三方工具、硬件、软件的支持，又使整个系统成本降低，使产品更容易进入市场被消费者所接受，更具有竞争力。Arm 公司利用这种双赢的伙伴关系迅速成为全球性 RISC 微处理器标准的缔造者。

Arm 嵌入式处理器有着非常广泛的嵌入式系统支持，如 Windows CE、μC/OS-Ⅱ、μCLinux、VxWorks、μTenux 等。

2.1.1   Arm 处理器的特点

因为 Arm 处理器采用 RISC 结构，所以它具有 RISC 架构的一些经典特点，具体如下。

（1）体积小、功耗低、成本低、性能高。

（2）支持 Thumb（16 位）/Arm（32 位）双指令集，能很好地兼容 8 位 /16 位器件。

（3）大量使用寄存器，指令执行速度更快。

（4）大多数数据操作都在寄存器中完成。

（5）寻址方式灵活简单，执行效率高。

（6）内含嵌入式在线仿真器。

基于 Arm 处理器的上述特点，其被广泛应用于以下领域。

（1）为通信、消费电子、成像设备等产品提供可运行复杂操作系统的开放应用平台。

（2）在海量存储、汽车电子、工业控制和网络应用等领域，提供实时嵌入式应用。

（3）在军事、航天等领域，提供宽温、抗电磁干扰、耐腐蚀的复杂嵌入式应用。

2.1.2　Arm 体系结构的版本和系列

1. Arm 处理器的体系结构

Arm 体系结构是 CPU 产品所使用的一种体系结构，Arm 公司开发了一套拥有知识产权的 RISC 体系结构的指令集。每个 Arm 处理器都有一个特定的指令集架构，而一个特定的指令集架构又可以由多种处理器实现。

自从第 1 个 Arm 处理器芯片诞生至今，Arm 公司先后定义了 8 个 Arm 体系结构版本，分别命名为 V1 ～ V8；此外，还有基于这些体系结构的变种版本。V1 ～ V3 版本已经被淘汰，目前常用的是 V4 ～ V8 版本，每个版本均继承了前一个版本的基本设计，但性能有所提高或功能有所扩充，并且指令集向下兼容。

1）冯·诺依曼结构

冯·诺依曼结构也称为普林斯顿结构，是一种将程序指令存储器和数据存储器合并在一起的计算机设计概念结构。它描述的是一种实作通用图灵机的计算装置，以及一种相对于平行计算的序列式结构参考模型（Referential Model），如图 2-1 所示。

冯·诺依曼结构隐约指导了将存储装置与中央处理器分开的概念，因此根据本结构设计出的计算机又称为存储程序型计算机。

冯·诺依曼结构处理器具有以下特点。

（1）必须有一个存储器。

（2）必须有一个控制器。

（3）必须有一个运算器，用于完成算术运算和逻辑运算。

（4）必须有输入和输出设备，用于进行人机通信。

2）哈佛结构

哈佛结构（Harvard Architecture）是一种将程序

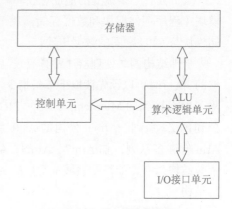

图 2-1　冯·诺依曼结构

指令存储和数据存储分开的存储器结构。如图 2-2 所示，中央处理器首先到程序指令存储器中读取程序指令内容，解码后得到数据地址，再到相应的数据存储器中读取数据，并进行下一步操作（通常是执行）。程序指令存储和数据存储分开，数据和指令的存储可以同时进行，可以使指令和数据有不同的数据宽度，如 Microchip 公司的 PIC16 芯片的程序指令是 14 位宽度，而数据是 8 位宽度。

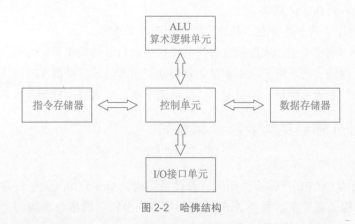

图 2-2　哈佛结构

与冯·诺依曼结构处理器比较，哈佛结构处理器具有两个明显的特点。

（1）使用两个独立的存储器模块，分别存储指令和数据，每个存储模块都不允许指令和数据并存。

（2）使用独立的两条总线，分别作为 CPU 与每个存储器之间的专用通信路径，而这两条总线之间毫无关联。

改进的哈佛结构的结构特点如下。

（1）使用两个独立的存储器模块，分别存储指令和数据，每个存储模块都不允许指令和数据并存，以便实现并行处理。

（2）具有一条独立的地址总线和一条独立的数据总线，利用公用地址总线访问两个存储模块（程序存储模块和数据存储模块），公用数据总线则被用来完成程序存储模块或数据存储模块与 CPU 之间的数据传输。

哈佛结构的微处理器通常具有较高的执行效率。其程序指令和数据指令是分开组织和存储的，执行时可以预先读取下一条指令。目前使用哈佛结构的中央处理器和微控制器有很多，除了上面提到的 Microchip 公司的 PIC 系列芯片，还有摩托罗拉公司的 MC68 系列、Zilog 公司的 Z8 系列、Atmel 公司的 AVR 系列和安谋（Arm）公司的 Arm9、Arm10 和 Arm11。Arm 有许多系列，如 Arm7、Arm9、Arm10E、XScale、Cortex 等，其中哈佛结构、冯·诺依曼结构都有，如控制领域最常用的 Arm7 系列是冯·诺依曼结构，而 Cortex-M3 系列是哈佛结构。

2. Arm 体系结构版本的变种

Arm 处理器在制造过程中的具体功能要求往往会与某个标准的 Arm 体系结构不完全一致，有可能根据实际需求增加或减少一些功能。因此，Arm 公司制定了标准，采用一些字母后缀表明基于某个标准 Arm 体系结构版本的不同之处，这些字母称为 Arm 体系结构版本变量或变量后缀。带有变量后缀的 Arm 体系结构版本称为 Arm 体系结构版本变种。表 2-1 所示为 Arm 体系结构版本的变量后缀。

表 2-1 Arm 体系结构版本的变量后缀

变量后缀	描　述
T	Thumb 指令集，Thumb 指令长度为 16 位，目前有两个版本：Thumb-1 用于 ArmV4 的 T 变种，Thumb-2 用于 ArmV5 以上的版本
D	含有 JTAG 调试，支持片上调试
M	内嵌硬件乘法器（Multiplier），提供用于进行长乘法操作的 Arm 指令，产生全 64 位结果
I	嵌入式 ICE，用于实现片上断点和调试点支持
E	增强型 DSP 指令，增加了新的 16 位数据乘法与乘加操作指令，加 / 减法指令可以实现饱和的带符号数的加 / 减法操作
J	Java 加速器 Jazelle，与一般的 Java 虚拟机相比，它将 Java 代码运行速度提高了 8 倍，而功耗降低了 80%
F	向量浮点单元
S	可综合版本

3. Arm 处理器的命名规则

一般 Arm 处理器内核都有一个规范的名称，该名称概括地表明了内核的体系结构和功能特性。

Arm 产品名称通常以 Arm［x］［y］［z］［T］［D］［M］［I］［E］［J］［F］［-S］形式出现。

所有命名以 Arm 字符开头，后面是若干描述参数，每个参数并不是必需的。后缀的含义已在表 2-1 中列出，前 3 个参数的含义如下。

（1）［x］表示系列号，是共享相同硬件特性的一组处理器的具体实现，如 Arm7TDMI、Arm740T 和 Arm720T 都属于 Arm7 系列。

（2）［y］表示内存存储管理和保护单元，如 Arm72、Arm92。

（3）［z］表示含有高速缓存，如 Arm720、Arm940。

另外，还有一些附加的要点。

（1）Arm7TDMI 之后的所有 Arm 内核，即使 Arm 标志后没有包含 TDMI 字符，也都默认包含了 TDMI 的功能特性。

（2）TAG 是由 IEEE 1149.1 标准测试访问端口和边界扫描结构来描述的，它是 Arm 用来发送和接收处理器内核与测试仪器之间调试信息的一系列协议。

（3）嵌入式 ICE 宏单元是建立在处理器内部用来设置断点和观察点的调试硬件。

（4）可综合版本，意味着处理器内核是以源代码形式提供的。这种源代码形式可被编译为一种易于电子设计自动化（Electronic Design Automation，EDA）工具使用的形式。

（5）自 2005 年以后，ArmV7 体系结构的命名方式有所改变，名称用 Arm Cortex 开头，

随后使用附加字母 -A、-R 或 -M 表示该处理器内核所适合使用的领域，再加上一个数字表示处理器在该领域的产品序号，如本书主要介绍的 Arm Cortex-M3 系列处理器。

2.1.3　Arm 的 RISC 结构特性

Arm 内核采用精简指令集计算机（RISC）体系结构，它是一个小门数的计算机，指令集和相关的译码机制比复杂指令集计算机（Complex Instruction Set Computer，CISC）要简单得多，其目标就是设计出一套能在高时钟频率下单周期执行、简单而有效的指令集。RISC 的设计重点在于降低处理器中指令执行部件的硬件复杂度，这是因为软件比硬件更容易提供更大的灵活性和更高的智能化，因此 Arm 具备了非常典型的 RISC 结构特性。

（1）具有大量的通用寄存器。

（2）通过装载/保存（Load/Store）结构使用独立的 load 和 store 指令完成数据在寄存器和外部存储器之间的传输，处理器只处理寄存器中的数据，从而可以避免多次访问存储器。

（3）寻址方式非常简单，所有装载 / 保存的地址都只由寄存器内容和指令域决定。

（4）使用统一和固定长度的指令格式。

此外，Arm 体系结构还具有以下特性。

（1）每条数据处理指令都可以同时包含算术逻辑单元（Arithmetic Logic Unit，ALU）的运算和移位处理，以实现对 ALU 和移位器的最大利用。

（2）使用地址自动增加和自动减少的寻址方式优化程序中的循环处理。

（3）load/store 指令可以批量传输数据，从而实现最大数据吞吐量。

（4）大多数 Arm 指令是可"条件执行"的，也就是说，只有当某个特定条件满足时指令才会被执行。通过使用条件执行，可以减少指令的数目，从而提高程序的执行效率和代码密度。

这些在基本 RISC 结构上增强的特性使 Arm 处理器在高性能、低代码规模、低功耗和小的硅片尺寸方面取得良好的平衡。

从 1985 年 Arm1 诞生至今，Arm 指令集体系结构发生了巨大的改变，还在不断地完善和发展。为了清楚地表达每个 Arm 应用实例所使用的指令集，Arm 公司定义了 7 种主要的 Arm 指令集体系结构版本，以版本号 V1 ～ V7 表示。

2.1.4　Arm 处理器系列

Arm 十几年如一日地开发新的处理器内核和系统功能块，其功能不断进化，处理水平持续提高。根据功能 / 性能指标和应用方向，开发出多个内核，实现了处理器内核的系列化。下面按照内核体系分别介绍 Arm 处理器的产品。

1. Arm7 系列

Arm7 内核采用冯·诺依曼体系结构，数据和指令使用同一条总线。内核有一条 3 级流水线，执行 Arm V4 指令集。

Arm7 系列处理器主要应用于对功耗和成本要求比较苛刻的消费类产品。其最高主频可以到达 130MIPS（MIPS 指每秒执行的百万条指令数）。

Arm7 系列处理器主要具有以下特点。

（1）具有 32 位 RISC 处理器。

（2）最高主频达 130MIPS。

（3）功耗低。

（4）代码密度高，兼容 16 位微处理器。

（5）开发工具多，EDA 仿真模型多。

（6）调试机制完善。

（7）提供 0.25μm、0.18μm 及 0.13μm 的生产工艺。

（8）代码与 Arm9、Arm9E 以及 Arm10E 系列兼容。

Arm7 系列包含 Arm7EJ-S、Arm7TDMI、Arm7TDMI-S、Arm720T，它们属于低端的 Arm 微处理器核，在工业控制器、MP3 播放器、喷墨打印机、调制解调器以及早期的移动通信设备等产品中使用。典型的 Arm7 系列微处理器芯片有三星公司的 S3C44B0、恩智浦公司的 LPC2131 和 Atmel 公司的 AT91SAM7S/256 等。

2. Cortex-A8 处理器

Cortex-A8 是 Arm 公司开发的基于 Arm V7 架构的首款应用级处理器，同时也是 Arm 所开发的同类处理器中性能最好、能效最高的处理器。从 600MHz 开始到 1GHz 以上的运算能力使 Cortex-A8 能够轻易胜任那些要求功耗小于 300mW 的、耗电量最优化的移动电话器件以及那些要求有 2000MIPS 执行速度的、性能最优化的消费者产品的应用。

Cortex-A8 是 Arm 公司首个超量处理器，其特色是运用了可增加代码密度和加强性能的技术、可支持多媒体以及信号处理能力的 NEONTM 技术以及能够支持 Java 和其他字节码语言（Byte-Code Language）的提前和即时编译的 Jazelle 运行时编译目标代码（Runtime Compilation Target，RCT）技术。

Arm 最新的 Artisan Advantage-CE 库以其先进的泄漏控制技术使 Cortex-A8 处理器实现了优异的速度和能效。

Cortex-A8 具有多种先进的功能特性，它是一个有序、双行、超标量的处理器内核，具有 13 级整数运算流水线、10 级 NEON 媒体运算流水线、可对等待状态进行编程的专用的二级缓存以及基于历史的全局分支预测；在功耗最优化的同时，实现了 2.00MIPS/MHz 的性能。Cortex-A8 完全兼容 Arm V7 架构，采用 Thumb-2 指令集，带有为媒体数据处理优化的 NEON 信号处理能力、Jazelle RC Java 加速技术，并采用了 TrustZong 技术保障数据的安全性。Cortex-A8 带有经过优化的一级缓存，还集成了二级缓存。众多先进的技术使其适用于家电以及电子行业等各种高端的应用领域。

3. Arm9/9E 系列

Arm9 系列发布于 1997 年，由于采用了 5 级指令流水线，Arm9 处理器能够运行在比 Arm7 更高的时钟频率上，改善了处理器的整体性能；存储器系统根据哈佛体系结构（程序和数据空间独立的体系结构）重新设计，区分了数据总线和指令总线。Arm9 系列的第 1 个处理器是 Arm920T，包含独立的数据指令 Cache 和 MMU。该处理器能够应用在要求有虚拟存储器支持的操作系统上。Arm922T 是 Arm920T 的变种，只有一半大小的数据指令 Cache。Arm940T 包含一个更小的数据指令 Cache 和一个内存保护单元（Memory Protection Unit，MPU），它是针对不要求运行操作系统的应用而设计的。Arm920T、Arm940T 都执行 V4T 架构指令。Arm9 系列的下一个处理器是基于 Arm9E-S 内核的。这个内核是 Arm9 内核带有 E 扩展的一个可综合版本，有 Arm946E-S 和 Arm966E-S 两个变种，两者都执行 V5TE 架构指令，它们也支持可选的嵌入式跟踪宏单元，支持开发者实时跟踪处理器上指令和数据的执行。当调试对时间敏感的程序段时，这种方法非常重要。

Arm9 系列包含 Arm922T、Arm926EJ-S、Arm940T、Arm946E-S、Arm966E-S 等多种类型的微处理器核。典型的 Arm9 系列微处理器芯片有三星公司的 S3C2410、S3C2440 以及恩智浦公司的 LPC2900 和 Atmel 公司的 AT91RM9200 等。

4. Arm10 系列

Arm10 发布于 1999 年，具有高性能、低功耗的特点。它将 Arm9 的流水线扩展到 6 级，也支持可选的向量浮点单元（Vector Float Point，VFP），对 Arm10 的流水线加入了第 7 段。VFP 明显增强了浮点运算性能，并与 IEEE 754.1985 浮点标准兼容。Arm10E 系列处理器采用了新的节能模式，提供了 64 位的 Load/Store 体系，支持包括向量操作的满足 IEEE 754 标准的浮点运算协处理器，系统集成更加方便，拥有完整的硬件和软件开发工具。Arm10E 系列包括 Arm1020E、Arm1022E 和 Arm1026EJ-S 这 3 种类型。

5. Arm11 系列

Arm1136J-S 发布于 2003 年，是针对高性能和高能效而设计的。Arm1136J-S 是第 1 个执行 Arm V6 架构指令的处理器。它集成了一条具有独立的 Load/Store 体系和算术流水线的 8 级流水线。ArmV6 指令包含了针对多媒体处理的单指令流多数据流扩展，采用特殊的设计改善视频处理能力。Arm11 系列包含 Arm1136J-S、Arm1136JF-S、Arm1156T2（F）-S、Arm1176JZ（F）-S、Arm11 MPCore 等。典型的 Arm11 系列微处理器芯片有三星公司的 S3C6410 和飞思卡尔公司的 i.MX35 系列等。

6. SecurCore 系列

SecurCore 系列处理器提供了基于高性能的 32 位 RISC 技术的安全解决方案。SecurCore 系列处理器除了具有体积小、功耗低、代码密度高等特点外，还具有以下特有的特点。

（1）支持 Arm 指令集和 Thumb 指令集，以提高代码密度和系统性能。

（2）采用软内核技术以提供最大限度的灵活性，可以防止外部对其进行扫描探测。

（3）提供了安全特性，可以抵制攻击。

（4）提供面向智能卡和低成本的 MPU。

（5）可以集成用户自己的安全特性和其他协处理器。

SecurCore 系列包含 SC100、SC110、SC200 和 SC210 这 4 种类型。

7. Cortex 系列

2006 年 Arm 公司推出了基于 ArmV7 架构的 Cortex 系列标准体系架构，从而满足各种技术的不同性能要求。Cortex 系列明确地分为 A、R、M 这 3 个系列。

Arm Cortex-A 系列处理器主要用于具有高计算要求、运行丰富的操作系统及提供交互媒体和图形体验的应用领域，如智能手机、平板电脑、汽车娱乐系统、数字电视等。这类应用所需处理器都运行在很高的时钟频率（超过 1GHz）上，支持 Linux、Android、Windows 和移动操作系统等完整操作系统，具有满足操作系统需要的内存管理单元。

Arm Cortex-R 系列处理器属于面向实时应用的高性能处理器系列，主要用于硬盘控制器、汽车传动系统、无线通信的基带控制、大容量存储控制器等深层嵌入式实时应用。多数实时处理器不支持 MMU，不过通常具有 MPU、Cache 和其他针对工业应用设计的存储器功能。实时处理器运行在比较高的时钟频率（如 200MHz ～ 1GHz），响应延迟非常低。虽然实时处理器不能运行完整版本的 Linux 和 Windows 操作系统，但是支持大量的实时操作系统（RTOS）。

Arm Cortex-M 系列处理器主要针对低成本和功耗敏感的应用，如智能测量、人机接口设备、汽车和工业控制系统、家用电器、消费性产品和医疗器械。其巨大的性价比优势已经对传统的 8 位和 16 位单片机市场构成实质性的威胁和冲击。以本书将着重介绍的 STM32F10x 系列为例，其低配置型号的价格只有 10 元人民币左右，却同样具有 32 位处理器的强大性能，无论在性能上还是在功耗上，相对于传统的单片机都具有极大的优势。

2.1.5　Arm Cortex-M 处理器

Arm Cortex-M 处理器家族更多地集中在低性能端，但是这些处理器相比于许多传统微控制器性能仍然更强大。例如，Cortex-M4 和 Cortex-M7 处理器应用在许多高性能的微控制器产品中，最大的时钟频率可以达到 400MHz。表 2-2 所示为 Arm Cortex-M 处理器家族。

表 2-2　Arm Cortex-M 处理器家族

处 理 器	描　　　述
Cortex-M0	面向低成本、超低功耗的微控制器和深度嵌入式应用的非常小的处理器
Cortex-M0+	针对小型嵌入式系统的最高能效的处理器，与 Cortex-M0 处理器的尺寸和编程模式接近，但是具有扩展功能，如单周期 I/O 接口和向量表重定位功能

续表

处 理 器	描 述
Cortex-M1	针对 FPGA 设计优化的小处理器，利用 FPGA 上的存储器块实现了紧耦合内存（TCM），和 Cortex-M0 有相同的指令集
Cortex-M3	针对低功耗微控制器设计的处理器，面积小但是性能强劲，支持可快速处理复杂任务的丰富指令集。具有硬件除法器和乘加指令（MAC），并且支持全面的调试和跟踪功能，使软件开发者可以快速地开发他们的应用
Cortex-M4	不但具备 Cortex-M3 的所有功能，并且扩展了面向数字信号处理的指令集，如单指令多数据指令和更快的单周期 MAC 操作。此外，还有一个可选的支持 IEEE 754 浮点标准的单精度浮点运算单元
Cortex-M7	针对高端微控制器和数据处理密集的应用开发的高性能处理器。具备 Cortex-M4 支持的所有指令功能，扩展支持双精度浮点运算，并且具备扩展的存储器功能，如 Cache 和紧耦合存储器
Cortex-M23	面向超低功耗、低成本应用设计的小尺寸处理器，和 Cortex-M0 相似，但是支持各种增强的指令集和系统层面的功能特性，还支持 TrustZone 安全扩展
Cortex-M33	主流的处理器设计，与之前的 Cortex-M3 和 Cortex-M4 处理器类似，但系统设计更灵活，能耗比更高效，性能更高；还支持 TrustZone 安全扩展

相比于老的 Arm 处理器（如 Arm7TDMI、Arm9），Cortex-M 处理器有一个非常不同的架构，例如：

（1）仅支持 Arm Thumb 指令，已扩展到同时支持 16 位和 32 位指令 Thumb-2 版本；

（2）内置的嵌套向量中断控制负责中断处理，自动处理中断优先级、中断屏蔽、中断嵌套和系统异常。

微课视频

2.2　嵌入式处理器的分类和特点

处理器分为通用处理器与嵌入式处理器两类。通用处理器以 x86 体系架构的产品为代表，基本被 Intel 和 AMD 两家公司垄断。通用处理器追求更快的计算速度、更大的数据吞吐率，有 8 位处理器、16 位处理器、32 位处理器和 64 位处理器。

在嵌入式应用领域应用较多的还是各种嵌入式处理器。嵌入式处理器是嵌入式系统的核心，是控制、辅助系统运行的硬件单元。根据现状，嵌入式处理器可以分为嵌入式微处理器、嵌入式微控制器、嵌入式 DSP 和嵌入式 SoC。因为嵌入式系统有应用针对性的特点，不同系统对处理器的要求千差万别，因此嵌入式处理器种类繁多。据不完全统计，全世界嵌入式处理器的种类已经超过 1000 种，流行的体系架构有 30 多个。现在几乎每个半导体制造商都生产嵌入式处理器，越来越多的公司有自己的处理器设计部门。

1. 嵌入式微处理器

嵌入式微处理器处理能力较强、可扩展性好、寻址范围大、支持各种灵活设计，且不限于某个具体的应用领域。嵌入式微处理器是 32 位以上的处理器，具有体积小、重量轻、成本低、可靠性高的优点，在功能、价格、功耗、芯片封装、温度适应性、电磁兼容方面更适合嵌入式系统应用要求。嵌入式微处理器目前主要有 Arm、MIPS、PowerPC、xScale、ColdFire 系列等。

2. 嵌入式微控制器

嵌入式微控制器（MCU）又称为单片机，在嵌入式设备中有着极其广泛的应用。嵌入式微控制器芯片内部集成了 ROM、可擦可编程只读存储器（Erasable Programmable Read-Only Memory，EPROM）、RAM、总线、总线逻辑、定时 / 计数器、看门狗、I/O、串行口、脉宽调制输出、ADC、DAC、Flash RAM、EEPROM 等各种必要功能和外设。和嵌入式微处理器相比，嵌入式微控制器最大的特点是单片化，体积大大减小，从而使功耗和成本下降，可靠性提高。嵌入式微控制器的片上外设资源丰富，适合嵌入式系统工业控制的应用领域。嵌入式微控制器从 20 世纪 70 年代末出现至今，出现了很多种类，比较有代表性的嵌入式微控制器产品有 Cortex-M、8051、AVR、PIC、MSP430、C166、STM8 系列等。

3. 嵌入式 DSP

嵌入式数字信号处理器（Embedded Digital Signal Processor，EDSP）又称为嵌入式 DSP，是专门用于信号处理的嵌入式处理器，它在系统结构和指令算法方面经过特殊设计，具有很高的编译效率和指令执行速度。嵌入式 DSP 内部采用程序和数据分开的哈佛结构，具有专门的硬件乘法器，广泛采用流水线操作，提供特殊的数字信号处理指令，可以快速实现各种数字信号处理算法。在数字化时代，数字信号处理是一门应用广泛的技术，如数字滤波、快速傅里叶变换（Fast Fourier Transform，FFT）、谱分析、语音编码、视频编码、数据编码、雷达目标提取等。传统微处理器在进行这类计算操作时的性能较低，而嵌入式 DSP 的系统结构和指令系统针对数字信号处理进行了特殊设计，因而在执行相关操作时具有很高的效率。比较有代表性的嵌入式 DSP 产品是 Texas Instruments 公司的 TMS320 系列和 Analog Devices 公司的 ADSP 系列。

4. 嵌入式 SoC

针对嵌入式系统的某一类特定的应用对嵌入式系统的性能、功能、接口有相似的要求的特点，用大规模集成电路技术将某一类应用需要的大多数模块集成在一枚芯片上，从而在芯片上实现一个嵌入式系统大部分核心功能的处理器就是嵌入式 SoC。

嵌入式 SoC 把微处理器和特定应用中常用的模块集成在一枚芯片上，应用时往往只需要在 SoC 外部扩充内存、接口驱动、一些分立元件及供电电路，就可以构成一套实用的系统，极大地降低了系统设计的难度，还有利于减小电路板面积、降低系统成本、提高系统可靠性。嵌入式 SoC 是嵌入式处理器的一个重要发展趋势。

5. 嵌入式处理器的特点

在分类的基础上，描述一款嵌入式处理器通常包括以下方面。

（1）内核。内核是一个处理器的核心，它影响处理器的性能和开发环境。通常，内核包括内部结构和指令集。而内部结构又包括运算和控制单元、总线、存储管理单元及异常管理单元等。

（2）片内存储资源。高性能处理器通常片内集成高速 RAM，以提高程序执行速度。一些 MCU 和 SoC 内置 RoM 或 Flash ROM，以简化系统设计，提高相关处理器应用的方便性。

（3）外设。嵌入式处理器不可缺少外设，如中断控制器、定时器、直接存储器访问（Direct Memory Access，DMA）控制器等，还包括通信、人机交互、信号 I/O 等接口。

（4）电源。嵌入式处理器的电源电气指标通常包括处理器正常工作和耐受的电压范围，以及工作所需的最大电流。

（5）封装形式。封装形式包括处理器的尺寸、外形和引脚方式等。

嵌入式处理器是嵌入式系统的核心。为了满足嵌入式系统实时性强、功耗低、体积小、可靠性高的要求，嵌入式处理器具有以下特点。

（1）速度快。实时应用要求处理器必须具有高处理速度，以保证在限定的时间内完成从数据获取、分析处理到控制输出的整个过程。

（2）功耗低。电池续航能力是手机等移动设备的一项重要的性能指标。电子气表、电子水表、电子锁等产品要求电池续航时间达一年甚至更长的时间。进一步地，嵌入式处理器不仅要求低功耗，还需具有管理外设功耗的能力。

（3）接口丰富，I/O 能力强。手机、个人数字助理（Personal Digital Assistant，PDA）以及个人媒体播放器（Personal Media Player，PMP）等设备要求系统具有液晶显示、扬声器等输出设备，支持键盘、手写笔等输入设备及 Wi-Fi、蓝牙、USB 等通信能力。这类产品要求嵌入式处理器能够集成多种接口，满足系统丰富的功能需求。

（4）可靠性高。不同于通用计算机，嵌入式系统经常工作在无人值守的环境中，一旦系统出错难以得到及时纠正。因此，嵌入式处理器常采用看门狗（Watchdog）电路等技术提高可靠性。

（5）生命周期长。一些嵌入式系统的应用需求比较稳定，长时间内不发生变化。另外，稳定成熟的嵌入式处理器不仅可以保证产品质量的稳定性，而且具有较低的价格。因此，嵌入式处理器通常具有较长的生命周期。例如，Intel 公司于 1980 年推出的 8 位微控制器 8051，至今仍然是全球流行的产品。

（6）产品系列化。为了缩短产品的开发周期和上市时间，嵌入式处理器产品呈现出系列化、家族化的特征。通常，同一系列不同型号处理器采用相同的架构，其内部组成和接口有所区别。产品系列化保证了软件的兼容性，提高了软件升级和移植的方便性。

通常的处理器分类方法可以用于对嵌入式微处理器进行分类。例如，可以依据嵌入式处理器指令集的特点、处理器字长、内部总线结构和功能特点等进行分类。

2.3　Cortex-M3 嵌入式微处理器

2.3.1　Arm 概述

Arm 包括 Arm1 ～ Arm11 与 Cortex，其中被广泛应用的是 Arm7、Arm9、Arm11 以及 Cortex 系列。

Arm 的设计具有典型的精简指令系统（RISC）风格。Arm 的体系架构已经经历了 6 个版本，版本号分别为 V1 ～ V6，每个版本各有特色，定位也各有不同，彼此之间不能简单地相互替代。其中，Arm9、Arm10 对应的是 V5 架构，Arm11 对应的是发表于 2001 年的 V6 架构，时钟频率为 350 ～ 500MHz，最高可达 1GHz。

Cortex 是 Arm 的全新一代处理器内核，它在本质上是 Arm V7 架构的实现，它完全有别于 Arm 的其他内核，是全新开发的。按照 3 类典型的嵌入式系统应用，即高性能、微控制器、实时类，Cortex 又分为 3 个系列，即 Cortex-A、Cortex-M、Cortex-R。而 STM32 就属于 Cortex-M 系列。

Cortex-M 旨在提供一种高性能、低成本的微处理器平台，以满足最小存储器、小引脚数和低功耗的需求，同时兼顾卓越的计算性能和出色的中断管理能力。目前典型的、使用最为广泛的是 Cortex-M0、Cortex-M3、Cortex-M4。

微课视频

与 MCS-51 单片机采用的哈佛结构不同，Cortex-M 采用的是冯·诺依曼结构，即程序存储器和数据存储器不分开，统一编址。

Arm 在 1990 年成立，最初的名字是 Advanced RISC Machines Ltd.，当时它由 3 家公司——苹果电脑公司、Acorn 电脑公司以及 VLSI 技术（公司）合资成立。1991 年，Arm 推出了 Arm6 处理器家族，VLSI 则是第 1 个制造 Arm 芯片的公司。后来，TI、NEC、Sharp、ST 等公司陆续都获取了 Arm 授权，使 Arm 处理器应用在手机、硬盘控制器、掌上计算机、家庭娱乐系统以及其他消费电子产品中。

Arm 过去称作高级精简指令集机器（Advanced RISC Machine，更早称作 Acorn RISC Machine），是一个 32 位精简指令集（RISC）处理器架构，其广泛地使用在许多嵌入式系统设计中。

Arm 公司是一家出售技术知识产权的公司。所谓的技术知识产权，类似于卖房屋的结构设计图，至于要怎样修改，哪边开窗户，以及要怎样加盖其他的花园，就由买了设计图的厂商自己决定。而有了设计图，当然还要有实现设计图的厂商，这些就是 Arm 架构的授权客户群。Arm 公司本身并不靠自有的设计制造或出售 CPU，而是将处理器架构授权给有兴趣的厂家。许多半导体公司持有 Arm 授权，Intel、TI、Qualcomm、华为、中兴、Atmel、Broadcom、Cirrus Logic、恩智浦半导体（于 2006 年从飞利浦独立出来）、富士通、英特尔、IBM、NVIDIA、新唐科技（Nuvoton Technology）、英飞凌、任天堂、OKI 电气工业、三星电子、Sharp、STMicroelectronics 和 VLSI 等公司均拥有各种不同形式的 Arm 授权。Arm 公司与获得授权的半导体公司的关系如图 2-3 所示。

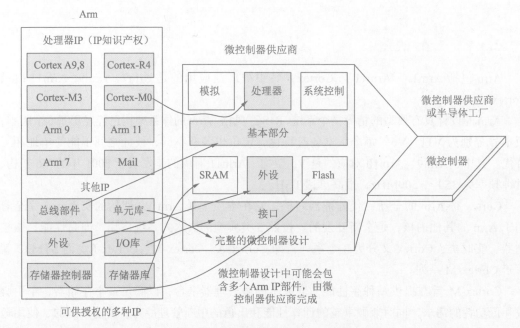

图 2-3   在微控制器中使用 Arm 授权

Cortex-M3 是首款基于 Arm V7-M 架构的 32 位处理器,具有功耗低、逻辑门数较少、中断延迟短、调试成本低等诸多优点。与 8 位 /16 位设备相比,Arm Cortex-M3 32 位 RISC 处理器提供了更高的代码效率。它整合了多种技术,减少了使用内存,并在极小的 RISC 内核上提供低功耗和高性能。Arm Cortex-M3 内核降低了编程难度,集高性能、低功耗、低成本于一体。

Arm Cortex-M3 处理器不仅使用了先进的哈佛结构,执行 32 位的 Thumb-2 指令集,同时包含高效的系统外设——嵌套向量中断控制器(Nested Vectored Interrupt Controller,NVIC)和 Arbiter 总线,还实现了 Tail-Chaining 中断技术,可在实际应用中缩短 70% 的中断处理时间。

Arm Cortex-M3 内部还具有多个调试组件,用于在硬件水平上支持调试操作,如指令断点、数据观察点等。另外,为了支持更高级的调试,还有其他可选组件,包括指令跟踪和多种类型的调试接口。下面对 Arm Cortex-M3 处理器的性能进行详细介绍。

1. 高性能

(1)许多指令都是单周期的,包括乘法相关指令,并且在整体性能上,Cortex-M3 优于绝大多数其他的架构。

(2)采用哈佛结构,指令总线和数据总线被分开,取指令和访问可以并行操作。

(3)Thumb-2 指令集无须进行 32 位 Arm 状态和 16 位 Thumb 状态的切换,极大地简化了软件开发和代码维护,也缩短了产品开发周期。

（4）Thumb-2 指令集为编程带来了更大的灵活性，提高了 Cortex-M3 的代码密度，进而减少了存储器的需求。

（5）取指令都按 32 位处理，同一周期最多可以取出两条指令，留下了更多的带宽给数据传输。

（6）Cortex-M3 的设计允许单片机高频运行，即使在相同的速度下运行，Cortex-M3 的每指令周期数（Cycles Per Instruction，CPI）也更低，于是同样的频率下可以做更多的工作；另外，也使同一个应用在 Cortex-M3 上需要更低的主频。

2. 先进的中断处理功能

（1）内置的嵌套向量中断控制器支持多达 240 条外部中断输入。向量化的中断功能极大地缩短了中断延迟，因为不再需要软件判断中断源。中断的嵌套也是在硬件水平上实现的，不需要软件代码实现。

（2）Cortex-M3 在进入异常服务例程时，因为自动压栈了 R0 ～ R3、R12、LR、PSR 和 PC 寄存器，同时在返回时自动弹出它们，因此加速了中断的响应，也无需汇编语言代码。

（3）NVIC 支持对每路中断设置不同的优先级，使中断管理极富弹性。

3. 低功耗

（1）Cortex-M3 需要的逻辑门数少，自然对功耗的要求就低（低于 0.19mW/MHz）。

（2）在内核水平上支持节能模式（SLEEPING 和 SLEEPDEEP 位）。通过使用等待中断指令（WFI）和等待事件指令（WFE），内核可以进入睡眠模式，并且以不同的方式唤醒。

（3）Cortex-M3 的设计是全静态的、同步的、可综合的。任何低功耗的或标准的半导体工艺均可放心使用。

4. 系统特性

（1）系统支持"位寻址"操作和字节不变大端模式，并且支持非对齐的数据访问。

（2）拥有先进的 Fault 处理机制，支持多种类型的异常和 Fault，使故障诊断更容易。

（3）通过引入 Banked 堆栈指针机制，将系统程序使用的堆栈和用户程序使用的堆栈划清界限。如果再配上可选的 MPU，处理器就能彻底满足对软件健壮性和可靠性有严格要求的应用。

5. 调试支持

（1）在支持传统的 JTAG 的基础上，还支持串行线调试接口。

（2）基于 CoreSight 调试解决方案，使处理器运行期间也能访问处理器状态和存储器内容。

（3）内建了对多达 6 个断点和 4 个数据观察点的支持。

（4）可以选配一个 ETM 模块，用于指令跟踪。

（5）在调试方面还加入了 Fault 状态寄存器、新的 Fault 异常，以及闪存修补（Patch）操作等新特性，使调试大幅简化。

（6）可选 ITM 模块，测试代码可以通过它输出调试信息，而且使用方便。

　　CPU 寄存器是处理器内部主要用于暂存运算数据、运算中间结果的存储单元，这种寄存器称为通用寄存器；也有一些寄存器用于暂存处理器的状态、控制信息、一些特殊的指针等工作信息，这种寄存器称为特别功能寄存器。对于嵌入式开发，常见的寄存器又分为针对内核的寄存器和针对硬件外设的寄存器。

　　嵌入式开发者不必关心处理器内部电路的具体实现方式，只须关注这个处理器的应用特性，即如何编程使用 Arm 处理器进行运算处理，以及该处理器芯片引脚的信号特性（如引脚属性、时序、交流特性、直流特性等）。对于应用编程设计用户，处理器可抽象为物理寄存器，用户通过对这些物理寄存器的设置完成程序设计，进而进行数据处理。

　　当前很多设计开发和学习过程中，寄存器并不是完全可见的。在 PC 程序开发中，程序功能的实现更多依赖于系统提供的 API 和其他一些封装控件，开发者无须接触寄存器。

　　本书介绍的 STM32 开发中，将采用基于标准外设库的开发模式，可以使开发者不用深入了解底层硬件细节（包括寄存器）就可以灵活规范地使用每个外设。但是，对于嵌入式开发和学习者，寄存器的学习还是必要的，因为它是深入开发和研究的基础，只有掌握这些底层的相关知识才能提升嵌入式学习的水平。

　　Arm Cortex-M3 有通用寄存器 R0 ~ R15 以及一些特殊功能寄存器。R0 ~ R12 是"通用的"，但是绝大多数 16 位的指令只能使用 R0 ~ R7（低位寄存器组），而 32 位的 Thumb-2 指令则可以访问所有通用寄存器（包括低位寄存器组和高位寄存器组）。特殊功能寄存器必须通过专门的指令访问。

2.3.2　CISC 和 RISC

　　Arm 公司在经典处理器 Arm11 以后的产品都改用 Cortex 命名，主要分成 A、R 和 M 3 类，旨在为各种不同的市场提供服务，A 系列处理器面向尖端的基于虚拟内存的操作系统和用户应用，R 系列处理器针对实时系统，M 系列处理器针对微控制器。

　　指令的强弱是 CPU 的重要指标，指令集是提高处理器效率的最有效工具之一。从现阶段的主流体系架构来看，指令集可分为复杂指令集（CISC）和精简指令集（RISC）两部分。

　　CISC 是一种为了便于编程和提高存储器访问效率的芯片设计体系。在 20 世纪 90 年代中期之前，大多数的处理器都采用 CISC 体系，包括 Intel 的 80x86 和 Motorola 的 68K 系列等，即通常所说的 x86 架构就属于 CISC 体系。随着 CISC 处理器的发展和编译器的流行，一方面指令集越来越复杂，另一方面编译器却很少使用这么多复杂的指令集。而且，如此多的复杂指令，CPU 难以对每条指令都作出优化，甚至部分复杂指令本身耗费的时间反而更多，这就是著名的"8020 定律"，即在所有指令集中，只有 20% 的指令常用，而 80% 的指令基本上很少用。

　　20 世纪 80 年代，RISC 开始出现，它的优势在于将计算机中最常用的 20% 的指令集中优化，而剩下的不常用的 80% 的指令，则采用拆分为常用指令集的组合等方式运行。RISC 的关键技术在于流水线操作，在一个时钟周期内完成多条指令，而超流水线及超标量技术在芯片设计中已普遍被使用。RISC 体系多用于非 x86 阵营高性能处理器 CPU，如 Arm、

MIPS、PowerPC、RISC-V 等。

1. CISC 机器

CISC 体系的指令特征为使用微代码，计算机性能的提高往往是通过提高硬件的复杂性获得的。随着集成电路技术，特别是超大规模集成电路（Very Large Scale Integration Circuit，VLSI）技术的迅速发展，为了软件编程方便和提高程序的运行速度，硬件工程师采用的办法是不断增加可实现复杂功能的指令和多种灵活的编址方式，甚至某些指令可支持高级语言语句归类后的复杂操作，因此硬件越来越复杂，造价也越来越高。为实现复杂操作，CISC 处理器除了向程序员提供类似各种寄存器和机器指令功能，还通过存储于 ROM 中的微代码实现其极强的功能，指令集直接在微代码存储器（比主存储器的速度快很多）中执行。庞大的指令集可以减少编程所需要的代码行数，减轻程序员的负担。

优点：指令丰富，功能强大，寻址方式灵活，能够有效缩短新指令的微代码设计时间，允许设计师实现 CISC 体系机器的向上兼容。

缺点：指令集及芯片的设计比上一代产品更复杂，不同的指令需要不同的时钟周期来完成，执行较慢的指令，将影响整台机器的执行效率。

2. RISC 机器

RISC 体系的特征是包含简单、基本的指令，这些指令可以组合成复杂指令。每条指令的长度都是相同的，可以在一个单独操作中完成。大多数指令都可以在一个机器周期内完成，并且允许处理器在同一时间执行一系列的指令。

优点：在使用相同的芯片技术和相同运行时钟下，RISC 系统的运行速度是 CISC 系统的 2 ~ 4 倍。由于 RISC 处理器的指令集是精简的，它的存储管理单元、浮点单元等都能设计在同一枚芯片上。RISC 处理器比相对应的 CISC 处理器设计更简单，所需要的时间将变得更短，并可以比 CISC 处理器应用更多先进的技术，开发更快的下一代处理器。

缺点：多指令的操作令程序开发者必须小心地选用合适的编译器，而且编写的代码量会变得非常大。另外，RISC 处理器需要更快的存储器，并将其集成于处理器内部，如一级缓存（L1 Cache）。

3. RISC 和 CISC 的比较

综合 RISC 和 CISC 的特点，分析两者之间的区别，具体如下。

（1）指令系统：RISC 设计者把主要精力放在那些经常使用的指令上，尽量使它们具有简单、高效的特点。对于不常用的功能，常通过组合指令来完成。因此，在 RISC 机器上实现特殊功能时，效率可能较低。但可以利用流水技术和超标量技术加以改进和弥补。而 CISC 机器的指令系统比较丰富，有专用指令完成特定的功能，因此处理特殊任务效率较高。

（2）存储器操作：RISC 对存储器的操作有限制，使控制简单化；而 CISC 机器的存储器操作指令多，且操作直接。

（3）程序：RISC 汇编语言程序一般需要较大的内存空间，实现特殊功能时程序复杂，不易设计；而 CISC 汇编语言程序编程相对简单，科学计算及复杂操作的程序设计相对容易，效率较高。

（4）CPU：RISC 的 CPU 包含较少的单元电路，因而面积小、功耗低；CISC 的 CPU 包含丰富的电路单元，因而功能强、面积大、功耗大。

（5）设计周期：RISC 处理器结构简单，布局紧凑，设计周期短，且易于采用最新技术；CISC 处理器结构复杂，设计周期长。

（6）用户使用：RISC 处理器结构简单，指令规整，性能容易把握，易学易用；CISC 处理器结构复杂，功能强大，实现特殊功能容易。

（7）应用范围：由于 RISC 指令系统的确定与特定的应用领域有关，故 RISC 机器更适用于专用机，而 CISC 机器更适用于通用机。

2.3.3 Arm 架构的演变

1985 年以来，Arm 陆续发布了多个 Arm 内核架构版本，从 Arm V4 架构开始的 Arm 架构发展历程如图 2-4 所示。

目前，Arm 体系结构已经经历了 6 个版本。从 V6 版本开始，各个版本都在实际中获得了应用，还有一些变种，如支持 Thumb 指令集的 T 变种、长乘法指令（M）变种、Arm 媒体功能扩展（SIMI）变种、支持 Java 语言的 J 变种和增强功能的 E 变种等。例如，Arm7TDMI 表示该处理器支持 Thumb 指令集（T）、片上 Debug（D）、内嵌硬件乘法器（M）、嵌入式 ICE（I）。

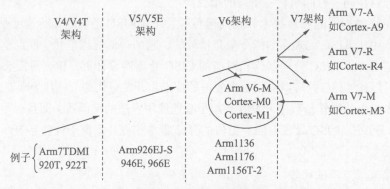

图 2-4 Arm 架构发展历程

常见 Arm 处理器的演变过程如图 2-5 所示。

每个系列都有其子集的架构，如用于 Arm V6-M 系列（所使用的 Cortex-M0/M0+/M1）的一个子集 Arm V7-M 架构（支持较少的指令）。

Cortex 是 Arm 的新一代处理器内核，本质上是 Arm V7 架构的实现。与以前的向下兼容、逐步升级策略不同，Cortex 系列处理器是全新开发的。正是由于 Cortex 放弃了向前兼容，老版本的程序必须经过移植才能在 Cortex 处理器上运行，因此对软件和支持环境提出了更高的要求。

从 Cortex 系列的核心开始，存在 3 种系列：应用系列（Cortex-A 系列，适用于需要运行复杂应用程序的场合）、实时控制系列（Cortex-R 系列，适用于实时性要求较高的应用场合）和微控制器系列（Cortex-M 系列，适用于要求高性能、低成本的应用场合）。许多厂商提供的 Cortex-M 系列芯片内集成了大量 Flash 存储器（数十到数百千字节）、ADC、USART、SPI、I2C、DAC、CAN、USB、定时器等组件，在实际工程使用中非常方便，深受广大工程师的欢迎。

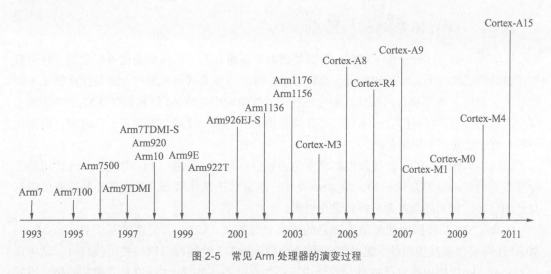

图 2-5　常见 Arm 处理器的演变过程

各种架构的 Arm 应用领域如图 2-6 所示。

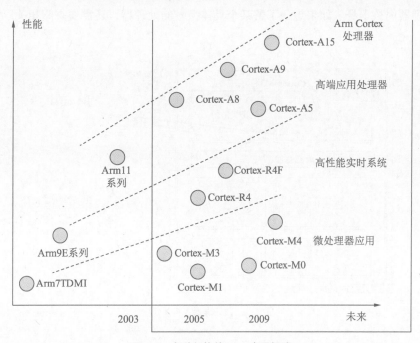

图 2-6　各种架构的 Arm 应用领域

在 Arm 公司发出的 Cortex 内核中，Cortex-M3 授权数量最多。在诸多获得 Cortex-M3 内核授权的公司中，意法半导体公司是较早在市场上推出基于 Cortex-M3 内核微控制器的厂商，STM32F1 系列是其典型的产品系列。本书后续介绍的 Arm Cortex-M3 是诸多 Arm 内核架构中的一种，并以基于该内核的意法半导体公司的 STM32F103ZT6 微控制器为背景进行原理介绍，以 STM32F103ZT6 微控制器开发为背景进行应用实例讲解。

2.3.4　Arm 体系结构与特点

从学习人脑的过程也会了解到，看微处理器是多角度的。从外观角度看，它是一枚有着丰富引脚的芯片，个头一般比较大，比较方正。再进一步看其组成结构，就是计算单元＋存储单元＋总线＋外部接口的架构。细化一些，计算单元中会有 ALU 和寄存器组。ALU 是由组合逻辑构成的，有与门，有非门；寄存器是由时序电路构成的，有逻辑，有时钟。再细化一些，与门就是一个逻辑单元。

如图 2-7 所示，任何微处理器都至少由内核、存储器、总线、I/O 构成。Arm 公司的芯片特点是内核部分都是统一的，由 Arm 设计，但是对于其他部分，各个芯片制造商可以有自己的设计。有的甚至包含一些外设在里面。

Cortex-M3 处理器内核是微处理器的中央处理单元（CPU）。完整的基于 Cortex-M3 的 MCU 还需要很多其他组件。芯片制造商得到 Cortex-M3 处理器内核的使用授权后，就可以把 Cortex-M3 内核用在自己的硅片设计中，添加存储器、外设、I/O 以及其他功能块。不同厂家设计出的微处理器会有不同的配置，包括存储器容量、类型、外设等都各具特色。本书主讲处理器内核本身。如果想要了解某个具体型号的处理器，还需要查阅相关厂家提供的文档。

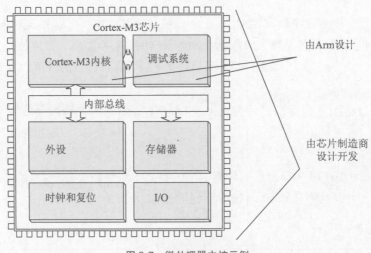

图 2-7　微处理器内核示例

如果把微处理器内核更加详细地画出来，可以看到处理器内核中包含中断控制器、取指单元、指令解码器、寄存器组、算术逻辑单元（ALU）、存储器接口、跟踪接口等，如图 2-8所示。如果将总线细分下去，可以分为指令总线和数据总线，并且这两种总线之间带有存储器保护单元。这两种总线从内核的存储器接口接到总线网络上，再与指令存储器、存储器系统和外设等连接在一起。存储器也可细分为指令存储器和其他存储器。外设可以分为私有外设和其他外设等。

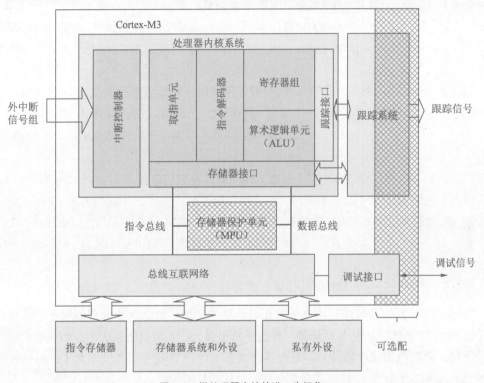

图 2-8　微处理器内核的进一步细化

如果从编程的角度来看微处理器内核，则看到的主要就是一些寄存器和地址，如图 2-9所示。对于 CPU，编程就是使用指令对这些寄存器进行设置和操作；对于内存，编程就是对地址的内容进行操作；对于总线和 I/O 等，主要的操作包括初始化和读写操作，都是针对不同的寄存器进行设计和操作。另外，有两部分值得一提，一部分是计数器，另一部分是"看门狗"。在编程中，计数器是需要特别关注的，因为计数器一般会产生中断，所以对于计数器的操作，除了初始化以外，还要编写相应的中断处理程序。"看门狗"是为了防止程序跑飞，可以是硬件的，也可以是软件的。对于硬件"看门狗"，需要设置初始状态和阈值；对于软件"看门狗"，则需要用软件实现具体功能，并通过软中断机制产生异常，改变 CPU 的模式。如果是专门的数模转换接口，那么编程也是针对其寄存器进行操作，从而完成数模转换。对于串口编程，也就是对它的寄存器进行编程，其中还会包含具体的串口协议。

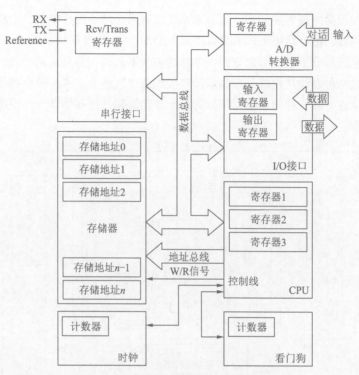

图 2-9 从编程的角度看到的微处理器内核

2.3.5 Cortex-M 系列处理器

Cortex-M 系列处理器应用主要集中在低性能端领域，但是这些处理器相比于传统处理器（如 8051 处理器、AVR 处理器等）性能仍然更强大，不仅具备强大的控制功能、丰富的片上外设、灵活的调试手段，一些处理器还具备一定的 DSP 运算能力（如 Cortex-M4 处理器和 Cortex-M7 处理器），这使其在综合信号处理和控制领域也具备较大的竞争力。

1. Cortex-M 系列处理器的特征

Cortex-M 系列处理器的特征如下。

（1）RISC 处理器内核：具有高性能 32 位 CPU、确定性的运算、低延迟 3 阶段管道，可达 1.25DMIPS/MHz[1]。

（2）Thumb-2 指令集：16/32 位指令的最佳混合，代码大小小于 8 位设备，对性能没有负面影响，提供最佳的代码密度。

（3）低功耗模式：集成的睡眠状态支持、多电源域、基于架构的软件控制。

（4）嵌套向量中断控制器（NVIC）：低延迟、低抖动中断响应，不需要汇编编程，以纯

———————————

① DMIPS 为 Dhrystone Million Instructions Executed Per Second 的缩写，主要用于衡量整数计算能力。

C 语言编写中断服务例程，能完成出色的中断处理。

（5）工具和 RTOS 支持：广泛的第三方工具支持、Cortex 微控制器软件接口标准（Cortex Microcontroller Software Interface Standard，CMSIS）、最大限度地增加软件成果重用。

（6）CoreSight 调试和跟踪：JTAG 或 2 针串行线调试（SWD）连接，支持多处理器，支持实时跟踪。此外，Cortex-M 系列处理器还提供了一个可选的内存保护单元（MPU），提供低成本的调试 / 追踪功能和集成的休眠状态，以增加灵活性。

Cortex-M0、Cortex-M0+、Cortex-M3、Cortex-M4、Cortex-M7 处理器之间有很多的相似之处，例如：

（1）基本编程模型；

（2）嵌套向量中断控制器（NVIC）的中断响应管理；

（3）架构设计的休眠模式，包括睡眠模式和深度睡眠模式；

（4）操作系统支持特性；

（5）调试功能。

2. Cortex-M3 指令集

Cortex-M3 处理器是基于 Arm V7-M 架构的处理器，支持更丰富的指令集，包括许多 32 位指令，这些指令可以高效地使用高位寄存器。另外，Cortex-M3 处理器还支持：

（1）查表跳转指令和条件执行（使用 IT 指令）；

（2）硬件除法指令；

（3）乘加指令（MAC 指令）；

（4）各种位操作指令。

更丰富的指令集通过以下几种途径增强性能：32 位 Thumb 指令支持了更大范围的立即数、跳转偏移和内存数据范围的地址偏移；支持基本的 DSP 操作（如支持若干条需要多个时钟周期执行的 MAC 指令，还有饱和运算指令）；这些 32 位指令允许用单个指令对多个数据一起做桶形移位操作。但是，支持更丰富的指令导致了更高的成本和功耗。

3. Cortex-M4 指令集

Cortex-M4 处理器在很多地方和 Cortex-M3 处理器相同，如流水线、编程模型等。Cortex-M4 处理器支持 Cortex-M3 处理器的所有功能，并额外支持各种面向 DSP 应用的指令，如 SIMD（Single Instruction Multiple Data）指令、饱和运算指令、一系列单周期 MAC 指令（Cortex-M3 处理器只支持有限条数的 MAC 指令，并且是多周期执行的）和可选的单精度浮点运算指令。

Cortex-M4 处理器的 SIMD 操作可以并行处理 2 个 16 位数据和 4 个 8 位数据。在某些 DSP 运算中，使用 SIMD 指令可以加速计算 16 位和 8 位数据，因为这些运算可以并行处理。但是，在一般的编程中，C 编译器并不能充分利用 SIMD 运算能力，这是 Cortex-M3 处理器和 Cortex-M4 处理器典型 Benchmark 分数差不多的原因。然而，Cortex-M4 处理器的内部数据通路和 Cortex-M3 处理器的内部数据通路不同，在某些情况下，Cortex-M4 处理器可以处理得更快（如单周期 MAC 指令可以在一个周期中写回到两个寄存器）。

2.3.6 Cortex-M3 处理器的主要特性

Cortex-M3 是 Arm 公司在 Arm V7 架构的基础上设计出来的一款新型芯片内核。相比于其他 Arm 系列微控制器，Cortex-M3 内核拥有以下优势和特点。

1. 三级流水线和分支预测

现代处理器中，大多数都采用了指令预存及流水线技术提高处理器的指令运行速度。执行指令的过程中，如果遇到了分支指令，由于执行的顺序也许会发生改变，指令预存队列和流水线中的一些指令就可能作废，需要重新取相应的地址，这样会使流水线出现"断流现象"，处理器的性能会受到影响。尤其在 C 语言程序中，分支指令的比例可能达到 10%～20%，这对于处理器来说无疑是一件很恐怖的事情。因此，现代高性能的流水线处理器都会针对一些分支预测的部件，在处理器从存储器预取指令的过程中，当遇到分支指令时，处理器能自动预测跳转是否会发生，然后才从预测的方向进行相应的取值，从而让流水线能连续地执行指令，保证它的性能。

2. 哈佛结构

哈佛结构的处理器采用独立的数据总线和指令总线，处理器可以同时进行指令和数据的读写操作，使处理器的运行速度得以提高。

3. 内置嵌套向量中断控制器

Cortex-M3 首次在内核部分采用了嵌套向量中断控制器，即 NVIC。也正是采用了中断嵌套的方式，Cortex-M3 能将中断延迟缩短到 12 个时钟周期（一般，Arm7 需要 24～42 个时钟周期）。Cortex-M3 不仅采用了 NVIC 技术，还采用了尾链技术，从而使中断响应时间缩短到 6 个时钟周期。

4. 支持位绑定操作

在 Cortex-M3 内核出现之前，Arm 内核是不支持位操作的，而是要用逻辑与、逻辑或的操作方式屏蔽对其他位的影响。这带来的结果是指令的增加和处理时间的增加。Cortex-M3 采用了位绑定的方式让位操作成为可能。

5. 支持串行调试（SWD）

一般的 Arm 处理器采用的都是 JTAG 调试接口，但是 JTAG 接口占用的芯片 I/O 端口过多，这对于一些引脚少的处理器来说很浪费资源。Cortex-M3 在原来的 JTAG 接口的基础上增加了 SWD 模式，只需要两个 I/O 端口即可完成仿真，节约了调试占用的引脚。

6. 支持低功耗模式

Cortex-M3 内核在原来只有运行/停止的模式上增加了睡眠模式，使 Cortex-M3 的运行功耗也很低。

7．拥有高效的 Thumb-2 16/32 位混合指令集

原有的 Arm7、Arm9 等内核使用的都是不同的指令，如 32 位的 Arm 指令和 16 位的 Thumb 指令。Cortex-M3 使用了更高效的 Thumb-2 指令实现接近 Thumb 指令的代码尺寸，达到 Arm 编码的运行性能。Thumb-2 是一种高效的、紧凑的新一代指令集。

8．32 位硬件除法和单周期乘法

Cortex-M3 内核加入了 32 位的除法指令，弥补了一些除法密集运用导致性能不好的问题。同时，Cortex-M3 内核也改进了乘法运算的部件，使 32 位乘 32 位的乘法在运行时间上缩短到了一个时钟周期。

9．支持存储器非对齐模式访问

Cortex-M3 内核的 MCU 一般用的内部寄存器都是 32 位编址。如果处理器只能采用对齐的访问模式，那么有些数据就必须被分配，占用一个 32 位的存储单元，这是一种浪费。为了解决这个问题，Cortex-M3 内核采用了支持非对齐模式的访问方式，从而提高了存储器的利用率。

10．内部定义了统一的存储器映射

在 Arm7、Arm9 等内核中没有定义存储器的映射，不同的芯片厂商需要自己定义存储器的映射，这使得芯片厂商之间存在不统一的现象，给程序的移植带来了麻烦。Cortex-M3 则采用了统一的存储器映射的分配，使存储器映射得到统一。

11．极高的性价比

Cortex-M3 内核的 MCU 相对于其他的 Arm 系列的 MCU 性价比高很多。

2.3.7　Cortex-M3 处理器结构

Arm Cortex-M3 处理器是新一代的 32 位处理器，是一个高性能、低成本的开发平台，适用于微控制器、工业控制系统以及无线网络传感器等应用场合，其特点如下。

（1）性能丰富成本低。专门针对微控制器应用特点而开发的 32 位 MCU，具有高性能、低成本、易应用等优点。

（2）低功耗。把睡眠模式与状态保留功能结合在一起，确保 Cortex-M3 处理器既可提供低能耗，又不影响高运行性能。

（3）可配置性强。Cortex-M3 的 NVIC 功能提高了设计的可配置性，提供了多达 240 个具有单独优先级、动态重设优先级功能和集成系统时钟的系统中断。

（4）丰富的连接。功能和性能兼顾的良好组合，使基于 Cortex-M3 的设备可以有效处理多个 I/O 通道和协议标准。

Cortex-M3 处理器结构如图 2-10 所示。

Cortex-M3 处理器结构中各部分的解释和功能如下。

（1）嵌套向量中断控制器（NVIC）：负责中断控制。该控制器和内核是紧耦合的，提供可屏蔽、可嵌套、动态优先级的中断管理。

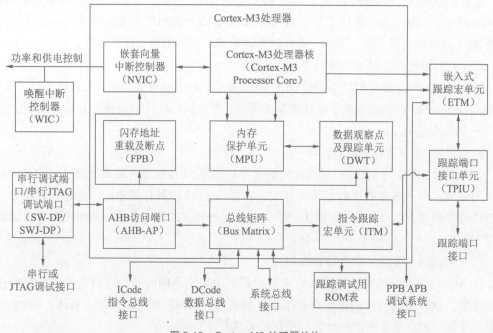

图 2-10　Cortex-M3 处理器结构

（2）Cortex-M3 处理器核（Cortex-M3 Processor Core）：Cortex-M3 处理器核是处理器的核心所在。

（3）闪存地址重载及断点（FPB）：实现硬件断点以及代码空间到系统空间的映射。

（4）内存保护单元（MPU）：实施存储器的保护，能够在系统或程序出现异常而非正常地访问不应该访问的存储空间时，通过触发异常中断而达到提高系统可靠性的目的。STM32 系统并没有使用该单元。

（5）数据观察点及跟踪单元（DWT）：调试中用于数据观察功能。

（6）AHB 访问端口（AHB-AP）：高速总线 AHB 访问端口将 SW/SWJ 端口的命令转换为 AHB 的命令传输。

（7）总线矩阵（Bus Matrix）：Cortex-M3 总线矩阵，CPU 内部的总线通过总线矩阵连接到外部的 ICode、DCode 及系统总线。

（8）指令跟踪宏单元（ITM）：可以产生时间戳数据包并插入跟踪数据流中，用于帮助调试器求出各事件的发生时间。

（9）唤醒中断控制器（WIC）：可以使处理器和 NVIC 处于低功耗睡眠模式。

（10）嵌入式跟踪宏单元（ETM）：调试中用于处理指令跟踪。

（11）串行调试端口 / 串行 JTAG 调试端口（SW-DP/SWJ-DP）：串行调试的端口。

（12）跟踪端口接口单元（TPIU）：跟踪端口的接口单元。用于向外部跟踪捕获硬件发送调试信息的接口单元，作为来自 ITM 和 ETM 的 Cortex-M3 内核跟踪数据与片外跟踪端口之间的桥接。

Cortex-M3 是 32 位处理器核，地址线、数据线都是 32 位的。Cortex-M3 采用了哈佛结构，这种并行结构将程序指令和数据分开进行存储，其优点是在一个机器周期内处理器可以并行获得执行字和操作数，提高了执行速度。简单理解一下，指令存储器和其他数据存储器采用不同的总线（ICode 和 DCode 总线），可并行取得指令和数据。

2.3.8　存储器系统

1. 存储器系统的功能

Cortex-M3 存储器系统的功能与传统的 Arm 架构相比，有了明显的改变。

（1）存储器映射是预定义的，并且还规定好了哪个位置使用哪条总线。

（2）Cortex-M3 存储器系统支持"位带"（Bit-Band）操作。通过它，实现了对单一位的操作。

（3）Cortex-M3 存储器系统支持非对齐访问和互斥访问。

（4）Cortex-M3 存储器系统支持大端配置和小端配置。

2. 存储器映射

Cortex-M3 只有一个单一固定的存储器映射，极大地方便了软件在各种 Cortex-M3 单片机间的移植。举个简单的例子，各款 Cortex-M3 单片机的 NVIC 和 MPU 都在相同的位置布设寄存器，使它们变得与具体器件无关。存储空间的一些位置用于调试组件等私有外设，这个地址段被称为私有外设区。私有外设区的组件包括以下几种。

（1）闪存地址重载及断点单元（FPB）。

（2）数据观察点及跟踪单元（DWT）。

（3）指令跟踪宏单元（ITM）。

（4）嵌入式跟踪宏单元（ETM）。

（5）跟踪端口接口单元（TPIU）。

（6）ROM 表。

Cortex-M3 的地址空间是 4GB，程序可以在代码区、内部 SRAM 区以及 RAM 区执行。但是，因为指令总线与数据总线是分开的，最理想的是把程序放到代码区，从而使取指令和数据访问各自独立进行。

内部 SRAM 区的大小是 512MB，用于让芯片制造商连接片上的 SRAM，这个区通过系统总线来访问。在这个区的下部，有一个 1MB 的区间，称为位带区。该位带区还有一个对应的 32MB 的位带别名区，容纳了 8M 个"位变量"。位带区对应的是最低的 1MB 地址范围，而位带别名区中的每个字对应位带区的 1 位。位带操作只适用于数据访问，不适用于取指令。

地址空间的另一个 512MB 范围由片上外设的寄存器使用，这个区中也有一个 32MB 的位带别名区，以便于快捷地访问外设寄存器，用法与内部 SRAM 区中的位带别名区相同。

例如，可以方便地访问各种控制位和状态位。需要注意的是，外设区内不允许执行指令。

还有两个 1GB 的范围，分别用于连接外部 RAM 和外部设备，它们之中没有位带区。两者的区别在于外部 RAM 区允许执行指令，而外部设备区则不允许。

最后还剩下 0.5GB 的隐秘地带，Cortex-M3 内核的核心就在这里面，包括系统级组件、内部私有外设总线、外部私有外设总线，以及由提供者定义的系统外设。

其中，私有外设总线有以下两条。

（1）AHB 私有外设总线，只用于 Cortex-M3 内部的 AHB 外设，它们是 NVIC、FPB、DWT 和 ITM。

（2）APB 私有外设总线，既用于 Cortex-M3 内部的 APB 设备，也用于外部设备（这里的"外部"是相对内核而言）。Cortex-M3 允许器件制造商再添加一些片上 APB 外设到 APB 私有总线上，它们通过 APB 接口来访问。

NVIC 所处的区域叫作系统控制空间（System Control Space，SCS），在 SCS 中除了 NVIC 外，还有 SysTick、MPU 以及代码调试控制所用的寄存器。

3. 存储器的各种访问属性

Cortex-M3 除了为存储器做映射，还为存储器的访问规定了 4 种属性：可否缓冲（Bufferable）、可否缓存（Cacheable）、可否执行（Executable）、可否共享（Shareable）。

如果配备了 MPU，则可以通过它配置不同的存储区，并且覆盖默认的访问属性。Cortex-M3 片内没有配备缓存，也没有缓存控制器，但是允许在外部添加缓存。通常，如果提供了外部内存，芯片制造商还要附加一个缓存控制器。它可以根据可否缓存的设置管理对片内和片外 RAM 的访问操作。地址空用可以通过另一种方式分为 8 个 512MB 等份。

（1）代码区（0x0000 0000 ~ 0x1FFF FFFF）。该区是可以执行指令的，缓存属性为 WT（写通，White Through），即不可以缓存。该区也允许布设数据存储器，在该区的数据操作是通过数据总线接口完成的（读数据使用 DCode，写数据使用 System），且在该区的写操作是缓冲的。

（2）SRAM 区（0x2000 0000 ~ 0x3FFF FFFF）。该区用于片内 SRAM，写操作是缓冲的。并且，可以选择 WB-WA（Write Back-Write Allocated）缓存属性。该区也可以执行指令，允许把代码复制到内存中执行，常用于固件升级等维护工作。

（3）片上外设区（0x4000 0000 ~ 0x5FFF FFFF）。该区用于片上外设，因此是不可缓冲的，也不可以在该区执行指令（这也称为 Execute Never，简写为 XN，Arm 的参考手册大量使用此术语）。

（4）外部 RAM 区的前半段（0x6000 0000 ~ 0x7FFF FFFF）。该区可用于布设片上 RAM 或片外 RAM，可缓存（缓存属性为 WB-WA），并且可以执行指令。

（5）外部 RAM 区的后半段（0x8000 0000 ~ 0x9FFF FFFF）。除了不可缓冲（WT）外，与前半段相同。

（6）外部外设区的前半段（0xA000 0000 ~ 0xBFFF FFFF）。该区用于多核系统中的共享内存（需要严格按顺序操作，即不可缓冲）。该区也是不可执行区。

（7）外部外设区的后半段（0xC000 0000 ～ 0xDFFF FFFF）。目前与前半段的功能完全一致。

（8）系统区（0xE000 0000 ～ 0xFFFF FFFF）。该区是私有外设和供应商指定功能区，不可执行代码。系统区涉及很多关键部位，因此访问都是严格序列化的（不可缓存，不可缓冲）。而供应商指定功能区则是可以缓存和缓冲的。

4. 存储器的默认访问许可

Cortex-M3 有一个默认的存储访问许可，它能防止用户代码访问系统控制存储空间，保护 NVIC、MPU 等关键部件，默认访问许可在以下条件下生效。

（1）没有配备 MPU。

（2）配备了 MPU，但是 MPU 被禁止。

如果启用了 MPU，则 MPU 可以在地址空间中划出若干区，并为不同的区规定不同的访问许可权。

5. 位带操作

支持了位带操作后，可以使用普通的 load/store 指令对单一的比特进行读写。在 Cortex-M3 中，有两个区实现了位带，一个是 SRAM 区的最低 1MB，另一个则是片内外设区的最低 1MB。这两个位带中的地址除了可以像普通的 RAM 一样使用外，它们还都有自己的位带别名区，位带别名区把每比特膨胀成一个 32 位的字。当通过位带别名区访问这些字时，就可以达到访问原始比特的目的。

在位带中，每比特都映射到位带别名区的一个字，这是只有最低有效位（Least Significant Bit，LSB）有效的字。当一个别名地址被访问时，会先把该地址变换为位带地址。

（1）对于读操作，读取位带地址中的一个字，再把需要的位右移到 LSB，并将 LSB 返回。

（2）对于写操作，把需要写的位左移到对应的位序号处，然后执行一个原子（不可分割）“读改写”过程。

支持位带操作的两个内存区的范围是 0x2000 0000 ～ 0x200F FFFF（SRAM 区的最低 1MB）和 0x4000 0000 ～ 0x400F FFFF（片上外设区的最低 1MB）。

第 3 章

STM32 系列微控制器

本章对 STM32 系列微控制器进行概述，介绍 STM32F1 系列产品系统架构和 STM32F103ZET6 内部结构、存储器映像、时钟结构，以及 STM32F103VET6 的引脚、最小系统设计。

3.1 STM32 微控制器概述

微课视频

STM32 是意法半导体（ST Microelectronics）公司较早推向市场的基于 Cortex-M 内核的微处理器系列产品，具有成本低、功耗优、性能高、功能多等优点，并且以系列化方式推出，方便用户选型，在市场上获得了广泛好评。

目前常用的 STM32 有 STM32F103 ～ STM32F107 系列，简称"1 系列"，最近又推出了高端系列 STM32F4xx 系列，简称"4 系列"。前者基于 Cortex-M3 内核，后者基于 Cortex-M4 内核。STM32F4xx 系列在以下诸多方面做了优化。

（1）增加了浮点运算。

（2）具有 DSP 功能。

（3）存储空间更大，高达 1MB 以上。

（4）运算速度更高，以 168MHz 高速运行时处理能力可达到 210DMIPS。

（5）新增更高级的外设，如照相机接口、加密处理器、USB 高速 OTG（On-The-Go）接口等；提高性能，具有更快的通信接口、更高的采样率、带 FIFO（First Input First Output）的 DMA 控制器。

STM32 系列单片机具有以下优点。

1. 先进的内核结构

（1）哈佛结构使其在处理器整数性能测试上有着出色的表现，运行速度可达到 1.25DMIPS/MHz，而功耗仅为 0.19mW/MHz。

（2）Thumb-2 指令集以 16 位的代码密度带来了 32 位的性能。

（3）内置了快速的中断控制器，提供了优越的实时特性，中断的延迟时间降到只需 6 个 CPU 周期，从低功耗模式唤醒的时间也只需 6 个 CPU 周期。

（4）具有单周期乘法指令和硬件除法指令。

2. 3 种功耗控制

STM32 经过特殊处理，针对应用中 3 种主要的能耗要求进行了优化，这 3 种能耗要求分别是运行模式下高效率的动态耗电机制、待机状态时极低的电能消耗和电池供电时的低电压工作能力。因此，STM32 提供了 3 种低功耗模式和灵活的时钟控制机制，用户可以根据自己所需要的耗电 / 性能要求进行合理优化。

3. 最大程度的集成整合

（1）STM32 内嵌电源监控器，包括上电复位、低电压检测、掉电检测和自带时钟的看门狗定时器，减少对外部器件的需求。

（2）使用一个主晶振可以驱动整个系统。低成本的 4 ～ 16MHz 晶振即可驱动 CPU、USB 以及所有外设，使用内嵌锁相环（Phase Locked Loop，PLL）产生多种频率，可以为内部实时时钟选择 32kHz 的晶振。

（3）内嵌出厂前调校好的 8MHz RC 振荡电路，可以作为主时钟源。

（4）拥有针对实时时钟（Real Time Clock，RTC）或看门狗的低频率 RC 电路。

（5）LQPF100 封装芯片的最小系统只需 7 个外部无源器件。

因此，使用 STM32 可以很轻松地完成产品的开发。意法半导体公司提供了完整、高效的开发工具和库函数，帮助开发者缩短系统开发时间。

4. 出众及创新的外设

STM32 的优势来源于两路高级外设总线，连接到该总线上的外设能以更高的速度运行。

（1）USB 接口速度可达 12Mb/s。

（2）USART 接口速度高达 4.5Mb/s。

（3）SPI 速度可达 18Mb/s。

（4）I2C 接口速度可达 400kHz。

（5）通用输入输出（General Purpose Input Output，GPIO）的最大翻转频率为 18MHz。

（6）脉冲宽度调制（Pulse Width Modulation，PWM）定时器最高可使用 72MHz 时钟输入。

3.1.1　STM32 微控制器产品介绍

目前，市场上常见的基于 Cortex-M3 的 MCU 有意法半导体公司的 STM32F103 微控制器、德州仪器公司（TI）的 LM3S8000 微控制器和恩智浦公司（NXP）的 LPC1788 微控制器等，其应用遍及工业控制、消费电子、仪器仪表、智能家居等领域。

意法半导体公司于 1987 年 6 月成立，是由意大利的 SGS 微电子公司和法国 THOMSON 半导体公司合并而成，1998 年 5 月更名为意法半导体有限公司，是世界最大的半导体公司之一。从成立至今，意法半导体公司的增长速度超过了半导体工业的整体增长速度。自 1999 年起，意法半导体公司始终是世界十大半导体公司之一，在很多领域居世界领先水平。例如，意法半导体公司是世界第一大专用模拟芯片和电源转换芯片制造商、世界第一大工业半导体和机顶盒芯片供应商,而且在分立器件、手机相机模块和车用集成电路领域居世界前列。

　　在诸多半导体制造商中,意法半导体公司是较早在市场上推出基于 Cortex-M 内核的 MCU 产品的公司,其根据 Cortex-M 内核设计生产的 STM32 微控制器充分发挥了低成本、低功耗、高性价比的优势,以系列化的方式推出,方便用户选择,受到了广泛的好评。

　　STM32 系列微控制器适合的应用包括:替代绝大部分 8/16 位 MCU 的应用、替代目前常用的 32 位 MCU(特别是 Arm7)的应用、小型操作系统相关的应用以及简单图形和语音相关的应用等。

　　STM32 系列微控制器不适合的应用包括:程序代码大于 1MB 的应用、基于 Linux 或 Android 系统的应用、基于高清或超高清的视频应用等。

　　STM32 系列微控制器的产品线包括高性能类型、主流类型和超低功耗类型三大类,分别面向不同的应用,具体产品系列如图 3-1 所示。

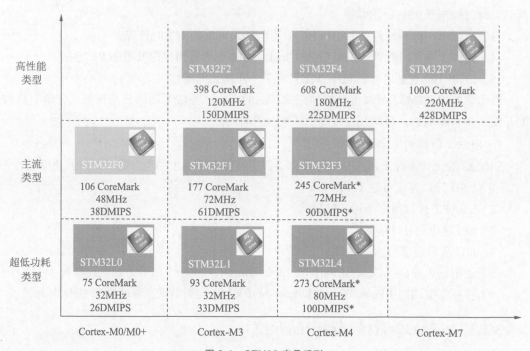

图 3-1　STM32 产品系列

1. STM32F1 系列(主流类型)

　　STM32F1 系列微控制器基于 Cortex-M3 内核,利用一流的外设和低功耗、低压操作实现了高性能,同时以可接受的价格,利用简单的架构和简便易用的工具实现了高集成度,能够满足工业、医疗和消费类市场的各种应用需求。凭借该产品系列,意法半导体公司在全球基于 Arm Cortex-M3 的微控制器领域处于领先地位。本书后续章节即是基于 STM32F1 系列中的典型微控制器 STM32F103 进行讲述的。

截至 2016 年 3 月，STM32F1 系列微控制器包含以下 5 个产品线，它们的引脚、外设和软件均兼容。

（1）STM32F100：超值型，CPU 工作频率为 24MHz，具有电机控制和 CEC 功能。

（2）STM32F101：基本型，CPU 工作频率为 36MHz，具有高达 1MB 的 Flash。

（3）STM32F102：USB 基本型，CPU 工作频率为 48MHz，具备 USB FS（Full Speed）接口。

（4）STM32F103：增强型，CPU 工作频率为 72MHz，具有高达 1MB 的 Flash、电机控制、USB 和 CAN。

（5）STM32F105/107：互联型，CPU 工作频率为 72MHz，具有以太网 MAC（媒体访问控制，Media Access Control）、CAN 和 USB 2.0 OTG。

2. STM32F0 系列（主流类型）

STM32F0 系列微控制器基于 Cortex-M0 内核，在实现 32 位性能的同时，继承了 STM32 系列的重要特性。它集实时性能、低功耗运算和与 STM32 平台相关的先进架构及外设于一身，将全能架构理念变成了现实，特别适用于成本敏感型应用。

截至 2016 年 3 月，STM32F0 系列微控制器包含以下产品。

（1）STM32F0x0：在传统 8 位和 16 位市场上极具竞争力，并可使用户免于不同架构平台迁徙和相关开发带来的额外工作。

（2）STM32F0x1：实现了高度的功能集成，提供多种存储容量和封装的选择，为成本敏感型应用带来了更加灵活的选择。

（3）STM32F0x2：通过 USB 2.0 和 CAN 提供了丰富的通信接口，是通信网关、智能能源器件或游戏终端的理想选择。

（4）STM32F0x8：工作在 1.8V ± 8% 电压下，非常适合智能手机、配件和多媒体设备等便携式消费类应用。

3. STM32F4 系列（高性能类型）

STM32F4 系列微控制器基于 Cortex-M4 内核，采用了意法半导体公司的 90nm 非易失性存储器（Non Volatile Memory，NVM）工艺和自适应实时（Adaptive Real Time，ART）加速器，在高达 180MHz 的工作频率下通过闪存执行时，其处理性能达到 225 DMIPS/608CoreMark。这是迄今所有基于 Cortex-M 内核的微控制器产品能达到的最高基准测试分数。由于采用了动态功耗调整功能，通过闪存执行时的电流消耗范围为 STM32F401 的 128μA/MHz 到 STM32F439 的 260μA/MHz。

截至 2016 年 3 月，STM32F4 系列包括 9 条互相兼容的数字信号控制器（Digital Signal Controller，DSC）产品线，是 MCU 实时控制功能与 DSP 功能的完美结合体。

（1）STM32F401：84MHz CPU/105DMIPS，尺寸最小、成本最低的解决方案，具有卓越的功耗效率（动态效率系列）。

（2）STM32F410：100MHz CPU/125DMIPS，采用新型智能 DMA（直接存储器存取），

优化了数据批处理的功耗（采用批采集模式的动态效率系列），配备的随机数发生器、低功耗定时器和 DAC，为卓越的功率效率性能设立了新的里程碑。

（3）STM32F411：100MHz CPU/125DMIPS，具有卓越的功率效率、更大的 SRAM 和新型智能 DMA，优化了数据批处理的功耗（采用批采集模式的动态效率系列）。

（4）STM32F405/STM32F415：168MHz CPU/210DMIPS，高达 1MB 的 Flash，具有先进连接功能和加密功能。

（5）STM32F407/STM32F417：168MHz CPU/210DMIPS，高达 1MB 的 Flash，增加了以太网 MAC 和照相机接口。

（6）STM32F446：180MHz CPU/225DMIPS，高达 512KB 的 Flash，具有 Dual Quad SPI 和 SDRAM 接口。

（7）STM32F429/STM32F439：180MHz CPU/225DMIPS，高达 2MB 的双区闪存，具有 SDRAM 接口、Chrom-ART 加速器和 LCD-TFT 控制器。

（8）STM32F427/STM32F437：180MHz CPU/225DMIPS，高达 2MB 的双区闪存，具有 SDRAM 接口、Chrom-ART 加速器、串行音频接口，性能更高，静态功耗更低。

（9）STM32F469/STM32F479：180MHz CPU/225DMIPS，高达 2MB 的双区闪存，具有 SDRAM 和 QSPI 接口、Chrom-ART 加速器、LCD-TFT 控制器和 MPI-DSI 接口。

4. STM32F7 系列（高性能类型）

STM32F7 是世界上第 1 款基于 Cortex-M7 内核的微控制器。它采用 6 级超标量流水线和浮点单元，并利用 ART 加速器和 L1 缓存，实现了 Cortex-M7 的最大理论性能——无论是从嵌入式闪存还是外部存储器执行代码，都能在 216MHz 处理器频率下使性能达到 462DMIPS/1082CoreMark。由此可见，相对于意法半导体公司以前推出的高性能微控制器，如 STM32F2 应用，对于目前还在使用简单计算功能的可穿戴设备和健身应用，STM32F7 系列将会带来革命性的颠覆，起到巨大的推动作用。

5. STM32L1 系列（超低功耗类型）

STM32L1 系列微控制器基于 Cortex-M3 内核，采用意法半导体公司专有的超低泄漏制程，具有创新型自主动态电压调节功能和 5 种低功耗模式，为各种应用提供了无与伦比的平台灵活性。STM32L1 系列微控制器扩展了超低功耗的理念，并且不会牺牲性能。与 STM32L0 一样，STM32L1 提供了动态电压调节、超低功耗时钟振荡器、LCD 接口、比较器、DAC 及硬件加密等部件。

STM32L1 系列微控制器可以实现在 1.65 ～ 3.6V 以 32MHz 的频率全速运行，其功耗参考值如下。

（1）动态运行模式：功耗低至 177μA/MHz。

（2）低功耗运行模式：功耗低至 9μA/MHz。

（3）超低功耗模式 + 备份寄存器 +RTC：功耗低至 900nA（3 个唤醒引脚）。

（4）超低功耗模式 + 备份寄存器：280nA（3 个唤醒引脚）。

除了超低功耗 MCU 以外，STM32L1 系列微控制器还提供了特性、存储容量和封装引脚数等选项，如 32 ～ 512KB Flash、高达 80KB 的 SDRAM、真正的 16KB 嵌入式 EEPROM、48 ～ 144 个引脚。为了简化移植步骤和为工程师提供所需的灵活性，STM32L1 系列与不同的 STM32F 系列均引脚兼容。

3.1.2　STM32 系统性能分析

下面对 STM32 系统进行性能分析。

（1）集成嵌入式 Flash 和 SRAM 的 Arm Cortex-M3 内核：和 8/16 位设备相比，Arm Cortex-M3 32 位 RISC 处理器提供了更高的代码效率。STM32F103xx 微控制器带有一个嵌入式的 Arm 核，可以兼容所有 Arm 工具和软件。

（2）嵌入式 Flash 和 RAM：内置高达 512KB 的嵌入式 Flash，可用于存储程序和数据；高达 64KB 的嵌入式 SRAM 可以以 CPU 的时钟速度进行读写。

（3）可变静态存储控制器（Flexible Static Memory Controller，FSMC）：FSMC 嵌入在 STM32F103xC、STM32F103xD、STM32F103xE 中，带有 4 个片选，支持 5 种模式，分别为 Flash、RAM、PSRAM、NOR 和 NAND。

（4）嵌套向量中断控制器（NVIC）：可以处理 43 个可屏蔽中断通道（不包括 Cortex-M3 的 16 根中断线），提供 16 个中断优先级。紧密耦合的 NVIC 实现了更低的中断处理延迟，直接向内核传递中断入口向量表地址；允许中断提前处理，对后到的更高优先级的中断进行处理，支持尾链，自动保存处理器状态，中断入口在中断退出时自动恢复，不需要指令干预。

（5）外部中断 / 事件控制器（EXTI）：外部中断 / 事件控制器由 19 根用于产生中断 / 事件请求的边沿探测器线组成。每根线可以被单独配置用于选择触发事件（上升沿、下降沿，或者两者都可以），也可以被单独屏蔽。有一个挂起寄存器维护中断请求的状态。当外部线上出现长度超过内部高级外围总线（Advanced Peripheral Bus，APB）两个时钟周期的脉冲时，EXTI 能够探测到。多达 112 个 GPIO 连接到 16 根外部中断线。

（6）时钟和启动：在系统启动时要进行系统时钟选择，但复位时内部 8MHz 晶振被选作 CPU 时钟。可以选择一个外部的 4 ～ 16MHz 时钟，并且会被监视判定是否成功。在这期间，控制器被禁止并且软件中断管理也随后被禁止。同时，如果有需要（如碰到一个间接使用的晶振失败），PLL 时钟的中断管理完全可用。多个预比较器可以用于配置高性能总线（Advanced High Performance Bus，AHB）频率，包括高速 APB（APB2）和低速 APB（APB1），高速 APB 的最高频率为 72MHz，低速 APB 的最高频率为 36MHz。

（7）Boot 模式：在启动时，Boot 引脚被用来在 3 种 Boot 选项中选择一种，即从用户 Flash 导入、从系统存储器导入、从 SRAM 导入。Boot 导入程序位于系统存储器中，用于通过 USART1 重新对 Flash 编程。

（8）电源供电方案：V_{DD} 电压范围为 2.0 ～ 3.6V，外部电源通过 V_{DD} 引脚提供，用于 I/O

和内部调压器；V_{SSA} 和 V_{DDA} 电压范围为 2.0 ～ 3.6V，外部模拟电压输入，用于 ADC（模 / 数转换器）、复位模块、RC 和 PLL，在 V_{DD} 范围内（ADC 被限制在 2.4V），V_{SSA} 和 V_{DDA} 必须相应连接到 V_{SS} 和 V_{DD}；V_{BAT} 电压范围为 1.8 ～ 3.6V，当 V_{DD} 无效时为 RTC（实时时钟）、外部 32kHz 晶振和备份寄存器供电（通过电源切换实现）。

（9）电源管理：设备有一个完整的上电复位（POR）和掉电复位（PDR）电路。这个电路一直有效，用于确保电压从 2V 启动或掉到 2V 时进行一些必要的操作。

（10）电压调节：调压器有 3 种运行模式，分别为主（MR）、低功耗（LPR）和掉电模式。MR 用在传统意义上的调节模式（运行模式），LPR 用在停止模式，掉电用在待机模式。调压器输出为高阻，核心电路掉电，包括零消耗（寄存器和 SRAM 的内容不会丢失）。

（11）低功耗模式：STM32F103xx 支持 3 种低功耗模式，从而在低功耗、短启动时间和可用唤醒源之间达到一个最好的平衡点。①睡眠模式：只有 CPU 停止工作，所有外设继续运行，在中断 / 事件发生时唤醒 CPU。②停止模式：在 STM32F103xx 的深睡眠模式的基础上结合了外设的时钟控制机制，在停止模式下调压器可运行在正常或低功耗模式。设备可以通过外部中断线从停止模式唤醒。外部中断源可以是 16 根外部中断线之一、PVD 输出。③待机模式：追求最少的功耗，内部调压器被关闭，这样 1.8V 区域断电，PLL、高速内部（High Speed Internal，HSI）时钟和高速外部（High Speed External，HSE）时钟 RC 振荡器也被关闭。在进入待机模式之后，除了备份寄存器和待机电路，SRAM 和寄存器的内容也会丢失。当外部复位（NRST 引脚）、IWDG 复位、WKUP 引脚出现上升沿时，设备退出待机模式。进入停止模式或待机模式时，IWDG 和相关的时钟源不会停止。

3.1.3 STM32 微控制器的命名规则

意法半导体公司在推出一系列基于 Cortex-M 内核的 STM32 微控制器产品线的同时，也制定了它们的命名规则。通过名称，用户能直观、迅速地了解某款具体型号的 STM32 微控制器产品。STM32 系列微控制器的名称主要由以下几部分组成。

1. 产品系列名

STM32 系列微控制器名称通常以 STM32 开头，表示产品系列，代表意法半导体基于 Arm Cortex-M 系列内核的 32 位 MCU。

2. 产品类型名

产品类型是 STM32 系列微控制器名称的第 2 部分，通常有 F（Flash Memory，通用快速闪存）、W（无线系统芯片）、L（低功耗低电压，1.65 ～ 3.6V）等类型。

3. 产品子系列名

产品子系列是 STM32 系列微控制器名称的第 3 部分。

例如常见的 STM32F 产品子系列有 050（Arm Cortex-M0 内核）、051（Arm Cortex-M0 内核）、100（Arm Cortex-M3 内核，超值型）、101（Arm Cortex-M3 内核，基本型）、102（Arm Cortex-M3 内核，USB 基本型）、103（Arm Cortex-M3 内核，增强型）、105（Arm Cortex-M3 内核，USB 互联网型）、107（Arm Cortex-M3 内核，USB 互联网型和以太网型）、108（Arm Cortex-M3 内核，IEEE 802.15.4 标准）、151（Arm Cortex-M3 内核，不带 LCD）、152/162（Arm Cortex-M3 内核，带 LCD）、205/207（Arm Cortex-M3 内核，带摄像头）、215/217（Arm Cortex-M3 内核，带摄像头和加密模块）、405/407（Arm Cortex-M4 内核，MCU＋FPU，摄像头）、415/417（Arm Cortex-M4 内核，MCU+FPU，加密模块和摄像头）等。

4. 引脚数

引脚数是 STM32 系列微控制器名称的第 4 部分，通常有以下几种：F（20pin）、G（28pin）、K（32pin）、T（36pin）、H（40pin）、C（48pin）、U（63pin）、R（64pin）、O（90pin）、V（100pin）、Q（132pin）、Z（144pin）和 I（176pin）等。

5. Flash 容量

Flash 容量是 STM32 系列微控制器名称的第 5 部分，通常有以下几种：4（16KB Flash，小容量）、6（32KB Flash，小容量）、8（64KB Flash，中容量）、B（128KB Flash，中容量）、C（256KB Flash，大容量）、D（384KB Flash，大容量）、E（512KB Flash，大容量）、F（768KB Flash，大容量）、G（1MB Flash，大容量）。

6. 封装方式

封装方式是 STM32 系列微控制器名称的第 6 部分，通常有以下几种：T（LQFP，即 Low-profile Quad Flat Package，薄型四侧引脚扁平封装）、H（BGA，即 Ball Grid Array，球栅阵列封装）、U（VFQFPN，即 Very Thin Fine Pitch Quad Flat Pack No-lead Package，超薄细间距四方扁平无铅封装）、Y（WLCSP，即 Wafer Level Chip Scale Packaging，晶圆片级芯片规模封装）。

7. 温度范围

温度范围是 STM32 系列微控制器名称的第 7 部分，通常有两种：6（-40～85℃，工业级）和 7（-40～105℃，工业级）。

STM32F103 微控制器的命名规则如图 3-2 所示。例如，本书后续部分主要介绍的微控制器 STM32F103ZET6，其中，STM32 代表意法半导体公司基于 Arm Cortex-M 系列内核的 32 位 MCU，F 代表通用快速闪存型，103 代表基于 Arm Cortex-M3 内核的增强型子系列，Z 代表 144 个引脚，E 代表大容量 512KB Flash，T 代表 LQFP 封装方式，6 代表 -40～85℃ 的工业级温度范围。

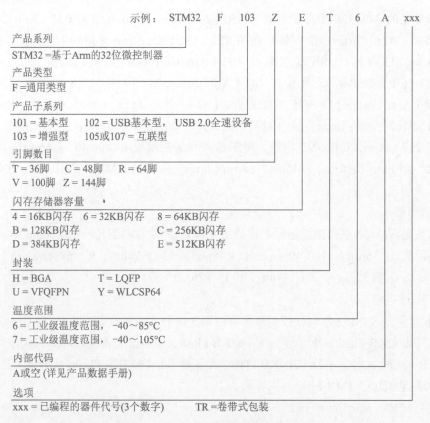

图 3-2　STM32F103 微控制器的命名规则

STM32F103xx 闪存容量、封装及型号对应关系如图 3-3 所示。

对 STM32 单片机内部资源介绍如下。

（1）内核：Arm32 位 Cortex-M3 CPU，最高工作频率为 72MHz，执行速度为 1.25DMIPS/MHz，完成 32 位 ×32 位乘法计算只需一个周期，并且硬件支持除法（有的芯片不支持硬件除法）。

（2）存储器：片上集成 32 ～ 512KB 的闪存，以及 6 ～ 64KB 的 SRAM。

（3）电源和时钟复位电路：包含 2.0 ～ 3.6V 的供电电源（提供 I/O 端口的驱动电压）；上电 / 断电复位（POR/PDR）端口和可编程电压探测器（PVD）；内嵌 4 ～ 16MHz 晶振；内嵌出厂前调校的 8MHz RC 振荡电路、40kHz RC 振荡电路；供 CPU 时钟的 PLL 锁相环；带校准功能供 RTC 的 32kHz 晶振。

（4）调试端口：有 SWD 串行调试端口和 JTAG 端口可供调试使用。

（5）I/O 端口：根据型号的不同，双向快速 I/O 端口数目可为 26、37、51、80 或 112。翻转速度为 18MHz，所有端口都可以映射到 16 个外部中断向量。除了模拟输入端口，其他所有端口都可以接收 5V 以内的电压输入。

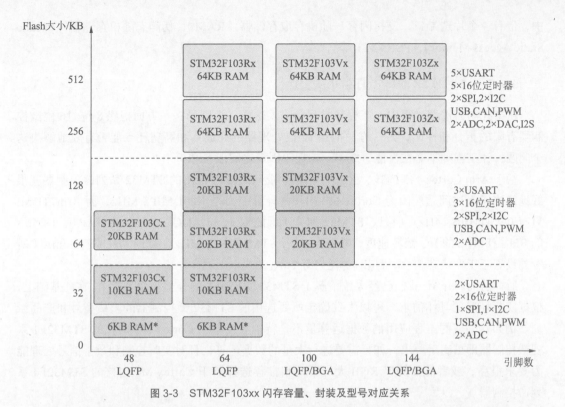

图 3-3　STM32F103xx 闪存容量、封装及型号对应关系

（6）DMA（直接内存存取）端口：支持定时器、ADC、SPI、I2C 和 USART 等外设。

（7）ADC：带有两个 12 位的微秒级逐次逼近型 ADC，每个 ADC 最多有 16 个外部通道和两个内部通道（一个接内部温度传感器，另一个接内部参考电压）。ADC 供电要求为 2.4 ～ 3.6V，测量范围为 $V_{\mathrm{REF-}} \sim V_{\mathrm{REF+}}$，$V_{\mathrm{REF-}}$ 通常为 0V，$V_{\mathrm{REF+}}$ 通常与供电电压相同。ADC 具有双采样和保持能力。

（8）DAC：STM32F103xC、STM32F103xD、STM32F103xE 单片机具有 2 通道 12 位 DAC。

（9）定时器：最多有 11 个定时器，包括 4 个 16 位定时器（每个定时器有 4 个 PWM 定时器或脉冲计数器）、两个 16 位 6 通道高级控制定时器（最多 6 个通道可用于 PWM 输出）、两个看门狗定时器——独立看门狗（IWDG）定时器和窗口看门狗（WWDG）定时器、一个系统滴答定时器 SysTick（24 位倒计数器）、两个 16 位基本定时器（用于驱动 DAC）。

（10）通信端口：最多有 13 个通信端口，包括两个 PC 端口、5 个通用异步收发传输器（UART）端口（兼容 IrDA 标准，调试控制）、3 个 SPI 端口（18 Mb/s，其中 IS 端口最多只能有两个）和 CAN 端口、USB 2.0 全速端口、安全数字输入 / 输出（SDIO）端口（这 3 个端口最多都只能有一个）。

（11）FSMC：FSMC 嵌 入 在 STM32F103xC、STM32F103xD、STM32F103xE 单 片 机

中，带有 4 个片选端口，支持闪存、随机存取存储器（RAM）、伪静态随机存储器（Pseudo Static Access Memory，PSRAM）等。

3.1.4　STM32 微控制器的选型

在微控制器选型过程中，工程师常常会陷入这样一个困局：一方面抱怨 8 位 /16 位微控制器有限的指令和性能，另一方面抱怨 32 位处理器的高成本和高功耗。能否有效地解决这个问题，让工程师不必在性能、成本、功耗等因素之间取舍和折中？

基于 Arm Cortex-M3 内核，意法半导体公司于 2007 年推出的 STM32 系列微控制器就很好地解决了上述问题。因为 Cortex-M3 内核的计算能力是 1.25DMIPS/MHz，而 Arm7TDMI 只有 0.95DMIPS/MHz。而且，STM32 拥有 1μs 的双 12 位 ADC、4Mb/s 的 UART、18Mb/s 的 SPI、18MHz 的 I/O 翻转速度，更重要的是，STM32 在 72MHz 工作时功耗只有 36mA（所有外设处于工作状态），而待机时功耗只有 2μA。

通过前面的介绍，我们已经大致了解了 STM32 微控制器的分类和命名规则。在此基础上，根据实际情况的具体需求，可以大致确定所要选用的 STM32 微控制器的内核型号和产品系列。例如，一般的工程应用的数据运算量不是特别大，基于 Cortex-M3 内核的 STM32F1 系列微控制器即可满足要求；如果需要进行大量的数据运算，且对实时控制和数字信号处理能力要求很高，或者需要外接 RGB 大屏幕，则推荐选择基于 Cortex-M4 内核的 STM32F4 系列微控制器。

在明确了产品系列之后，可以进一步选择产品线。以基于 Cortex-M3 内核的 STM32F1 系列微控制器为例，如果仅需要用到电动机控制或消费类电子控制功能，则选择 STM32F100 或 STM32F101 系列微控制器即可；如果还需要用到 USB 通信、CAN 总线等模块，则推荐选用 STM32F103 系列微控制器，这也是目前市场上应用最广泛的微控制器系列之一；如果对网络通信要求较高，则可以选用 STM32F105 或 STM32F107 系列微控制器。对于同一个产品系列，不同的产品线采用的内核是相同的，但核外的片上外设存在差异。具体选型情况要视实际的应用场合而定。

确定好产品线之后，即可选择具体的型号。参照 STM32 微控制器的命名规则，可以先确定微控制器的引脚数目。引脚多的微控制器的功能相对多一些，当然价格也贵一些，具体要根据实际应用中的功能需求进行选择，一般够用就好。确定好引脚数目之后，再选择 Flash 存储器容量的大小。对于 STM32 微控制器，具有相同引脚数目的微控制器会有不同的 Flash 存储器容量可供选择，也要根据实际需要进行选择，程序大就选择容量大的 Flash 存储器，一般也是够用即可。到这里，根据实际的应用需求，确定了所需的微控制器的具体型号，下一步的工作就是开发相应的应用。

除了选择 STM32 微控制器外，还可以选择国产芯片。Arm 技术发源于国外，但通过我国研究人员十几年的研究和开发，我国的 Arm 微控制器技术已经取得了很大的进步，国产品牌已获得了较高的市场占有率，相关的产业也在逐步发展壮大之中。

兆易创新于 2005 年在北京成立，是一家领先的无晶圆厂半导体公司，致力于开发先进的存储器技术和集成电路（Integrated Circuit，IC）解决方案。公司的核心产品线为 Flash、32 位通用型 MCU 及智能人机交互传感器芯片及整体解决方案，以"高性能、低功耗"著称，为工业、汽车、计算、消费类电子、物联网、移动应用以及网络和电信行业的客户提供全方位服务。与 STM32F103 兼容的产品为 GD32VF103。

华大半导体是中国电子信息产业集团有限公司（China Electronics Corporation，CEC）旗下专业的集成电路发展平台公司，围绕汽车电子、工业控制、物联网三大应用领域，重点布局控制芯片、功率半导体、高端模拟芯片和安全芯片等，提供了竞争力强劲的产品矩阵及整体芯片解决方案。可以选择的 Arm 微控制器有 HC32F0、HC32F1 和 HC32F4 系列。

学习嵌入式微控制器的知识，掌握其核心技术，了解这些技术的发展趋势，有助于为我国培养该领域的后备人才，促进我国在微控制器技术上的长远发展，为国产品牌的发展注入新的活力。在学习中，我们应注重知识学习、能力提升、价值观塑造的有机结合，培养自力更生、追求卓越的奋斗精神和精益求精的工匠精神，树立民族自信心，为实现中华民族的伟大复兴贡献力量。

3.2　STM32F1 系列产品系统架构和 STM32F103ZET6 内部架构

微课视频

STM32 跟其他单片机一样，是一个单片计算机或单片微控制器。所谓单片，就是在一枚芯片上集成了计算机或微控制器该有的基本功能部件。这些功能部件通过总线连在一起。就 STM32 而言，这些功能部件主要包括 Cortex-M 内核、总线、系统时钟发生器、复位电路、程序存储器、数据存储器、中断控制、调试接口以及各种功能部件（外设）。不同的芯片系列和型号，外设的数量和种类也不一样，常有的基本功能部件（外设）是输入 / 输出接口（GPIO）、定时 / 计数器（TIMER/COUNTER）、串行通信接口（USART）、串行总线（I2C、SPI 或 I2S）、SD 卡接口（SDIO）、USB 接口等。

STM32F10x 系列单片机基于 Arm Cortex-M3 内核，主要分为 STM32F100xx、STM32F101xx、STM32F102xx、STM32F103xx、STM32F105xx 和 STM32F107xx。STM32F100xx、STM32F101xx 和 STM32F102xx 为基本型系列，分别工作在 24MHz、36MHz 和 48MHz 主频。STM32F103xx 为增强型系列，STM32F105xx 和 STM32F107xx 为互联型系列，均工作在 72MHz 主频。其结构特点如下。

（1）一个主晶振可以驱动整个系统，低成本的 4 ～ 16MHz 晶振即可驱动 CPU、USB 和其他所有外设。

（2）内嵌出厂前调校好的 8MHz RC 振荡器，可以作为低成本主时钟源。

（3）内嵌电源监视器，减少对外部器件的要求，提供上电复位、低电压检测、掉电检测。

（4）GPIO 的最大翻转频率为 18MHz。

（5）PWM 定时器：可以接收最大 72MHz 时钟输入。

（6）USART：传输速率可达 4.5Mb/s。

（7）ADC：12 位，转换时间最快为 1μs。

（8）DAC：提供两个通道，12 位。

（9）SPI：传输速率可达 18Mb/s，支持主模式和从模式。

（10）I2C：工作频率可达 400kHz。

（11）I2S：采样频率可选范围为 8 ～ 48kHz。

（12）自带时钟的看门狗定时器。

（13）USB：传输速率可达 12Mb/s。

（14）SDIO：传输速率为 48MHz。

3.2.1　STM32F1 系列产品系统架构

STM32F1 系列产品系统架构如图 3-4 所示。

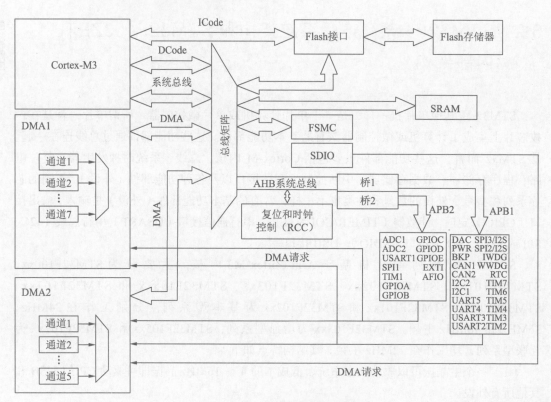

图 3-4　STM32F1 系列产品系统架构

STM32F1 系列产品主要由以下部分构成。

（1）Cortex-M3 内核 DCode 总线（D-Bus）和系统总线（S-Bus）。

（2）通用 DMA1 和通用 DMA2。

（3）内部 SRAM。

（4）内部 Flash 存储器。

（5）可变静态存储控制器（FSMC）。

（6）AHB 到 APB 的桥（AHB2APBx），它连接所有 APB 设备。

上述部件都是通过一个多级的 AHB 总线架构相互连接的。

（7）ICode 总线：将 Cortex-M3 内核的指令总线与 Flash 指令接口相连接。指令预取在此总线上完成。

（8）DCode 总线：将 Cortex-M3 内核的 DCode 总线与 Flash 存储器的数据接口相连接（常量加载和调试访问）。

（9）系统总线：连接 Cortex-M3 内核的系统总线（外设总线）到总线矩阵，总线矩阵协调内核和 DMA 间的访问。

（10）DMA 总线：将 DMA 的 AHB 主控接口与总线矩阵相连，总线矩阵协调 CPU 的 DCode 和 DMA 到 SRAM、Flash 和外设的访问。

（11）总线矩阵：协调内核系统总线和 DMA 主控总线之间的访问仲裁，仲裁采用轮换算法。总线矩阵包含 4 个主动部件（CPU 的 DCode、系统总线、DMA1 总线和 DMA2 总线）和 4 个被动部件（Flash 存储器接口、SRAM、FSMC 和 AHB/APB 桥）。

（12）AHB 外设：通过总线矩阵与系统总线相连，允许 DMA 访问。

（13）AHB/APB 桥（APB）：两个 AHB/APB 桥在 AHB 和两个 APB 总线间提供同步连接。APB1 操作速度限于 36MHz，APB2 操作于全速（最高 72MHz）。

上述模块由高级微控制器总线架构（Advanced Microcontroller Bus Architecture，AMBA）总线连接到一起。AMBA 是 Arm 公司定义的片上总线，已成为一种流行的工业片上总线标准。它包括 AHB 和 APB，前者作为系统总线，后者作为外设总线。

为更加简明地理解 STM32 单片机的内部结构，对图 3-4 进行抽象简化后，STM32F1 系列产品抽象简化系统架构如图 3-5 所示，这样对初学者的学习理解会更加方便些。

现结合图 3-5 对 STM32 的基本原理进行简单分析。

（1）程序存储器、静态数据存储器和所有外设都统一编址，地址空间为 4GB，但各自都有固定的存储空间区域，使用不同的总线进行访问。这一点与 51 单片机完全不一样。具体的地址空间请参阅意法半导体公司官方手册。如果采用固件库开发程序，则可以不必关注具体的地址问题。

（2）可将 Cortex-M3 内核视为 STM32 的 CPU，程序存储器、静态数据存储器和所有外设均通过相应的总线再经总线矩阵与之相接。Cortex-M3 内核控制程序存储器、静态数据存储器和所有外设的读写访问。

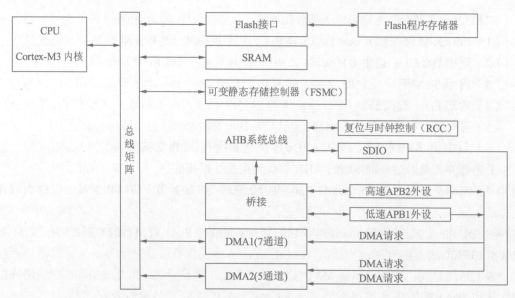

图 3-5　STM32F1 系列产品抽象简化系统架构

（3）STM32 的功能外设较多，分为高速外设、低速外设两类，各自通过桥接再通过 AHB 系统总线连接至总线矩阵，从而实现与 Cortex-M3 内核的接口。两类外设的时钟可分别配置，速度不一样。具体某个外设属于高速还是低速，已经被意法半导体公司明确规定。所有外设均有两种访问操作方式：一是传统方式，通过相应总线由 CPU 发出读写指令进行访问，这种方式适用于读写数据较小，速度相对较低的场合；二是 DMA 方式，即直接存储器存取，在这种方式下，外设可发出 DMA 请求，不再通过 CPU 而直接与指定的存储区发生数据交换，因此可大大提高数据访问操作的速度。

（4）STM32 的系统时钟均由复位与时钟控制器（RCC）产生，它有一整套的时钟管理设备，由它为系统和各种外设提供所需的时钟以确定各自的工作速度。

3.2.2　STM32F103ZET6 内部架构

STM32F103ZET6 集成了 Cortex-M3 内核 CPU，工作频率为 72MHz，与 CPU 紧耦合的为嵌套向量中断控制器（NVIC）和跟踪调试单元。其中，调试单元支持标准 JTAG 和串行 SW 两种调试方式；16 个外部中断源作为 NVIC 的一部分。CPU 通过指令总线直接到 Flash 取指令，通过数据总线和总线阵列与 Flash 和 SRAM 交换数据，DMA 可以直接通过总线阵列控制定时器、ADC、DAC、SDIO、I2S、SPI、I2C 和 USART。

Cortex-M3 内核 CPU 通过总线阵列和 AHB 以及 AHB/APB 桥与两类 APB 总线相连接，即 APB1 总线和 APB2 总线。其中，APB2 总线工作在 72MHz，与它相连的外设有外部中断与唤醒控制、7 个通用目的输入 / 输出端口（PA、PB、PC、PD、PE、PF 和 PG）、定时器 1、定时器 8、SPI1、USART1、3 个 ADC 和内部温度传感器。其中，3 个 ADC 和内部温度传

感器使用 V_{DDA} 电源。

APB1 总线最高可工作在 36MHz，与 APB1 总线相连的外设有看门狗定时器、定时器 6、定时器 7、RTC 时钟、定时器 2、定时器 3、定时器 4、定时器 5、USART2、USART3、UART4、UART5、SPI2（I2S2）与 SPI3（I2S3）、I2C1 与 I2C2、CAN、USB 设备和两个 DAC。其中，512B 的 SRAM 属于 CAN 模块，看门狗时钟源使用 V_{DD} 电源，RTC 时钟源使用 V_{BAT} 电源。

STM32F103ZET6 芯片内部具有 8MHz 和 40kHz 的 RC 振荡器，时钟与复位控制器和 SDIO 模块直接与 AHB 总线相连接，而可变静态存储器控制器（FSMC）直接与总线阵列相连接。

根据程序存储容量，ST 芯片分为三大类：LD（小于 64KB）、MD（小于 256KB）、HD（大于 256KB），而 STM32F103ZET6 类型属于第 3 类，它是 STM32 系列的一个典型型号。

STM32F103ZET6 的内部架构如图 3-6 所示。STM32F103ZET6 具有以下特性。

（1）内核方面：① Arm 32 位的 Cortex-M3 CPU，最高工作频率 72MHz，在存储器的零等待周期访问时运算速度可达 1.25DMIPS/MHz（Dhrystone 2.1）；②具有单周期乘法和硬件除法指令。

（2）存储器方面：① 512KB 的 Flash 程序存储器；② 64KB 的 SRAM；③带有 4 个片选信号的可变静态存储器控制器，支持 Compact Flash、SRAM、PSRAM、NOR 和 NAND 存储器。

（3）LCD 并行接口，支持 8080/6800 模式。

（4）时钟、复位和电源管理方面：①芯片和 I/O 引脚的供电电压为 2.0～3.6V；②上电 / 断电复位（POR/PDR）、可编程电压监测器（PVD）；③ 4～16MHz 晶体振荡器；④内嵌经出厂调校的 8MHz 的 RC 振荡器；⑤内嵌带校准的 40kHz 的 RC 振荡器；⑥带校准功能的 32kHz RTC 振荡器。

（5）低功耗：①支持睡眠、停机和待机模式；② V_{BAT} 为 RTC 和后备寄存器供电。

（6）3 个 12 位模数转换器（ADC），1μs 转换时间（多达 16 个输入通道），转换范围为 0～3.6V；采样和保持功能；温度传感器。

（7）两个 12 位数模转换器（DAC）。

（8）DMA：① 12 通道 DMA 控制器；②支持的外设包括定时器、ADC、DAC、SDIO、I2S、SPI、I2C 和 USART。

（9）调试模式：①串行单线调试（SWD）和 JTAG 接口；② Cortex-M3 嵌入式跟踪宏单元（ETM）。

（10）快速 I/O 端口（PA～PG）：多达 7 个快速 I/O 端口，每个端口包含 16 根 I/O 口线，所有 I/O 端口可以映像到 16 个外部中断；绝大多数端口均可容忍 5V 信号。

（11）多达 11 个定时器：① 4 个 16 位通用定时器，每个定时器有多达 4 个用于输入捕获 / 输出比较 /PWM 或脉冲计数的通道和增量编码器输入；②两个 16 位带死区控制和紧急刹车，用于电机控制的 PWM 高级控制定时器；③两个看门狗定时器（独立看门狗定时器和窗口看门狗定时器）；④系统滴答定时器（24 位自减型计数器）；⑤两个 16 位基本定时器用于驱动 DAC。

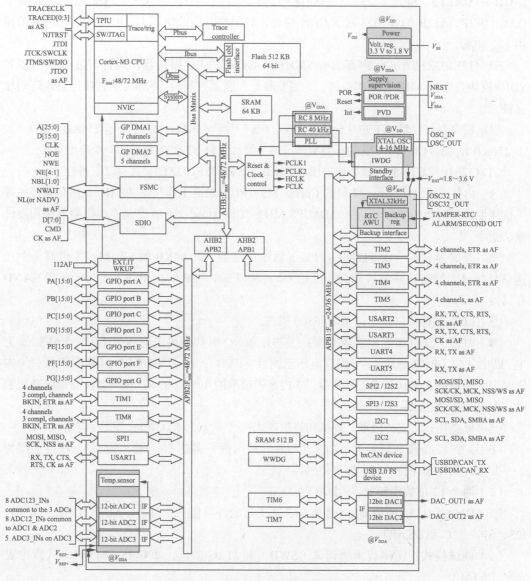

图 3-6　STM32F103ZET6 内部架构

注：channels：通道；as AF：作为第二功能，可作为外设功能脚的 I/O 端口；device：设备；system：系统；
Power：电源；volt.reg.：电压寄存器；Bus Matrix：总线矩阵；Supply supervision：电源监视；
Standby interface：备用接口；Backup interface：后备接口；Backup reg.：后备寄存器。

（12）多达 13 个通信接口：①两个 I2C 接口（支持 SMBus/PMBus）；② 5 个 USART 接口（支持 ISO 7816 接口、LIN、IrDA 兼容接口和调制解调控制）；③ 3 个 SPI 接口（18Mb/s）；④一个 CAN 接口（支持 CAN 2.0B 协议）；⑤一个 USB 2.0 全速接口；⑥一个 SDIO 接口。

（13）循环冗余校验（Cyclic Redundancy Check，CRC）计算单元，96 位的芯片唯一代码。

（14）LQFP（小外形四方扁平封装）144 封装形式。

（15）工作温度：－ 40 ～＋ 105℃。

以上特性使 STM32F103ZET6 非常适用于电机驱动、应用控制、医疗和手持设备、PC 和游戏外设、GPS 平台、工业应用、PLC、逆变器、打印机、扫描仪、报警系统、空调系统等领域。

3.3　STM32F103ZET6 的存储器映像

STM32F103ZET6 的存储器映像如图 3-7 所示。

由图 3-7 可知，STM32F103ZET6 芯片是 32 位的微控制器，可寻址存储空间大小为 2^{32}B=4GB，分为 8 个 512MB 的存储块，存储块 0 的地址范围为 0x00000000 ～ 0x1FFF FFFF，存储块 1 的地址范围为 0x2000 0000 ～ 0x3FFF FFFF，以此类推，存储块 7 的地址范围为 0xE000 0000 ～ 0xFFFF FFFF。

微课视频

STM32F103ZET6 芯片的可寻址空间大小为 4GB，但并不意味着 0x0000 0000 ～ 0xFFFF FFFF 地址空间均可以有效访问，只有映射了真实物理存储器的存储空间才能被有效地访问。对于存储块 0，如图 3-7 所示，片内 Flash 映射到地址空间 0x0800 0000 ～ 0x0807 FFFF（512KB），系统存储器映射到地址空间 0x1FFF F000 ～ 0x1FFF F7FF（2KB），用户选项字节（Option Bytes）映射到地址空间 0x1FFF F800 ～ 0x1FFF F80F（16B）。同时，地址范围 0x0000 0000 ～ 0x0007 FFFF，根据启动模式要求，可以作为 Flash 或系统存储器的别名访问空间。例如，BOOT0=0 时，片内 Flash 同时映射到地址空间 0x0000 0000 ～ 0x0007 FFFF 和 地 址 空 间 0x0800 0000 ～ 0x0807 FFFF，即 地 址 空 间 0x0000 0000 ～ 0x0007 FFFF 是 Flash 存储器。除此之外，其他空间是保留的。

512MB 的 存 储 块 1 中 只 有 地 址 空 间 0x2000 0000 ～ 0x2000 FFFF 映射了 64KB 的 SRAM，其余空间是保留的。

尽管 STM32F103ZET6 微控制器具有两个 APB 总线，且这两个总线上的外设访问速度不同，但是芯片存储空间中并没有区别这两个外设的访问空间，而是把全部 APB 外设映射到存储块 2 中，每个外设的寄存器占据 1KB 空间。

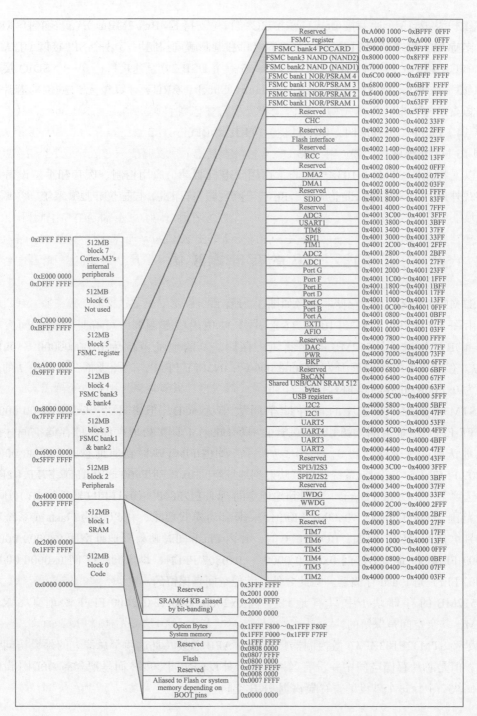

图 3-7　STM32F103ZET6 的存储器映像

注：block：块；bank：段；Reserved：保留；Shared：共享；registers：寄存器；Option bytes：选项字节；
System memory：系统存储器；Aliased：别名；depending on：取决于；pins：引脚。

程序存储器、数据存储器、寄存器和输入／输出端口被组织在同一个 4GB 的线性地址空间内。可访问的存储器空间被分为 8 个主要的块，每块为 512MB。

数据字节以小端格式存放在存储器中。一个字中的最低地址字节被认为是该字的最低有效字节，而最高地址字节是最高有效字节。

3.3.1　STM32F103ZET6 内置外设的地址范围

STM32F103ZET6 中内置外设的地址范围如表 3-1 所示。

表 3-1　STM32F103ZET6 中内置外设的地址范围

地址范围	外　设	所在总线
0x5000 0000 ～ 0x5003 FFFF	USB OTG 全速	AHB
0x4002 8000 ～ 0x4002 9FFF	以太网	
0x4002 3000 ～ 0x4002 33FF	CRC	AHB
0x4002 2000 ～ 0x4002 23FF	Flash 接口	
0x4002 1000 ～ 0x4002 13FF	复位和时钟控制（RCC）	
0x4002 0400 ～ 0x4002 07FF	DMA2	
0x4002 0000 ～ 0x4002 03FF	DMA1	
0x4001 8000 ～ 0x4001 83FF	SDIO	
0x4001 3C00 ～ 0x4001 3FFF	ADC3	APB2
0x4001 3800 ～ 0x4001 3BFF	USART1	
0x4001 3400 ～ 0x4001 37FF	TIM8 定时器	
0x4001 3000 ～ 0x4001 33FF	SPI1	
0x4001 2C00 ～ 0x4001 2FFF	TIM1 定时器	
0x4001 2800 ～ 0x4001 2BFF	ADC2	
0x4001 2400 ～ 0x4001 27FF	ADC1	
0x4001 2000 ～ 0x4001 23FF	GPIO 端口 G	
0x4001 1C00 ～ 0x4001 1FFF	GPIO 端口 F	
0x4001 1800 ～ 0x4001 1BFF	GPIO 端口 E	
0x4001 1400 ～ 0x4001 17FF	GPIO 端口 D	
0x4001 1000 ～ 0x4001 13FF	GPIO 端口 C	
0x4001 0C00 ～ 0x4001 0FFF	GPIO 端口 B	
0x4001 0800 ～ 0x4001 0BFF	GPIO 端口 A	
0x4001 0400 ～ 0x4001 07FF	EXTI	
0x4001 0000 ～ 0x4001 03FF	AFIO	

续表

地址范围	外　设	所在总线
0x4000 7400 ～ 0x4000 77FF	DAC	
0x4000 7000 ～ 0x4000 73FF	电源控制（PWR）	
0x4000 6C00 ～ 0x4000 6FFF	后备寄存器（BKR）	
0x4000 6400 ～ 0x4000 67FF	bxCAN	
0x4000 6000 ～ 0x4000 63FF	USB/CAN 共享的 512B SRAM	
0x4000 5C00 ～ 0x4000 5FFF	USB 全速设备寄存器	
0x4000 5800 ～ 0x4000 5BFF	I2C2	
0x4000 5400 ～ 0x4000 57FF	I2C1	
0x4000 5000 ～ 0x4000 53FF	UART5	
0x4000 4C00 ～ 0x4000 4FFF	UART4	
0x4000 4800 ～ 0x4000 4BFF	USART3	
0x4000 4400 ～ 0x4000 47FF	USART2	APB1
0x4000 3C00 ～ 0x4000 3FFF	SPI3/I2S3	
0x4000 3800 ～ 0x4000 3BFF	SPI2/I2S2	
0x4000 3000 ～ 0x4000 33FF	独立看门狗（IWDG）	
0x4000 2C00 ～ 0x4000 2FFF	窗口看门狗（WWDG）	
0x4000 2800 ～ 0x4000 2BFF	RTC	
0x4000 1400 ～ 0x4000 17FF	TIM7 定时器	
0x4000 1000 ～ 0x4000 13FF	TIM6 定时器	
0x4000 0C00 ～ 0x4000 0FFF	TIM5 定时器	
0x4000 0800 ～ 0x4000 0BFF	TIM4 定时器	
0x4000 0400 ～ 0x4000 07FF	TIM3 定时器	
0x4000 0000 ～ 0x4000 03FF	TIM2 定时器	

没有分配给片上存储器和外设的存储器空间都是保留的地址空间：0x4000 1800 ～ 0x4000 27FF、0x4000 3400 ～ 0x4000 37FF、0x4000 4000 ～ 0x4000 3FFF、0x4000 7800 ～ 0x4000FFFF、0x4001 4000 ～ 0x4001 7FFF、0x4001 8400 ～ 0x4001 7FFF、0x4002800 ～ 0x4002 0FFF、0x4002 1400 ～ 0x4002 1FFF、0x4002 3400 ～ 0x4002 3FFF、0x4003 0000 ～ 0x4FFF FFFF。

每个地址范围的第 1 个地址为对应外设的首地址，该外设的相关寄存器地址都可以用"首地址 + 偏移量"的方式找到其绝对地址。

3.3.2　嵌入式 SRAM

STM32F103ZET6 内置 64KB 的 SRAM。它可以以字节、半字（16 位）或字（32 位）进行访问。SRAM 的起始地址是 0x2000 0000。

Cortex-M3 存储器映像包括两个位带区。这两个位带区将位带别名区中的每个字映射到位带区中的一个位，在位带别名区写入一个字具有对位带区的目标位执行读—改—写操作的相同效果。

在 STM32F103ZET6 中，外设寄存器和 SRAM 都被映射到位带区，允许执行位带的写和读操作。

下面的映射公式给出了位带别名区中的每个字如何对应位带区的相应位。

bit_word_addr=bit_band_base+byte_offset × 32+bit_number × 4

其中，bit_word_addr 为位带别名区中字的地址，它映射到某个目标位；bit_band_base 为位带别名区的起始地址；byte_offset 为包含目标位的字节在位带区中的序号；bit_number 为目标位所在位置（0 ~ 31）。

3.3.3　嵌入式 Flash

高达 512KB 的 Flash 由主存储块和信息块组成：主存储块容量为 64K × 64 位，每个存储块划分为 256 个 2KB 的页；信息块容量为 258 × 64 位。

Flash 模块的组织如表 3-2 所示。

表 3-2　Flash 模块的组织

模　　块	名　　称	地　　址	大小 /B
主存储块	页 0	0x0800 0000 ~ 0x0800 07FF	2K
	页 1	0x0800 0800 ~ 0x0800 0FFF	2K
	页 2	0x0800 1000 ~ 0x0800 17FF	2K
	页 3	0x0800 1800 ~ 0x0800 1FFF	2K
	…	…	…
	页 255	0x0807 F800 ~ 0x0807 FFFF	2K
信息块	系统存储器	0x1FFF F000 ~ 0x1FFF F7FF	2K
	选择字节	0x1FFF F800 ~ 0x1FFF F80F	16
Flash 接口寄存器	Flash_ACR	0x4002 2000 ~ 0x4002 2003	4
	Flash_KEYR	0x4002 2004 ~ 0x4002 2007	4
	Flash_OPTKEYR	0x4002 2008 ~ 0x4002 200B	4
	Flash_SR	0x4002 200C ~ 0x4002 200F	4
	Flash_CR	0x4002 2010 ~ 0x4002 2013	4
	Flash_AR	0x4002 2014 ~ 0x4002 2017	4
	保留	0x4002 2018 ~ 0x4002 201B	4
	Flash_OBR	0x4002 201C ~ 0x4002 201F	4
	Flash_WRPR	0x4002 2020 ~ 0x4002 2023	4

Flash 接口的特性如下。

（1）带预取缓冲器的读接口（每字为 2×64 位）。

（2）选择字节加载器。

（3）闪存编程 / 擦除操作。

（4）访问 / 写保护。

Flash 的指令和数据访问是通过 AHB 总线完成的。预取模块通过 ICode 总线读取指令。仲裁作用在 Flash 接口，并且 DCode 总线上的数据访问优先。读访问可以有以下配置选项。

（1）等待时间：可以随时更改用于读取操作的等待状态的数量。

（2）预取缓冲区（两个 64 位）：在每次复位后被自动打开，由于每个缓冲区的大小（64位）与 Flash 的带宽相同，因此只通过一次读 Flash 的操作即可更新整个级中的内容。由于预取缓冲区的存在，CPU 可以工作在更高的主频上。CPU 每次取指令最多为 32 位的字，取一条指令时，下一条指令已经在缓冲区中等待。

3.4　STM32F103ZET6 的时钟结构

STM32 系列微控制器中有 5 个时钟源，分别是高速内部（HSI）时钟、高速外部（HSE）时钟、低速内部（Low Speed Internal，LSI）时钟、低速外部（Low Speed External，LSE）时钟、锁相环（PLL）倍频输出。STM32F103ZET6 的时钟系统呈树状结构，因此也称为时钟树。

STM32F103ZET6 具有多个时钟频率，分别供给内核和不同外设模块使用。高速时钟供中央处理器等高速设备使用，低速时钟供外设等低速设备使用。HSI、HSE 或 PLL 可用来驱动系统时钟（SYSCLK）。

LSI、LSE 时钟作为二级时钟源，40kHz 低速内部 RC 时钟可用于驱动独立看门狗和通过程序选择驱动 RTC。RTC 用于从停机 / 待机模式下自动唤醒系统。

32.768kHz 低速外部晶体也可用来通过程序选择驱动 RTC（RTCCLK）。

当某个部件不被使用时，任意时钟源都可独立地启动或关闭，由此优化系统功耗。

用户可通过多个预分频器配置 AHB、高速 APB（APB2）和低速 APB（APB1）的频率。AHB 和 APB2 的最大频率是 72MHz。APB1 的最大允许频率是 36MHz。SDIO 接口的时钟频率固定为 HCLK/2。

RCC 通过 AHB 时钟（HCLK）8 分频后作为 Cortex 系统定时器（SysTick）的外部时钟。通过对 SysTick 控制与状态寄存器的设置，可选择上述时钟或 Cortex（HCLK）时钟作为 SysTick 时钟。ADC 时钟由高速 APB2 时钟经 2、4、6 或 8 分频后获得。

定时器时钟频率分配由硬件按以下两种情况自动设置。

（1）如果相应的 APB 预分频系数为 1，定时器的时钟频率与所在 APB 总线频率一致；

（2）否则，定时器的时钟频率被设为与其相连的 APB 总线频率的 2 倍。

FCLK 是 Cortex-M3 处理器的自由运行时钟。

　　STM32 处理器因为低功耗的需要，各模块需要分别独立开启时钟。因此，当需要使用某个外设模块时，务必要先使能对应的时钟，否则这个外设不能工作。STM32 时钟树如图 3-8 所示。

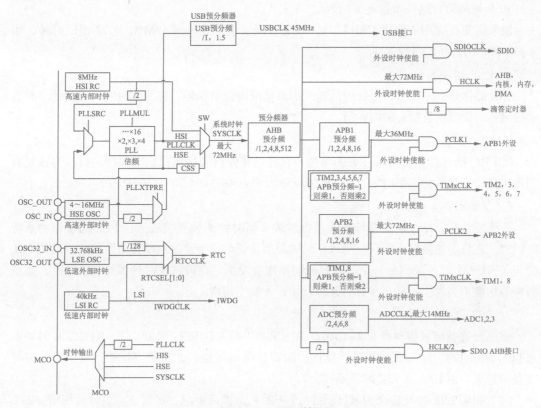

图 3-8　STM32 时钟树

1. HSE 时钟

　　高速外部（HSE）时钟信号一般由外部晶体 / 陶瓷谐振器产生。在 OSC_IN 和 OSC_OUT 引脚之间连接 4 ～ 16MHz 外部振荡器为系统提供精确的主时钟。

　　为了减少时钟输出的失真和缩短启动稳定时间，晶体 / 陶瓷谐振器和负载电容器必须尽可能地靠近振荡器引脚。负载电容值必须根据所选择的振荡器来调整。

2. HSI 时钟

　　HSI 时钟信号由内部 8MHz RC 振荡器产生，可直接作为系统时钟或在 2 分频后作为 PLL 输入。

　　HSI RC 振荡器能够在不需要任何外部器件的条件下提供系统时钟。它的启动时间比 HSE 晶体振荡器短。然而，即使在校准之后它的时钟频率精度仍较差。如果 HSE 晶体振荡器失效，HSI 时钟会被作为备用时钟源。

3. PLL

内部 PLL 可以用来倍频 HSI RC 振荡器的输出时钟或 HSE 晶体输出时钟。PLL 的设置（选择 HSI/2 或 HSE 振荡器为 PLL 的输入时钟，选择倍频因子）必须在其被激活前完成。一旦 PLL 被激活，这些参数就不能改动。

如果需要在应用中使用 USB 接口，PLL 必须被设置为输出 48MHz 或 72MHz 时钟，用于提供 48MHz 的 USBCLK 时钟。

4. LSE 时钟

LSE 晶体是一个 32.768kHz 的低速外部晶体或陶瓷谐振器。它为实时时钟或其他定时功能提供一个低功耗且精确的时钟源。

5. LSI 时钟

LSI RC 担当着低功耗时钟源的角色，它可以在停机和待机模式下保持运行，为独立看门狗和自动唤醒单元提供时钟。LSI 时钟频率大约为 40kHz（30 ~ 60kHz）。

6. 系统时钟（SYSCLK）选择

系统复位后，HSI 振荡器被选为系统时钟。当时钟源被直接或通过 PLL 间接作为系统时钟时，它将不能被停止。只有当目标时钟源准备就绪了（经过启动稳定阶段的延迟或 PLL 稳定），从一个时钟源到另一个时钟源的切换才会发生。在被选择时钟源没有就绪时，系统时钟的切换不会发生。直至目标时钟源就绪，才发生切换。

7. RTC 时钟

通过设置备份域控制寄存器（RCC_BDCR）中的 RTCSEL［1:0］位，RTCCLK 时钟源可以由 HSE/128、LSE 或 LSI 时钟提供。除非备份域复位，此选择不能被改变。LSE 时钟在备份域里，但 HSE 和 LSI 时钟不在。

（1）如果 LSE 时钟被选为 RTC 时钟，只要 V_{BAT} 维持供电，尽管 V_{DD} 供电被切断，RTC 仍可继续工作。

（2）LSI 时钟被选为自动唤醒单元（Auto-Wakeup Unit，AWU）时钟时，如果切断 V_{DD} 供电，不能保证 AWU 的状态。

（3）如果 HSE 时钟 128 分频后作为 RTC 时钟，V_{DD} 供电被切断或内部电压调压器被关闭（1.8V 域的供电被切断）时，RTC 状态不确定。必须设置电源控制寄存器的 DPB 位（取消后备区域的写保护位）为 1。

8. 看门狗时钟

如果独立看门狗已经由硬件选项或软件启动，LSI 振荡器将被强制在打开状态，并且不能被关闭。在 LSI 振荡器稳定后，时钟供应给 IWDG。

9. 时钟输出

微控制器允许输出时钟信号到外部 MCO 引脚。相应地，GPIO 端口寄存器必须被配置为相应功能。可被选作 MCO 时钟的时钟信号有 SYSCLK、HIS、HSE、PLL/2。

3.5　STM32F103VET6 的引脚

STM32F103VET6 比 STM32F103ZET6 少了两个端口：PF 和 PG，其他资源一样。

为了简化描述，后续的内容以 STM32F103VET6 为例进行介绍。STM32F103VET6 采用 LQFP100 封装，引脚如图 3-9 所示。

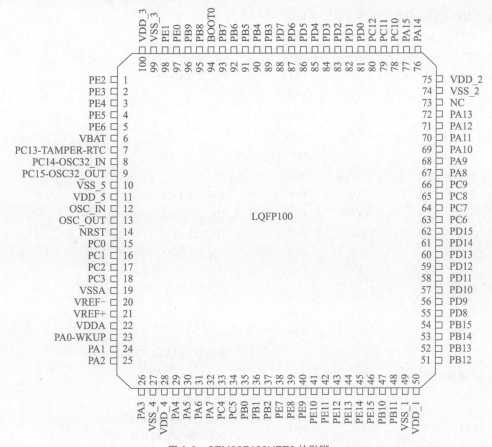

图 3-9　STM32F103VET6 的引脚

1. 引脚定义

STM32F103VET6 的引脚定义如表 3-3 所示。

表 3-3　STM32F103VET6 的引脚定义

引脚编号	引脚名称	类型	I/O电平	复位后的主要功能	复用功能	
					默认情况	重映射后
1	PE2	I/O	FT	PE2	TRACECK/FSMC_A23	
2	PE3	I/O	FT	PE3	TRACED0/FSMC_A19	

续表

引脚编号	引脚名称	类 型	I/O 电平	复位后的主要功能	复用功能	
					默认情况	重映射后
3	PE4	I/O	FT	PE4	TRACED1/FSMC_A20	
4	PE5	I/O	FT	PE5	TRACED2/FSMC_A21	
5	PE6	I/O	FT	PE6	TRACED3/FSMC_A22	
6	VBAT	S		VBAT		
7	PC13-TAMPER-RTC	I/O		PC13	TAMPER-RTC	
8	PC14-OSC32_IN	I/O		PC14	OSC32_IN	
9	PC15-OSC32_OUT	I/O		PC15	OSC32_OUT	
10	VSS_5	S		VSS_5		
11	VDD_5	S		VDD_5		
12	OSC_IN	I		OSC_IN		
13	OSC_OUT	O		OSC_OUT		
14	NRST	I/O		NRST		
15	PC0	I/O		PC0	ADC123_IN10	
16	PC1	I/O		PC1	ADC123_IN11	
17	PC2	I/O		PC2	ADC123_IN12	
18	PC3	I/O		PC3	ADC123_IN13	
19	VSSA	S		VSSA		
20	VREF −	S		VREF −		
21	VREF +	S		VREF +		
22	VDDA	S		VDDA		
23	PA0-WKUP	I/O		PA0	WKUP/USART2_CTS/ADC123_IN0/TIM2_CH1_ETR/TIM5_CH1/TIM8_ETR	
24	PA1	I/O		PA1	USART2_RTS/ADC123_IN1/TIM5_CH2/TIM2_CH2	
25	PA2	I/O		PA2	USART2_TX/TIM5_CH3/ADC123_IN2/TIM2_CH3	
26	PA3	I/O		PA3	USART2_RX/TIM5_CH4/ADC123_IN3/TIM2_CH4	
27	VSS_4	S		VSS_4		
28	VDD_4	S		VDD_4		
29	PA4	I/O		PA4	SPI1_NSS/USART2_CK/DAC_OUT1/ADC12_IN4	
30	PA5	I/O		PA5	SPI1_SCK/DAC_OUT2/ADC12_IN5	TIM1_BKIN

续表

引脚编号	引脚名称	类　型	I/O电平	复位后的主要功能	复用功能	
					默认情况	重映射后
31	PA6	I/O		PA6	SPI1_MISO/TIM8_BKIN/ADC12_IN6/TIM3_CH1	TIM1_CH1N
32	PA7	I/O		PA7	SPI1_MOSI/TIM8_CH1N/ADC12_IN7/TIM3_CH2	
33	PC4	I/O		PC4	ADC12_IN14	
34	PC5	I/O		PC5	ADC12_IN15	
35	PB0	I/O		PB0	ADC12_IN8/TIM3_CH3/TIM8_CH2N	TIM1_CH2N
36	PB1	I/O		PB1	ADC12_IN9/TIM3_CH4/TIM8_CH3N	TIM1_CH3N
37	PB2	I/O	FT	PB2/BOOT1		
38	PE7	I/O	FT	PE7	FSMC_D4	TIM1_ETR
39	PE8	I/O	FT	PE8	FSMC_D5	TIM1_CH1N
40	PE9	I/O	FT	PE9	FSMC_D6	TIM1_CH1
41	PE10	I/O	FT	PE10	FSMC_D7	TIM1_CH2N
42	PE11	I/O	FT	PE11	FSMC_D8	TIM1_CH2
43	PE12	I/O	FT	PE12	FSMC_D9	TIM1_CH3N
44	PE13	I/O	FT	PE13	FSMC_D10	TIM1_CH3
45	PE14	I/O	FT	PE14	FSMC_D11	TIM1_CH4
46	PE15	I/O	FT	PE15	FSMC_D12	TIM1_BKIN
47	PB10	I/O	FT	PB10	I2C2_SCL/USART3_TX	TIM2_CH3
48	PB11	I/O	FT	PB11	I2C2_SDA/USART3_RX	TIM2_CH4
49	VSS_1	S		VSS_1		
50	VDD_1	S		VDD_1		
51	PB12	I/O	FT	PB12	SPI2_NSS/I2S2_WS/I2C2_SMBA/USART3_CK/TIM1_BKIN	
52	PB13	I/O	FT	PB13	SPI2_SCK/I2S2_CK/USART3_CTS/TIM1_CH1N	
53	PB14	I/O	FT	PB14	SPI2_MISO/TIM1_CH2N/USART3_RTS	
54	PB15	I/O	FT	PB15	SPI2_MOSI/I2S2_SD/TIM1_CH3N	
55	PD8	I/O	FT	PD8	FSMC_D13	USART3_TX
56	PD9	I/O	FT	PD9	FSMC_D14	USART3_RX
57	PD10	I/O	FT	PD10	FSMC_D15	USART3_CK

续表

引脚编号	引脚名称	类 型	I/O电平	复位后的主要功能	复用功能	
					默认情况	重映射后
58	PD11	I/O	FT	PD11	FSMC_A16	USART3_CTS
59	PD12	I/O	FT	PD12	FSMC_A17	TIM4_CH1/USART3_RTS
60	PD13	I/O	FT	PD13	FSMC_A18	TIM4_CH2
61	PD14	I/O	FT	PD14	FSMC_D0	TIM4_CH3
62	PD15	I/O	FT	PD15	FSMC_D1	TIM4_CH4
63	PC6	I/O	FT	PC6	I2S2_MCK/TIM8_CH1/SDIO_D6	TIM3_CH1
64	PC7	I/O	FT	PC7	I2S3_MCK/TIM8_CH2/SDIO_D7	TIM3_CH2
65	PC8	I/O	FT	PC8	TIM8_CH3/SDIO_D0	TIM3_CH3
66	PC9	I/O	FT	PC9	TIM8_CH4/SDIO_D1	TIM3_CH4
67	PA8	I/O	FT	PA8	USART1_CK/TIM1_CH1/MCO	
68	PA9	I/O	FT	PA9	USART1_TX/TIM1_CH2	
69	PA10	I/O	FT	PA10	USART1_RX/TIM1_CH3	
70	PA11	I/O	FT	PA11	USART1_CTS/USBDM/CAN_RX/TIM1_CH4	
71	PA12	I/O	FT	PA12	USART1_RTS/USBDP/CAN_TX/TIM1_ETR	
72	PA13	I/O	FT	JTMS-WDIO		PA13
73	NC					
74	VSS_2	S		VSS_2		
75	VDD_2	S		VDD_2		
76	PA14	I/O	FT	JTCK-SWCLK		PA14
77	PA15	I/O	FT	JTDI	SPI3_NSS/I2S3_WS	TIM2_CH1_ETR PA15/SPI1_NSS
78	PC10	I/O	FT	PC10	UART4_TX/SDIO_D2	USART3_TX
79	PC11	I/O	FT	PC11	UART4_RX/SDIO_D3	USART3_RX
80	PC12	I/O	FT	PC12	UART5_TX/SDIO_CK	USART3_CK
81	PD0	I/O	FT	OSC_IN	FSMC_D2	CAN_RX
82	PD1	I/O	FT	OSC_OUT	FSMC_D3	CAN_TX
83	PD2	I/O	FT	PD2	TIM3_ETR/UART5_RX/SDIO_CMD	
84	PD3	I/O	FT	PD3	FSMC_CLK	USART2_CTS
85	PD4	I/O	FT	PD4	FSMC_NOE	USART2_RTS

续表

引脚编号	引脚名称	类型	I/O 电平	复位后的主要功能	复用功能	
					默认情况	重映射后
86	PD5	I/O	FT	PD5	FSMC_NWE	USART2_TX
87	PD6	I/O	FT	PD6	FSMC_NWAIT	USART2_RX
88	PD7	I/O	FT	PD7	FSMC_NE1/FSMC_NCE2	USART2_CK
89	PB3	I/O	FT	JTDO	SPI3_SCK/I2S3_CK	PB3/TRACESWO TIM2_CH2/SPI1_SCK
90	PB4	I/O	FT	NJTRST	SPI3_MISO	PB4/TIM3_CH1 SPI1_MISO
91	PB5	I/O		PB5	I2C1_SMBA/SPI3_MOSI/ I2S3_SD	TIM3_CH2/SPI1_MOSI
92	PB6	I/O	FT	PB6	I2C1_SCL/TIM4_CH1	USART1_TX
93	PB7	I/O	FT	PB7	I2C1_SDA/FSMC_NADV/ TIM4_CH2	USART1_RX
94	BOOT0	I		BOOT0		
95	PB8	I/O	FT	PB8	TIM4_CH3/SDIO_D4	I2C1_SCL/CAN_RX
96	PB9	I/O	FT	PB9	TIM4_CH4/SDIO_D5	I2C1_SCA/CAN_TX
97	PE0	I/O	FT	PE0	TIM4_ETR/FSMC_NBL0	
98	PE1	I/O	FT	PE1	FSMC_NBL1	
99	VSS_3	S		VSS_3		
100	VDD_3	S		VDD_3		

注：I= 输入（input），O= 输出（output），S= 电源（supply），FT= 可忍受 5V 电压。

2. 启动配置引脚

在 STM32F103VET6 中，可以通过 BOOT［1:0］引脚选择 3 种不同的启动模式。STM32F103VET6 的启动配置如表 3-4 所示。

表 3-4　STM32F103VET6 的启动配置

启动模式选择引脚		启动模式	说　　明
BOOT1	BOOT0		
X	0	主 Flash	主 Flash 被选为启动区域
0	1	系统存储器	系统存储器被选为启动区域
1	1	内置 SRAM	内置 SRAM 被选为启动区域

系统复位后，在 SYSCLK 的第 4 个上升沿，BOOT 引脚的值将被锁存。用户可以通过设置 BOOT1 和 BOOT0 引脚的状态选择复位后的启动模式。

在从待机模式退出时，BOOT 引脚的值将被重新锁存，因此在待机模式下 BOOT 引脚应保持为需要的启动配置。在启动延迟之后，CPU 从地址 0x0000 0000 获取堆栈顶的地址，并从启动存储器的 0x0000 0004 指示的地址开始执行代码。

因为固定的存储器映像，代码区始终从地址 0x0000 0000 开始（通过 ICode 和 DCode 总线访问），而数据区（SRAM）始终从地址 0x2000 0000 开始（通过系统总线访问）。Cortex-M3 的 CPU 始终从 ICode 总线获取复位向量，即启动仅适合于从代码区开始（典型地从 Flash 启动）。STM32F103VET6 微控制器实现了一个特殊的机制，系统不仅可以从 Flash 或系统存储器启动，还可以从内置 SRAM 启动。

根据选定的启动模式，主 Flash、系统存储器或 SRAM 可以按照以下方式访问。

（1）从主 Flash 启动：主 Flash 被映射到启动空间（0x0000 0000），但仍然能够在它原有的地址（0x0800 0000）访问它，即 Flash 的内容可以在两个地址区域访问，0x0000 0000 或 0x0800 0000。

（2）从系统存储器启动：系统存储器被映射到启动空间（0x0000 0000），但仍然能够在它原有的地址（互联型产品原有地址为 0x1FFF B000，其他产品原有地址为 0x1FFF F000）访问它。

（3）从内置 SRAM 启动：只能在 0x2000 0000 开始的地址区访问 SRAM。从内置 SRAM 启动时，在应用程序的初始化代码中，必须使用 NVIC 的异常表和偏移寄存器，重新映射向量表到 SRAM 中。

（4）内嵌的自举程序：内嵌的自举程序存放在系统存储区，由厂商在生产线上写入，用于通过串行接口 USART1 对 Flash 进行重新编程。

3.6　STM32F103VET6 最小系统设计

STM32F103VET6 最小系统是指能够让 STM32F103VET6 正常工作的包含最少元器件的系统。STM32F103VET6 片内集成了电源管理模块（包括滤波复位输入、集成的上电复位 / 掉电复位电路、可编程电压检测电路）、8MHz 高速内部 RC 振荡器、40kHz 低速内部 RC 振荡器等部件，外部只需 7 个无源器件就可以让 STM32F103VET6 工作。然而，为了使用方便，在最小系统中加入了 USB 转 TTL 串口、发光二极管等功能模块。

STM32F103VET6 的最小系统核心电路原理如图 3-10 所示，其中包括了复位电路、晶体振荡电路和启动设置电路等模块。

1．复位电路

STM32F103VET6 的 NRST 引脚输入中使用 CMOS 工艺，它连接了一个不能断开的上拉电阻，其典型值为 40kΩ，外部连接了一个上拉电阻 R4、按键 RST 及电容 C5，当按键 RST 按下时 NRST 引脚电位变为 0，通过这个方式实现手动复位。

2．晶体振荡电路

STM32F103VET6 一共外接了两个晶振：一个 8MHz 的晶振 X1 提供给高速外部时钟，一个 32.768kHz 的晶振 X2 提供给全低速外部时钟。

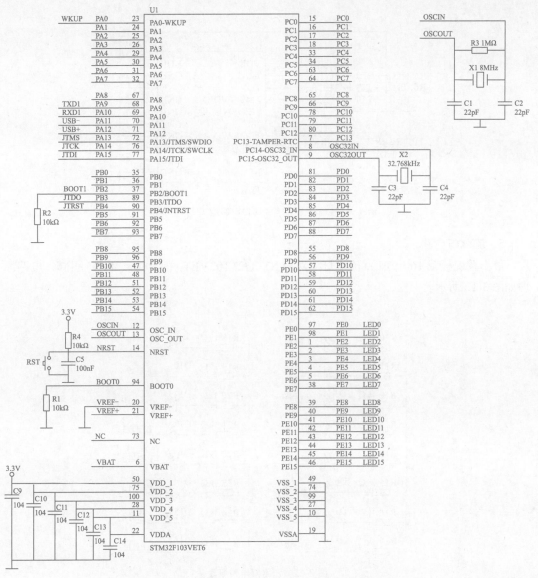

图 3-10　STM32F103VET6 的最小系统核心电路原理

3. 启动设置电路

启动设置电路由启动设置引脚 BOOT1 和 BOOT0 构成，二者均通过 10kΩ 的电阻接地，从用户 Flash 启动。

4. JTAG 接口电路

为了方便系统采用 JLINK 仿真器进行下载和在线仿真，在最小系统中预留了 JTAG 接口电路用来实现 STM32F103VET6 与 JLINK 仿真器进行连接，JTAG 接口电路原理如图 3-11 所示。

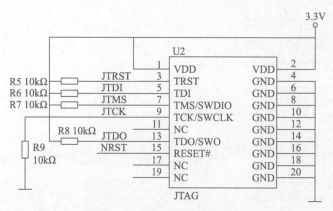

图 3-11　JTAG 接口电路原理

5. 流水灯电路

最小系统板载 16 个 LED 流水灯，对应 STM32F103VET6 的 PE0 ～ PE15 引脚，电路原理如图 3-12 所示。

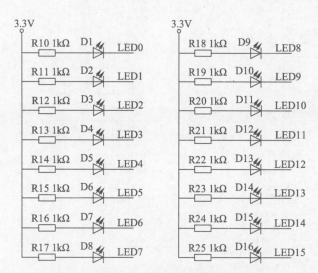

图 3-12　流水灯电路原理

另外，STM32F103VET6 还设计有 USB 转 TTL 串口电路（采用 CH340G）、独立按键电路、ADC 采集电路（采用 10kΩ 电位器）和 5V 转 3.3V 电源电路（采用 AMS1117-3.3V），具体电路从略。

第 4 章　嵌入式开发环境的搭建

本章讲述嵌入式开发环境的搭建，包括 Keil MDK5 安装配置、Keil MDK 新工程的创建、Cortex-M3 微控制器软件接口标准 CMSIS、STM32F103 开发板的选择和 STM32 仿真器的选择。

4.1　Keil MDK5 安装配置

4.1.1　Keil MDK 简介

微课视频

　　Keil 公司是一家业界领先的微控制器（MCU）软件开发工具独立供应商，由两家私人公司联合运营，这两家公司分别是德国的 Keil Elektronik GmbH 和美国的 Keil Software Inc.。Keil 公司制造和销售种类广泛的开发工具，包括 ANSIC 编译器、宏汇编程序、调试器、链接器、库管理器、固件和实时操作系统核心（Real-Time Kernel）。

　　MDK（Microcontroller Development Kit）即 RealView MDK 或 MDK-Arm，是 Arm 公司收购 Keil 公司以后，基于 μVision 界面推出的针对 Arm7、Arm9、Cortex-M 系列、Cortex-R4 等 Arm 处理器的嵌入式软件开发工具。

　　Keil MDK 的全称是 Keil Microcontroller Development Kit，中文名称为 Keil 微控制器开发套件，经常能看到的 Keil Arm-MDK、Keil Arm、RealView MDK、I-MDK、μVision5（老版本为 μVision4 和 μVision3），这几个名称都是指同一个产品。Keil MDK 由业界领先的微控制器软件开发工具的独立供应商 Keil 公司（2005 年被 Arm 收购）推出，它支持 40 多个厂商超过 5000 种的基于 Arm 的微控制器器件和多种仿真器，集成了行业领先的 Arm C/C++ 编译工具链，符合 Arm Cortex 微控制器软件接口标准（CMSIS）。Keil MDK 提供了软件包管理器和多种实时操作系统（RTX、Micrium RTOS、RT-Thread 等）、IPv4/IPv6、USB 外设和 OTG 协议栈、IoT 安全连接以及图形用户界面（Graphical User Interface，GUI）库等中间件组件；还提供了性能分析器，可以评估代码覆盖、运行时间以及函数调用次数等，指导开发者进行代码优化；同时，提供了大量的项目例程，帮助开发者快速掌握 Keil MDK 的强大功能。Keil MDK 是一个适用于 Arm7、Arm9、Cortex-M、Cortex-R

等系列微控制器的完整软件开发环境，具有强大的功能和方便易用性，深受广大开发者认可，成为目前常用的嵌入式集成开发环境之一，能够满足大多数苛刻的嵌入式应用开发的需要。

MDK-Arm 主要包含以下 4 个核心组成部分。

（1）μVision IDE：一个集项目管理器、源代码编辑器、调试器于一体的强大集成开发环境（Integrated Development Environment，IDE）。

（2）RVCT：Arm 公司提供的编译工具链，包含编译器、汇编器、链接器和相关工具。

（3）RL-Arm：实时库，可将其作为工程库使用。

（4）ULINK/JLINK USB-JTAG 仿真器：用于连接目标系统的调试接口（JTAG 或 SWD 方式），帮助用户在目标硬件上调试程序。

μVision IDE 是一个基于 Windows 操作系统的嵌入式软件开发平台，集编译器、调试器、项目管理器和一些 Make 工具于一体，具有以下主要特征。

（1）项目管理器用于产生和维护项目。

（2）处理器数据库集成了一个能自动配置选项的工具。

（3）带有用于汇编、编译和链接的 Make 工具。

（4）全功能的源码编辑器。

（5）模板编辑器可用于在源码中插入通用文本序列和头部块。

（6）源代码浏览器用于快速寻找、定位和分析应用程序中的代码和数据。

（7）函数浏览器用于在程序中对函数进行快速导航。

（8）函数略图（Function Outlining）可形成某个源文件的函数视图。

（9）带有一些内置工具，如 Find in Files 等。

（10）集模拟调试和目标硬件调试于一体。

（11）配置向导可实现图形化的快速生成启动文件和配置文件。

（12）可与多种第三方工具和软件版本控制系统接口。

（13）带有 Flash 编程工具对话窗口。

（14）丰富的工具设置对话窗口。

（15）完善的在线帮助和用户指南。

MDK-Arm 支持的 Arm 处理器如下。

（1）Cortex-M0/M0+/M3/M4/M7。

（2）Cortex-M23/M33 Non-secure。

（3）ICortex-M23/M33 Secure/Non-secure。

（4）Arm7、Arm9、Cortex-R4、SecurCore SC000/SC300。

（5）Arm V8-M 架构。

使用 MDK-Arm 作为嵌入式开发工具，开发的流程与其他开发工具基本一样，一般可以分为以下几步。

（1）新建一个工程，从处理器库中选择目标芯片。

（2）自动生成启动文件或使用芯片厂商提供的基于 CMSIS 标准的启动文件及固件库。

（3）配置编译器环境。

（4）用 C 语言或汇编语言编写源文件。

（5）编译目标应用程序。

（6）修改源程序中的错误。

（7）调试应用程序。

MDK-Arm 集成了业内最领先的技术，包括 μVision5 集成开发环境与 RealView 编译器 RVCT（RealView Compilation Tools）。MDK-Arm 支持 Arm7、Arm9 和 Cortex-M 处理器，自动配置启动代码，集成 Flash 烧写模块，具有强大的 Simulation 设备模拟、性能分析等功能。

强大的 Simulation 设备模拟和性能分析等单元以及出众的性价比使 Keil MDK 开发工具迅速成为 Arm 软件开发工具的标准。目前，Keil MDK 在我国 Arm 开发工具市场的占有率在 90% 以上。Keil MDK 主要能够为开发者提供以下开发优势。

（1）启动代码生成向导。启动代码和系统硬件结合紧密，只有使用汇编语言才能编写启动代码，因此启动代码成为许多开发者难以跨越的门槛。Keil MDK 的 μVision5 工具可以自动生成完善的启动代码，并提供图形化的窗口，方便修改。无论是对于初学者还是有经验的开发者，Keil MDK 都能大大节省开发时间，提高系统设计效率。

（2）设备模拟器。Keil MDK 的设备模拟器可以仿真整个目标硬件，如快速指令集仿真、外部信号和 I/O 端口仿真、中断过程仿真、片内外围设备仿真等。这使开发者在没有硬件的情况下也能进行完整的软件设计开发与调试工作，软、硬件开发可以同步进行，大大缩短了开发周期。

（3）性能分析器。Keil MDK 的性能分析器可辅助开发者查看代码覆盖情况、程序运行时间、函数调用次数等高端控制功能，帮助开发者轻松地进行代码优化，提高嵌入式系统设计开发的质量。

（4）RealView 编译器。与 Arm 公司以前的 ADS 工具包相比，Keil MDK 的 RealView 编译器的代码尺寸比 ADS 1.2 编译器小 10%，其代码性能也比 ADS 1.2 编译器提高了至少 20%。

（5）ULINK2/Pro 仿真器和 Flash 编程模块。Keil MDK 无须寻求第三方编程软硬件的支持。通过配套的 ULINK2 仿真器和 Flash 编程模块，可以轻松地实现 CPU 片内 Flash 和外扩 Flash 烧写，并支持用户自行添加 Flash 编程算法，还具有 Flash 的整片删除、扇区删除、编程前自动删除和编程后自动校验等功能。

（6）Cortex 系列内核。Cortex 系列内核具备高性能和低成本等优点，是 Arm 公司最新推出的微控制器内核，是单片机应用的热点和主流。而 Keil MDK 是第 1 款支持 Cortex

系列内核开发的工具，并为开发者提供了完善的工具集，因此可以用它设计与开发基于 Cortex-M3 内核的 STM32 嵌入式系统。

（7）专业的本地化技术支持和服务。Keil MDK 的国内用户可以享受专业的本地化技术支持和服务，如电话、E-mail、论坛和中文技术文档等，这将为开发者设计出更有竞争力的产品提供更多的助力。

此外，Keil MDK 还具有自己的实时操作系统（RTOS），即 RTX。传统的 8 位或 16 位单片机往往不适合使用实时操作系统，但 Cortex-M3 内核除了为用户提供更强劲的性能、更高的性价比，还具备对小型操作系统的良好支持，因此在设计和开发 STM32 嵌入式系统时，开发者可以在 Keil MDK 上使用 RTOS。使用 RTOS 可以为工程组织提供良好的结构，并提高代码的重复使用率，使程序调试更加容易，项目管理更加简单。

4.1.2　Keil MDK 下载

Keil MDK 官方下载地址为 http://www2.keil.com/mdk5。

（1）打开官方网站，单击下载 Keil MDK，如图 4-1 所示。

图 4-1　Keil MDK 下载页面

（2）如图 4-2 所示，按照要求填写信息，并单击 Submit 按钮。

（3）MDKxxx.EXE 文件下载页面如图 4-3 所示。这里下载的是 MDK536.EXE，单击该文件，等待下载完成。

Enter Your Contact Information Below

First Name:
Last Name:
E-mail:
Company:
Job Title:
Country/Region: Select Your Country ▼
Phone:

☐ Send me e-mail when there is a new update.
NOTICE:
If you select this check box, you **will** receive an e-mail message from Keil whenever a new update is available. If you don't wish to receive an e-mail notification, don't check this box.

Which device are you using?
(eg, STM32)

Arm will process your information in accordance with the Evaluation section of our Privacy Policy.

☐ Please keep me updated on products, services and other relevant offerings from Arm. You can change your mind and unsubscribe at any time.

Submit　　Reset

图 4-2　信息填写

MDK-ARM

MDK-ARM Version 5.36
Version 5.36

- Review the hardware requirements before installing this software.
- Note the limitations of the evaluation tools.
- Further installation instructions for MDK5

(MD5:3a47ae049a665c6de2cf080907ac764d)

To install the MDK-ARM Software...

- Right-click on **MDK536.EXE** and save it to your computer.
- PDF files may be opened with Acrobat Reader.
- ZIP files may be opened with PKZIP or WINZIP.

MDK536.EXE (912,497K)
Wednesday, September 15, 2021

图 4-3　MDKxxx.EXE 文件下载页面

4.1.3　Keil MDK 安装

双击 MDK536.EXE 图标安装 Keil MDK，如图 4-4 所示。

图 4-4　Keil MDK 图标

Keil MDK 安装界面如图 4-5 所示。

单击 Next 按钮，后续完成选择安装路径、填写用户信息等步骤，等待安装。Keil MDK 安装进程如图 4-6 所示。

图 4-5 Keil MDK 安装界面

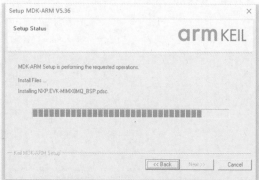

图 4-6 Keil MDK 安装进程

安装完成后，弹出 Pack Installer 欢迎界面。先关闭该界面，破解 Pack 包后再安装。

Keil MDK 安装成功后，计算机桌面上会出现 Keil μVision5 图标（以下简称 Keil5），如图 4-7 所示。

如果购买了正版的 Keil μVision5，以管理员身份运行 Keil μVision5，启动后执行 File → License Management 菜单命令，安装 License（软件许可证），如图 4-8 所示。

至此就可以使用 Keil μVision5 了。

图 4-7 Keil μVision5 图标

图 4-8 安装 License

Keil μVision5 功能限制如表 4-1 所示。

表 4-1　Keil μVision5 功能限制

特　　性	Lite 轻量版	Essential 基本版	Plus 升级版	Professional 专业版
带有包安装器的 μVision IDE	√	√	√	√
带源代码的 CMSIS RTX5 RTOS	√	√	√	√
调试器	32KB	√	√	√
C/C++ Arm 编译器	32KB	√	√	√
中间件：IPv4 网络、USB 设备、文件系统、图形			√	√
TÜV SÜD 认证的 Arm 编译器和功能安全认证套件				√
中间件：IPv6 网络、USB 主设备、IoT 连接				√
固定虚拟平台模型				√
快速模型连接				√
Arm 处理器支持				
Cortex-M0/M0+/M3/M4/M7	√	√	√	√
Cortex-M23/M33 非安全		√	√	√
Cortex-M23/M33 安全 / 非安全			√	√
Arm7、Arm9、Cortex-R4、SecurCoreR SC000/SC300			√	√
Arm V8-M 架构				√

4.1.4　安装库文件

安装库文件的步骤如下。

（1）回到 Keil5 界面，单击 Pack Installer 按钮，如图 4-9 所示。

图 4-9　单击 Pack Installer 按钮

（2）弹出 Pack Installer 对话框，如图 4-10 所示。

（3）在左侧列表中选择所使用的 STM32F103 系列芯片，在右侧列表中单击 Device Specific → Keil::STM32F1xx_DFP 处的 Install 按钮安装库文件，在下方 Output 区域可看到库文件的下载进度。

（4）等待库文件下载完成。

Keil::STM32F1xx_DFP 处 Action 状态变为 Up to date，表示该库下载完成。

打开一个工程，测试编译是否成功。

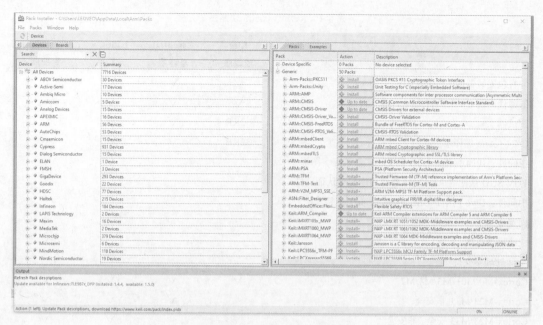

图 4-10　Pack Installer 对话框

微课视频

4.2　Keil MDK 新工程的创建

创建一个新工程，对 STM32 的 GPIO 功能进行简单的测试。

4.2.1　建立文件夹

建立 GPIO_TEST 文件夹，存放整个工程项目。在 GPIO_TEST 工程目录下，建立 4 个文件夹分别存放不同类别的文件，如图 4-11 所示。其中，lib 文件夹存放库文件；obj 文件夹存放工程文件；out 文件夹存放编译输出文件；user 文件夹存放用户源代码文件。

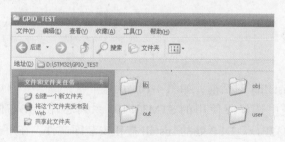

图 4-11　工程目录

4.2.2　打开 Keil μVision

打开 Keil μVision 后，将显示上一次使用的工程，如图 4-12 所示。

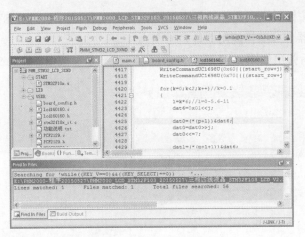

图 4-12　打开 Keil μVision

4.2.3　新建工程

执行 Project → New μVision Project 菜单命令，如图 4-13 所示。

图 4-13　新建工程

把该工程存放在刚刚建立的 obj 子文件夹下，并输入工程文件名称，如图 4-14 和图 4-15 所示。

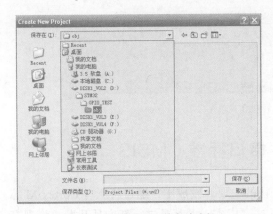

图 4-14　选择工程文件存放路径

图 4-15　工程文件命名

单击"保存"按钮后弹出器件选择对话框,如图 4-16 所示。选择 STMicroelectronics 下的 STM32F103VB 器件(选择使用器件型号)。

单击 OK 按钮后弹出如图 4-17 所示对话框,单击"是"按钮,加载 STM32 的启动代码。

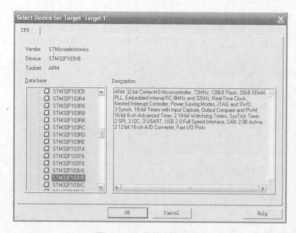

图 4-16 芯片型号选择　　　　　　　　　　图 4-17 加载启动代码

微课视频

至此,工程建立成功,如图 4-18 所示。

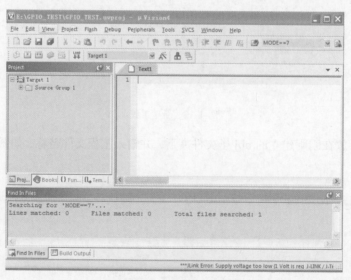

图 4-18 工程建立成功

4.3 Cortex-M3 微控制器软件接口标准 CMSIS

目前,软件开发已经是嵌入式系统行业公认的主要开发成本,通过将所有 Cortex-M 芯片供应商产品的软件接口标准化,能有效降低这一成本,尤其是进行新产品开发或将现有项目或软件移植到基于不同厂商 MCU 的产品时。为此，2008 年，Arm 公司发布了 Arm Cortex 单片机软件接口标准（CMSIS）。

意法半导体公司为开发者提供了标准外设库，通过使用该标准库，无须深入掌握细节便可开发每个外设，缩短了用户编程时间，从而降低开发成本。同时，标准库也是学习者深入学习 STM32 原理的重要参考工具。

4.3.1 CMSIS 介绍

CMSIS 软件架构由 4 层构成：用户应用层、操作系统及中间件接口层、CMSIS 层和硬件层，如图 4-19 所示。

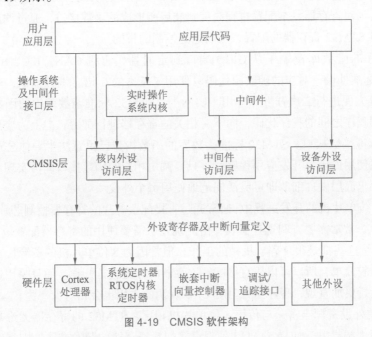

图 4-19 CMSIS 软件架构

其中，CMSIS 层起着承上启下的作用：一方面，对硬件寄存器层进行统一实现，屏蔽不同厂商对 Cortex-M 系列微处理器内核外设寄存器的不同定义；另一方面，又向上层的操作系统及中间件接口层和用户应用层提供接口，简化应用程序开发，使开发人员能够在完全透明的情况下进行应用程序开发。

CMSIS 层主要由以下 3 部分组成。

（1）核内外设访问层（Core Peripheral Access Layer，CPAL）：由 Arm 公司实现，包括命名定义、地址定义、存取内核寄存器和外围设备的协助函数，同时定义了一个与设备无关的 RTOS 内核接口函数。

（2）中间件访问层（Middleware Access Layer，MWAL）：由 Arm 公司实现，芯片厂商提供更新，主要负责定义中间件访问的 API 函数，如 TCP/IP 协议栈、SD/MMC、USB 等协议。

（3）设备外设访问层（Device Peripheral Access Layer，DPAL）：由芯片厂商实现，负责对硬件寄存器地址及外设接口进行定义。另外，芯片厂商会对异常向量进行扩展，以处理相应异常。

4.3.2　STM32F10x 标准外设库

STM32 标准函数库也称为固件库，它是意法半导体公司为嵌入式系统开发者访问STM32 底层硬件而提供的一个中间函数接口，即 API，由程序、数据结构和宏组成，还包括微控制器所有外设的性能特征、驱动描述和应用实例。在 STM32 标准函数库中，每个外设驱动都由一组函数组成，这组函数覆盖了外设驱动的所有功能。可以将 STM32 标准函数库中的函数视为对寄存器复杂配置过程高度封装后所形成的函数接口，通过调用这些函数接口即可实现对 STM32 寄存器的配置，从而达到控制的目的。

STM32 标准函数库覆盖了从 GPIO 端口到定时器，再到 CAN、I2C、SPI、UART 和ADC 等所有标准外设，对应的函数源代码只使用了基本的 C 语言编程知识，非常易于理解和使用，并且方便进行二次开发和应用。实际上，STM32 标准函数库中的函数只是建立在寄存器与应用程序之间的程序代码，向下对相关的寄存器进行配置，向上为应用程序提供配置寄存器的标准函数接口。STM32 标准函数库的函数构建已由意法半导体公司完成，这里不再详述。在使用库函数开发应用程序时，只要调用相应的函数接口即可实现对寄存器的配置，不需要探求底层硬件细节即可灵活规范地使用每个外设。

在传统 8 位单片机的开发过程中，通常通过直接配置芯片的寄存器控制芯片的工作方式。在配置过程中，常常需要查阅寄存器表，由此确定所需要使用的寄存器配置位，以及是置 0还是置 1。虽然这些都是很琐碎、机械的工作，但是因为 8 位单片机的资源比较有限，寄存器相对来说比较简单，所以可以用直接配置寄存器的方式进行开发，而且采用这种方式进行开发，参数设置更加直观，程序运行时对 CPU 资源的占用也会相对少一些。

STM32 的外设资源丰富，与传统 8 位单片机相比，STM32 的寄存器无论是数量上还是复杂度上都有大幅提升。如果 STM32 采用直接配置寄存器的开发方式，则查阅寄存器表会相当困难，而且面对众多的寄存器位，在配置过程中也很容易出错，这会造成编程速度慢、程序维护复杂等问题，并且程序的维护成本也会很高。库函数开发方式提供了完备的寄存器配置标准函数接口，使开发者仅通过调用相关函数接口就能实现烦琐的寄存器配置，简单易学、编程速度快、程序可读性高，并降低了程序的维护成本，很好地解决了上述问题。

虽然采用寄存器开发方式能够让参数配置更加直观，而且相对于库函数开发方式，通过直接配置寄存器所生成的代码量会相对少一些，资源占用也会更少一些，但因为 STM32 较传统 8 位单片机而言有充足的 CPU 资源，权衡库函数开发的优势与不足，在一般情况下，可以牺牲一点 CPU 资源，选择更加便捷的库函数开发方式。一般只有对代码运行时间要求极其苛刻的项目，如需要频繁调用中断服务函数等，才会选用直接配置寄存器的方式进行系统的开发工作。

　　自从库函数出现以来，STM32 标准函数库中各种标准函数的构建也在不断完善，开发者对于 STM32 标准函数库的认识也在不断加深，越来越多的开发者倾向于用库函数进行开发。虽然目前 STM32F1 系列和 STM32F4 系列各有一套自己的函数库，但是它们大部分是相互兼容的，在采用库函数进行开发时，STM32F1 系列和 STM32F4 系列之间进行程序移植，只需要进行小修改即可。如果采用寄存器进行开发，则二者之间的程序移植是非常困难的。

　　当然，采用库函数开发并不是完全不涉及寄存器，前面也提到过，虽然库函数开发简单易学、编程速度快、程序可读性高，但是它是在寄存器开发的基础上发展而来的，因此想要学好库函数开发，必须先对 STM32 的寄存器配置有一个基本的认识和了解。二者是相辅相成的，通过认识寄存器可以更好地掌握库函数开发，通过学习库函数开发也可以进一步了解寄存器。

　　STM32F10x 标准外设库包括微控制器所有外设的性能特征，而且包括每个外设的驱动描述和应用实例。通过使用该固件函数库，无须深入掌握细节便可开发每个外设，缩短了用户编程时间，从而降低开发成本。

　　每个外设驱动都由一组函数组成，这组函数覆盖了该外设的所有功能，每个器件的开发都由一个通用 API 驱动，API 对该程序的结构、函数和参数名都进行了标准化。因此，对于多数应用程序，用户可以直接使用。对于那些在代码大小和执行速度方面有严格要求的应用程序，可以参考固件库，根据实际情况进行调整。因此，在掌握了微控制器细节之后，结合标准外设库进行开发将达到事半功倍的效果。

　　系统相关的源程序文件和头文件都以 stm32f10x_ 开头，如 stm32f10x.h。外设函数的命名以该外设的缩写加下画线开头，下画线用以分隔外设缩写和函数名，函数名的每个单词的第 1 个字母大写，如 GPIO_ReadInputDataBit。

　　1. Libraries 文件夹下的标准库源代码及启动文件

　　Libraries 文件夹由 CMSIS 和 STM32F10x_StdPeriph_Driver 子文件夹组成，如图 4-20 所示。

　　（1）core_cm3.c 和 core_cm3.h 分别是内核外设访问层（CPAL）的源文件和头文件，作用是为采用 Cortex-M3 内核的芯片外设提供进入 M3 内核的接口。这两个文件对其他公司的 M3 系列芯片也是相同的。

　　（2）stm32f10x.h 是设备外设访问层（DPAL）的头文件，包含了 STM32 的 3.5 版标准外设库文件结构系列所有外设寄存器的定义（寄存器的基地址和布局）、位定义、中断向量表、存储空间的地址映射等。

　　（3）system_stm32f10x.c 和 system_stm32f10x.h 分别是设备外设访问层（DPAL）的源文件和头文件，包含了两个函数和一个全局变量。SystemInit 函数用于初始化系统时钟（系统时钟源、PLL 倍频因子、AHB/APBx 的预分频及其 Flash），启动文件在完成复位后跳转到 main 函数之前调用该函数。SystemCoreClockUpdate 函数用来更新系统时钟，当系统内核时钟变化后必须执行该函数进行更新。全局变量 SystemCoreClock 包含了内核时钟（HCLK），方便用户在程序中设置 SysTick 定时器和其他参数。

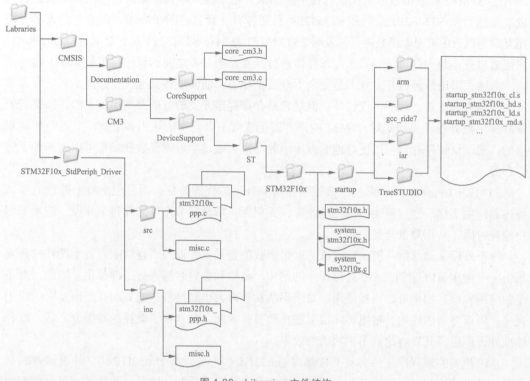

图 4-20   Libraries 文件结构

（4）startup_stm32f10x_X.s 是用汇编写的系统启动文件，X 代表不同的芯片型号，使用时要与芯片对应。

启动文件是任何处理器上电复位后首先运行的一段汇编程序，为 C 语言的运行搭建合适的环境。其主要作用为：设置初始堆栈指针（Stack Pointer，SP）；设置初始程序计数器（Program Counter，PC）为复位向量，并在执行 main 函数前调用 SystemInit 函数初始化系统时钟；设置向量表入口为异常事件的入口地址；复位后处理器为线程模式，优先级为特权级，堆栈设置为主堆栈指针 MSP。

（5）stm32f10x_ppp.c 和 stm32f10x_ppp.h 分别为外设驱动源文件和头文件，ppp 代表不同的外设，使用时将相应文件加入工程。其包含了相关外设的初始化配置和部分功能应用函数，它是进行编程功能实现的重要组成部分。

（6）misc.c 和 misc.h 提供了外设对内核中的嵌套向量中断控制器 NVIC 的访问函数，在配置中断时，必须把这两个文件加到工程中。

2. Project 文件夹下采用标准库写的一些工程模板和例子

Project 文件夹由 STM32F10x_StdPeriphTemplate 和 STM32F10x_StdPeriph_Examples 子文件夹组成。在 STM32F10x_StdPeriph_Template 文件夹中有 3 个重要文件：stm32f10x_it.c、 stm32f10x_it.h 和 stm32f10x_conf.h。

（1）stm32f10x_it.c 和 stm32f10x_it.h 是用来编写中断服务函数的，其中已经定义了一些系统异常的接口，其他普通中断服务函数要自己添加，中断服务函数的接口在启动文件中已经写好。

（2）stm32f10x_conf.h 文件被包含进 stm32f10x.h 文件，用来配置使用了哪些外设的头文件，用这个头文件可以方便地增加和删除外设驱动函数。

为了更好地使用标准外设库进行程序设计，除了掌握标准库的文件结构，还必须掌握其体系结构，将这些文件对应到 CMSIS 标准架构上。标准外设库体系结构如图 4-21 所示。

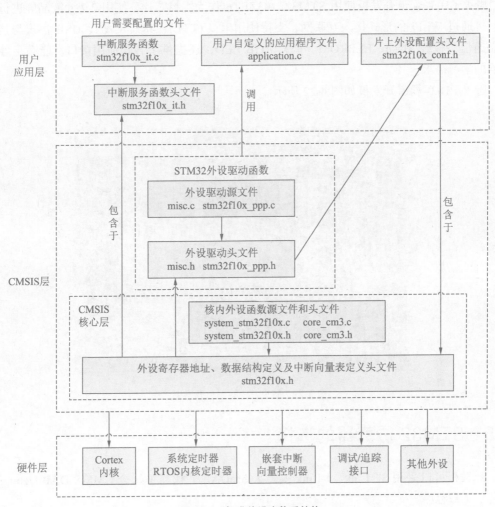

图 4-21　标准外设库体系结构

图 4-21 描述了库文件之间的包含调用关系，在使用标准库开发时，把位于 CMSIS 层的文件添加到工程中不用修改，用户只需根据需要修改用户层的文件便可以进行软件开发。德

国 Keil 公司于 2007 年推出嵌入式开发工具 MDK，集成了业内最领先的技术，包括 μVision 集成开发环境与 RealView 编译器 RVCT，适合不同层次的开发者使用，包括专业的应用程序开发工程师和嵌入式软件开发的入门者。

4.4　STM32F103 开发板的选择

本书应用实例是在野火 F103- 霸道开发板上调试通过的，价格因模块配置的区别而不同，为 500 ~ 700 元。

野火 F103- 霸道开发板使用 STM32F103ZET6 作为主控芯片，使用 3.2 寸液晶屏进行交互。可通过 Wi-Fi 的形式接入互联网，支持使用串口 (TTL)、485、CAN、USB 协议与其他设备通信，板载 Flash、EEPROM、全彩 RGB LED，还提供了各式通用接口，能满足各种各样的学习需求。

野火 F103- 霸道开发板如图 4-22 所示。

微课视频

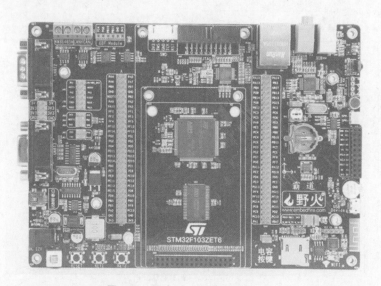

图 4-22　野火 F103- 霸道开发板

4.5　STM32 仿真器的选择

开发板可以采用 ST-Link、J-Link 或野火 fireDAP 下载器（符合 CMSIS-DAP Debugger 规范）下载程序。

CMSIS-DAP 是支持访问 CoreSight 调试访问端口（Debug Access Port，DAP）的固件规范和实现，以及为各种 Cortex 处理器提供 CoreSight 调试和跟踪。

如今众多 Cortex-M 处理器能如此方便调试，源于一项基于 Arm Cortex-M 处理器设备的 CoreSight 技术，该技术引入了强大的调试（Debug）和跟踪（Trace）功能。

CoreSight 两个主要功能就是调试和跟踪功能。

调试功能具体实现以下内容。

（1）运行处理器的控制，允许启动和停止程序。

（2）单步调试源代码和汇编代码。

（3）在处理器运行时设置断点。

（4）即时读取 / 写入存储器内容和外设寄存器。

（5）编程内部和外部 Flash。

跟踪功能具体实现以下内容。

（1）串行线查看器（SWV）提供程序计数器（PC）采样、数据跟踪、事件跟踪和仪器跟踪信息。

（2）指令跟踪（ETM）直接流式传输到 PC，从而实现历史序列的调试、软件性能分析和代码覆盖率分析。

野火 fireDAP 高速仿真器如图 4-23 所示。

J-Link 仿真器如图 4-24 所示。J-Link 仿真器通过 JTAG 接口与 STM32F103 等微控制器连接，实现程序的调试和下载。

图 4-23　野火 fireDAP 高速仿真器

图 4-24　J-Link 仿真器

JTAG（Joint Test Action Group）是一种国际标准测试协议（IEEE 1149.1 兼容），主要用于芯片内部测试。现在多数的高级器件都支持 JTAG 协议，如 DSP、FPGA 器件等。标准的 JTAG 接口是 4 线：TMS、TCK、TDI、TDO，分别为模式选择、时钟、数据输入和数据输出线。

JTAG 最初是用来对芯片进行测试的，JTAG 的基本原理是在器件内部定义一个测试访问口（Test Access Port，TAP），通过专用的 JTAG 测试工具对内部节点进行测试。JTAG 测试允许多个器件通过 JTAG 接口串联在一起，形成一条 JTAG 链，能实现对各个器件分别测试。现在，JTAG 接口还常用于实现在线编程（In-System Programmable，ISP），对 Flash 等器件进行编程。

JTAG 编程方式是在线编程，传统生产流程中先对芯片进行预编程，再安装到板上。简化的流程为先固定器件到电路板上，再用 JTAG 编程，从而大大加快了工程进度。JTAG 接口可对 PSD 芯片内部的所有部件进行编程。

具有 JTAG 接口的芯片都有以下 JTAG 引脚定义。

（1）TMS：测试模式选择，用来设置 JTAG 接口处于某种特定的测试模式。

（2）TCK：测试时钟输入。

（3）TDI：测试数据输入，数据通过 TDI 输入 JTAG 接口。

（4）TDO：测试数据输出，数据通过 TDO 从 JTAG 接口输出。

（5）可选引脚 TRST：测试复位，输入引脚，低电平有效。

含有 JTAG 接口的芯片种类较多，如 CPU、DSP、CPLD 等。

JTAG 内部有一个状态机，称为 TAP 控制器。TAP 控制器的状态机通过 TCK 和 TMS 进行状态的改变，实现数据和指令的输入。

JTAG 标准定义了一个串行的移位寄存器。寄存器的每个单元分配给 IC 芯片的相应引脚，每个独立的单元称为边界扫描单元（Boundary-Scan Cell，BSC）。这个串联的 BSC 在 IC 内部构成 JTAG 回路，所有边界扫描寄存器（Boundary-Scan Register，BSR）通过 JTAG 测试激活，平时这些引脚保持正常的 IC 功能。

除 Keil MDK 外，还有 IAR 等嵌入式开发环境，但均为国外公司的产品，我国目前还没有自主知识产权的 Arm 开发环境。我国科研人员必须关心国家建设，立足自力更生，提升自身科技水平，发扬"航天精神"，为我国的科研建设出一份力，开发出如 Keil MDK 的开发环境，不受国外公司的制约。

大部分人认为工科专业属于自然科学，蕴含较少的意识形态属性，认同科学技术是无国界的。然而，在实际生活中，任何一门科学技术的产生、发展和应用都与国家的倡导与需求息息相关，因此从这个角度来看，科学技术也是有国界的，其国界属性主要体现在科技的来源性、科技的权属性以及科技的服务性 3 方面。

第 5 章

STM32 中断

本章讲述 STM32 中断及其在旋转编码器中的应用，包括中断概述、STM32F1 中断系统、STM32F1 外部中断 / 事件控制器 EXTI、STM32F1 的中断系统库函数、STM32 外部中断设计流程和 STM32F1 外部中断设计实例。

5.1　中断概述

微课视频

中断是计算机系统的一种处理异步事件的重要方法。它的作用是在计算机的 CPU 运行软件的同时，监测系统内外有没有发生需要 CPU 处理的"紧急事件"：当需要处理的事件发生时，中断控制器会打断 CPU 正在处理的常规事务，转而插入一段处理该紧急事件的代码；而该事务处理完成之后，CPU 又能正确地返回刚才被打断的地方，继续运行原来的代码。中断可以分为中断响应、中断处理和中断返回 3 个阶段。

中断处理事件的异步性是指紧急事件在什么时候发生与 CPU 正在运行的程序完全没有关系，是无法预测的。既然无法预测，只能随时查看这些"紧急事件"是否发生，而中断机制最重要的作用，是将 CPU 从不断监测紧急事件是否发生这类繁重工作中解放出来，将这项"相对简单"的繁重工作交给中断控制器这个硬件来完成。中断机制的第 2 个重要作用是判断哪个或哪些中断请求更紧急，应该优先被响应和处理，并且寻找不同中断请求所对应的中断处理代码所在的位置。中断机制的第 3 个作用是帮助 CPU 在运行完处理紧急事务的代码后，正确地返回之前运行被打断的地方。根据上述中断处理的过程及其作用，读者会发现中断机制既提高了 CPU 正常运行常规程序的效率，又提高了响应中断的速度，是现代计算机几乎都配备的一种重要机制。

嵌入式系统是嵌入宿主对象中，帮助宿主对象完成特定任务的计算机系统，其主要工作就是和真实世界打交道。能够快速、高效地处理来自真实世界的异步事件成为嵌入式系统的重要标志，因此中断对于嵌入式系统显得尤其重要，是学习嵌入式系统的难点和重点。

在实际的应用系统中，STM32 嵌入式单片机可能与各种各样的外部设备相连接。这些外设的结构形式、信号种类与大小、工作速度等差异很大，因此，需要有效的方法使单片机与外部设备协调工作。通常单片机与外设交换数据有 3 种方式：无条件传输方式、程序查询方式以及中断方式。

1. 无条件传输方式

单片机无须了解外部设备状态,当执行传输数据指令时直接向外部设备发送数据,因此适合快速设备或状态明确的外部设备。

2. 程序查询方式

控制器主动对外部设备的状态进行查询,依据查询状态传输数据。查询方式常常使单片机处于等待状态,同时也不能作出快速响应。因此,在单片机任务不太繁忙,对外部设备响应速度要求不高的情况下常采用这种方式。

3. 中断方式

外部设备主动向单片机发送请求,单片机接到请求后立即中断当前工作,处理外部设备的请求,处理完毕后继续处理未完成的工作。这种传输方式提高了 STM32 微处理器的利用率,并且对外部设备有较快的响应速度。因此,中断方式更加适应实时控制。

5.1.1　中断

为了更好地描述中断,我们用日常生活中常见的例子来做比喻。假如你有朋友下午要来拜访,可又不知道他具体什么时候到,为了提高效率,你就边看书边等。在看书的过程中,门铃响了,这时,你先在书签上记下当前阅读的页码,然后暂停阅读,放下手中的书,开门接待朋友。等接待完毕后,再从书签上找到阅读进度,从刚才暂停的页码处继续阅读。这个例子很好地表现了日常生活中的中断及其处理过程:门铃的铃声让你暂时中止当前的工作(看书),而去处理更为紧急的事情(朋友来访),把急需处理的事情(接待朋友)处理完毕之后,再回过头来继续做原来的事情(看书)。显然,这样的处理方式比你一个下午不做任何事情,一直站在门口傻等要高效多了。

类似地,在计算机执行程序的过程中,CPU 暂时中止其正在执行的程序,转去执行请求中断的那个外设或事件的服务程序,等处理完毕后再返回执行原来中止的程序,叫作中断。

5.1.2　中断的功能

1. 提高 CPU 工作效率

在早期的计算机系统中,CPU 工作速度快,外设工作速度慢,形成 CPU 等待,效率降低。设置中断后,CPU 不必花费大量的时间等待和查询外设工作。例如,计算机和打印机连接,计算机可以快速地传输一行字符给打印机(由于打印机存储容量有限,一次不能传输很多),打印机开始打印字符,CPU 可以不理会打印机,处理自己的工作,待打印机打印该行字符完毕,发给 CPU 一个信号,CPU 产生中断,中断正在处理的工作,转而再传输一行字符给打印机,这样在打印机打印字符期间(外设慢速工作),CPU 可以不必等待或查询,自行处理自己的工作,从而大大提高了 CPU 工作效率。

2. 具有实时处理功能

实时控制是微型计算机系统特别是单片机系统应用领域的一个重要任务。在实时控制系统中，现场各种参数和状态的变化是随机发生的，要求 CPU 能作出快速响应，及时处理。有了中断系统，这些参数和状态的变化可以作为中断信号，使 CPU 中断，在相应的中断服务程序中及时处理这些参数和状态的变化。

3. 具有故障处理功能

单片机应用系统在实际运行中，常会出现一些故障，如电源突然掉电、硬件自检出错、运算溢出等。利用中断，就可执行处理故障的中断程序服务。例如，电源突然掉电，由于稳压电源输出端接有大电容，从电源掉电至大电容的电压下降到正常工作电压之下，一般有几毫秒到几百毫秒的时间。这段时间内若使 CPU 产生中断，在处理掉电的中断服务程序中将需要保存的数据和信息及时转移到具有备用电源的存储器中，待电源恢复正常时再将这些数据和信息送回到原存储单元，返回中断点继续执行原程序。

4. 实现分时操作

单片机应用系统通常需要控制多个外设同时工作，如键盘、打印机、显示器、A/D 转换器、D/A 转换器等，这些设备的工作有些是随机的，有些是定时的，对于一些定时工作的外设，可以利用定时器，到一定时间产生中断，在中断服务程序中控制这些外设工作。例如，动态扫描显示，每隔一段时间会更换显示字位码和字段码。

此外，中断系统还能用于程序调试、多机连接等。因此，中断系统是计算机中重要的组成部分。可以说，有了中断系统后，计算机才能比原来无中断系统的早期计算机演绎出更多姿多彩的功能。

5.1.3　中断源与中断屏蔽

1. 中断源

中断源是指能引发中断的事件。通常，中断源都与外设有关。在前面讲述的朋友来访的例子中，门铃的铃声是一个中断源，它由门铃这个外设发出，告诉主人（CPU）有客来访（事件），并等待主人（CPU）响应和处理（开门接待客人）。计算机系统中，常见的中断源有按键、定时器溢出、串口收到的数据等，与此相关的外设有键盘、定时器和串口等。

每个中断源都有它对应的中断标志位，一旦该中断发生，它的中断标志位就会被置位。如果中断标志位被清除，那么它所对应的中断便不会再被响应。所以，一般在中断服务程序的最后要将对应的中断标志位清零，否则将始终响应该中断，不断执行该中断服务程序。

Cortex-M3 处理器支持 256 个中断（16 个内核中断 +240 个外部中断）和可编程 256 级中断优先级的设置，与其相关的中断控制和中断优先级控制寄存器（NVIC、SysTick 等）也都属于 Cortex-M3 内核的部分。Cortex-M3 是一个 32 位的核，在传统的单片机领域中，有一些不同于通用 32 位 CPU 应用的要求。例如，在工控领域，用户要求具有更快的中断速度，Cortex-M3 采用了 Tail-Chaining 中断技术，完全基于硬件进行中断处理，最多可减少 12 个时钟周期数，在实际应用中可减少 70% 的中断。

STM32F103VET6 采用了 Cortex-M3 处理器内核，所以这部分保留使用，但 STM32F103VET6 并没有使用 Cortex-M3 内核全部的东西（如内存保护单元等），因此它的 NVIC 是 Cortex-M3 内核的 NVIC 的子集。中断事件的异常处理通常被称作中断服务程序（Interrupt Service Routine，ISR），中断一般由片上外设或 I/O 端口的外部输入产生。

当异常发生时，Cortex-M3 通过硬件自动将程序计数器（PC）、程序状态寄存器（xPSR）、链接寄存器（LR）和 R0 ~ R3、R12 等寄存器压进堆栈。在 DBus（数据总线）保存处理器状态的同时，处理器通过 IBus（指令总线）从一个可以重新定位的向量表中识别出异常向量，并获取 ISR 函数的地址，也就是保护现场与取异常向量是并行处理的。一旦压栈和取指令完成，中断服务程序或故障处理程序就开始执行。执行完 ISR，硬件进行出栈操作，中断前的程序恢复正常执行。

STM32F103VET6 支持的中断共有 70 个，共有 16 级可编程中断优先级的设置（仅使用中断优先级设置 8 位中的高 4 位）。它的嵌套向量中断控制器（NVIC）和处理器核的接口紧密相连，可以实现低延迟的中断处理和有效地处理晚到的中断。嵌套向量中断控制器管理者包括核异常等中断。

2. 中断屏蔽

中断屏蔽是中断系统一个十分重要的功能。在计算机系统中，程序设计人员可以通过设置相应的中断屏蔽位，禁止 CPU 响应某个中断，从而实现中断屏蔽。在微控制器的中断控制系统，对一个中断源能否响应，一般由中断允许总控制位和该中断自身的中断允许控制位共同决定。这两个中断控制位中的任何一个被关闭，该中断就无法响应。

中断屏蔽的目的是保证在执行一些关键程序时不响应中断，以免造成延迟而引起错误。例如，在系统启动执行初始化程序时屏蔽键盘中断，能够使初始化程序顺利进行，这时，按任何按键都不会响应。当然，对于一些重要的中断请求是不能屏蔽的，如系统重启、电源故障、内存出错等影响整个系统工作的中断请求。因此，按中断是否可以被屏蔽划分，中断可分为可屏蔽中断和不可屏蔽中断两类。

值得注意的是，尽管某个中断源可以被屏蔽，但一旦该中断发生，不管该中断屏蔽与否，它的中断标志位都会被置位，而且只要该中断标志位不被软件清除，它就一直有效。等待该中断重新被使用时，它即允许被 CPU 响应。

5.1.4 中断处理过程

在中断系统中，通常将 CPU 处在正常情况下运行的程序称为主程序，将产生申请中断信号的事件称为中断源，将中断源向 CPU 所发出的申请中断信号称为中断请求信号，将 CPU 接收中断请求信号停止现行程序的运行而转向为中断服务称为中断响应，将为中断服务的程序称为中断服务程序或中断处理程序。现行程序被打断的地方称为断点，执行完中断服务程序后返回断点处继续执行主程序称为中断返回。这个处理过程称为中断处理过程，如

图 5-1 所示，大致可以分为 4 步：中断请求、中断响应、中断服务和中断返回。

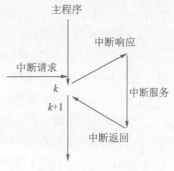

图 5-1 中断处理过程

在整个中断处理过程中，由于 CPU 执行完中断处理程序之后仍然要返回主程序，因此在执行中断处理程序之前，要将主程序中断处的地址，即断点处（主程序下一条指令地址，即图 5-1 中的 $k+1$ 点）保存起来，称为保护断点。又由于 CPU 在执行中断处理程序时，可能会使用和改变主程序使用过的寄存器、标志位，甚至内存单元，因此，在执行中断服务程序前，还要把有关的数据保护起来，称为现场保护。在 CPU 执行完中断处理程序后，则要恢复原来的数据，并返回主程序的断点处继续执行，称为恢复现场和恢复断点。

1. 中断响应

当某个中断请求产生后，CPU 进行识别并根据中断屏蔽位判断该中断是否被屏蔽。若该中断请求已被屏蔽，仅将中断寄存器中该中断的标志位置位，CPU 不作任何响应，继续执行当前程序；若该中断请求未被屏蔽，不仅将中断寄存器中该中断的标志位置位，CPU 还执行以下步骤响应异常。

1）保护现场

保护现场是为了在中断处理完成后可以返回断点处继续执行下去而在中断处理前必须做的操作。在计算机系统中，保护现场通常是通过将 CPU 关键寄存器进栈实现的。

2）找到该中断对应的中断服务程序的地址

中断发生后，CPU 是如何准确地找到这个中断对应的处理程序的呢？就像在前面讲述的朋友来访的例子中，当门铃响起，你会去开门（执行门铃响对应的处理程序），而不是去接电话（执行电话铃响对应的处理程序）。当然，对于具有正常思维能力的人，以上的判断和响应是逻辑常识。但是，对于不具备人类思考和推理能力的 CPU，这点又是如何保证的呢？

答案就是中断向量表。中断向量表是中断系统中非常重要的概念，它是一块存储区域，通常位于存储器的零地址处，在这块区域中按中断号从小到大依次存放着所有中断处理程序的入口地址。当某个中断产生且经判断其未被屏蔽后，CPU 会根据识别到的中断号到中断向量表中找到该中断号所在的表项，取出该中断号对应的中断服务程序的入口地址，然后跳转到该地址执行。就像在前面讲述的朋友来访的例子中，假设主人是一个尚不具备逻辑常识但非常听家长话的小孩（CPU），家长（程序员）写了一本生活指南（中断服务程序文件）留给他。这本生活指南记录了家长离开期间所有可能发生事件的应对措施，并配有以这些事件号排序的目录（中断向量表）。当门铃响起时，小孩先根据发生的事件（门铃响）在目录中找到该事件的应对措施在生活指南中的页码，然后打开生活指南翻到该页码处就能准确无误地找到该事件应对措施的具体内容了。与实际生活相比，这种目录查找方式更适用于计算机系统。在计算机系统中，中断向量表就相当于目录，CPU 在响应中断时使用这种类似查字典的方法通过中断向量表找到每个中断对应的处理方式。

2. 执行中断服务程序

每个中断都有自己对应的中断服务程序，用来处理中断。CPU 响应中断后，转而执行对应的中断服务程序。通常，中断服务程序（Interrupt Service Routine）又称为中断服务函数，由用户根据具体的应用使用汇编语言或 C 语言编写，用来实现对该中断真正的处理操作。

中断服务程序具有以下特点。

（1）中断服务程序是一种特殊的函数（Function），既没有参数，也没有返回值，更不由用户调用，而是当某个事件产生一个中断时由硬件自动调用。

（2）在中断服务程序中修改在其他程序中访问的变量，在其定义和声明时要在前面加上 volatile 修饰词。

（3）中断服务程序要求尽量简短，这样才能够充分利用 CPU 的高速性能和满足实时操作的要求。

3. 中断返回

CPU 执行中断服务程序完毕后，通过恢复现场（CPU 关键寄存器出栈）实现中断返回，从断点处继续执行原程序。

5.1.5　中断优先级与中断嵌套

1. 中断优先级

计算机系统中的中断往往不止一个，那么，对于多个同时发生的中断或嵌套发生的中断，CPU 又该如何处理？应该先响应哪个中断？为什么？答案就是设定中断优先级。

为了更形象地说明中断优先级的概念，还是从生活中的实例开始讲起。生活中的突发事件很多，为了便于快速处理，通常把这些事件按重要性或紧急程度从高到低依次排列。这种分级就称为优先级。如果多个事件同时发生，根据它们的优先级从高到低依次响应。例如，在前面讲述的朋友来访的例子中，如果门铃响的同时电话铃也响了，那么你将在这两个中断请求中选择先响应哪个请求？这里就有一个优先的问题。如果开门比接电话更重要（即门铃的优先级比电话的优先级高），那么就应该先开门（处理门铃中断），然后再接电话（处理电话中断），接完电话后再回来继续看书（回到原程序）。

类似地，计算机中的中断源众多，它们也有轻重缓急之分，这种分级就称为中断优先级。一般来说，各个中断源的优先级都有事先规定。通常，中断的优先级是根据中断的实时性、重要性和软件处理的方便性预先设定的。当同时有多个中断请求产生时，CPU 会先响应优先级较高的中断请求。由此可见，优先级是中断响应的重要标准，也是区分中断的重要标志。

2. 中断嵌套

中断优先级除了用于并发中断，还用于嵌套中断。

还是回到前面讲述的朋友来访的例子，在你看书时电话铃响了，你去接电话，在通话的过程中门铃又响了。这时，门铃中断和电话中断形成了嵌套。由于门铃的优先级比电话的优先级高，你只能让电话的对方稍等，放下电话去开门。开门之后再回头继续接电话，通话完毕再回去继续看书。当然，如果门铃的优先级比电话的优先级低，那么在通话的过程中门铃响了也不予理睬，继续接听电话（处理电话中断），通话结束后再去开门迎客（即处理门铃中断）。

类似地，在计算机系统中，中断嵌套是指当系统正在执行一个中断服务时又有新的中断事件发生而产生了新的中断请求。此时，CPU 如何处理取决于新、旧两个中断的优先级。当新发生的中断的优先级高于正在处理的中断时，CPU 将终止执行优先级较低的当前中断处理程序，转去处理新发生的优先级较高的中断，处理完毕才返回原来的中断处理程序继续执行。通俗地说，嵌套中断其实就是更高一级的中断"插队"，当 CPU 正在处理中断时，又接收了更紧急的另一件"急件"，转而处理更高优先级的中断的行为。

5.2 STM32F1 中断系统

在了解了中断相关的基础知识后，下面从中断控制器、中断优先级、中断向量表和中断服务程序 4 方面分析 STM32F1 微控制器的中断系统，最后介绍设置和使用 STM32F1 中断系统的全过程。

微课视频

5.2.1 STM32F1 嵌套向量中断控制器

嵌套向量中断控制器简称 NVIC（Nested Vectored Interrupt Controller），是 Cortex-M3 不可分离的一部分。NVIC 与 Cortex-M3 内核相辅相成，共同完成对中断的响应。NVIC 的寄存器以存储器映射的方式访问，除了包含控制寄存器和中断处理的控制逻辑之外，NVIC 还包含了 MPU、SysTick 定时器及调试控制相关的寄存器。

Arm Cortex-M3 内核共支持 256 个中断（16 个内部中断和 240 个外部中断）和可编程的 256 级中断优先级的设置。STM32 目前支持的中断共有 84 个（16 个内部中断和 68 个外部中断），还有 16 级可编程的中断优先级。

STM32 支持 68 个中断通道，已经固定分配给相应的外部设备，每个中断通道都具备自己的中断优先级控制字节（8 位，但是 STM32 中只使用 4 位，高 4 位有效），每 4 个通道的 8 位中断优先级控制字构成一个 32 位的优先级寄存器。68 个通道的优先级控制字至少构成 17 个 32 位的优先级寄存器。

每个外部中断与 NVIC 中的下列寄存器中有关。

（1）使能与除能寄存器（除能也就是平常所说的屏蔽）；

（2）挂起与解挂寄存器；

（3）优先级寄存器；

（4）活动状态寄存器。

另外，下列寄存器也对中断处理有重大影响。

（1）异常屏蔽寄存器（PRIMASK、FAULTMASK 及 BASEPRI）；

（2）向量表偏移量寄存器；

（3）软件触发中断寄存器；

（4）优先级分组段位。

传统的中断使能与除能是通过设置中断控制寄存器中的一个相应位为 1 或 0 实现的，而 Cortex-M3 的中断使能与除能分别使用各自的寄存器控制。Cortex-M3 中有 240 对使能位 / 除能位（SETENA/CLRENA），每个中断拥有一对，它们分布在 8 对 32 位寄存器中（最后一对没有用完）。要使能一个中断，需要写 1 到对应的 SETENA 位中；要除能一个中断，需要写 1 到对应的 CLRENA 位中。如果向它们写 0，则不会有任何效果。写 0 无效是个很关键的设计理念，通过这种方式，使能 / 除能中断时只须把需要设置的位写成 1，其他的位可以全部为 0。再也不用像以前那样，害怕有些位被写 0 而破坏其对应的中断设置（反正现在写 0 没有效果了），从而实现每个中断都可以单独地设置，而互不影响——只需要单一地写指令，不再需要"读 – 改 – 写"三部曲。

如果中断发生时，正在处理同级或高优先级异常，或者被屏蔽，则中断不能立即得到响应，此时中断被挂起。中断的挂起状态可以通过设置中断挂起寄存器（SETPEND）和中断挂起清除寄存器（CLRPEND）来读取；还可以对它们写入值实现手工挂起中断或清除挂起，清除挂起简称为解挂。

5.2.2 STM32F1 中断优先级

中断优先级决定了一个中断是否能被屏蔽，以及在未屏蔽的情况下何时可以响应。优先级的数值越小，则优先级越高。

STM32（Cortex-M3）中有两个优先级的概念：抢占式优先级和响应优先级，也把响应优先级称为亚优先级或副优先级，每个中断源都需要被指定这两种优先级。

1. 抢占式优先级（Pre-emption Priority）

高抢占式优先级的中断事件会打断当前的主程序 / 中断程序运行，俗称中断嵌套。

2. 响应优先级（Subpriority）

在抢占式优先级相同的情况下，高响应优先级的中断优先被响应。

在抢占式优先级相同的情况下，如果有低响应优先级中断正在执行，高响应优先级的中断要等待已被响应的低响应优先级中断执行结束后才能得到响应（不能嵌套）。

3. 判断中断是否会被响应的依据

首先是抢占式优先级，其次是响应优先级。抢占式优先级决定是否会有中断嵌套。

4. 优先级冲突的处理

具有高抢占式优先级的中断可以在具有低抢占式优先级的中断处理过程中被响应，即中断的嵌套，或者说高抢占式优先级的中断可以嵌套低抢占式优先级的中断。

当两个中断源的抢占式优先级相同时，这两个中断将没有嵌套关系，当一个中断到来后，如果正在处理另一个中断，这个后到来的中断就要等到前一个中断处理完之后才能被处理。如果这两个中断同时到达，则中断控制器根据它们的响应优先级高低决定先处理一个；如果它们的抢占式优先级和响应优先级都相等，则根据它们在中断表中的排位顺序决定先处理哪一个。

5. STM32 对中断优先级的定义

STM32 中指定中断优先级的寄存器位有 4 位，这 4 个寄存器位的分组方式如下。

第 0 组，所有 4 位用于指定响应优先级。

第 1 组，最高 1 位用于指定抢占式优先级，最低 3 位用于指定响应优先级。

第 2 组，最高 2 位用于指定抢占式优先级，最低 2 位用于指定响应优先级。

第 3 组，最高 3 位用于指定抢占式优先级，最低 1 位用于指定响应优先级。

第 4 组，所有 4 位用于指定抢占式优先级。

优先级分组方式所对应的抢占式优先级和响应优先级的寄存器位数和所表示的优先级数如图 5-2 所示。

优先级组别	抢占式优先级		响应优先级	
	位数	级数	位数	级数
4组	4	16	0	0
3组	3	8	1	2
2组	2	4	2	4
1组	1	2	3	8
0组	0	0	4	16

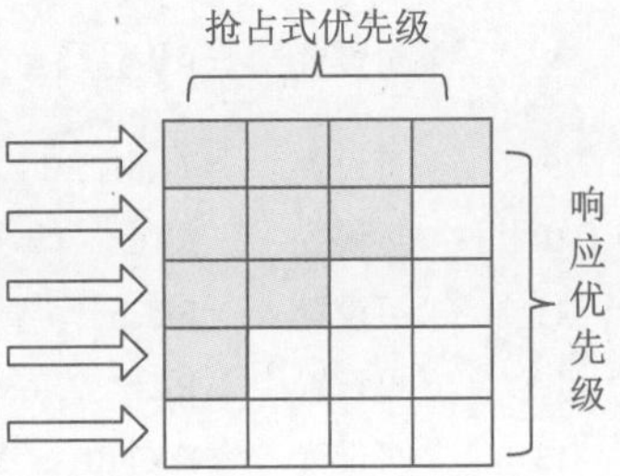

图 5-2　STM32F1 优先级位数和级数分配

5.2.3　STM32F1 中断向量表

中断向量表是中断系统中非常重要的概念。它是一块存储区域，通常位于存储器的地址处，在这块区域中按中断号从小到大依次存放着所有中断处理程序的入口地址。当某中断产生且经判断未被屏蔽，CPU 会根据识别到的中断号到中断向量表中找到该中断的所在表项，取出该中断对应的中断服务程序的入口地址，然后跳转到该地址执行。STM32F1 中断向量表如表 5-1 所示。

表 5-1　STM32F1 中断向量表

位置	优先级	优先级类型	名称	说明	地址
	—	—	—	保留	0x0000 0000
	-3	固定	Reset	复位	0x0000 0004
	-2	固定	NMI	不可屏蔽中断 RCC 时钟安全系统（CSS）连接到 NMI 向量	0x0000 0008

续表

位　置	优先级	优先级类型	名　　称	说　　明	地　　址
	−1	固定	硬件失效		0x0000 000C
	0	可设置	存储管理	存储器管理	0x0000 0010
	1	可设置	总线错误	预取指失败，存储器访问失败	0x0000 0014
	2	可设置	错误应用	未定义的指令或非法状态	0x0000 0018
—	—	—	—	保留	0x0000 001C
—	—	—	—	保留	0x0000 0020
—	—	—	—	保留	0x0000 0024
—	—	—	—	保留	0x0000 0028
	3	可设置	SVCall	通过 SWI 指令的系统服务调用	0x0000 002C
	4	可设置	调试监控（Debug Monitor）	调试监控器	0x0000 0030
—	—	—	—	保留	0x0000 0034
	5	可设置	PendSV	可挂起的系统服务	0x0000 0038
	6	可设置	SysTick	系统嘀嗒定时器	0x0000 003C
0	7	可设置	WWDG	窗口定时器中断	0x0000 0040
1	8	可设置	PVD	连到 EXTI 的电源电压检测（PVD）中断	0x0000 0044
2	9	可设置	TAMPER	侵入检测中断	0x0000 0048
3	10	可设置	RTC	实时时钟（RTC）全局中断	0x0000 004C
4	11	可设置	Flash	闪存全局中断	0x0000 0050
5	12	可设置	RCC	复位和时钟控制（RCC）中断	0x0000 0054
6	13	可设置	EXTI0	EXTI 线 0 中断	0x0000 0058
7	14	可设置	EXTI1	EXTI 线 1 中断	0x0000 005C
8	15	可设置	EXTI2	EXTI 线 2 中断	0x0000 0060
9	16	可设置	EXTI3	EXTI 线 3 中断	0x0000 0064
10	17	可设置	EXTI4	EXTI 线 4 中断	0x0000 0068
11	18	可设置	DMA1 通道 1	DMA1 通道 1 全局中断	0x0000 006C
12	19	可设置	DMA1 通道 2	DMA1 通道 2 全局中断	0x0000 0070
13	20	可设置	DMA1 通道 3	DMA1 通道 3 全局中断	0x0000 0074
14	21	可设置	DMA1 通道 4	DMA1 通道 4 全局中断	0x0000 0078
15	22	可设置	DMA1 通道 5	DMA1 通道 5 全局中断	0x0000 007C
16	23	可设置	DMA1 通道 6	DMA1 通道 6 全局中断	0x0000 0080
17	24	可设置	DMA1 通道 7	DMA1 通道 7 全局中断	0x0000 0084
18	25	可设置	ADC1_2	ADC1 和 ADC2 的全局中断	0x0000 0088
19	26	可设置	USB_HP_CAN_TX	USB 高优先级或 CAN 发送中断	0x0000 008C
20	27	可设置	USB_LP_CAN_RX0	USB 低优先级或 CAN 接收 0 中断	0x0000 0090

位 置	优先级	优先级类型	名　称	说　明	地　址
21	28	可设置	CAN_RX1	CAN 接收 1 中断	0x0000 0094
22	29	可设置	CAN_SCE	CAN SCE 中断	0x0000 0098
23	30	可设置	EXTI9_5	EXTI 线 [9:5] 中断	0x0000 009C
24	31	可设置	TIM1_BRK	TIM1 刹车中断	0x0000 00A0
25	32	可设置	TIM1_UP	TIM1 更新中断	0x0000 00A4
26	33	可设置	TIM1_TRG_COM	TIM1 触发和通信中断	0x0000 00A8
27	34	可设置	TIM1_CC	TIM1 捕获比较中断	0x0000 00AC
28	35	可设置	TIM2	TIM2 全局中断	0x0000 00B0
29	36	可设置	TIM3	TIM3 全局中断	0x0000 00B4
30	37	可设置	TIM4	TIM4 全局中断	0x0000 00B8
31	38	可设置	I2C1_EV	I2C1 事件中断	0x0000 00BC
32	39	可设置	I2C1_ER	I2C1 错误中断	0x0000 00C0
33	40	可设置	I2C2_EV	I2C2 事件中断	0x0000 00C4
34	41	可设置	I2C2_ER	I2C2 错误中断	0x0000 00C8
35	42	可设置	SPI1	SPI1 全局中断	0x0000 00CC
36	43	可设置	SPI2	SPI2 全局中断	0x0000 00D0
37	44	可设置	USART1	USART1 全局中断	0x0000 00D4
38	45	可设置	USART2	USART2 全局中断	0x0000 00D8
39	46	可设置	USART3	USART3 全局中断	0x0000 00DC
40	47	可设置	EXTI15_10	EXTI 线 [15:10] 中断	0x0000 00E0
41	48	可设置	RTCAlArm	连接 EXTI 的 RTC 闹钟中断	0x0000 00E4
42	49	可设置	USB 唤醒	连接 EXTI 的从 USB 待机唤醒中断	0x0000 00E8
43	50	可设置	TIM8_BRK	TIM8 刹车中断	0x0000 00EC
44	51	可设置	TIM8_UP	TIM8 更新中断	0x0000 00F0
45	52	可设置	TIM8_TRG_COM	TIM8 触发和通信中断	0x0000 00F4
46	53	可设置	TIM8_CC	TIM8 捕获比较中断	0x0000 00F8
47	54	可设置	ADC3	ADC3 全局中断	0x0000 00FC
48	55	可设置	FSMC	FSMC 全局中断	0x0000 0100
49	56	可设置	SDIO	SDIO 全局中断	0x0000 0104
50	57	可设置	TIM5	TIM5 全局中断	0x0000 0108
51	58	可设置	SPI3	SPI3 全局中断	0x0000 010C
52	59	可设置	UART4	UART4 全局中断	0x0000 0110
53	60	可设置	UART5	UART5 全局中断	0x0000 0114
54	61	可设置	TIM6	TIM6 全局中断	0x0000 0118
55	62	可设置	TIM7	TIM7 全局中断	0x0000 011C

续表

位　置	优先级	优先级类型	名　　称	说　　明	地　　址
56	63	可设置	DMA2 通道 1	DMA2 通道 1 全局中断	0x0000 0120
57	64	可设置	DMA2 通道 2	DMA2 通道 2 全局中断	0x0000 0124
58	65	可设置	DMA2 通道 3	DMA2 通道 3 全局中断	0x0000 0128
59	66	可设置	DMA2 通道 4_5	DMA2 通道 4 和 DMA2 通道 5 全局中断	0x0000 012C

STM32F1 系列微控制器不同产品支持可屏蔽中断的数量略有不同，互联型的 STM32F105 系列和 STM32F107 系列共支持 68 个可屏蔽中断通道，而其他非互联型的产品 （包括 STM32F103 系列）支持 60 个可屏蔽中断通道，上述通道均不包括 Arm Cortex-M3 内核中断源，即表 5-1 中的前 16 行。

5.2.4　STM32F1 中断服务函数

中断服务程序在结构上与函数非常相似。不同的是，函数一般有参数和返回值，并在应用程序中被人为显式地调用执行；而中断服务程序一般没有参数，也没有返回值，并只有中断发生时才会被自动隐式地调用执行。每个中断都有自己的中断服务程序，用来记录中断发生后要执行的真正意义上的处理操作。

STM32F103 所有中断服务函数在该微控制器所属产品系列的启动代码文件 startup_stm32f10x_xx.s 中都有预定义，通常以 PPP_IRQHandler 命名，其中 PPP 表示对应的外设名。用户开发自己的 STM32F103 应用时可在 stm32f10x_it.c 文件中使用 C 语言编写函数重新定义。程序在编译、链接生成可执行程序阶段，会使用用户自定义的同名中断服务程序替代启动代码中原来默认的中断服务程序。

尤其需要注意的是，在更新 STM32F103 中断服务程序时，必须确保 STM32F103 中断服务程序文件（stm32f10x_it.c）中的中断服务程序名（如 EXTII_IRQHandler）和启动代码文件（startup_stm32f10x_xx.s）中的中断服务程序名（EXTI1_IRQHandler）相同，否则在生成可执行文件时无法使用用户自定义的中断服务程序替代原来默认的中断服务程序。

STM32F103 的中断服务函数具有以下特点。

（1）预置弱定义属性。除了复位程序以外，STM32F103 其他所有中断服务程序都在启动代码中预设了弱定义（WEAK）属性。用户可以在其他文件中编写同名的中断服务函数替代在启动代码中默认的中断服务程序。

（2）全 C 语言实现。STM32F103 中断服务程序可以全部使用 C 语言编程实现，无须像以前 Arm7 或 Arm9 处理器那样要在中断服务程序的首尾加上汇编语言"封皮"用来保护和恢复现场（寄存器）。STM32F103 的中断处理过程中，保护和恢复现场的工作由硬件自动完成，无须用户操心，用户只要集中精力编写中断服务程序即可。

5.3　STM32F1 外部中断 / 事件控制器 EXTI

STM32F103 微控制器的外部中断 / 事件控制器（EXTI）由 19 个产生事件 / 中断请求边沿检测器组成，每根输入线可以独立地配置输入类型（脉冲或挂起）和对应的触发事件（上升沿 / 下降沿 / 双边沿都触发）。每根输入线都可以独立地被屏蔽。挂起寄存器保持状态线的中断请求。

EXTI 控制器的主要特性如下。

（1）每个中断 / 事件都有独立的触发和屏蔽。

（2）每根中断线都有专用的状态位。

（3）支持多达 19 个软件的中断 / 事件请求。

（4）检测脉冲宽度低于 APB2 时钟宽度的外部信号。

5.3.1　STM32F1 的 EXTI 内部结构

外部中断 / 事件控制器由中断屏蔽寄存器、请求挂起寄存器、软件中断 / 事件寄存器、上升沿触发选择寄存器、下降沿触发选择寄存器、事件屏蔽寄存器、边沿检测电路和脉冲发生器等部分构成。外部中断 / 事件控制器内部结构如图 5-3 所示。其中，信号线上画有一条斜线，旁边标有 19 字样的注释，表示这样的线路共有 19 套。每个功能模块都通过外设总线接口和 APB 总线连接，进而和 Cortex-M3 内核（CPU）连接到一起，CPU 通过这样的接口访问各个功能模块。中断屏蔽寄存器和请求挂起寄存器的信号经过与门后送到 NVIC 中断控制器，由 NVIC 进行中断信号的处理。

微课视频

中断过程如下。

外部信号从芯片引脚进入，经过边沿检测电路，通过或门进入中断请求挂起寄存器，最后经过与门输出到 NVIC 中断控制器。

一个中断或事件请求信号经过或门后，进入请求挂起寄存器，至此之前，中断和事件的信号传输通路都是一致的，也就是说，挂起请求寄存器中记录了外部信号的电平变化。

外部请求信号最后经过与门，向 NVIC 中断控制器发出一个中断请求，如果中断屏蔽寄存器的对应位为 0，则该请求信号不能传输到与门的另一端，实现了中断的屏蔽。

产生事件的过程如下。

外部请求信号经过或门后进入与门，用于引入事件屏蔽寄存器的控制。最后脉冲发生器把一个跳变的信号转变为一个单脉冲，输出到芯片中的其他功能模块。

从外部激励信号来看，中断和事件是没有分别的，只是在芯片内部分开，一路信号会向 CPU 产生中断请求，另一路信号会向其他功能模块发送脉冲触发信号，其他功能模块如何响应这个触发信号，则由对应的模块自己决定。

事件和中断的关系：事件表示检测到有触发事件发生了；中断则是有某个事件发生并产生中断，并跳转到对应的中断处理程序中；事件可以触发中断，也可以不触发。中断有可能被更优先的中断屏蔽，而事件不会。事件本质上就是一个触发信号，是用来触发特定的外设模块或核心本身（如唤醒操作）。

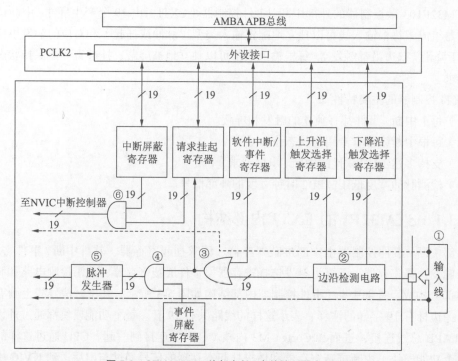

图 5-3　STM32F103 外部中断 / 事件控制器内部结构

STM32 可以处理外部或内部事件来唤醒内核（WFE）。唤醒事件可以通过以下配置产生。

（1）在外设的控制寄存器使能一个中断，但不在 NVIC 中使能，同时在 Cortex-M3 的系统控制寄存器中使能 SEVONPEND 位。当 CPU 从 WFE 恢复后，需要清除相应外设的中断挂起位和外设 NVIC 中断通道挂起位（在 NVIC 中断清除挂起寄存器中）。

（2）配置一个外部或内部 EXTI 线为事件模式，当 CPU 从 WFE 恢复后，因为对应事件线的挂起位没有被置位，不必清除相应外设的中断挂起位或 NVIC 中断通道挂起位。

要产生中断，必须先配置好并使能中断线。根据需要的边沿检测设置两个触发寄存器，同时在中断屏蔽寄存器的相应位写 1 允许中断请求。当外部中断线上发生了期待的边沿时，将产生一个中断请求，对应的挂起位也随之被置 1。在挂起寄存器的对应位写 1，将清除该中断请求。

如果需要产生事件，必须先配置好并使能事件线。根据需要的边沿检测通过设置两个触发寄存器，同时在事件屏蔽寄存器的相应位写 1 允许事件请求。当事件线上发生了需要的边沿时，将产生一个事件请求脉冲，对应的挂起位不被置 1。

通过在软件中断 / 事件寄存器写 1，也可以产生中断 / 事件请求。

（1）硬件中断选择，通过以下过程配置 19 个线路作为中断源。

① 配置 19 根中断线的屏蔽位（EXTI_IMR）。

② 配置所选中断线的触发选择位（EXTI_RTSR 和 EXTI_FTSR）。

③ 配置对应到外部中断控制器（EXTI）的 NVIC 中断通道的使能和屏蔽位，使 19 根中断线中的请求可以被正确地响应。

（2）硬件事件选择，通过以下过程配置 19 个线路为事件源。

① 配置 19 根事件线的屏蔽位（EXTI_EMR）；

② 配置事件线的触发选择位（EXTI_RTSR 和 EXTI_FTSR）。

（3）软件中断 / 事件的选择，通过以下过程配置 19 个线路作为软件中断 / 事件线。

① 配置 19 根中断 / 事件线的屏蔽位（EXTI_IMR，EXTI_EMR）。

② 设置软件中断寄存器的请求位（EXTISWIER）。

1. 外部中断与事件输入

从图 5-3 可以看出，STM32F103 外部中断 / 事件控制器 EXTI 内部信号线线路共有 19 套。与此对应，EXTI 的外部中断 / 事件输入线也有 19 根，分别是 EXTI0 ~ EXTI18。除了 EXTI16（PVD 输出）、EXTI17（RTC 闹钟）和 EXTI18（USB 唤醒）外，其他 16 根外部信号输入线 EXTI0 ~ EXTI15 可以分别对应于 STM32F103 微控制器的 16 个引脚（Px0，Px1，…，Px15，其中 x 为 A、B、C、D、E、F、G）。

STM32F103 微控制器最多有 112 个引脚，可以以下方式连接到 16 根外部中断 / 事件输入线上。如图 5-4 所示，任意端口的 0 号引脚（如 PA0、PB0 ~ PG0）映射到 EXTI 的外部中断 / 事件输入线 EXTI0 上，任意端口的 1 号引脚（如 PA1、PB1 ~ PG1）映射到 EXTI 的外部中断 / 事件输入线 EXTI1 上，以此类推，任意端口的 15 号引脚（如 PA15、PB15 ~ PG15）映射到 EXTI 的外部中断 / 事件输入线 EXTI15 上。需要注意的是，在同一时刻，只能有一个端口的 n 号引脚映射到 EXTI 对应的外部中断 / 事件输入线 EXTIn 上，n 取 0 ~ 15。

另外，如果将 STM32F103 的 I/O 引脚映射为 EXTI 的外部中断 / 事件输入线，必须将该引脚设

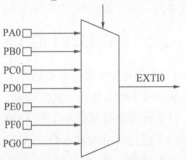

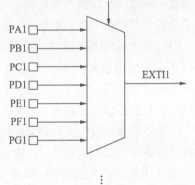

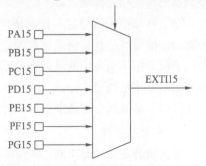

图 5-4　STM32F103 外部中断 / 事件输入线映像

置为输入模式。

2. APB 外设接口

图 5-3 上部的 APB 外设模块接口是 STM32F103 微控制器每个功能模块都有的部分，CPU 通过这样的接口访问各个功能模块。

尤其需要注意的是，如果使用 STM32F103 引脚的外部中断 / 事件映射功能，必须打开 APB2 总线上该引脚对应端口的时钟以及 AFIO（Alternate Function IO）功能时钟。

3. 边沿检测器

EXTI 中的边沿检测器共有 19 个，用来连接 19 根外部中断 / 事件输入线，是 EXTI 的主体部分。每个边沿检测器由边沿检测电路、控制寄存器、门电路和脉冲发生器等部分组成。

5.3.2 STM32F1 的 EXTI 工作原理

1. 外部中断 / 事件请求的产生和传输

从图 5-3 可以看出，外部中断 / 事件请求的产生和传输过程如下。

（1）外部信号从编号①的 STM32F103 微控制器引脚进入。

（2）经过边沿检测电路，这个边沿检测电路受到上升沿触发选择寄存器和下降沿触发选择寄存器控制，用户可以配置这两个寄存器选择在哪一个边沿产生中断 / 事件，由于选择上升沿或下降沿分别受两个平行的寄存器控制，所以用户还可以在双边沿（即同时选择上升沿和下降沿）都产生中断 / 事件。

（3）经过编号③的或门，这个或门的另一个输入是中断 / 事件寄存器，由此可见，软件可以优先于外部信号产生一个中断 / 事件请求，即当软件中断 / 事件寄存器对应位为 1 时，不管外部信号如何，编号③的或门都会输出有效的信号。到此为止，无论是中断或事件，外部请求信号的传输路径都是一致的。

（4）外部请求信号进入编号④的与门，这个与门的另一个输入是事件屏蔽寄存器。如果事件屏蔽寄存器的对应位为 0，则该外部请求信号不能传输到与门的另一端，从而实现对某个外部事件的屏蔽；如果事件屏蔽寄存器的对应位为 1，则与门产生有效的输出并送至编号⑤的脉冲发生器。脉冲发生器把一个跳变的信号转变为一个单脉冲，输出到 STM32F103 微控制器的其他功能模块。以上是外部事件请求信号传输路径。

（5）外部请求信号进入挂起请求寄存器，挂起请求寄存器记录了外部信号的电平变化。外部请求信号经过挂起请求寄存器后，最后进入编号⑥的与门。这个与门的功能和编号④的与门类似，用于引入中断屏蔽寄存器的控制。只有当中断屏蔽寄存器的对应位为 1 时，该外部请求信号才被送至 Cortex-M3 内核的 NVIC 中断控制器，从而发出一个中断请求，否则屏蔽之。以上是外部中断请求信号的传输路径。

2. 事件与中断

由上面讲述的外部中断 / 事件请求信号的产生和传输过程可知，从外部激励信号看，中断和事件的请求信号没有区别，只是在 STM32F103 微控制器内部将它们分开。

（1）一路信号（中断）会被送至 NVIC 向 CPU 产生中断请求，至于 CPU 如何响应，由用户编写或系统默认的对应的中断服务程序决定。

（2）另一路信号（事件）会向其他功能模块（如定时器、USART、DMA 等）发送脉冲触发信号，至于其他功能模块会如何响应这个脉冲触发信号，则由对应的模块自己决定。

5.3.3　STM32F1 的 EXTI 主要特性

STM32F103 微控制器的外部中断 / 事件控制器 EXTI 具有以下主要特性。

（1）每根外部中断 / 事件输入线都可以独立地配置它的触发事件（上升沿、下降沿或双边沿），并能够单独地被屏蔽。

（2）每个外部中断都有专用的标志位（请求挂起寄存器），保持着它的中断请求。

（3）可以将多达 112 个通用 I/O 引脚映射到 16 根外部中断 / 事件输入线上。

（4）可以检测脉冲宽度低于 APB2 时钟宽度的外部信号。

5.4　STM32F1 的中断系统库函数

STM32 中断系统是通过一个嵌套向量中断控制器（NVIC）进行中断控制的，使用中断要先对 NVIC 进行配置。STM32 标准库中提供了 NVIC 相关操作函数，如表 5-2 所示。

表 5-2　NVIC 库函数

函 数 名	描 　 述
NVIC_DeInit	将外设 NVIC 寄存器重设为默认值
NVIC_SCBDeInit	将外设 SCB 寄存器重设为默认值
NVIC_PriorityGroupConfig	设置优先级分组：抢占式优先级和响应优先级
NVIC_Init	根据 NVIC_InitStruct 中指定的参数初始化外设 NVIC 寄存器
NVIC_StructInit	把 NVIC_InitStruct 中的每个参数按默认值填入
NVIC_SETPRIMASK	使能 PRIMASK 优先级：提升执行优先级至 0
NVIC_RESETPRIMASK	失能 PRIMASK 优先级
NVIC_SETFAULTMASK	使能 FAULTMASK 优先级：提升执行优先级至 −1
NVIC_RESETFAULTMASK	失能 FAULTMASK 优先级
NVIC_BASEPRICONFIG	改变执行优先级从 N（最低可设置优先级）提升至 1
NVIC_GetBASEPRI	返回 BASEPRI 屏蔽值
NVIC_GetCurrentPendingIRQChannel	返回当前待处理 IRQ 标识符
NVIC_GetIRQChannelPendingBitStatus	检查指定的 IRQ 通道待处理位设置与否
NVIC_SetIRQChannelPendingBit	设置指定的 IRQ 通道待处理位
NVIC_ClearIRQChannelPendingBit	清除指定的 IRQ 通道待处理位
NVIC_GetCurrentActiveHandler	返回当前活动 Handler（IRQ 通道和系统 Handler）的标识符

续表

函 数 名	描 述
NVIC_GetIRQChannelActiveBitStatus	检查指定的 IRQ 通道活动位设置与否
NVIC_GetCPUID	返回 ID 号，Cortex-M3 内核的版本号和实现细节
NVIC_SetVectorTable	设置向量表的位置和偏移
NVIC_GenerateSystemReset	产生一个系统复位
NVIC_GenerateCoreReset	产生一个内核（内核 +NVIC）复位
NVIC_SystemLPConfig	选择系统进入低功耗模式的条件
NVIC_SystemHandlerConfig	使能或失能指定的系统 Handler
NVIC_SystemHandlerPriorityConfig	设置指定的系统 Handler 优先级
NVIC_CetSystemHandlerPendingBitStatus	检查指定的系统 Handler 待处理位设置与否
NVIC SetSystemHandlerPendingBit	设置系统 Handler 待处理位
NVIC_ClearSystemHandlerPendingBit	清除系统 Handler 待处理位
NVIC_GetSystemHandlerActiveBitStatus	检查系统 Handler 活动位设置与否
NVIC_GetFaultHandlerSources	返回表示出错的系统 Handler 源
NVIC_GetFaultAddress	返回产生表示出错的系统 Handler 所在位置的地址

5.4.1 STM32F1 的 NVIC 相关库函数

1. NVIC_DeInit 函数

❏ 函数名：NVIC_DeInit。

❏ 函数原型：void NVIC_DeInit（void）。

❏ 功能描述：将外设 NVIC 寄存器重设为默认值。

❏ 输入参数：无。

❏ 输出参数：无。

❏ 返回值：无。

❏ 示例：

```
/* 将 NVIC 寄存器重设为默认值 */
NVIC_DeInit();
```

2. NVIC_Init 函数

❏ 函数名：NVIC_Init。

❏ 函数原型：void NVIC_Init（NVIC_Init TypeDef* NVIC_InitStruct）。

❏ 功能描述：根据 NVIC_ InitStruct 中指定的参数初始化外设 NVIC 寄存器。

❏ 输入参数：NVIC_ InitStruct，即指向 NVIC_Init TypeDef 结构体的指针，包含了外设 GPIO 的配置信息。

❏ 输出参数：无。

❏ 返回值：无。

1）NVIC_InitTypeDef 结构体

NVIC_InitTypeDef 定义于 stm32f10x_nvic.h 文件。

```
Typedef struct
{
    u8 NVIC_IRQChannel;
    u8 NVIC_IRQChannelPreemptionPriority;
    u8 NVIC_IRQChannelSubPriority;
    FunctionalState NVIC_IRQChannelCmd;
} NVIC_InitTypeDef;
```

2）NVIC_IRQChannel

该参数用以使能或失能指定的 IRQ 通道。表 5-3 给出了该参数可取的值。

表 5-3 NVIC_IRQChannel 参数值

参 数 值	描 述
WWDG_IRQn	窗口看门狗中断
PVD_IRQn	PVD 通过 EXTI 探测中断
TAMPER_IRQn	篡改中断
RTC_IRQn	RTC 全局中断
FlashItf_IRQn	Flash 全局中断
RCC_IRQn	RCC 全局中断
EXTI0_IRQn	外部中断线 0 中断
EXTI1_IRQn	外部中断线 1 中断
EXTI2_IRQn	外部中断线 2 中断
EXTI3_IRQn	外部中断线 3 中断
EXTI4_IRQn	外部中断线 4 中断
DMAChannel1_IRQn	DMA1 通道 1 中断
DMAChannel2_IRQn	DMA1 通道 2 中断
DMAChannel3_IRQn	DMA1 通道 3 中断
DMAChannel4_IRQn	DMA1 通道 4 中断
DMAChannel5_IRQn	DMA1 通道 5 中断
DMAChannel6_IRQn	DMA1 通道 6 中断
DMAChannel7_IRQn	DMA1 通道 7 中断
ADC_IRQn	ADC 全局中断
USB_HP_CANTX_IRQn	USB 高优先级或 CAN 发送中断
USB_LP_CANRX0_IRQn	USB 低优先级或 CAN 接收 0 中断
CAN_RX1_IRQn	CAN 接收 1 中断
CAN_SCE_IRQn	CAN SCE 中断
EXTI9_5_IRQn	外部中断线 9 ～ 5 中断

续表

参 数 值	描 述
TIM1_BRK_IRQn	TIM1 暂停中断
TIM1_UP_IRQn	TIM1 刷新中断
TIM1_TRG_COM_IRQn	TIM1 触发和通信中断
TIM1_CC_IRQn	TIM1 捕获比较中断
TIM2_IRQn	TIM2 全局中断
TIM3_IRQn	TIM3 全局中断
TIM4_IRQn	TIM4 全局中断
I2C1_EV_IRQn	I2C1 事件中断
I2C1_ER_IRQn	I2C1 错误中断
I2C2_EV_IRQn	I2C2 事件中断
I2C2_ER_IRQn	I2C2 错误中断
SPI1_IRQn	SPI1 全局中断
SPI2_IRQn	SPI2 全局中断
USART1_IRQn	USART1 全局中断
USART2_IRQn	USART2 全局中断
USART3_IRQn	USART3 全局中断
EXTI15_10_IRQn	外部中断线 15 ～ 10 中断
RTCAlArm_IRQn	RTC 闹钟通过 EXTI 线中断
USBWakeUp_IRQn	USB 通过 EXTI 线从悬挂唤醒中断

3）NVIC_IRQChannelPreemptionPriority

该参数设置了成员 NVIC_IRQChannel 中的抢占式优先级，表 5-4 列举了该参数可取的值。

4）NVIC_IRQChannelSubPriority

该参数设置了成员 NVIC_IRQChannel 中的响应优先级，表 5-4 列举了该参数可取的值。

表 5-4　抢占式优先级和响应优先级值

NVIC_PriorityGroup	NVIC_IRQChannel 的抢占式优先级	NVIC_IRQChannel 的响应优先级	描 述
NVIC_PriorityGroup_0	0	0 ～ 15	抢占式优先级 0 位，响应优先级 4 位
NVIC_PriorityGroup_1	0 ～ 1	0 ～ 7	抢占式优先级 1 位，响应优先级 3 位
NVIC_PriorityGroup_2	0 ～ 3	0 ～ 3	抢占式优先级 2 位，响应优先级 2 位
NVIC_PriorityGroup_3	0 ～ 7	0 ～ 1	抢占式优先级 3 位，响应优先级 1 位
NVIC_PriorityGroup_4	0 ～ 15	0	抢占式优先级 4 位，响应优先级 0 位

注：①选中 NVIC_PriorityGroup_0，则参数 NVIC_IRQChannelPreemptionPriority 对中断通道的设置不产生影响；
②选中 NVIC_PriorityGroup_4，则参数 NVIC_IRQChannelSubPriority 对中断通道的设置不产生影响。

5）NVIC_IRQChannelCmd

该参数指定了在成员 NVIC_IRQChannel 中定义的 IRQ 通道被使能还是失能，参数取值为 ENABLE 或 DISABLE。例如：

```
NVIC_InitTypeDef   NVIC_InitStructure;
/* 置优先级组为 1 位 */
NVIC_PriorityGroupConfig(NVIC_PriorityGroup_1);
NVIC_InitStructure.NVIC_IRQChannel=TIM3_IRQChannel;
NVIC_InitStructure.NVIC_IRQChannelPreemptionPriority=0;
NVIC_InitStructure.NVIC_IRQChannelSubPriority = 2;
NVIC_InitStructure.NVIC_IRQChannelCmd =ENABLE;
NVIC_Init(&NVIC_InitStructure);
```

3. NVIC_PriorityGroupConfig 函数

- 函数名：NVIC_PriorityGroupConfig。
- 函数原型：void NVIC_PriorityGroupConfig（u32 NVIC_PriorityGroup）。
- 功能描述：设置优先级分组、抢占式优先级和响应优先级。
- 输入参数：NVIC_PriorityGroup，即结构体优先级分组，如表 5-4 所示。
- 参阅 Section：NVIC_PriorityGroup，查阅更多该参数允许取值范围。
- 输出参数：无。
- 返回值：无。
- 示例。

```
/* 置优先级组为 1 位 */
NVIC_PriorityGroupConfig(NVIC_PriorityGroup_1);
```

5.4.2　STM32F1 的 EXTI 相关库函数

STM32 标准库中提供了几乎覆盖 EXTI 操作的函数，如表 5-5 所示。

表 5-5　EXTI 函数库

函 数 名	描 述
EXTI_DeInit	将外设 EXTI 寄存器重设为默认值
EXTI_Init	根据 EXTI_InitStruct 中指定的参数初始化外设 EXTI 寄存器
EXTI_StructInit	把 EXTI_InitStruct 中的每个参数按默认值填入
EXTI_GenerateSWInterrupt	产生一个软件终端
EXTI_GetFlagStatus	检查指定的 EXTI 线路标志位设置与否
EXTI_ClearFlag	清除 EXTI 线路挂起标志位
EXTI_GetITStatus	检查指定的 EXTI 线路触发请求发生与否
EXTI_ClearITPendingBit	清除 EXTI 线路挂起位

1. EXTI_DeInit 函数

- 函数名：EXTI_DeInit。
- 函数原型：void EXTI_DeInit（void）。
- 功能描述：将外设 EXTI 寄存器重设为默认值。
- 输入参数：无。
- 输出参数：无。
- 返回值：无。
- 示例。

```
/* 将 EXTI 寄存器重置为默认值 */
EXTI_DeInit();
```

2. EXTI_Init 函数

- 函数名：EXTI_Init。
- 函数原型：void EXTI_Init（EXTI_InitTypeDef* EXTI_InitStruct）。
- 功能描述：根据 EXTI_ InitStruct 中指定的参数初始化外设 EXTI 寄存器。
- 输入参数：EXTI_ InitStruct，指向 EXTI_InitTypeDef 结构体的指针，包含了外设 EXTI 的配置信息。
- 输出参数：无。
- 返回值：无。

1）EXTI_InitTypeDef 结构体

EXTI_InitTypeDef 结构体定义于 stm32f10x_exti.h 文件。

```
typedef struct
{
    u32 EXTI_Line;
    EXTIMode_TypeDef EXTI_Mode;
    EXTIrigger_TypeDef EXTI_Trigger;
    FunctionalState EXTI_LineCmd;
}EXTI_InitTypeDef;
```

2）EXTI_Line

EXTI_Line 参数选择了待使能或失能的外部线路。表 5-6 给出了该参数可取的值。

表 5-6　EXTI_Line 取值

EXTI_Line	描　　述
EXTI_Line0	外部中断线 0
EXTI_Line1	外部中断线 1
EXTI_Line2	外部中断线 2
EXTI_Line3	外部中断线 3

续表

EXTI_Line	描　　述
EXTI_Line4	外部中断线 4
EXTI_Line5	外部中断线 5
EXTI_Line6	外部中断线 6
EXTI_Line7	外部中断线 7
EXTI_Line8	外部中断线 8
EXTI_Line9	外部中断线 9
EXTI_Line10	外部中断线 10
EXTI_Line11	外部中断线 11
EXTI_Line12	外部中断线 12
EXTI_Line13	外部中断线 13
EXTI_Line14	外部中断线 14
EXTI_Line15	外部中断线 15
EXTI_Line16	外部中断线 16
EXTI_Line17	外部中断线 17
EXTI_Line18	外部中断线 18

3）EXTI_Mode

EXTI_Mode 参数设置了被使能线路的模式。表 5-7 给出了该参数可取的值。

表 5-7　EXTI_Mode 取值

EXTI_Mode	描　　述
EXTI_Mode_Event	设置 EXTI 线路为事件请求
EXTI_Mode_Interrupt	设置 EXTI 线路为中断请求

4）EXTI_Trigger

EXTI_Trigger 参数设置了被使能线路的触发边沿。表 5-8 给出了该参数可取的值。

表 5-8　EXTI_Trigger 取值

EXTI_Trigger	描　　述
EXTI_Trigger_Falling	设置输入线路下降沿为中断请求
EXTI_Trigger_Rising	设置输入线路上升沿为中断请求
EXTI_Trigger_Rising_Falling	设置输入线路上升沿和下降沿为中断请求

5）EXTI_LineCmd

EXTI_LineCmd 参数用来定义选中线路的新状态，取值为 ENABLE 或 DISABLE。例如：

```
/* 在下降沿启用外部线 12 和 14 中断生成 */
EXTI_InitTypeDef  EXTI_InitStructure;
```

```
EXTI_InitStructure.EXTI_Line=EXTI_Line12|EXTI_Line14;
EXTI_InitStructure.EXTI_Mode = EXTI_Mode_Interrupt;
EXTI_InitStructure.EXTI_Trigger = EXTI_Trigger_Falling;
EXTI_InitStructure.EXTI_LineCmd =ENABLE;
EXTI_Init (& EXTI_InitStructure);
```

3. EXTI_GetITStatus 函数

❑ 函数名：EXTI_GetITStatus。

❑ 函数原型：ITStatus EXTI_GetITStatus（u32 EXTI_Line）。

❑ 功能描述：检查指定的 EXTI 线路触发请求发生与否。

❑ 输入参数：EXTI_Line，待检查 EXTI 线路的挂起位。

❑ 输出参数：无。

❑ 返回值：EXTI_Line 的新状态（SET 或 RESET）。

❑ 示例：

```
/* 获取 EXTI 线 8 状态 */
ITStatus   EXTIStatus;
EXTIStatus=EXTI_GetITStatus (EXTI_Line8);
```

4. EXTI_GetFlagStatus 函数

❑ 函数名：EXTI_GetFlagStatus。

❑ 函数原型：FlagStatus EXTI_GetFlagStatus（u32 EXTI_Line）。

❑ 功能描述：检查指定的 EXTI 线路标志位设置与否。

❑ 输入参数：EXTI_Line，待检查 EXTI 线路标志位。

❑ 输出参数：无。

❑ 返回值：EXTI_Line 的新状态（SET 或 RESET）。

❑ 示例：

```
FlagStatus   EXTIStatus;
EXTIStatus=EXTI_GetFlagStatus (EXTI_Line8);
```

5. EXTI_ClearFlag 函数

❑ 函数名：EXTI_ClearFlag。

❑ 函数原型：void EXTI_ClearFlag（u32 EXTI_Line）。

❑ 功能描述：清除 EXTI 线路挂起标志位。

❑ 输入参数：EXTI_Line，待清除标志位的 EXTI 线路。

❑ 输出参数：无。

❑ 返回值：无。

❑ 示例：

```
/* 清除 EXTI 线 2 挂起标志 */
EXTI_ClearFlag(EXTI_Line2);
```

6. EXTI_ClearITPendingBit 函数

- ❑ 函数名：EXTI_ClearITPendingBit。
- ❑ 函数原型：void EXTI_ClearITPendingBit（u32 EXTI_Line）。
- ❑ 功能描述：清除 EXTI 线路中断挂起位。
- ❑ 输入参数：EXTI_Line，待清除 EXTI 线路的中断挂起位。
- ❑ 输出参数：无。
- ❑ 返回值：无。
- ❑ 示例：

```
/* 清除 EXTI 线 2 中断挂起位 */
EXTI_ClearITpendingBit(EXTI_Line2);
```

5.4.3　STM32F1 的 EXTI 中断线 GPIO 引脚映射库函数

- ❑ 函数名：GPIO_EXTILineConfig。
- ❑ 函数原型：void GPIO_EXTILineConfig（u8 GPIO_PortSource, u8 GPIO_PinSource）。
- ❑ 功能描述：选择 GPIO 引脚用作外部中断线路。
- ❑ 输入参数：GPIO_PortSource，选择用作外部中断线源的 GPIO 端口；GPIO_PinSource，待设置的外部中断线路，该参数可以取 GPIO_PinSource*x*（*x* 可以为 0 ~ 15）。
- ❑ 输出参数：无。
- ❑ 返回值：无。
- ❑ 示例：

```
/* 选择 PB8 作为 EXTI 线 8*/
GPIO_EXTILineConfig (GPIO_PortSource_GPIOB, GPIO_PinSource8);
```

5.5　STM32F1 外部中断设计流程

STM32F1 外部中断设计包括 3 部分，即 NVIC 设置、中断端口配置、中断处理。

5.5.1　NVIC 设置

在使用中断时，首先要对 NVIC 进行配置，NVIC 设置流程如图 5-5 所示，主要包括以下内容。

（1）根据需要对中断优先级进行分组，确定抢占式优先级和响应优先级的个数。

（2）选择中断通道，不同的引脚对应不同的中断通道，在 stm32f10x.h 文件中定

义了中断通道结构体 IRQn_Type，包含了所有型号芯片的所有中断通道。外部中断
EXTI0 ～ EXTI4 有独立的中断通道 EXTI0_IRQn ～ EXTI4_IRQn，而 EXTI5 ～ EXTI9 共用
一个中断通道 EXTI9_5_IRQn，EXTI15 ～ EXTI10 共用一个中断通道 EXT15_10_IRQn。

（3）根据系统要求设置中断优先级，包括抢占式优先级和响应优先级。

（4）使能相应的中断，完成 NVIC 配置。

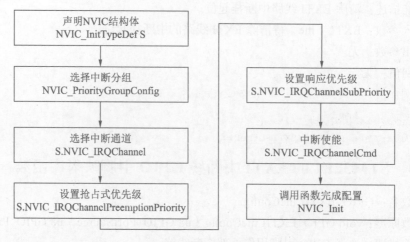

图 5-5　NVIC 设置流程

5.5.2　中断端口配置

NVIC 设置完成后，要对中断端口进行配置，即配置哪个引脚发生什么中断。GPIO 外
部中断端口配置流程如图 5-6 所示。

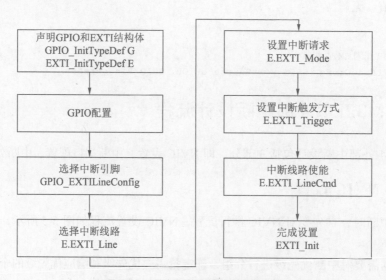

图 5-6　GPIO 外部中断端口配置流程

中断端口配置主要包括以下内容。

（1）首先进行 GPIO 配置，对引脚进行配置，使能引脚。

（2）然后对外部中断方式进行配置，包括中断线路设置、中断 / 事件选择、触发方式设置、使能中断线完成设置。

其中，中断线路 EXTI_Line0 ～ EXTI_Line15 分别对应 EXTI0 ～ EXTI15，即每个端口的 16 个引脚；EXTI_Line16 ～ EXTI_Line18 分别对应 PVD 输出事件、RTC 闹钟事件和 USB 唤醒事件。

5.5.3　中断处理

中断处理的整个过程包括中断请求、中断响应、中断服务程序及中断返回 4 个步骤。其中，中断服务程序主要完成中断线路状态检测、中断服务内容和中断清除。

1. 中断请求

如果系统中存在多个中断源，处理器要先对当前中断的优先级进行判断，先响应优先级高的中断。当多个中断请求同时到达且抢占式优先级相同时，则先处理响应优先级高的中断。

2. 中断响应

在中断事件产生后，处理器响应中断要满足以下条件。

（1）无同级或高级中断正在服务。

（2）当前指令周期结束，如果查询中断请求的机器周期不是当前指令的最后一个周期，则无法执行当前中断请求。

（3）若处理器正在执行系统指令，则需要执行到当前指令及下一条指令才能响应中断请求。

如果中断发生，且处理器满足上述条件，系统将按照以下步骤执行相应中断请求。

（1）置位中断优先级有效触发器，即关闭同级和低级中断。

（2）调用入口地址，断点入栈。

（3）进入中断服务程序。

STM32 在启动文件中提供了标准的中断入口对应相应中断。

值得注意的是，外部中断 EXTI0 ～ EXTI4 有独立的入口 EXTI0_IRQHandler ～ EXTI4_IRQHandler，而 EXTI5 ～ EXTI9 共用一个入口 EXTI9_5_IRQHandler，EXTI15 ～ EXTI10 共用一个入口 EXTI15_10_IRQHandler。在 stm32f10x_it.c 文件中添加中断服务函数时，函数名必须与后面使用的中断服务程序名称一致，无返回值，无参数。

3. 中断服务程序

以外部中断为例，中断服务程序处理流程如图 5-7 所示。

图 5-7　中断服务程序处理流程

4. 中断返回

中断返回是指中断服务完成后，处理器返回到原来程序断点处继续执行原来的程序。例如，外部中断 0 的中断服务程序如下。

```
void EXTI0_IRQHandler (void)
{
    if (EXTI_GetlTStatus (EXTI_Line0)! =RESET)    // 是否产生了 EXTILine 中断
    {
        /* 中断服务内容 */
        EXTI_ClearlTPendingBit (EXTI_Line0);         // 清除中断标志位
    }
}
```

5.6 STM32F1 外部中断设计实例

中断在嵌入式应用中占有非常重要的地位，几乎每个控制器都有中断功能。中断对保证在第一时间处理紧急事件是非常重要的。

设计使用外接的按键作为触发源，使控制器产生中断，并在中断服务函数中实现控制 RGB 彩灯的任务。

5.6.1 STM32F1 外部中断硬件设计

按键机械触点断开、闭合时，由于触点的弹性作用，按键开关不会马上稳定接通或一下子断开，使用按键时会产生抖动信号，需要用软件消抖处理滤波，不方便输入检测。本实例中，开发板连接的按键附带硬件消抖功能，如图 5-8 所示。它利用电容充放电的延时消除了波纹，从而简化软件的处理，软件只需要直接检测引脚的电平即可。

由按键检测电路可知，这些按键在没有被按下时，GPIO 引脚的输入状态为低电平（按键所在的电路不通，引脚接地），当按键按下时，GPIO 引脚的输入状态为高电平（按键所在的电路导通，引脚接到电源）。只要按键检测引脚的输入电平，即可判断按键是否被按下。

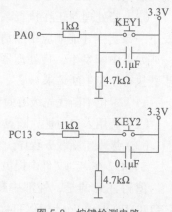

图 5-8 按键检测电路

若使用的开发板按键的连接方式或引脚不一样，根据工程修改引脚即可，程序的控制原理相同。

5.6.2 STM32F1 外部中断软件设计

这里只讲解核心的部分代码，有些变量的设置、头文件的包含等并没有涉及。创建两个文件：bsp_exti.c 和 bsp_exti.h，用来存放 EXTI 驱动程序及相关宏定义，中断服务函数放在 stm32f10x_it.h 文件中。

编程要点如下。

（1）初始化用来产生中断的 GPIO。

（2）初始化 EXTI。

（3）配置 NVIC。

（4）编写中断服务函数。

1. 按键和 EXTI 宏定义

```
#ifndef  __EXTI_H
#define  __EXTI_H

#include "stm32f10x.h"

// 引脚定义
#define KEY1_INT_GPIO_PORT          GPIOA
#define KEY1_INT_GPIO_CLK           (RCC_APB2Periph_GPIOA|RCC_APB2Periph_AFIO)
#define KEY1_INT_GPIO_PIN           GPIO_Pin_0
#define KEY1_INT_EXTI_PORTSOURCE    GPIO_PortSourceGPIOA
#define KEY1_INT_EXTI_PINSOURCE     GPIO_PinSource0
#define KEY1_INT_EXTI_LINE          EXTI_Line0
#define KEY1_INT_EXTI_IRQ           EXTI0_IRQn

#define KEY1_IRQHandler             EXTI0_IRQHandler

#define KEY2_INT_GPIO_PORT          GPIOC
#define KEY2_INT_GPIO_CLK           (RCC_APB2Periph_GPIOC|RCC_APB2Periph_AFIO)
#define KEY2_INT_GPIO_PIN           GPIO_Pin_13
#define KEY2_INT_EXTI_PORTSOURCE    GPIO_PortSourceGPIOC
#define KEY2_INT_EXTI_PINSOURCE     GPIO_PinSource13
#define KEY2_INT_EXTI_LINE          EXTI_Line13
#define KEY2_INT_EXTI_IRQ           EXTI15_10_IRQn

#define KEY2_IRQHandler             EXTI15_10_IRQHandler

void EXTI_Key_Config(void);

#endif /* __EXTI_H */
```

使用宏定义方法指定与硬件电路设计相关配置，这对于程序移植或升级非常有用。

在上面的宏定义中，除了打开 GPIO 的端口时钟外，还打开了 AFIO 时钟，这是因为后面配置 EXTI 信号源时需要用到 AFIO 的外部中断控制寄存器 AFIO_EXTICRx。

2. 嵌套向量中断控制器 NVIC 配置

```c
#include "bsp_exti.h"
 /*********************************
  * @brief   配置嵌套向量中断控制器 NVIC
  * @param   无
  * @retval 无
  *********************************/
static void NVIC_Configuration(void)
{
  NVIC_InitTypeDef NVIC_InitStructure;

  /* 配置 NVIC 为优先级组 1 */
  NVIC_PriorityGroupConfig(NVIC_PriorityGroup_1);
  /* 配置中断源：按键 1 */
  NVIC_InitStructure.NVIC_IRQChannel = KEY1_INT_EXTI_IRQ;
  /* 配置抢占式优先级 */
  NVIC_InitStructure.NVIC_IRQChannelPreemptionPriority = 1;
  /* 配置响应优先级 */
  NVIC_InitStructure.NVIC_IRQChannelSubPriority = 1;
  /* 使能中断通道 */
  NVIC_InitStructure.NVIC_IRQChannelCmd = ENABLE;
  NVIC_Init(&NVIC_InitStructure);
  /* 配置中断源：按键 2，其他使用上面相关配置 */
  NVIC_InitStructure.NVIC_IRQChannel = KEY2_INT_EXTI_IRQ;
  NVIC_Init(&NVIC_InitStructure);
}
```

这里配置两个中断的软件优先级一样，如果出现了两个按键同时按下的情况，那怎么办？到底该执行哪一个中断？若两个中断的软件优先级一样，中断来临时，具体先执行哪个中断服务函数由硬件的中断编号决定，编号越小，优先级越高。当然，也可以把抢占式优先级设置成一样，响应优先级设置成不一样，这样就可以区别两个按键同时按下的情况，而不用去对比硬件编号。

3. EXTI 中断配置

```c
/************************************************
  * @brief   配置 I/O 为 EXTI 中断口，并设置中断优先级
  * @param   无
  * @retval 无
  ************************************************/
void EXTI_Key_Config(void)
{
  GPIO_InitTypeDef GPIO_InitStructure;
  EXTI_InitTypeDef EXTI_InitStructure;
```

```
        /* 开启按键 GPIO 端口的时钟 */
        RCC_APB2PeriphClockCmd(KEY1_INT_GPIO_CLK,ENABLE);


        /* 配置 NVIC 中断 */
        NVIC_Configuration();


        /*------------------------- 按键 1 配置 -----------------------------*/
        /* 选择按键用到的 GPIO */
        GPIO_InitStructure.GPIO_Pin = KEY1_INT_GPIO_PIN;
        /* 配置为浮空输入 */
        GPIO_InitStructure.GPIO_Mode = GPIO_Mode_IN_FLOATING;
        GPIO_Init(KEY1_INT_GPIO_PORT, &GPIO_InitStructure);
        /* 选择 EXTI 的信号源 */
        GPIO_EXTILineConfig(KEY1_INT_EXTI_PORTSOURCE, KEY1_INT_EXTI_PINSOURCE);
        EXTI_InitStructure.EXTI_Line = KEY1_INT_EXTI_LINE;
        /* EXTI 为中断模式 */
        EXTI_InitStructure.EXTI_Mode = EXTI_Mode_Interrupt;
        /* 上升沿中断 */
        EXTI_InitStructure.EXTI_Trigger = EXTI_Trigger_Rising;
        /* 使能中断 */
        EXTI_InitStructure.EXTI_LineCmd = ENABLE;
        EXTI_Init(&EXTI_InitStructure);


        /*------------------------- 按键 2 配置 -----------------------------*/
        /* 选择按键用到的 GPIO */
        GPIO_InitStructure.GPIO_Pin = KEY2_INT_GPIO_PIN;
        /* 配置为浮空输入 */
        GPIO_InitStructure.GPIO_Mode = GPIO_Mode_IN_FLOATING;
        GPIO_Init(KEY2_INT_GPIO_PORT, &GPIO_InitStructure);
        /* 选择 EXTI 的信号源 */
        GPIO_EXTILineConfig(KEY2_INT_EXTI_PORTSOURCE, KEY2_INT_EXTI_PINSOURCE);
        EXTI_InitStructure.EXTI_Line = KEY2_INT_EXTI_LINE;
        /* EXTI 为中断模式 */
        EXTI_InitStructure.EXTI_Mode = EXTI_Mode_Interrupt;
        /* 下降沿中断 */
        EXTI_InitStructure.EXTI_Trigger = EXTI_Trigger_Falling;
        /* 使能中断 */
        EXTI_InitStructure.EXTI_LineCmd = ENABLE;
        EXTI_Init(&EXTI_InitStructure);
}
```

　　首先，使用 GPIO_InitTypeDef 和 EXTI_InitTypeDef 结构体定义两个用于 GPIO 和 EXTI 初始化配置的变量。

使用 GPIO 之前必须开启 GPIO 端口的时钟；用到 EXTI 必须开启 AFIO 时钟。

调用 NVIC_Configuration 函数完成对按键 1、按键 2 的优先级配置，并使能中断通道。

作为中断 / 事件输入线时，需把 GPIO 配置为输入模式，具体为浮空输入，由外部电路决定引脚的状态。

GPIO_EXTILineConfig 函数用来指定中断 / 事件线的输入源，它实际是设定外部中配置寄存器的 AFIO EXTICRx 值，该函数接收两个参数，第 1 个参数指定 GPIO 端口源，第 2 个参数为选择对应 GPIO 引脚源编号。目的是产生中断，执行中断服务函数，EXTI 选择中断模式，按键 1 使用上升沿触发方式，并使能 EXTI 线。

按键 2 基本上采用与按键 1 相关参数配置，只是改为下降沿触发方式。

两个按键的电路是一样的，但代码中设置按键 1 是上升沿中断，按键 2 是下降沿中断。按键 1 检测的是按键按下的状态，按键 2 检测的是按键抬起的状态。

4. EXTI 中断服务函数

```
void KEY1_IRQHandler(void)
{
    // 是否产生了 EXTILine 中断
    if(EXTI_GetITStatus(KEY1_INT_EXTI_LINE) != RESET)
    {
        // LED1 取反
        LED1_TOGGLE;
        // 清除中断标志位
        EXTI_ClearITPendingBit(KEY1_INT_EXTI_LINE);
    }
}

void KEY2_IRQHandler(void)
{
    // 是否产生了 EXTILine 中断
    if(EXTI_GetITStatus(KEY2_INT_EXTI_LINE) != RESET)
    {
        // LED2 取反
        LED2_TOGGLE;
        // 清除中断标志位
        EXTI_ClearITPendingBit(KEY2_INT_EXTI_LINE);
    }
}
```

当中断发生时，对应的中断服务函数就会被执行，可以在中断服务函数中实现一些控制。

一般为确保中断确实发生，会在中断服务函数中调用中断标志位状态读取函数，读取外设中断标志位，并判断标志位状态。

EXTI_GetITStatus 函数用来获取 EXTI 的中断标志位状态，如果 EXTI 线有中断发生，函数返回 SET，否则返回 RESET。实际上，EXTI_GetITStatus 函数是通过读取 EXTI_PR 寄存器的值判断 EXTI 线状态的。

按键 1 的中断服务函数令 LED1 翻转其状态，按键 2 的中断服务函数令 LED2 翻转其状态。执行任务后需要调用 EXTI_ClearITPendingBit 函数清除 EXTI 线的中断标志位。

5. main 函数

```
#include "stm32f10x.h"
#include "bsp_led.h"
#include "bsp_exti.h"
/*******************
  * @brief   主函数
  * @param  无
  * @retval  无
 *******************/
int main(void)
{
  /* LED 端口初始化 */
  LED_GPIO_Config();

  /* 初始化 EXTI 中断，按下按键会触发中断
   * 触发中断会进入 stm32f4xx_it.c 文件中的函数
   * KEY1_IRQHandler 和 KEY2_IRQHandler，处理中断，反转 LED 灯
   */
  EXTI_Key_Config();

  /* 等待中断，由于使用中断方式，CPU 不用轮询按键  */
  while(1)
  {
  }
}
```

main 函数非常简单，只有两个任务函数。LED_GPIO_Config 函数定义在 bsp_led.c 文件内，完成 RGB 彩灯的 GPIO 初始化配置；EXTI_Key_Config 函数完成两个按键的 GPIO 和 EXTI 配置。

保证开发板相关硬件连接正确，把编译好的程序下载到开发板。此时 RGB 彩灯是灭的，按下开发板上的 KEY1，RGB 彩灯亮，再按下 KEY1，RGB 彩灯灭；按下开发板上的 KEY2 并抬起，RGB 彩灯亮，再按下 KEY2 并抬起，RGB 彩灯灭。按键按下表示上升沿，按键抬起表示下降沿，这与软件的设置是一样的。

第 6 章

STM32 GPIO

本章讲述 STM32 GPIO，包括通用输入输出接口概述、GPIO 功能、GPIO 常用库函数、GPIO 使用流程、GPIO 输出应用实例和 GPIO 输入应用实例。

6.1　STM32 通用输入输出接口概述

微课视频

GPIO 是通用输入输出（General Purpose Input Output）的缩写，其功能是让嵌入式处理器能够通过软件灵活地读出或控制单个物理引脚上的高、低电平，实现内核和外部系统之间的信息交换。GPIO 是嵌入式处理器使用最多的外设，能够充分利用其通用性和灵活性，是嵌入式开发者必须掌握的重要技能。作为输入时，GPIO 可以接收来自外部的开关量信号、脉冲信号等，如来自键盘、拨码开关的信号；作为输出时，GPIO 可以将内部的数据送给外部设备或模块，如输出到 LED、数码管、控制继电器等。另外，理论上讲，当嵌入式处理器上没有足够的外设时，可以通过软件控制 GPIO 模仿 UART、SPI、I2C、FSMC 等各种外设的功能。

正是因为 GPIO 作为外设具有无与伦比的重要性，STM32 上除特殊功能的引脚外，所有引脚都可以作为 GPIO 使用。以常见的 LQFP144 封装的 STM32F103ZET6 为例，有 112 个引脚可以作为双向 I/O 使用。为便于使用和记忆，STM32 将它们分配到不同的"组"中，在每个组中再对其进行编号。具体来讲，每个组称为一个端口，端口号通常以大写字母命名，从 A 开始，依次简写为 PA、PB 或 PC 等。每个端口中最多有 16 个 GPIO，软件既可以读写单个 GPIO，也可以通过指令一次读写端口中全部 16 个 GPIO。每个端口内部的 16 个 GPIO 又被分别标以 0 ～ 15 的编号，从而可以通过 PA0、PB5 或 PC10 等方式指代单个的 GPIO。以 STM32F103ZET6 为例，它共有 7 个端口（PA、PB、PC、PD、PE、PF 和 PG），每个端口有 16 个 GPIO，共 7×16=112 个 GPIO。

嵌入式系统应用中几乎都涉及开关量的输入和输出功能，如状态指示、报警输出、继电器闭合和断开、按钮状态读入、开关量报警信息的输入等。这些开关量的输入和控制输出都可以通过通用输入/输出接口实现。

GPIO 端口的每个位都可以由软件分别配置成以下模式。

（1）输入浮空：浮空（Floating）就是逻辑器件的输入引脚既不接高电平，也不接低电平。由于逻辑器件的内部结构，当它的输入引脚悬空时，相当于该引脚接了高电平。一般实际运用时，不建议引脚悬空，易受干扰。

（2）输入上拉：上拉就是把电压拉高，如拉到 V_{CC}。上拉就是将不确定的信号通过一个电阻钳位在高电平。电阻同时起限流作用。弱强只是上拉电阻的阻值不同，没有什么严格区分。

（3）输入下拉：下拉就是把电压拉低，拉到 GND。与上拉原理相似。

（4）模拟输入：模拟输入是指传统方式的模拟量输入。数字输入是输入数字信号，即 0 和 1 的二进制数字信号。

（5）开漏输出：输出端相当于三极管的集电极。要得到高电平状态，需要上拉电阻才行。适合做电流型的驱动，其吸收电流的能力相对较强（一般在 20mA 以内）。

（6）推挽式输出：可以输出高低电平，连接数字器件。推挽结构一般是指两个三极管分别受两个互补信号的控制，总是在一个三极管导通时另一个截止。

（7）推挽式复用输出：复用功能可以理解为 GPIO 端口被用作第二功能时的配置情况（并非作为通用 I/O 端口使用）。STM32 GPIO 的推挽复用功能模式中输出使能、输出速度可配置。这种复用模式可工作在开漏及推挽模式，但是输出信号是源于其他外设的，这时的输出数据寄存器 GPIOx_ODR 是无效的；而且输入可用，通过输入数据寄存器可获取 I/O 实际状态，但一般直接用外设的寄存器获取该数据信号。

（8）开漏复用输出：每个 I/O 可以自由编程，而 I/O 端口寄存器必须按 32 位字访问（不允许半字或字节访问）。GPIOx_BSRR 和 GPIOxBRR 寄存器允许对任何 GPIO 寄存器的读/更改的独立访问，这样，在读和更改访问之间产生中断（IRQ）时不会发生危险。一个 I/O 端口的基本结构如图 6-1 所示。

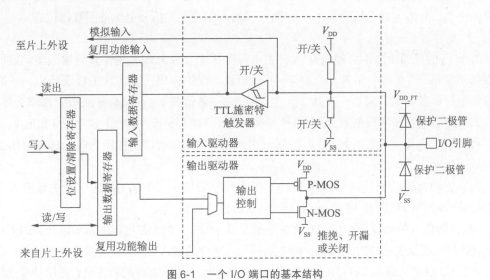

图 6-1　一个 I/O 端口的基本结构

STM32 的 GPIO 资源非常丰富，包括 26、37、51、80、112 个多功能双向 5V 的兼容快速 I/O 端口，而且所有 I/O 端口可以映射到 16 个外部中断。对于 STM32 的学习，应该从最基本的 GPIO 开始学习。

每个 GPIO 端口具有 7 组寄存器，分别为：

❑ 两个 32 位配置寄存器（GPIOx_CRL，GPIOx_CRH）；

❑ 两个 32 位数据寄存器（GPIOx_IDR，GPIOx_ODR）；

❑ 一个 32 位置位 / 复位寄存器（GPIOx_BSRR）；

❑ 一个 16 位复位寄存器（GPIOx_BRR）；

❑ 一个 32 位锁定寄存器（GPIC_LCKR）。

GPIO 端口的每位可以由软件分别配置成多种模式。每个 I/O 端口位可以自由编程，然而 I/O 端口寄存器必须按 32 位字被访问（不允许半字或字节访问）。常用的 I/O 端口寄存器只有 4 个：CRL、CRH、IDR、ODR。CRL 和 CRH 控制着每个 I/O 端口的模式及输出速率。

每个 GPIO 引脚都可以由软件配置成输出（推挽或开漏）、输入（带或不带上拉或下拉）或复用的外设功能引脚。多数 GPIO 引脚都与数字或模拟的复用外设共用。除了具有模拟输入功能的端口，所有 GPIO 引脚都有大电流通过能力。

根据数据手册中列出的每个 I/O 端口的特定硬件特征，GPIO 端口的每个位可以由软件分别配置成多种模式：输入浮空、输入上拉、输入下拉、模拟输入、开漏输出、推挽式输出、推挽式复用功能、开漏复用功能。

6.1.1　输入通道

输入通道包括输入数据寄存器和输入驱动器。在接近 I/O 引脚处连接了两只保护二极管，假设保护二极管的导通电压降为 V_d，则输入到输入驱动器的信号电压范围被钳位在

$$V_{SS}-V_d<V_{in}<V_{DD}+V_d$$

由于 V_d 的导通压降不会超过 0.7V，若电源电压 V_{DD} 为 3.3V，则输入到输入驱动器的信号最低不会低于 –0.7V，最高不会高于 4V，起到了保护作用。在实际工程设计中，一般都将输入信号尽可能调理到 0 ～ 3.3V，也就是说，在一般情况下，两只保护二极管都不会导通，输入驱动器中包括了两只电阻，分别通过开关接电源 V_{DD}（该电阻称为上拉电阻）和地 V_{SS}（该电阻称为下拉电阻）。开关受软件的控制，用来设置当 I/O 端口用作输入时，选择使用上拉电阻或下拉电阻。

输入驱动器中的另外一个部件是 TTL 施密特触发器，当 I/O 端口用于开关量输入或复用功能输入时，TTL 施密特触发器用于对输入波形进行整形。

GPIO 的输入驱动器主要由 TTL 肖特基触发器、带开关的上拉电阻电路和带开关的下拉电阻电路组成。值得注意的是，与输出驱动器不同，GPIO 的输入驱动器没有多路选择开关，输入信号送到 GPIO 输入数据寄存器的同时也送给片上外设，所以 GPIO 的输入没有复用功能选项。

根据 TTL 肖特基触发器、上拉电阻端和下拉电阻端两个开关的状态，GPIO 的输入可分

为以下 4 种。

（1）模拟输入：TTL 肖特基触发器关闭。

（2）上拉输入：GPIO 内置上拉电阻，此时 GPIO 内部上拉电阻端的开关闭合，GPIO 内部下拉电阻端的开关打开。该模式下，引脚在默认情况下输入为高电平。

（3）下拉输入：GPIO 内置下拉电阻，此时 GPIO 内部下拉电阻端的开关闭合，GPIO 内部上拉电阻端的开关打开。该模式下，引脚在默认情况下输入为低电平。

（4）浮空输入：GPIO 内部既无上拉电阻，也无下拉电阻，此时 GPIO 内部上拉电阻端和下拉电阻端的开关都处于打开状态。该模式下，引脚在默认情况下为高阻态（即悬空），其电平高低完全由外部电路决定。

6.1.2　输出通道

输出通道包括位设置 / 清除寄存器、输出数据寄存器、输出驱动器。

要输出的开关量数据首先写入位设置 / 清除寄存器，通过读写命令进入输出数据寄存器，然后进入输出驱动的输出控制模块。输出控制模块可以接收开关量的输出和复用功能输出。输出的信号通过由 P-MOS 和 N-MOS 场效应管电路输出到引脚。通过软件设置，由 P-MOS 和 N-MOS 场效应管电路可以构成推挽方式、开漏方式或关闭。

GPIO 的输出驱动器主要由多路选择器、输出控制逻辑和一对互补的 MOS 晶体管组成。

1）多路选择器

多路选择器根据用户设置决定该引脚是 GPIO 普通输出还是复用功能输出。

（1）普通输出：该引脚的输出来自 GPIO 的输出数据寄存器。

（2）复用功能（Alternate Function，AF）输出：该引脚的输出来自片上外设。并且，一个 STM32 微控制器引脚输出可能来自多个不同外设，即一个引脚可以对应多个复用功能输出。但同一时刻，一个引脚只能使用这些复用功能中的一个，而这个引脚对应的其他复用功能都处于禁止状态。

2）输出控制逻辑和一对互补的 MOS 晶体管

输出控制逻辑根据用户设置通过控制 P-MOS 晶体管和 N-MOS 晶体管的状态（导通 / 关闭）决定 GPIO 输出模式（推挽、开漏或关闭）。

（1）推挽（Push-Pull，PP）输出：推挽输出可以输出高电平和低电平。当内部输出 1 时，P-MOS 晶体管导通，N-MOS 晶体管截止，外部输出高电平（输出电压等于 V_{DD}，对于 STM32F103 微控制器的 GPIO，通常为 3.3V）；当内部输出 0 时，N-MOS 晶体管导通，P-MOS 晶体管截止，外部输出低电平（输出电压为 0V）。

由此可见，相比于普通输出方式，推挽输出既提高了负载能力，又提高了开关速度，适于输出 0 V 和 V_{DD} 的场合。

（2）开漏（Open-Drain，OD）输出：与推挽输出相比，开漏输出中连接 V_{DD} 的 P-MOS 晶体管始终处于截止状态。这种情况，与三极管的集电极开路非常类似。在开漏输出模式下，当内部输出 0 时，N-MOS 晶体管导通，外部输出低电平（输出电压为 0V）；当内部输出 1 时，N-MOS 晶体管截止，由于此时 P-MOS 晶体管也处于截止状态，外部输出既不是高电平，也是不是低电平，而是高阻态（悬空）。如果想要外部输出高电平，必须在 I/O 引脚外接一个上拉电阻。

这样，通过开漏输出，可以提供灵活的电平输出方式——改变外接上拉电源的电压，便可以改变传输电平电压的高低。例如，如果 STM32 微控制器想要输出 5V 高电平，只需要在外部接一个上拉电阻且上拉电源为 5V，并把 STM32 微控制器上对应的 I/O 引脚设置为开漏输出模式，当内部输出 1 时，由上拉电阻和上拉电源向外输出 5V 电平。需要注意的是，上拉电阻的阻值决定逻辑电平电压转换的速度，阻值越大，速度越低，功耗越小，所以负载电阻的选择应兼顾功耗和速度。

由此可见，开漏输出可以匹配电平，一般适用于电平不匹配的场合，而且，开漏输出吸收电流的能力相对较强，适合作为电流型的驱动。

6.2 STM32 的 GPIO 功能

微课视频

6.2.1 普通 I/O 功能

复位期间和刚复位后，复用功能未开启，I/O 引脚被配置为浮空输入模式。
复位后，JTAG 引脚被置于输入上拉或下拉模式。
（1）PA13：JTMS 置于上拉模式。
（2）PA14：JTCK 置于下拉模式。
（3）PA15：JTDI 置于上拉模式。
（4）PB4：JNTRST 置于上拉模式。
当作为输出配置时，写到输出数据寄存器（GPIOx_ODR）上的值输出到相应的 I/O 引脚。可以以推挽模式或开漏模式（当输出为 0 时，只有 N-MOS 晶体管被打开）使用输出驱动器。
输入数据寄存器（GPIOx_IDR）在每个 APB2 时钟周期捕捉 I/O 引脚上的数据。
所有 GPIO 引脚有一个内部弱上拉和弱下拉，当配置为输入时，它们可以被激活，也可以被断开。

6.2.2 单独的位设置或位清除

当对 GPIOx_ODR 的个别位编程时，软件不需要禁止中断。在单次 APB2 写操作中，可以只更改一个或多个位。这是通过对置位/复位寄存器（置位是 GPIOx_BSRR，复位是 GPIOx_BRR）中想要更改的位写 1 来实现的。没被选择的位将不被更改。

6.2.3 外部中断/唤醒线

所有端口都有外部中断能力。为了使用外部中断线，端口必须配置成输入模式。

6.2.4　复用功能

使用默认复用功能（AF）前必须对端口位配置寄存器编程。

（1）对于复用输入功能，端口必须配置为输入模式（浮空、上拉或下拉）且输入引脚必须由外部驱动。

（2）对于复用输出功能，端口必须配置为复用功能输出模式（推挽或开漏）。

（3）对于双向复用功能，端口必须配置为复用功能输出模式（推挽或开漏）。此时，输入驱动器被配置为浮空输入模式。

如果把端口配置为复用输出功能，则引脚和输出寄存器断开，并和片上外设的输出信号连接。

如果软件把一个 GPIO 端口配置为复用输出功能，但是外设没有被激活，那么它的输出将不确定。

6.2.5　软件重新映射 I/O 复用功能

STM32F103 微控制器的 I/O 引脚除了通用功能外，还可以设置为一些片上外设的复用功能。而且，一个 I/O 引脚除了可以作为某个默认外设的复用引脚外，还可以作为其他多个不同外设的复用引脚。类似地，一个片上外设，除了默认的复用引脚，还可以有多个备用的复用引脚。在基于 STM32 微控制器的应用开发中，用户根据实际需要可以把某些外设的复用功能从默认引脚转移到备用引脚上，这就是外设复用功能的 I/O 引脚重映射。

为了使不同封装器件的外设 I/O 功能的数量达到最优，可以把一些复用功能重新映射到其他一些引脚上。这可以通过软件配置 AFIO 寄存器来完成，这时，复用功能就不再映射到它们的原始引脚上了。

6.2.6　GPIO 锁定机制

锁定机制允许冻结 I/O 配置。当在一个端口位上执行了锁定（LOCK）程序，在下一次复位之前，将不能再更改端口位的配置。这个功能主要用于一些关键引脚的配置，防止程序跑飞引起灾难性后果。

6.2.7　输入配置

当 I/O 端口配置为输入时，有以下具体情况。

（1）输出缓冲器被禁止。

（2）施密特触发器输入被激活。

（3）根据输入配置（上拉、下拉或浮动）的不同，弱上拉和下拉电阻被连接。

（4）出现在 I/O 引脚上的数据在每个 APB2 时钟被采样到输入数据寄存器。

（5）对输入数据寄存器的读访问可得到 I/O 状态。

I/O 端口的输入配置如图 6-2 所示。

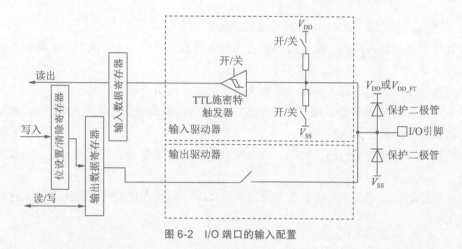

图 6-2　I/O 端口的输入配置

6.2.8　输出配置

当 I/O 端口被配置为输出时，有以下具体情况。

（1）输出缓冲器被激活：开漏模式下，输出寄存器上的 0 激活 N-MOS 晶体管，而输出寄存器上的 1 将端口置于高阻状态（P-MOS 晶体管从不被激活）；推挽模式下，输出寄存器上的 0 激活 N-MOS 晶体管，而输出寄存器上的 1 将激活 P-MOS 晶体管。

（2）施密特触发器输入被激活。

（3）弱上拉和下拉电阻被禁止。

（4）出现在 I/O 引脚上的数据在每个 APB2 时钟被采样到输入数据寄存器。

（5）在开漏模式下，对输入数据寄存器的读访问可得到 I/O 状态。

（6）在推挽模式下，对输出数据寄存器的读访问得到最后一次写的值。

I/O 端口的输出配置如图 6-3 所示。

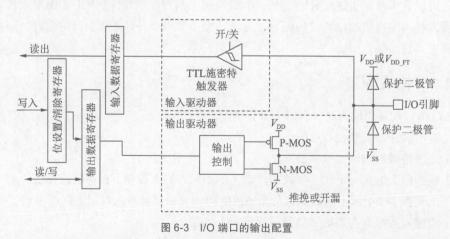

图 6-3　I/O 端口的输出配置

6.2.9　复用功能配置

当 I/O 端口被配置为复用功能时，有以下具体情况。

（1）在开漏或推挽配置中，输出缓冲器被打开。

（2）内置外设的信号驱动输出缓冲器（复用功能输出）。

（3）施密特触发输入被激活。

（4）弱上拉和下拉电阻被禁止。

（5）在每个 APB2 时钟周期，出现在 I/O 引脚上的数据被采样到输入数据寄存器。

（6）开漏模式下，读输入数据寄存器时可得到 I/O 状态。

（7）推挽模式下，读输出数据寄存器时可得到最后一次写的值。

一组复用功能 I/O 寄存器允许用户把一些复用功能重新映像到不同的引脚。

I/O 端口的复用功能配置如图 6-4 所示。

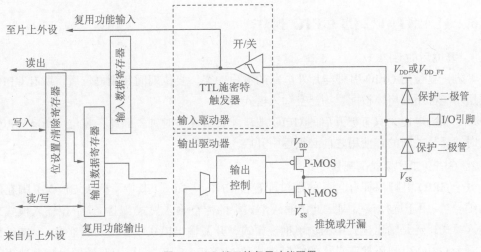

图 6-4　I/O 端口的复用功能配置

6.2.10　模拟输入配置

当 I/O 端口被配置为模拟输入配置时，有以下具体情况。

（1）输出缓冲器被禁止。

（2）禁止施密特触发输入，实现了每个模拟 I/O 引脚上的零消耗。施密特触发输出值被强置为 0。

（3）弱上拉和下拉电阻被禁止。

（4）读取输入数据寄存器时数值为 0。

I/O 端口的高阻抗模拟输入配置如图 6-5 所示。

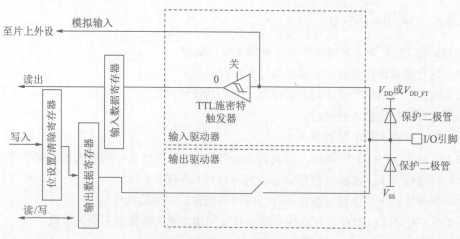

图 6-5 I/O 端口的高阻抗模拟输入配置

6.2.11 STM32 的 GPIO 操作

1. 复位后的 GPIO

为防止复位后 GPIO 引脚与片外电路的输出冲突，复位期间和刚复位后，所有 GPIO 引脚复用功能都不开启，被配置为浮空输入模式。

为了节约电能，只有被开启的 GPIO 端口才会给提供时钟。因此，复位后所有 GPIO 接口的时钟都是关断的，使用之前必须逐一开启。

2. GPIO 工作模式的配置

每个 GPIO 引脚都拥有自己的端口配置位 CNFy［1:0］(其中 y 代表 GPIO 引脚在端口中的编号)，用于选择该引脚是处于输入模式中的浮空输入模式、上位 / 下拉输入模式或模拟输入模式；还是输出模式中的输出推挽模式、开漏输出模式或复用功能推挽 / 开漏输出模式。每个 GPIO 引脚还拥有自己的端口模式位 MODEy［1:0］，用于选择该引脚是处于输入模式，或是输出模式中的输出带宽（2MHz、10MHz、50MHz）。

每个端口拥有 16 个引脚，而每个引脚又拥有上述 4 个控制位，因此需要 64 位才能实现对一个端口所有引脚的配置。它们被分置在两个字中，称为端口配置高寄存器（GPIOx_CRH）和端口配置低寄存器（GPIOx_CRL）。各种工作模式下的硬件配置总结如下。

（1）输入模式的硬件配置：输出缓冲器被禁止；施密特触发器输入被激活；根据输入配置（上拉、下拉或浮空）的不同，弱上拉和下拉电阻被连接；出现在 I/O 引脚上的数据在每个 APB2 时钟被采样到输入数据寄存器；对输入数据寄存器的读访问可得到 I/O 状态。

（2）输出模式的硬件配置：输出缓冲器被激活；施密特触发器输入被激活；弱上拉和下拉电阻被禁止；出现在 I/O 引脚上的数据在每个 APB2 时钟被采样到输入数据寄存器；对输入数据寄存器的读访问可得到 I/O 状态；对输出数据寄存器的读访问得到最后一次写的值；在推挽模式下，互补 MOS 晶体管对都能被打开；在开漏模式下，只有 N-MOS 晶体管可以被打开。

（3）复用功能的硬件配置：在开漏或推挽配置中，输出缓冲器被打开；片上外设的信号驱动输出缓冲器；施密特触发器输入被激活；弱上拉和下拉电阻被禁止；在每个 APB2 时钟周期，出现在 I/O 引脚上的数据被采样到输入数据寄存器；对输出数据寄存器的读访问得到最后一次写的值；在推挽模式下，互补 MOS 晶体管对都能被打开；在开漏模式下，只有 N-MOS 晶体管可以被打开。

3. GPIO 输入的读取

每个端口都有自己对应的输入数据寄存器 GPIOx_IDR（其中 x 代表端口号，如 GPIOA_IDR），它在每个 APB2 时钟周期捕捉 I/O 引脚上的数据。软件可以通过对 GPIOx_IDR 寄存器某个位的直接读取，或读取位带别名区中对应字得到 GPIO 引脚状态对应的值。

4. GPIO 输出的控制

STM32 为每组 16 引脚的端口提供了 3 个 32 位的控制寄存器：GPIOx_ODR、GPIOx_BSRR 和 GPIOx_BRR（其中 x 指代 A、B、C 等端口号）。其中，GPIOx_ODR 的功能比较容易理解，它的低 16 位直接对应了本端口的 16 个引脚，软件可以通过直接对这个寄存器置位或清零让对应引脚输出高电平或低电平。也可以利用位带操作原理，对 GPIOx_ODR 中某个位对应的位带别名区地址执行写入操作以实现对单个位的简化操作。利用 GPIOx_ODR 的位带操作功能可以有效地避免端口中其他引脚的"读 – 修改 – 写"问题，但位带操作的缺点是每次只能操作一位，对于某些需要同时操作多个引脚的应用，位带操作就显得力不从心了。STM32 的解决方案是使用 GPIOx_BSRR 和 GPIOx_BRR 两个寄存器解决多个引脚同时改变电平的问题。

5. 输出速度

如果 STM32F103 的 I/O 引脚工作在某个输出模式下，通常还需要设置其输出速度，这个输出速度指的是 I/O 驱动电路的响应速度，而不是输出信号的速度。输出信号的速度取决于软件程序。

STM32F103 的芯片内部在 I/O 端口的输出部分安排了多个响应速度不同的输出驱动电路，用户可以根据自己的需要，通过选择响应速度选择合适的输出驱动模块，以达到最佳噪声控制和降低功耗的目的。众所周知，高频的驱动电路噪声也高。当不需要高输出频率时，尽量选用低频响应速度的驱动电路，这样非常有利于提高系统的 EMI 性能。当然，如果要输出较高频率的信号，却选用了较低响应速度的驱动模块，很可能会得到失真的输出信号。一般推荐 I/O 引脚的输出速度是其输出信号速度的 5 ~ 10 倍。

STM32F103 的 I/O 引脚的输出速度有 3 种选择：2MHz、10MHz 和 50MHz。下面根据一些常见的应用提供一些参考。

（1）连接 LED、蜂鸣器等外部设备的普通输出引脚：一般设置为 2MHz。

（2）用作 USART 复用功能输出引脚：假设 USART 工作时最大速率为 115.2Kb/s，选用 2MHz 的响应速度也足够了，既省电，噪声又小。

（3）用作 I2C 复用功能的输出引脚：假设 I2C 工作时最大速率为 400Kb/s，那么 2MHz 的引脚速度或许不够，这时可以选用 10MHz 的 I/O 引脚速度。

（4）用作 SPI 复用功能的输出引脚：假设 SPI 工作速率为 18Mb/s 或 9Mb/s，那么 10MHz 的引脚速度显然不够，这时需要选用 50MHz 的 I/O 引脚速度。

（5）用作 FSMC 复用功能连接存储器的输出引脚：一般设置为 50MHz 的 I/O 引脚速度。

6.2.12 外部中断映射和事件输出

借助 AFIO，STM32F103 微控制器的 I/O 引脚不仅可以实现外设复用功能的重映射，而且可以实现外部中断映射和事件输出。需要注意的是，若要使用 STM32F103 微控制器 I/O 引脚的以上功能，都必须先打开 APB2 总线上的 AFIO 时钟。

1. 外部中断映射

当 STM32F103 微控制器的某个 I/O 引脚被映射为外部中断线后，该 I/O 引脚就可以成为一个外部中断源，可以在这个 I/O 引脚上产生外部中断，实现对用户 STM32 运行程序的交互。

STM32F103 微控制器的所有 I/O 引脚都具有外部中断能力。每根外部中断线 EXTI Linexx 和所有 GPIO 端口 GPIO［A..G］.xx 共享。为了使用外部中断线，该 I/O 引脚必须配置为输入模式。

2. 事件输出

STM32F103 微控制器几乎每个 I/O 引脚（除端口 F 和 G 的引脚外）都可用作事件输出。例如，使用 SEV 指令产生脉冲，通过事件输出信号将 STM32F103 从低功耗模式中唤醒。

6.2.13 GPIO 的主要特性

综上所述，STM32F103 微控制器的 GPIO 主要具有以下特性。

（1）提供最多 112 个多功能双向 I/O 引脚，引脚利用率达到 80%。

（2）几乎每个 I/O 引脚（除 ADC 外）都兼容 5V，具有 20mA 驱动能力。

（3）每个 I/O 引脚有最高 18MHz 的翻转速度，50MHz 的输出速度。

（4）每个 I/O 引脚有 8 种工作模式，在复位时和刚复位后，复用功能未开启，I/O 引脚被配置为浮空输入模式。

（5）所有 I/O 引脚都具备复用功能，包括 JTAG/SWD、Timer、USART、I2C、SPI 等。

（6）某些复用功能引脚可通过复用功能重映射用作另一复用功能，方便 PCB 设计。

（7）所有 I/O 引脚都可作为外部中断输入，同时可以有 16 个中断输入。

（8）几乎每个 I/O 引脚（除端口 F 和 G 外）都可用作事件输出。

（9）PA0 可作为从待机模式唤醒的引脚，PC13 可作为入侵检测的引脚。

6.3　STM32 的 GPIO 常用库函数

　　STM32 标准库提供了几乎覆盖 GPIO 操作的函数，如表 6-1 所示。为了理解这些函数的具体使用方法，下面对标准库中的函数进行详细介绍。

　　GPIO 操作函数一共有 17 个，这些函数都被定义在 stm32f10x_gpio.c 文件中，使用 stm32f10x_gpio.h 头文件。

表 6-1　GPIO 函数库

函 数 名	描　　述
GPIO_DeInit	将外设 GPIOx 寄存器重设为默认值
GPIO_AFIODeInit	将复用功能（重映射事件控制和 EXTI 设置）重设为默认值
GPIO_Init	根据 GPIO_InitStruct 中指定的参数初始化外设 GPIOx 寄存器
GPIO_StructInit	把 GPIO_InitStruct 中的每个参数按默认值填入
GPIO_ReadInputDataBit	读取指定端口引脚的输入
GPIO_ReadInputData	读取指定的 GPIO 端口输入
GPIO_ReadOutputDataBit	读取指定端口引脚的输出
GPIO_ReadOutputData	读取指定的 GPIO 端口输出
GPIO_SetBits	设置指定的数据端口位
GPIO_ResetBits	清除指定的数据端口位
GPIO_WriteBit	设置或清除指定的数据端口位
GPIO_Write	向指定 GPIO 数据端口写入数据
GPIO_PinLockConfig	锁定 GPIO 引脚设置寄存器
GPIO_EventOutputConfig	选择 GPIO 引脚用作事件输出
GPIO_EventOutputCmd	使能或失能事件输出
GPIO_PinRemapConfig	改变指定引脚的映射
GPIO_EXTILineConfig	选择 GPIO 引脚用作外部中断线路

微课视频

　　1.　GPIO_DeInit 函数

　　❑ 函数名：GPIO_DeInit。

　　❑ 函数原型：void GPIO_DeInit（GPIO_TypeDef * GPIOx）。

　　❑ 功能描述：将 GPIOx 外设寄存器重设为它们的默认值。

　　❑ 输入参数：GPIOx，x 可以是 A ～ G 等端口号，用于选择 GPIO 外设。

　　❑ 输出参数：无。

　　❑ 返回值：无。

　　❑ 示例：

```
/* 重置 GPIOA 外设寄存器为默认值 */
GPIO_DeInit（GPIOA）;
```

2. GPIO_AFIODeInit 函数

❑ 函数名：GPIO_AFIODeInit。

❑ 函数原型：void GPIO_AFIODeInit（void）。

❑ 功能描述：将复用功能 (重映射时间控制和 EXTI 配置) 重设为默认值。

❑ 输入参数：无。

❑ 输出参数：无。

❑ 返回值：无。

❑ 示例：

```
/* 复用功能寄存器复位为默认值 */
GPIO_AFIODeInit ();
```

3. GPIO_Init 函数

❑ 函数名：GPIO_Init。

❑ 函数原型：void GPIO_Init（GPIO_TypeDef * GPIOx，GPIO_InitTypeDef * GPIO_InitStruct）。

❑ 功能描述：根据 GPIO_InitStruct 中指定已赋值初始化外设 GPIOx 寄存器。

❑ 输入参数 1：GPIOx，x 可以是 A ~ G 等端口号，用于选择外设。

❑ 输入参数 2：GPIO_InitStruct，指向结构 GPIO_InitTypeDef 的指针，包含了外设 GPIO 的配置信息。

❑ 输出参数：无。

❑ 返回值：无。

❑ 示例：

```
/* 配置所有 GPIOA 引脚为输入浮动模式 */
GPIO_InitTypeDef  GPIO_InitStructure;
GPIO_InitStructure.GPIO_Pin=GPIO_Pin_ALL;
GPIO_InitStructure.GPIO_Speed=GPIO_Speed_10MHz;
GPIO_InitStructure.GPIO_Mode=GPIO_Mode_IN_FLOATING;
GPIO_Init (GPIOA, & GPIO_InitStructure);
```

其中，GPIO_InitTypeDef 是结构体，定义于 stm32f10x_gpio.h 文件，具体如下。

```
typedef struct
{
    uint16_t GPIO_Pin;
    GPIOSpeed_TypeDef GPIO_Speed;
    GPIOMode_TypeDef GPIO_Mode;
} GPIO_InitTypeDef;
```

其中，GPIO_Pin 参数用于选择待设置的 GPIO 引脚，使用操作符"｜"可以一次选中多个引脚。可以使用下面的任意组合。GPIO_Pin 定义于 stm32f10x_gpio.h 文件。

```
#define GPIO_Pin_0    ((uint16_t) 0x0001)    /*!<Pin 0 selected*/
#define GPIO_Pin_1    ((uint16_t) 0x0002)    /*!<Pin 1 selected*/
#define GPIO_Pin_2    ((uint16_t) 0x0004)    /*!<Pin 2 selected*/
#define GPIO_Pin_3    ((uint16_t) 0x0008)    /*!<Pin 3 selected*/
#define GPIO_Pin_4    ((uint16_t) 0x0010)    /*!<Pin 4 selected*/
#define GPIO_Pin_5    ((uint16_t) 0x0020)    /*!<Pin 5 selected*/
#define GPIO_Pin_6    ((uint16_t) 0x0040)    /*!<Pin 6 selected*/
#define GPIO_Pin_7    ((uint16_t)  0x0080)   /*!<Pin 7 selected*/
#define GPIO_Pin_8    ((uint16_t)  0x0100)   /*!<Pin 8 selected*/
#define GPIO_Pin_9    ((uint16_t)  0x0200)   /*!<Pin 9 selected*/
#define GPIO_Pin_10   ((uint16_t)  0x0400)   /*!<Pin 10 selected*/
#define GPIO_Pin_11   ((uint16_t)  0x0800)   /*!<Pin 11 selected*/
#define GPIO_Pin_12   ((uint16_t)  0x1000)   /*!<Pin 12 selected*/
#define GPIO_Pin_13   ((uint16_t)  0x2000)   /*!<Pin 13 selected*/
#define GPIO_Pin_14   ((uint16_t)  0x4000)   /*!<Pin 14 selected*/
#define GPIO_Pin_15   ((uint16_t)  0x8000)   /*!<Pin 15 selected*/
#define GPIO_Pin_A11  ((uint16_t)  0xFFEF)   /*!<All pins selected*/
```

GPIOSpeed_TypeDef 用于设置选中引脚的速率。

```
typedef enum
{
    GPIO_Speed_10MHz=1,                      /* 最高输出速率为10MHz*/
    GPIO_Speed_2MHz,                         /* 最高输出速率为2MHz*/
    GPIO_Speed_50MHz                         /* 最高输出速率为50MHz*/
}GPIOSpeed_TypeDef;
```

GPIOMode_TypeDef 用于设置选中引脚的工作状态。

```
typedef enum
{
    GPIO_Mode_AIN=0x0,                       /* 模拟输入 */
    GPIO_Mode_IN_FLOATING = 0x04,            /* 浮空输入 */
    GPIO_Mode_IPD=0x28,                      /* 下拉输入 */
    GPIO_Mode_IPU=0x48,                      /* 上拉输入 */
    GPIO_Mode_Out_OD=0x14,                   /* 开漏输出 */
    GPIO_Mode_Out_PP=0x10,                   /* 推挽输出 */
    GPIO_Mode_AF_OD=0x1C,                    /* 复用开漏输出 */
    GPIO_Mode_AF_PP=0x18                      /* 复用推挽输出 */
}GPIOMode_TypeDef;
```

4. GPIO_StructInit 函数

❑ 函数名：GPIO_StructInit。

❑ 函数原型：void GPIO_StructInit（GPIO_InitTypeDef * GPIO_InitStruct）。

❑ 功能描述：把 GPIO_InitStruct 中成员设置为它的默认值。

❑ 输入参数：GPIO_InitStruct，一个 GPIO_InitTypeDef 结构体指针，指向待初始化的 GPIO_InitTypeDef 结构体。

❑ 输出参数：无。

❑ 返回值：无。

❑ 示例：

```
/* 使 GPIO 的参数设置为初始化参数初始化结构 */
GPIO_InitTypeDef  GPIO InitStructure;
GPIO_StructInit(&GPIO_InitStructure);
```

其中，**GPIO_InitStruct** 默认值为

```
GPIO_Pin      GPIO_Pin_ALL
GPIO_Speed    GPIO_Speed_2MHz
GPIO_Mode     GPIO_Mode_IN_FLOATING
```

5. GPIO_ReadInputDataBit 函数

❑ 函数名：GPIO_ReadInputDataBit。

❑ 函数原型：u8 GPIO_ReadInputDataBit（GPIO_TypeDef * GPIOx，u16 GPIO_Pin）。

❑ 功能描述：读取指定端口引脚的输入。

❑ 输入参数 1：GPIOx，x 可以是 A ～ G 等端口号，用于选择外设。

❑ 输入参数 2：GPIO_Pin，读取指定的端口位，这个参数的值是 GPIO_Pin_x，其中 x 为 0，1，…，15。

❑ 输出参数：无。

❑ 返回值：输入端口引脚值。

❑ 示例：

```
/* 读出 PB5 的输入数据并将它储存在 ReadValue 变量中 */
u8 ReadValue;
ReadValue=GPIO_ReadInputDataBit(GPIOB,GPIO_Pin_5);
```

6. GPIO_ReadInputData 函数

❑ 函数名：GPIO_ReadInputData。

❑ 函数原型：u16 GPIO_ReadInputData（GPIO_TypeDef * GPIOx）。

❑ 功能描述：读取指定端口的输入值。

❑ 输入参数：GPIOx，x 可以是 A ～ G 等端口号，用于选择外设。

❑ 输出参数：无。

❑ 返回值：GPIO 端口输入值。

❑ 示例：

```
/* 读出 GPIOB 端口的输入数据并将它储存在 ReadValue 变量中 */
u16 ReadValue;
ReadValue=GPIO_ReadInputData(GPIOB);
```

7. GPIO_ReadOutputDataBit 函数

❑ 函数名：GPIO_ReadOutputDataBit。

❑ 函数原型：u8 GPIO_ReadOutputDataBit（GPIO_TypeDef * GPIOx，u16 GPIO_Pin）。

❑ 功能描述：读取指定端口引脚的输出。

❑ 输入参数 1：GPIOx，x 可以是 A ～ G 等端口号，用于选择外设。

❑ 输入参数 2：GPIO_Pin，读取指定的端口位，这个参数的值是 GPIO_Pin_x，其中 x 为 0，1，…，15。

❑ 输出参数：无。

❑ 返回值：输出端口引脚值。

❑ 示例：

```
/* 读出 PB5 的输出数据并将它存储在 ReadValue 变量中 */
u8 ReadValue;
ReadValue=GPIO_ReadOutputDataBit（GPIOB, GPIO_Pin_5);
```

8. GPIO_ReadOutputData 函数

❑ 函数名：GPIO_ReadOutputData。

❑ 函数原型：u16 GPIO_ReadOutputData（GPIO_TypeDef * GPIOx）。

❑ 功能描述：读取指定 GPIO 端口的输出值。

❑ 输入参数：GPIOx，x 可以是 A ～ G 等端口号，用于选择外设。

❑ 输出参数：无。

❑ 返回值：GPIO 端口输出值。

❑ 示例：

```
/* 读出 GPIOB 的输出数据并将它存储在 ReadValue 变量中 */
u16 ReadValue;
ReadValue=GPIO_ReadOutputData（GPIOB);
```

9. GPIO_SetBits 函数

❑ 函数名：GPIO_SetBits。

❑ 函数原型：void GPIO_SetBits（GPIO_TypeDef * GPIOx，u16 GPIO_Pin）。

❑ 功能描述：设置指定的 GPIO 端口位。

❑ 输入参数 1：GPIOx，x 可以是 A ～ G 等端口号，用于选择外设。

❑ 输入参数 2：GPIO_Pin，待设置的端口位，这个参数的值是 GPIO_Pin_x，其中 x 为 0，1，…，15。

❑ 输出参数：无。

❑ 返回值：无。

❑ 示例：

```
/* 设置 GPIOB 端口的 PB5 和 PB9 引脚 */
GPIO_SetBits (GPIOB, GPIO_Pin_5|GPIO_Pin_9);
```

10. GPIO_ResetBits 函数

- 函数名：GPIO_ResetBits。
- 函数原型：void GPIO_ResetBits（GPIO_TypeDef * GPIOx，u16 GPIO_Pin）。
- 功能描述：清除指定的 GPIO 端口位。
- 输入参数 1：GPIOx，x 可以是 A ～ G 等端口号，用于选择外设。
- 输入参数 2：GPIO_Pin，待清除的端口位，这个参数的值是 GPIO_Pin_x，其中 x 为 0，1，…，15。
- 输出参数：无。
- 返回值：无。
- 示例：

```
/* 清除 GPIOB 端口的 PB5 和 PB9 引脚 */
GPIO_ResetBits (GPIOB, GPIO_Pin_5|GPIO_Pin_9);
```

11. GPIO_WriteBit 函数

- 函数名：GPIO_WriteBit。
- 函数原型：void GPIO_WriteBit（GPIO_TypeDef * GPIOx，u16 GPIO_Pin，BitAction BitVal）。
- 功能描述：设置或清除指定的 GPIO 端口位。
- 输入参数 1：GPIOx，x 可以是 A ～ G 等端口号，用于选择外设。
- 输入参数 2：GPIO_Pin，待设置或清除的端口位，这个参数的值是 GPIO_Pin_x，其中 x 为 0，1，…，15。
- 输入参数 3：BitVal，指定待写入的值，该参数是 BitAction 枚举类型，取值必须是 Bit_RESET（清除端口位）或 Bit_SET（设置端口位）。
- 输出参数：无。
- 返回值：无。
- 示例：

```
/* 设置 GPIOB 端口的 PB5 引脚 */
GPIO_WriteBit (GPIOB, GPIO_Pin_5, Bit_SET);
```

12. GPIO_Write 函数

- 函数名：GPIO_Write。
- 函数原型：void GPIO_Write（GPIO_TypeDef * GPIOx，u16 PortVal）。
- 功能描述：向指定的 GPIO 端口写入值。
- 输入参数 1：GPIOx，x 可以是 A ～ G 等端口号，用于选择外设。

□ 输入参数 2：PortVal，待写入指定端口的值。
□ 输出参数：无。
□ 返回值：无。
□ 示例：

```
/* 将数据写入 GPIOB 端口 */
GPIO_Write (GPIOB, 0x1101);
```

13. GPIO_PinLockConfig 函数

□ 函数名：GPIO_PinLockConfig。
□ 函数原型：void GPIO_PinLockConfig（GPIO_TypeDef * GPIOx，u16 GPIO_Pin）。
□ 功能描述：锁定 GPIO 端口引脚的寄存器设置。
□ 输入参数 1：GPIOx，x 可以是 A ~ G 等端口号，用于选择外设。
□ 输入参数 2：GPIO_Pin，待锁定的端口位，这个参数的值是 GPIO_Pin_x，其中 x 为 0，1，…，15。
□ 输出参数：无。
□ 返回值：无。
□ 示例：

```
/* 锁定 GPIOB 端口 PB5 和 PB9 引脚的值 */
GPIO_PinLockConf ig (GPIOB, GPIO_Pin_5|GPIO_Pin_9);
```

14. GPIO_EventOutputConfig 函数

□ 函数名：GPIO_EventOutputConfig。
□ 函数原型：void GPIO_EventOutputConfig（u8 GPIO_PortSource，u8 GPIO_PinSource）。
□ 功能描述：选择 GPIO 端口引脚用于事件输出。
□ 输入参数 1：GPIO_PortSource，选择用于事件输出的端口。
□ 输入参数 2：GPIO_PinSource，选择用于事件输出的引脚。
□ 输出参数：无。
□ 返回值：无。
□ 示例：

```
/* 选择 GPIOB 的 PB5 引脚作为事件输出的引脚 */
GPIO_EventOutputConfig (GPIO_PortSourceGPIOB, GPIO_PinSource5);
```

15. GPIO_EventOutputCmd 函数

□ 函数名：GPIO_EventOutputCmd。
□ 函数原型：void GPIO_EventOutputCmd（FunctionalState NewState）。
□ 功能描述：使能或禁止事件输出。

❑ 输入参数：NewState，事件输出状态，取值必须为 ENABLE 或 DISABLE。

❑ 输出参数：无。

❑ 返回值：无。

❑ 示例：

```
/* 使能 GPIOB 的 PB10 的事件输出 */
GPIO_InitStructure,GPIO_Pin =GPIO_Pin_10;
GPIO_InitStructure.GPIO_Speed=GPIO_Speed_50MHz;
GPIO_InitStructure,GPIO_Mode=GPIO_Mode_AF_PP;
GPIO_Init(GPIOB,&GPIO_InitStructure);
GPIO_EventOutputConfig(GPIO_PortSourceGPIOB,GPIO_PinSource10);
GPIO_EventOutputCmd(ENABLE);
```

16. GPIO_PinRemapConfig 函数

❑ 函数名：GPIO_PinRemapConfig。

❑ 函数原型：void GPIO_PinRemapConfig（u32 GPIO_Remap，FunctionalState NewState）。

❑ 功能描述：改变指定引脚的映射。

❑ 输入参数 1：GPIO_Remap，选择重映射的引脚。

❑ 输入参数 2：NewState，事件输出状态，取值必须为 ENABLE 或 DISABLE。

❑ 输出参数：无。

❑ 返回值：无。

❑ 示例：

```
/* 重映射 I2C1 引脚 */
GPIO_PinRemapConfig (GPIO_Remap_I2C1, ENABLE);
```

17. GPIO_EXTILineConfig 函数

❑ 函数名：GPIO_EXTILineConfig。

❑ 函数原型：void GPIO_EXTILineConfig（u8 GPIO_PortSource，u8 GPIO_PinSource）。

❑ 功能描述：选择 GPIO 引脚用作外部中断线。

❑ 输入参数 1：GPIO_PortSource，选择用作外部中断线源的 GPIO 端口。

❑ 输入参数 2：GPIO_PinSource，待设置的指定中断线。

❑ 输出参数：无。

❑ 返回值：无。

❑ 示例：

```
/* 选择 GPIOB 的 PB8 引脚为 EXTI 的 8 号线 */
GPIO_EXTILineConfig (GPIO_PortSource_GPIOB, GPIO_PinSource8);
```

6.4　STM32 的 GPIO 使用流程

根据 I/O 端口的特定硬件特征，I/O 端口的每个引脚都可以由软件配置为多种工作模式。在运行程序之前，必须对每个用到的引脚功能进行配置。

（1）如果某些引脚的复用功能没有使用，可以先配置为 GPIO。

（2）如果某些引脚的复用功能被使用，需要对复用的 I/O 端口进行配置。

（3）I/O 具有锁定机制，允许冻结 I/O。当在一个端口位上执行了锁定（LOCK）程序后，在下一次复位之前，将不能再更改端口位的配置。

6.4.1　普通 GPIO 配置

GPIO 是最基本的应用，基本配置方法如下。

（1）配置 GPIO 时钟，完成初始化。

（2）利用 GPIO_Init 函数配置引脚，包括引脚名称、引脚传输速率、引脚工作模式。

（3）完成 GPIO_Init 的设置。

6.4.2　I/O 复用功能 AFIO 配置

I/O 复用功能 AFIO 常对应到外设的输入输出功能。使用时，需要先配置 I/O 为复用功能，打开 AFIO 时钟，然后再根据不同的复用功能进行配置。对应外设的输入 / 输出功能有以下 3 种情况。

（1）外设对应的引脚为输出：需要根据外围电路的配置选择对应的引脚为复用功能的推挽输出或复用功能的开漏输出。

（2）外设对应的引脚为输入：根据外围电路的配置可以选择浮空输入、带上拉输入或带下拉输入。

（3）ADC 对应的引脚：配置引脚为模拟输入。

6.5　STM32 的 GPIO 输出应用实例

STM32 的 GPIO 输出应用实例是使用固件库点亮 LED。

6.5.1　STM32 的 GPIO 输出应用硬件设计

STM32F103 与 LED 的连接如图 6-6 所示。这是一个 RGB LED 灯，由红、蓝、绿 3 个 LED 构成，使用 PWM 控制时可以混合成不同的颜色。

这些 LED 的阴极都连接到 STM32F103 的 GPIO 引脚，只

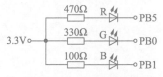

图 6-6　LED 硬件电路

要控制 GPIO 引脚的电平输出状态，即可控制 LED 的亮灭。如果使用的开发板中 LED 的连接方式或引脚不一样，修改程序的相关引脚即可，程序的控制原理相同。

6.5.2　STM32 的 GPIO 输出应用软件设计

为了使工程更加有条理，把 LED 控制相关的代码独立分开存储，方便以后移植。在工程模板之上新建 bsp_led.c 及 bsp_led.h 文件，其中的 bsp 即 Board Support Packet（板级支持包）的缩写。

编程要点如下。

（1）使能 GPIO 端口时钟。

（2）初始化 GPIO 目标引脚为推挽输出模式。

（3）编写简单测试程序，控制 GPIO 引脚输出高、低电平。

1. bsp_led.h 头文件

```
#ifndef  __LED_H
#define  __LED_H

#include "stm32f10x.h"

/* 定义 LED 连接的 GPIO 端口，用户只需要修改下面的代码即可改变控制的 LED 引脚 */
// R- 红色
#define LED1_GPIO_PORT    GPIOB                 /* GPIO 端口 */
#define LED1_GPIO_CLK      RCC_APB2Periph_GPIOB  /* GPIO 端口时钟 */
#define LED1_GPIO_PIN      GPIO_Pin_5            /* 连接到 SCL 时钟线的 GPIO */

// G- 绿色
#define LED2_GPIO_PORT    GPIOB                 /* GPIO 端口 */
#define LED2_GPIO_CLK      RCC_APB2Periph_GPIOB  /* GPIO 端口时钟 */
#define LED2_GPIO_PIN      GPIO_Pin_0            /* 连接到 SCL 时钟线的 GPIO */

// B- 蓝色
#define LED3_GPIO_PORT    GPIOB                 /* GPIO 端口 */
#define LED3_GPIO_CLK      RCC_APB2Periph_GPIOB  /* GPIO 端口时钟 */
#define LED3_GPIO_PIN      GPIO_Pin_1            /* 连接到 SCL 时钟线的 GPIO */

/* 控制 LED 亮（on）或灭（off）的宏定义
 * 1 - off
 * 0 - on
*/
#define ON  0
#define OFF 1

/* 使用标准的固件库控制 I/O*/
#define LED1(a)     if (a) \
```

```
                                  GPIO_SetBits(LED1_GPIO_PORT,LED1_GPIO_PIN);\
                                  else    \
                                  GPIO_ResetBits(LED1_GPIO_PORT,LED1_GPIO_PIN)

#define LED2(a)      if (a) \
                                  GPIO_SetBits(LED2_GPIO_PORT,LED2_GPIO_PIN);\
                                  else    \
                                  GPIO_ResetBits(LED2_GPIO_PORT,LED2_GPIO_PIN)

#define LED3(a)      if (a) \
                                  GPIO_SetBits(LED3_GPIO_PORT,LED3_GPIO_PIN);\
                                  else    \
                                  GPIO_ResetBits(LED3_GPIO_PORT,LED3_GPIO_PIN)


/* 直接操作寄存器的方法控制 I/O */
#define digitalHi(p,i) {p->BSRR=i;}              // 输出为高电平
#define digitalLo(p,i) {p->BRR=i;}               // 输出为低电平
#define digitalToggle(p,i) {p->ODR ^=i;}         // 输出反转状态


/* 定义控制 I/O 的宏 */
#define LED1_TOGGLE          digitalToggle(LED1_GPIO_PORT,LED1_GPIO_PIN)
#define LED1_OFF             digitalHi(LED1_GPIO_PORT,LED1_GPIO_PIN)
#define LED1_ON              digitalLo(LED1_GPIO_PORT,LED1_GPIO_PIN)

#define LED2_TOGGLE          digitalToggle(LED2_GPIO_PORT,LED2_GPIO_PIN)
#define LED2_OFF             digitalHi(LED2_GPIO_PORT,LED2_GPIO_PIN)
#define LED2_ON              digitalLo(LED2_GPIO_PORT,LED2_GPIO_PIN)

#define LED3_TOGGLE          digitalToggle(LED3_GPIO_PORT,LED3_GPIO_PIN)
#define LED3_OFF             digitalHi(LED3_GPIO_PORT,LED3_GPIO_PIN)
#define LED3_ON              digitalLo(LED3_GPIO_PORT,LED3_GPIO_PIN)

/* 基本混色，后面高级用法使用 PWM 可混出全彩颜色，且效果更好 */

// 红
#define LED_RED  \
                  LED1_ON;\
                  LED2_OFF\
                  LED3_OFF


// 绿
#define LED_GREEN  \
                  LED1_OFF;\
                  LED2_ON\
                  LED3_OFF
```

```
// 蓝
#define LED_BLUE  \
                  LED1_OFF;\
                  LED2_OFF\
                  LED3_ON


// 黄（红＋绿）
#define LED_YELLOW  \
                  LED1_ON;\
                  LED2_ON\
                  LED3_OFF
// 紫（红＋蓝）
#define LED_PURPLE  \
                  LED1_ON;\
                  LED2_OFF\
                  LED3_ON


// 青（绿＋蓝）
#define LED_CYAN  \
                  LED1_OFF;\
                  LED2_ON\
                  LED3_ON


// 白（红＋绿＋蓝）
#define LED_WHITE  \
                  LED1_ON;\
                  LED2_ON\
                  LED3_ON


// 黑（全部灭）
#define LED_RGBOFF  \
                  LED1_OFF;\
                  LED2_OFF\
                  LED3_OFF


void LED_GPIO_Config(void);

#endif /* __LED_H */
```

  这部分宏控制 LED 亮灭的操作是直接向 BSRR、BRR 和 ODR 这 3 个寄存器写入控制指令实现的，对 BSRR 写 1 输出高电平，对 BRR 写 1 输出低电平，对 ODR 某位进行异或操作可反转位的状态。

  RGB 彩灯可以实现混色。

  上述代码中的 \ 是 C 语言中的续行符语法，表示续行符的下一行与续行符所在的代码是同一行。因为代码中宏定义关键字 # define 只对当前行有效，所以使用续行符连接起来。以下的代码是等效的。

```
# define LED_YELLOW LED1_ON; LED2_ON; LED3_OFF
```

应用续行符时要注意，在 \ 后面不能有任何字符（包括注释、空格），只能直接换行。

2.　bsp_led.c 程序

```c
#include "bsp_led.h"

 /*
  * @brief   初始化控制 LED 的 I/O
  * @param   无
  * @retval  无
*/
void LED_GPIO_Config(void)
{
    /* 定义一个 GPIO_InitTypeDef 类型的结构体 */
    GPIO_InitTypeDef GPIO_InitStructure;

    /* 开启 LED 相关的 GPIO 外设时钟 */
    RCC_APB2PeriphClockCmd( LED1_GPIO_CLK | LED2_GPIO_CLK | LED3_GPIO_CLK,
ENABLE);
    /* 选择要控制的 GPIO 引脚 */
    GPIO_InitStructure.GPIO_Pin = LED1_GPIO_PIN;

    /* 设置引脚模式为通用推挽输出 */
    GPIO_InitStructure.GPIO_Mode = GPIO_Mode_Out_PP;

    /* 设置引脚速率为 50MHz */
    GPIO_InitStructure.GPIO_Speed = GPIO_Speed_50MHz;

    /* 调用库函数，初始化 GPIO*/
    GPIO_Init(LED1_GPIO_PORT, &GPIO_InitStructure);

    /* 选择要控制的 GPIO 引脚 */
    GPIO_InitStructure.GPIO_Pin = LED2_GPIO_PIN;

    /* 调用库函数，初始化 GPIO*/
    GPIO_Init(LED2_GPIO_PORT, &GPIO_InitStructure);

    /* 选择要控制的 GPIO 引脚 */
    GPIO_InitStructure.GPIO_Pin = LED3_GPIO_PIN;

    /* 调用库函数，初始化 GPIOF*/
    GPIO_Init(LED3_GPIO_PORT, &GPIO_InitStructure);
```

```
        /* 关闭 LED1*/
        GPIO_SetBits(LED1_GPIO_PORT, LED1_GPIO_PIN);

        /* 关闭 LED2*/
        GPIO_SetBits(LED2_GPIO_PORT, LED2_GPIO_PIN);

        /* 关闭 LED3*/
        GPIO_SetBits(LED3_GPIO_PORT, LED3_GPIO_PIN);
    }
```

初始化 GPIO 端口时钟时采用了 STM32 库函数。

函数执行流程如下。

（1）使用 GPIO_InitTypeDef 定义 GPIO 初始化结构体变量，以便后面用于存储 GPIO 配置。

（2）调用 RCC_APB2PeriphClockCmd 库函数使能 LED 的 GPIO 端口时钟。该函数有两个输入参数，第 1 个参数用于指示要配置的时钟，如本例中的 RCC_APB2Periph_GPIOB，应用时使用"|"操作符同时配置 3 个 LED 的时钟；函数的第 2 个参数用于设置状态，可输入 DISABLE（关闭时钟）或 ENABLE（使能时钟）。

（3）向 GPIO 初始化结构体赋值，把引脚初始化为推挽输出模式，其中的 GPIO_Pin 使用 LEDx_GPIO_PIN 宏来赋值，使函数的实现便于移植。

（4）使用以上初始化结构体的配置，调用 GPIO_Init 函数向寄存器写入参数，完成 GPIO 的初始化。这里的 GPIO 端口使用 LEDx_GPIO_PORT 宏来赋值，也是为了程序移植方便。

（5）使用同样的初始化结构体，只修改控制的引脚和端口，初始化其他 LED 使用的 GPIO 引脚。

（6）使用宏控制 RGB 灯默认关闭。

编写完 LED 的控制函数后，就可以在 main 函数中测试了。

3. main.c 程序

```
#include "stm32f10x.h"
#include "bsp_led.h"

#define SOFT_DELAY Delay(0x0FFFFF);

void Delay(__IO u32 nCount);

/***********************
  * @brief  主函数
  * @param  无
  * @retval 无
  ***********************/
int main(void)
```

```
{
    /* LED 端口初始化 */
    LED_GPIO_Config();

    while (1)
    {
        LED1_ON;                              // 亮
        SOFT_DELAY;
        LED1_OFF;                             // 灭

        LED2_ON;                              // 亮
        SOFT_DELAY;
        LED2_OFF;                             // 灭

        LED3_ON;                              // 亮
        SOFT_DELAY;
        LED3_OFF;                             // 灭

        /* 轮流显示红绿蓝黄紫青白颜色 */
        LED_RED;
        SOFT_DELAY;

        LED_GREEN;
        SOFT_DELAY;

        LED_BLUE;
        SOFT_DELAY;

        LED_YELLOW;
        SOFT_DELAY;

        LED_PURPLE;
        SOFT_DELAY;

        LED_CYAN;
        SOFT_DELAY;

        LED_WHITE;
        SOFT_DELAY;

        LED_RGBOFF;
        SOFT_DELAY;
    }
}

void Delay(__IO uint32_t nCount)            // 简单的延时函数
```

```
{
  for(; nCount != 0; nCount--);
}
```

在 main 函数中，调用定义的 LED_GPIO_Config 函数初始化 LED 的控制引脚，然后直接调用各种控制 LED 亮灭的宏实现对 LED 的控制。

以上就是一个使用 STM32 标准软件库开发应用的流程。

把编译好的程序下载到开发板并复位，可以看到 RGB 彩灯轮流显示不同的颜色。

6.6 STM32 的 GPIO 输入应用实例

STM32 的 GPIO 输入应用实例是使用固件库的按键检测。

6.6.1 STM32 的 GPIO 输入应用硬件设计

按键的硬件设计同外部中断设计实例的硬件设计，见 5.6.1 节图 5-8。

6.6.2 STM32 的 GPIO 输入应用软件设计

为了使工程更加有条理，把与按键相关的代码独立分开存储，方便以后移植。在工程模板上新建 bsp_key.c 及 bsp_key.h 文件。

编程要点如下。

（1）使能 GPIO 端口时钟。

（2）初始化 GPIO 目标引脚为输入模式（浮空输入）。

（3）编写简单测试程序，检测按键的状态，实现按键控制 LED。

1. bsp_key.h 头文件

```
#ifndef  __KEY_H
#define  __KEY_H

#include "stm32f10x.h"

//  引脚定义
#define    KEY1_GPIO_CLK    RCC_APB2Periph_GPIOA
#define    KEY1_GPIO_PORT   GPIOA
#define    KEY1_GPIO_PIN    GPIO_Pin_0

#define    KEY2_GPIO_CLK    RCC_APB2Periph_GPIOC
#define    KEY2_GPIO_PORT   GPIOC
#define    KEY2_GPIO_PIN    GPIO_Pin_13

/*
```

```
 *    按键按下为高电平, 设置 KEY_ON=1, KEY_OFF=0
 *    若按键按下为低电平, 把宏设置成 KEY_ON=0 , KEY_OFF=1 即可
 */
#define KEY_ON 1
#define KEY_OFF 0


void Key_GPIO_Config(void);
uint8_t Key_Scan(GPIO_TypeDef* GPIOx,uint16_t GPIO_Pin);


#endif /* __KEY_H */
```

2. bsp_key.c 程序

```
#include "./key/bsp_key.h"

/*********************************
  * @brief   配置按键用到的 I/O 端口
  * @param   无
  * @retval  无
*********************************/
void Key_GPIO_Config(void)
{
  GPIO_InitTypeDef GPIO_InitStructure;

  /* 开启按键端口的时钟 */
  RCC_APB2PeriphClockCmd(KEY1_GPIO_CLK|KEY2_GPIO_CLK,ENABLE);

  // 选择按键的引脚
  GPIO_InitStructure.GPIO_Pin = KEY1_GPIO_PIN;
  // 设置按键的引脚为浮空输入
  GPIO_InitStructure.GPIO_Mode = GPIO_Mode_IN_FLOATING;
  // 使用结构体初始化按键
  GPIO_Init(KEY1_GPIO_PORT, &GPIO_InitStructure);

  // 选择按键的引脚
  GPIO_InitStructure.GPIO_Pin = KEY2_GPIO_PIN;
  // 设置按键的引脚为浮空输入
  GPIO_InitStructure.GPIO_Mode = GPIO_Mode_IN_FLOATING;
  // 使用结构体初始化按键
  GPIO_Init(KEY2_GPIO_PORT, &GPIO_InitStructure);
}
```

函数执行流程如下。

（1）使用 GPIO_InitTypeDef 定义 GPIO 初始化结构体变量，以便后面用于存储 GPIO 配置。

（2）调用 RCC_APB2PeriphClockCmd 库函数使能按键的 GPIO 端口时钟，调用时使

用"|"操作符同时配置两个按键的时钟。

（3）向 GPIO 初始化结构体赋值，把引脚初始化成浮空输入模式，其中的 GPIO_Pin 使用 KEYx_GPIO_PIN 宏来赋值，使函数方便移植。由于引脚的默认电平受按键电路影响，所以设置为浮空输入。

（4）使用以上初始化结构体的配置，调用 GPIO_Init 函数向寄存器写入参数，完成 GPIO 的初始化，这里的 GPIO 端口使用 KEYx_GPIO_PORT 宏来赋值，也是为了程序移植方便。

（5）使用同样的初始化结构体，只修改控制的引脚和端口，初始化其他按键检测时使用的 GPIO 引脚。

```c
/********************************************************
 * 函数名：Key_Scan
 * 描述：检测是否有按键按下
 * 输入：GPIOx, x 可以是 A ～ E
 *       GPIO_Pin，待读取的端口位
 * 输出：KEY_OFF（没按下按键），KEY_ON（按下按键）
 ********************************************************/
uint8_t Key_Scan(GPIO_TypeDef* GPIOx,uint16_t GPIO_Pin)
{
  /* 检测是否有按键按下 */
  if(GPIO_ReadInputDataBit(GPIOx,GPIO_Pin) == KEY_ON )
  {
      /* 等待按键释放 */
      while(GPIO_ReadInputDataBit(GPIOx,GPIO_Pin) == KEY_ON);
      return KEY_ON;
  }
  else
      return KEY_OFF;
}
```

这里定义了一个 Key_Scan 函数用于扫描按键状态。GPIO 引脚的输入电平可通过读取 IDR 寄存器对应的数据位来感知，而 STM32 标准库提供了 GPIOReadInputDataBit 库函数获取位状态。该函数输入 GPIO 端口及引脚号，返回该引脚的电平状态，高电平返回 1，低电平返回 0。

Key_Scan 函数中用 GPIO_ReadInputDataBit 函数的返回值与自定义的宏 KEY_ON 对比。若检测到按键按下，则使用 while 循环持续检测按键状态，直到按键释放，按键释放后 Key_Scan 函数返回 KEY_ON；若没有检测到按键按下，则函数直接返回 KEY_OFF。若按键的硬件没有做消抖处理，则需要在这个 Key_Scan 函数中做软件滤波，防止波纹抖动引起误触发。

3. main.c 程序

```
#include "stm32f10x.h"
#include "bsp_led.h"
#include "bsp_key.h"

/********************
 * @brief  主函数
 * @param  无
 * @retval 无
 ********************/
int main(void)
{
    /* LED 端口初始化 */
    LED_GPIO_Config();
    LED1_ON;

    /* 按键端口初始化 */
    Key_GPIO_Config();

    /* 轮询按键状态，若按键按下则反转 LED */
    while(1)
    {
        if( Key_Scan(KEY1_GPIO_PORT,KEY1_GPIO_PIN) == KEY_ON  )
        {
            /*LED1 反转 */
            LED1_TOGGLE;
        }

        if( Key_Scan(KEY2_GPIO_PORT,KEY2_GPIO_PIN) == KEY_ON  )
        {
            /*LED2 反转 */
            LED2_TOGGLE;
        }
    }
}
```

代码中初始化 LED 及按键后，在 while 循环中不断调用 Key_Scan 函数，并判断其返回值，若返回值表示按键按下，则反转 LED 的状态。

把编译好的程序下载到开发板并复位，按下 KEY1、KEY2 可以分别控制 LED 的亮、灭状态。

第 7 章

STM32 定时器

本章讲述了 STM32 定时器，包括 STM32 定时器概述、基本定时器、通用定时器、定时器库函数、定时器应用实例和 SysTick 系统滴答定时器。

7.1 STM32 定时器概述

微课视频

从本质上讲，定时器就是"数字电路"课程中学过的计数器（Counter），它像"闹钟"一样忠实地为处理器完成定时或计数任务，几乎是现代微处理器必备的一种片上外设。很多读者在初次接触定时器时，都会提出这样一个问题：既然 Arm 内核每条指令的执行时间都是固定的，且大多数是相等的，那么我们可以用软件的方法实现定时吗？例如，在 72MHz 系统时钟下要实现 1μs 的定时，完全可以通过执行 72 条不影响状态的"无关指令"实现。既然这样，STM32 中为什么还要有定时/计数器这样一个完成定时工作的硬件结构呢？其实，这种看法一点也没有错。确实可以通过插入若干条不产生影响的"无关指令"实现固定时间的定时。但这会带来两个问题：其一，在这段时间中，STM32 不能做其他任何事情，否则定时将不再准确；其二，这些"无关指令"会占据大量程序空间。而当嵌入式处理器中集成了硬件的定时以后，它就可以在内核运行执行其他任务的同时完成精确的定时，并在定时结束后通过中断/事件等方法通知内核或相关外设。简单地说，定时器最重要的作用就是将 STM32 的 Arm 内核从简单、重复的延时工作中解放出来。

当然，定时器的核心电路结构是计数器。当它对 STM32 内部固定频率的信号进行计数时，只要指定计数器的计数值，也就相当于固定了从定时器启动到溢出的时间长度。这种对内部已知频率计数的工作方式称为"定时方式"。定时器还可以对外部管脚输入的未知频率信号进行计数，此时由于外部输入时钟频率可能改变，从定时器启动到溢出的时间长度是无法预测的，软件所能判断的仅仅是外部脉冲的个数。因此，这种计数时钟来自外部的工作方式只能称为"计数方式"。在这两种基本工作方式的基础上，STM32 的定时器又衍生出了输入捕获、输出比较、PWM、脉冲计数、编码器接口等多种工作模式。

定时与计数的应用十分广泛。在实际生产过程中，许多场合都需要定时或计数操作，如产生精确的时间、对流水线上的产品进行计数等。因此，定时/计数器在嵌入式单片机应用系统中十分重要。

定时和计数可以通过以下方式实现。

1. 软件延时

单片机是在一定时钟下运行的，可以根据代码所需的时钟周期完成延时操作，软件延时会导致 CPU 利用率低，因此主要用于短时间延时，如高速 ADC。

延时的纯软件方式实现起来非常简单，但具有以下缺点。

（1）对于不同的微控制器，每条指令的执行时间不同，很难做到精确延时。例如，在 LED 闪烁应用案例中，如果要使 LED 点亮和熄灭的时间精确到各为 500ms，对应软件实现的循环语句中决定延时时间的变量 nCount 的具体取值很难由计算准确得出。

（2）延时过程中 CPU 始终被占用，CPU 利用率不高。

虽然纯软件定时 / 计数方式有以上缺点，但由于其简单方便、易于实现等优点，在当今的嵌入式应用中，尤其在短延时和不精确延时中被频繁地使用。例如，高速 ADC 的转换时间可能只需要几个时钟周期，这种情况下，使用软件延时反而效率更高。

2. 可编程定时 / 计数器

微控制器中的可编程定时 / 计数器可以实现定时和计数操作，定时 / 计数器功能由程序灵活设置，重复利用。设置好后由硬件与 CPU 并行工作，不占用 CPU 时间，这样在软件的控制下，可以实现多个精密定时 / 计数。嵌入式处理器为了适应多种应用，通常集成多个高性能的定时 / 计数器。

微控制器中的定时器本质上是一个计数器，可以对内部脉冲或外部输入进行计数，不仅具有基本的延时 / 计数功能，还具有输入捕获、输出比较和 PWM 波形输出等高级功能。在嵌入式开发中，充分利用定时器的强大功能，可以显著提高外设驱动的编程效率和 CPU 利用率，增强系统的实时性。

STM32 内部集成了多个定时 / 计数器。根据型号不同，STM32 系列芯片最多包含 8 个定时 / 计数器。其中，TIM6 和 TIM7 为基本定时器，TIM2 ～ TIM5 为通用定时器，TIM1 和 TIM8 为高级控制定时器，功能最强。3 种定时器具备的功能如表 7-1 所示。此外，在 STM32 中还有两个看门狗定时器和一个系统滴答定时器。

表 7-1　STM32 定时器的功能

主要功能	高级控制定时器	通用定时器	基本定时器
内部时钟源（8MHz）	√	√	√
带 16 位分频的计数单元	√	√	√
更新中断和 DMA	√	√	√
计数方向	向上、向下、双向	向上、向下、双向	向上
外部事件计数	√	√	×
其他定时器触发或级联	√	√	×

续表

主要功能	高级控制定时器	通用定时器	基本定时器
4 个独立输入捕获、输出比较通道	√	√	×
单脉冲输出方式	√	√	×
正交编码器输入	√	√	×
霍尔传感器输入	√	√	×
输出比较信号死区产生	√	×	×
制动信号输入	√	×	×

可编程定时 / 计数器（简称定时器）是当代微控制器标配的片上外设和功能模块。它不仅可以实现延时，而且还具备其他功能。

（1）如果时钟源来自内部系统时钟，那么可编程定时 / 计数器可以实现精确的定时。此时的定时器工作于普通模式、比较输出或 PWM 输出模式，通常用于延时、输出指定波形、驱动电机等应用。

（2）如果时钟源来自外部输入信号，那么可编程定时 / 计数器可以完成对外部信号的计数。此时的定时器工作于输入捕获模式，通常用于测量输入信号的频率和占空比、测量外部事件的发生次数和时间间隔等应用。

在嵌入式系统应用中，使用定时器可以完成以下功能。

（1）在多任务的分时系统中用于中断实现任务的切换。

（2）周期性执行某个任务，如每隔固定时间完成一次 A/D 采集。

（3）延时一定时间执行某个任务，如交通灯信号变化。

（4）显示实时时间，如万年历。

（5）产生不同频率的波形，如 MP3 播放器。

（6）产生不同脉宽的波形，如驱动伺服电机。

（7）测量脉冲的个数，如测量转速。

（8）测量脉冲的宽度，如测量频率。

STM32F103 定时器相比于传统的 51 单片机要完善和复杂得多，它是专为工业控制应用量身定做的。定时器有很多用途，包括基本定时功能、生成输出波形（比较输出、PWM 和带死区插入的互补 PWM）和测量输入信号的脉冲宽度（输入捕获）等。

STM32 一共有 11 个定时器，包括两个高级控制定时器、4 个普通定时器和两个基本定时器、两个看门狗定时器和一个系统嘀嗒定时器（SysTick）。

定时器的时钟由系统时钟提供，如图 7-1 所示。其中，TIM2 ～ TIM7 挂在 APB1 总线上，TIM1 和 TIM8 挂在 APB2 总线上。使能定时器时钟时，应注意选择正确的总线（在固件库中有不同的函数）。

从图 7-1 还可以看出，定时器的时钟不是直接来自 APB1 或 APB2，而是来自输入为 APB1 或 APB2 的一个倍频器。下面以通用定时器 2 的时钟说明这个倍频器的作用。当

APB1 的预分频系数为 1 时，这个倍频器不起作用，定时器的时钟频率等于 APB1 的频率；当 APB1 的预分频系数为其他数值（即预分频系数为 2、4、8 或 16 时），这个倍频器起作用，定时器的时钟频率等于 APB1 频率的两倍。例如，假定 AHB 为 72MHz，因为 APB1 允许的最大频率为 36MHz，所以 APB1 的预分频系数为 2，此时 APB1 为 36MHz，在倍频器的作用下，TIM2 ～ TIM7 的时钟频率为 72MHz。之所以如此，是因为 APB1 不但要为 TIM2 ～ TIM7 提供时钟，而且还要为其他外设提供时钟；设置这个倍频器可以在保证其他外设使用较低时钟频率时，TIM2 ～ TIM7 仍能得到较高的时钟频率。

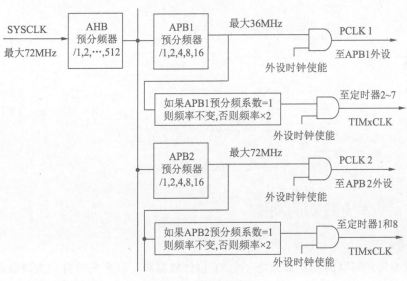

图 7-1　定时器的时钟

微课视频

7.2　STM32 基本定时器

7.2.1　基本定时器介绍

STM32F103 基本定时器 TIM6 和 TIM7 各包含一个 16 位自动装载计数器，由各自的可编程预分频器驱动。它们可以作为通用定时器提供时间基准，特别是可以为数模转换器（DAC）提供时钟。实际上，它们在芯片内部直接连接到 DAC 并通过触发输出直接驱动 DAC，这两个定时器是互相独立的，不共享任何资源。

TIM6 和 TIM7 定时器的主要功能如下。

（1）16 位自动重装载累加计数器。

（2）16 位可编程（可实时修改）预分频器，用于对输入的时钟按 1 ～ 65536 的任意系数分频。

（3）触发 DAC 的同步电路。

（4）在更新事件（计数器溢出）时产生中断 /DMA 请求。

基本定时器内部结构如图 7-2 所示。

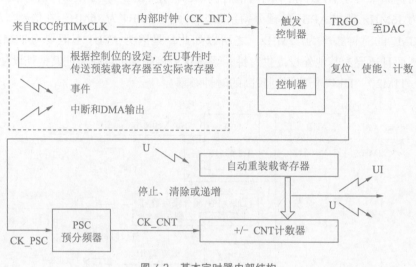

图 7-2　基本定时器内部结构

7.2.2　基本定时器的功能

1. 时基单元

可编程通用定时器的主要部分是一个 16 位计数器和与其相关的自动重装载寄存器。这个计数器可以向上计数、向下计数或双向计数。此计数器时钟由预分频器分频得到。计数器、自动重装载寄存器和预分频器寄存器可以由软件读写，在计数器运行时仍可以读写。时基单元包含计数器寄存器（TIMx_CNT）、预分频器寄存器（TIMx_PSC）和自动重装载寄存器（TIMx_ARR）。

自动重装载寄存器是预先装载的，写或读自动重装载寄存器将访问预装载寄存器，根据在 TIMx_CR1 寄存器中的自动装载预装载使能位（ARPE）的设置，预装载寄存器的内容被立即或在每次的更新事件 UEV 时传输到影子寄存器，当计数器达到溢出条件（向下计数时的下溢条件）且 TIMx_CR1 寄存器中的 UDIS 位等于 0 时，产生更新事件。更新事件也可以由软件产生。

计数器由预分频器的时钟输出 CK_CNT 驱动，仅当设置了计数器 TIMx_CR1 寄存器中的计数器使能位（CEN）时，CK_CNT 才有效。真正的计数器使能信号 CNT_EN 是在 CEN 的一个时钟周期后被设置。

预分频器可以将计数器的时钟频率按 1 ～ 65536 的任意系数分频。它是基于一个（在 TIMx_PSC 寄存器中的）16 位寄存器控制的 16 位计数器。这个控制寄存器带有缓冲器，能够在工作时被改变。新的预分频器参数在下一次更新事件到来时被采用。

2. 时钟源

从 STM32F103 基本定时器内部结构可以看出，基本定时器 TIM6 和 TIM7 只有一个时钟源，即内部时钟 CK_INT。对于 STM32F103 所有定时器，内部时钟 CK_INT 都来自 RCC 的 TIMxCLK，但对于不同的定时器，TIMxCLK 的来源不同。基本定时器 TIM6 和 TIM7 的 TIMxCLK 来源于 APB1 预分频器的输出，系统默认情况下，APB1 的时钟频率为 72MHz。

3. 预分频器

预分频器可以以 1 ~ 65536 的任意系数对计数器时钟分频。它是通过一个 16 位寄存器（TIMx_PSC）的计数实现分频。因为 TIMx_PSC 控制寄存器具有缓冲作用，可以在运行过程中改变它的数值，新的预分频数值将在下一个更新事件时起作用。

图 7-3 所示为在运行过程中改变预分频系数的例子，预分频系数从 1 变为 2。

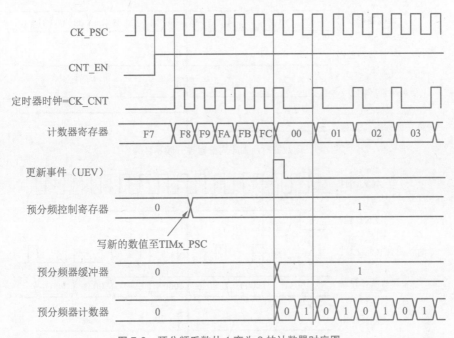

图 7-3　预分频系数从 1 变为 2 的计数器时序图

4. 计数模式

STM32F103 基本定时器只有向上计数工作模式，其工作过程如图 7-4 所示，其中 ↑ 表示产生溢出事件。

基本定时器工作时，脉冲计数器 TIMx_CNT 从 0 累加计数到自动重装载寄存器 TIMx_ARR，然后重新从 0 开始计数并产生一个计数器溢出事件。由此可见，如果使用基本定时器进行延时，延时时间可以由以下公式计算。

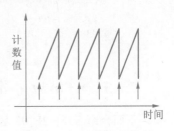

图 7-4　向上计数工作模式

$$延时 = （TIMx\_ARR+1）× （TIMx\_PSC+1）/TIMxCLK$$

当发生一次更新事件时，所有寄存器会被更新并设置更新标志：传输预装载值（TIMx_PSC 寄存器的内容）至预分频器的缓冲区，自动重装载影子寄存器被更新为预装载值（TIMx_ARR）。以下是一些在 TIMx_ARR=0x36 时不同时钟频率下计数器工作的图示示例。图 7-5 中内部时钟分频系数为 1，图 7-6 中内部时钟分频系数为 2。

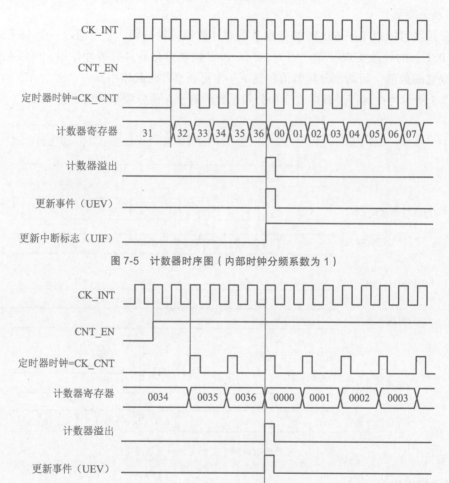

图 7-5　计数器时序图（内部时钟分频系数为 1）

图 7-6　计数器时序图（内部时钟分频系数为 2）

7.2.3　STM32 基本定时器的寄存器

下面介绍 STM32F103 基本定时器相关寄存器名称，可以用半字（16 位）或字（32 位）的方式操作这些外设寄存器，由于是采用库函数方式编程，故不作进一步探讨。

（1）TIM6 和 TIM7 控制寄存器 1（TIMx_CR1）。

（2）TIM6 和 TIM7 控制寄存器 2（TIMx_CR2）。

（3）TIM6 和 TIM7 DMA/ 中断使能寄存器（TIMx_DIER）。

（4）TIM6 和 TIM7 状态寄存器（TIMx_SR）。

（5）TIM6 和 TIM7 事件产生寄存器（TIMx_EGR）。

（6）TIM6 和 TIM7 计数器（TIMx_CNT）。

（7）TIM6 和 TIM7 预分频器（TIMx_PSC）。

（8）TIM6 和 TIM7 自动重装载寄存器（TIMx_ARR）。

7.3　STM32 通用定时器

7.3.1　通用定时器介绍

STM32 内置 4 个可同步运行的普通定时器（TIM2、TIM3、TIM4、TIM5），每个定时器都有一个 16 位自动加载的累加 / 递减计数器、一个 16 位的预分频器和 4 个独立的通道，通道都可用于输入捕获、输出比较、PWM 和单脉冲模式输出。任意标准定时器都能用于产生 PWM 输出。每个定时器都有独立的 DMA 请求机制。通过定时器链接功能与高级控制定时器共同工作，提供同步或事件链接功能。

通用 TIMx（TIM2、TIM3、TIM4 和 TIM5）定时器功能如下。

（1）16 位向上、向下、双向自动装载计数器。

（2）16 位可编程（可以实时修改）预分频器，计数器时钟频率的分频系数为 1 ～ 65536 的任意数值。

（3）4 个独立通道：输入捕获、输出比较、PWM 生成（边沿或中间对齐模式）、单脉冲模式输出。

（4）使用外部信号控制定时器和定时器互连的同步电路。

（5）以下事件发生时产生中断 /DMA：

① 更新，计数器向上溢出 / 向下溢出，计数器初始化（通过软件或内部 / 外部触发）；

② 触发事件（计数器启动、停止、初始化或由内部 / 外部触发计数）；

③ 输入捕获；

④ 输出比较。

（6）支持针对定位的增量（正交）编码器和霍尔传感器电路。

（7）触发输入作为外部时钟或按周期的电流管理。

7.3.2　通用定时器的功能描述

通用定时器内部结构如图 7-7 所示，相比于基本定时器，其内部结构要复杂得多，其中最显著的地方就是增加了 4 个捕获 / 比较寄存器 TIMx_CCR，这也是通用定时器拥有这么多强大功能的原因。

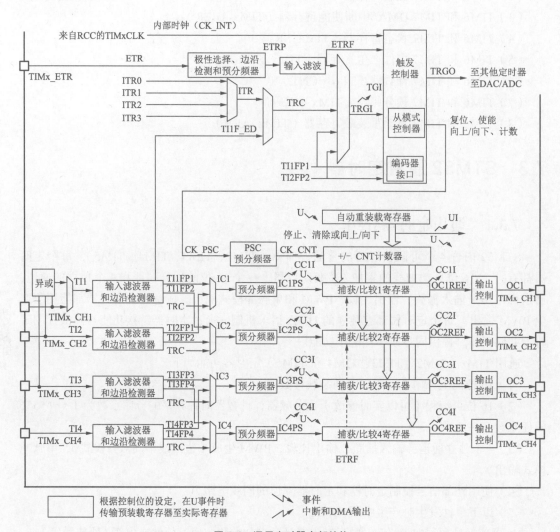

图 7-7　通用定时器内部结构

1. 时基单元

可编程通用定时器的主要部分是一个 16 位计数器和与其相关的自动重装载寄存器。这个计数器可以向上计数、向下计数或双向计数。此计数器时钟由预分频器分频得到。计数器、自动重装载寄存器和预分频器寄存器可以由软件读写，在计数器运行时仍可以读写。时基单元包含计数器寄存器（TIMx_CNT）、预分频器寄存器（TIMx_PSC）和自动重装载寄存器（TIMx_ARR）。

自动重装载寄存器是预先装载的，写或读自动重装载寄存器将访问预装载寄存器。根据在 TIMx_CR1 寄存器中的自动装载预装载使能位（ARPE）的设置，预装载寄存器的内容被立即或在每次的更新事件 UEV 时传输到影子寄存器。当计数器达到溢出条件（向下计数时的下溢条件）且 TIMx_CR1 寄存器中的 UDIS 位等于 0 时，产生更新事件。更新事件也可以由软件产生。

计数器由预分频器的时钟输出 CK_CNT 驱动，仅当设置了计数器 TIMx_CR1 寄存器中的计数器使能位（CEN）时，CK_CNT 才有效。真正的计数器使能信号 CNT_EN 是在 CEN 的一个时钟周期后被设置。

预分频器可以将计数器的时钟频率按 1 ～ 65536 的任意系数分频。它是基于一个（在 TIMx_PSC 寄存器中的）16 位寄存器控制的 16 位计数器。这个控制寄存器带有缓冲器，能够在工作时被改变。新的预分频器参数在下一次更新事件到来时被采用。

2. 计数模式

TIM2 ～ TIM5 可以向上计数、向下计数或双向计数。

1）向上计数模式

向上计数模式工作过程同基本定时器向上计数模式，工作过程如图 7-4 所示。在向上计数模式中，计数器在时钟 CK_CNT 的驱动下从 0 计数到自动重装载寄存器 TIMx_ARR 的预设值，然后重新从 0 开始计数，并产生一个计数器溢出事件，可触发中断或 DMA 请求。

当发生一个更新事件时，所有寄存器都被更新，硬件同时设置更新标志位。

对于一个工作在向上计数模式下的通用定时器，当自动重装载寄存器 TIMx_ARR 的值为 0x36 时，内部预分频系数为 4（预分频寄存器 TIMx_PSC 的值为 3）的计数器时序图如图 7-8 所示。

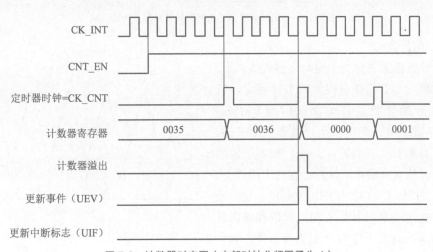

图 7-8　计数器时序图（内部时钟分频因子为 4）

2）向下计数模式

如图 7-9 所示，在向下计数模式中，计数器在时钟 CK_CNT 的驱动下从自动重装载寄存器 TIMx_ARR 的预设值开始向下计数到 0，然后从自动重装载寄存器 TIMx_ARR 的预设值重新开始计数，并产生一个计数器溢出事件，可触发中断或 DMA 请求。当发生一个更新事件时，所有寄存器都被更新，硬件同时设置更新标志位。

对于一个工作在向下计数模式的通用定时器，当自动重装载寄存器 TIMx_ARR 的值为 0x36 时，内部预分频系数为 2（预分频寄存器 TIMx_PSC 的值为 1）的计数器时序图如图 7-10 所示。

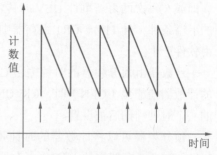

图 7-9　向下计数工作模式

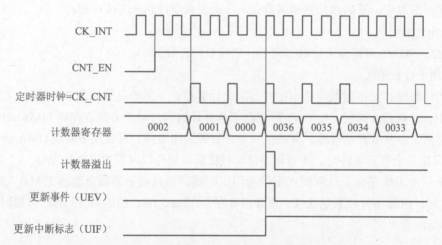

图 7-10　计数器时序图（内部时钟分频因子为 2）

3）双向计数模式

双向计数模式又称为中央对齐模式或向上 / 向下计数模式，其工作过程如图 7-11 所示。计数器从 0 开始计数到自动加载的值（TIMx_ARR 寄存器）–1，产生一个计数器溢出事件，然后向下计数到 1 并且产生一个计数器下溢事件；然后再从 0 开始重新计数。在这个模式下，不能写入 TIMx_CR1 中的 DIR 方向位。它由硬件更新并指示当前的计数方向。可以在每次计数上溢和每次计数下溢时产生更新事件，触发中断或 DMA 请求。

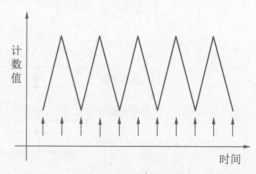

图 7-11　双向计数模式

对于一个工作在双向计数模式的通用定时器，当自动重装载寄存器 TIMx_ARR 的值为 0x06 时，内部预分频系数为 1（预分频寄存器 TIMx_PSC 的值为 0）的计数器时序图如图 7-12 所示。

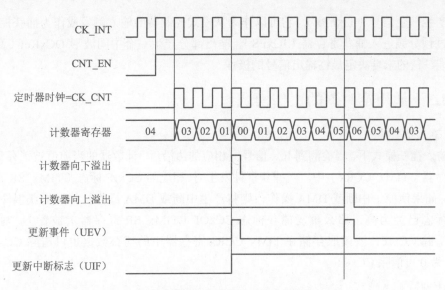

图 7-12　计数器时序图（内部时钟分频因子为 1）

3. 时钟选择

相比于基本定时器单一的内部时钟源，STM32F103 通用定时器的 16 位计数器的时钟源有多种选择，可由以下时钟源提供。

1）内部时钟（CK_INT）

内部时钟 CK_INT 来自 RCC 的 TIMxCLK，根据 STM32F103 时钟树，通用定时器 TIM2 ～ TIM5 内部时钟 CK_INT 的来源 TIM_CLK 与基本定时器相同，都是来自 APB1 预分频器的输出，通常情况下，其时钟频率为 72MHz。

2）外部输入捕获引脚 TIx（外部时钟模式 1）

外部输入捕获引脚 TIx（外部时钟模式 1）来自外部输入捕获引脚上的边沿信号。计数器可以在选定的输入端（引脚 1：TI1FP1 或 TI1F_ED，引脚 2：TI2FP2）的每个上升沿或下降沿计数。

3）外部触发输入引脚 ETR（外部时钟模式 2）

外部触发输入引脚 ETR（外部时钟模式 2）来自外部引脚 ETR。计数器能在外部触发输入 ETR 的每个上升沿或下降沿计数。

4）内部触发器输入 ITRx

内部触发输入 ITRx 来自芯片内部其他定时器的触发输入，使用一个定时器作为另一个定时器的预分频器。例如，可以配置 TIM1 作为 TIM2 的预分频器。

4. 捕获 / 比较通道

每个捕获 / 比较通道都是围绕一个捕获 / 比较寄存器（包含影子寄存器），包括捕获的输入部分（数字滤波、多路复用和预分频器）和输出部分（比较器和输出控制）。输入部分对相应的 TIx 输入信号采样，并产生一个滤波后的 TIxF 信号。然后，一个带极性选择的边缘检测器产生一个信号（TIxFPx），它可以作为从模式控制器的输入触发或作为捕获控制。该信号通过预分频进入捕获寄存器（ICxPS）。输出部分产生一个中间波形 OCxRef（高有效）作为基准，链的末端决定最终输出信号的极性。

7.3.3 通用定时器的工作模式

1. 输入捕获模式

在输入捕获模式下，当检测到 ICx 信号上相应的边沿后，计数器的当前值被锁存到捕获 / 比较寄存器（TIMx_CCRx）中。当捕获事件发生时，相应的 CCxIF 标志（TIMx_SR 寄存器）被置 1，如果使能了中断或 DMA 操作，则将产生中断或 DMA 操作。如果捕获事件发生时 CCxIF 标志已经为高，那么重复捕获标志 CCxOF（TIMx_SR 寄存器）被置 1。写 CCxIF 为 0 可清除 CCxIF，或读取存储在 TIMx_CCRx 寄存器中的捕获数据也可清除 CCxIF。写 CCxOF 为 0 可清除 CCxOF。

2. PWM 输入模式

PWM 输入模式是输入捕获模式的一个特例，除以下区别外，操作与输入捕获模式相同。

（1）两个 ICx 信号被映射至同一个 TIx 输入。

（2）这两个 ICx 信号为边沿有效，但是极性相反。

（3）其中一个 TIxFP 信号作为触发输入信号，而从模式控制器被配置成复位模式。例如，需要测量输入 TI1 的 PWM 信号的长度（TIMx_CCR1 寄存器）和占空比（TIMx_CCR2 寄存器），具体步骤如下（取决于 CK_INT 的频率和预分频器的值）。

① 选择 TIMx_CCR1 的有效输入：置 TIMx_CCMR1 寄存器的 CC1S 为 01（选择 TI1）。

② 选择 TI1FP1 的有效极性（用来捕获数据到 TIMx_CCR1 寄存器和清除计数器）：置 CC1P 为 0（上升沿有效）。

③ 选择 TIMx_CCR2 的有效输入：置 TIMx_CCMR1 寄存器的 CC2S 为 10（选择 14478）。

④ 选择 T11FP2 的有效极性（捕获数据到 TIMx_CCR2）：置 CC2P 为 1（下降沿有效）。

⑤ 选择有效的触发输入信号：置 TIMx_SMCR 寄存器中的 TS 为 101（选择 TI1FP1）。

⑥ 配置从模式控制器为复位模式：置 TIMx_SMCR 寄存器中的 SMS 为 100。

⑦ 使能捕获：置 TIMx_CCER 寄存器中 CC1E 为 1 且 CC2E 为 1。

3. 强置输出模式

在输出模式（TIMx_CCMRx 寄存器中 CCxS=00）下，输出比较信号（OCxREF 和相应的 OCx）能够直接由软件强置为有效或无效状态，而不依赖于输出比较寄存器和计数器间的比较结果。置 TIMx_CCMRx 寄存器中相应的 OCxM 为 101，即可强置输出比较信号（OCxREF/OCx）为有效状态。这样 OCxREF 被强置为高电平（OCxREF 始终为高电平有效），同时 OCx 得到 CCxP 极性位相反的值。

例如，CCxP=0（OCx 高电平有效），则 OCx 被强置为高电平。置 TIMx_CCMRx 寄存器中的 OCxM 为 100，可强置 OCxREF 信号为低。该模式下，TIMx_CCRx 影子寄存器和计数器之间的比较仍然在进行，相应的标志也会被修改。因此，仍然会产生相应的中断和 DMA 请求。

4. 输出比较模式

此项功能是用来控制一个输出波形，或者指示一段给定的时间已经到时。

当计数器与捕获/比较寄存器的内容相同时，输出比较功能进行以下操作。

（1）将输出比较模式（TIMx_CCMRx 寄存器中的 OCxM）和输出极性（TIMx_CCER 寄存器中的 CCxP）定义的值输出到对应的引脚上。在比较匹配时，输出引脚可以保持它的电平（OCxM=000）、被设置成有效电平（OCxM=001）、被设置成无效电平 OCxM=010）或进行翻转（OCxM=011）。

（2）设置中断状态寄存器中的标志位（TIMx_SR 寄存器中的 CCxIF）。

（3）若设置了相应的中断屏蔽（TIMx_DIER 寄存器中的 CCxIE），则产生一个中断。

（4）若设置了相应的使能位（TIMx_DIER 寄存器中的 CCxDE，TIMx_CR2 寄存器中的 CCDS，选择 DMA 请求功能），则产生一个 DMA 请求。

输出比较模式的配置步骤如下。

（1）选择计数器时钟（内部、外部、预分频器）。

（2）将相应的数据写入 TIMx_ARR 和 TIMx_CCRx 寄存器。

（3）如果要产生一个中断请求和/或一个 DMA 请求，设置 CCxIE 和/或 CCxDE。

（4）选择输出模式。例如，当计数器 CNT 与 CCRx 匹配时，翻转 OCx 的输出引脚，CCRx 预装载未用，开启 OCx 输出且高电平有效，则必须设置 OCxM=011，OCxPE=0，CCxP=0，CCxE=1。

（5）设置 TIMx_CR1 寄存器的 CEN 位启动计数器。

TIMx_CCRx 寄存器能够在任何时候通过软件进行更新以控制输出波形，条件是未使用预装载寄存器（OCxPE=0，否则 TIMx_CCRx 影子寄存器只能在发生下一次更新事件时被更新）。

5. PWM 模式

PWM 输出模式是一种特殊的输出模式，在电力、电子和电机控制领域得到广泛应用。

1）PWM 简介

PWM 是 Pulse Width Modulation 的缩写，中文意思就是脉冲宽度调制，简称脉宽调制。它是利用微处理器的数字输出对模拟电路进行控制的一种非常有效的技术，其因控制简单、灵活和动态响应好等优点而成为电力、电子技术最广泛应用的控制方式，应用领域包括测量、通信、功率控制与变换、电动机控制、伺服控制、调光、开关电源，甚至某些音频放大器。因此，研究基于 PWM 技术的正负脉宽数控调制信号发生器具有十分重要的现实意义。PWM 是一种对模拟信号电平进行数字编码的方法，通过高分辨率计数器的使用，方波的占空比被调制用来对一个具体模拟信号的电平进行编码。PWM 信号仍然是数字的，因为在给定的任何时刻，满幅值的直流供电要么完全有（ON），要么完全无（OFF），电压或电流源是以一种通（ON）或断（OFF）的重复脉冲序列被加载到模拟负载上。通时即是直流供电被加到负载上时，断时即是供电被断开时。只要带宽足够，任何模拟值都可以使用 PWM 进行编码。

2）PWM 实现

目前，在运动控制系统或电动机控制系统中实现 PWM 的方法主要有传统的数字电路、微控制器普通 I/O 模拟和微控制器的 PWM 直接输出等。

（1）传统的数字电路方式：用传统的数字电路实现 PWM（如 555 定时器），电路设计较复杂，体积大，抗干扰能力差，系统的研发周期较长。

（2）微控制器普通 I/O 模拟方式：对于微控制器中无 PWM 输出功能的情况（如 51 单片机），可以通过 CPU 操控普通 I/O 端口实现 PWM 输出。但这样实现 PWM 将消耗大量的时间，大大降低 CPU 的效率，而且得到的 PWM 信号精度不太高。

（3）微控制器的 PWM 直接输出方式：对于具有 PWM 输出功能的微控制器，在进行简单的配置后即可在微控制器的指定引脚上输出 PWM 脉冲。这也是目前使用最多的 PWM 实现方式。

STM32F103 就是这样一款具有 PWM 输出功能的微控制器，除了基本定时器 TIM6 和 TIM7，其他定时器都可以用来产生 PWM 输出。其中，高级定时器 TIM1 和 TIM8 可以同时产生多达 7 路的 PWM 输出；而通用定时器也能同时产生 4 路的 PWM 输出，STM32 最多可以同时产生 30 路 PWM 输出。

3）PWM 输出模式的工作过程

STM32F103 微控制器脉冲宽度调制模式可以产生一个由 TIMx_ARR 寄存器确定频率，由 TIMx_CCRx 寄存器确定占空比的信号，其产生原理如图 7-13 所示。

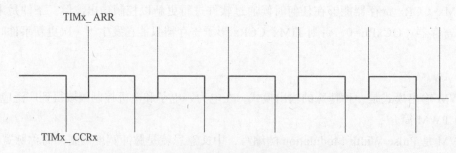

图 7-13　STM32F103 微控制器 PWM 产生原理

通用定时器 PWM 输出模式的工作过程如下。

（1）若配置脉冲计数器 TIMx_CNT 为向上计数模式，自动重装载寄存器 TIMx_ARR 的预设为 N，则脉冲计数器 TIMx_CNT 的当前计数值 X 在时钟 CK_CNT（通常由 TIMACLK 经 TIMx_PSC 分频而得）的驱动下从 0 开始不断累加计数。

（2）在脉冲计数器 TIMx_CNT 随着时钟 CK_CNT 触发进行累加计数的同时，脉冲计数

M_CNT 的当前计数值 X 与捕获 / 比较寄存器 TIMx_CCR 的预设值 A 进行比较。如果 $X < A$，输出高电平（或低电平）；如果 $X \geq A$，输出低电平（或高电平）。

（3）当脉冲计数器 TIMx_CNT 的计数值 X 大于自动重装载寄存器 TIMx_ARR 的预设值 N 时，脉冲计数器 TIMx_CNT 的计数值清零并重新开始计数。如此循环往复，得到的 PWM 的输出信号周期为 $(N+1) \times$ TCK_CNT，其中，N 为自动重装载寄存器 TIMx_ARR 的预设值，TCK_CNT 为时钟 CK_CNT 的周期。PWM 输出信号脉冲宽度为 $A \times$ TCKCNT，其中，A 为捕获 / 比较寄存器 TIMx_CCR 的预设值，TCK_CNT 为时钟 CK_CNT 的周期。PWM 输出信号的占空比为 $A/(N+1)$。

下面举例具体说明。当通用定时器被设置为向上计数，自动重装载寄存器 TIMx_ARR 的预设值为 8，4 个捕获 / 比较寄存器 TIMx_CCRx 分别设为 0、4、8 和大于 8 时，通过用定时器的 4 个 PWM 通道的输出时序 OCxREF 和触发中断时序 CCxIF 如图 7-14 所示。例如，在 TIMx_CCR=4 的情况下，当 TIMx_CNT < 4 时，OCxREF 输出高电平；当 TIMx_CNT $\geq$ 4 时，OCxREF 输出低电平，并在比较结果改变时触发 CCxIF 中断标志。此 PWM 的占空比为 4/（8+1）。

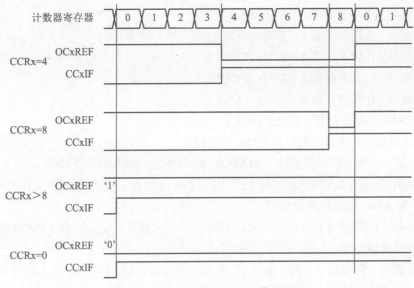

图 7-14　向上计数模式 PWM 输出时序图

需要注意的是，在 PWM 输出模式下，脉冲计数器 TIMx_CNT 的计数模式有向上计数、向下计数和双向计数（中央对齐）3 种。以上仅介绍其中的向上计数模式，但是读者在掌握了通用定时器向上计数模式的 PWM 输出原理后，由此及彼，通用定时器的其他两种计数模式的 PWM 输出也就容易推出了。

7.3.4 通用定时器的寄存器

下面介绍 STM32F103 通用定时器相关寄存器名称，可以用半字（16 位）或字（位）的方式操作这些外设寄存器，由于是采用库函数方式编程，故不作进一步探讨。

（1）控制寄存器 1（TIMx_CR1）。

（2）控制寄存器 2（TIMx_CR2）。

（3）从模式控制寄存器（TIMx_SMCR）。

（4）DMA/ 中断使能寄存器（TIMx_DIER）。

（5）状态寄存器（TIMx_SR）。

（6）事件产生寄存器（TIMx_EGR）。

（7）捕获 / 比较模式寄存器 1（TIMx_CCMR1）。

（8）捕获 / 比较模式寄存器 2（TIMx_CCMR2）。

（9）捕获 / 比较使能寄存器（TIMx_CCER）。

（10）计数器（TIMx_CNT）。

（11）预分频器（TIMx_PSC）。

（12）自动重装载寄存器（TIMx_ARR）。

（13）捕获 / 比较寄存器 1（TIMx_CCR1）。

（14）捕获 / 比较寄存器 2（TIMx_CCR2）。

（15）捕获 / 比较寄存器 3（TIMx_CCR3）。

（16）捕获 / 比较寄存器 4（TIMx_CCR4）。

（17）DMA 控制寄存器（TIMx_DCR）。

（18）连续模式的 DMA 地址（TIMx_DMAR）。

综上所述，与基本定时器相比，STM32F103 通用定时器具有以下特性。

（1）具有自动重装载功能的 16 位累加 / 递减计数器，其内部时钟 CK_CNT 的来源 TIMxCLK 为 APB1 预分频器的输出。

（2）具有 4 个独立的通道，每个通道都可用于输入捕获、输出比较、PWM 输入和输出以及单脉冲模式输出等。

（3）在更新（向上溢出 / 向下溢出）、触发（计数器启动 / 停止）、输入捕获以及输出比较事件时，可产生中断 /DMA 请求。

（4）支持针对定位的增量（正交）编码器和霍尔传感器电路。

（5）使用外部信号控制定时器和定时器互连的同步电路。

7.4 STM32 定时器库函数

TIM 固件库支持 72 种库函数，如表 7-2 所示。为了理解这些函数的具体使用方法，本节将对其中的部分库函数进行详细介绍。

微课视频

STM32F10x 的定时器库函数存放在 STM32F10x 标准外设库的 STM32F10x_tim.h 和 STM32F10x_tim.c 文件中。其中，头文件 STM32F10x_tim.h 用来存放定时器相关结构体和宏定义以及定时器库函数声明，源代码文件 STM32F10x_tim.c 用来存放定时器库函数定义。

表 7-2　TIM 库函数

函 数 名	描　　述
TIM_DeInit	将外设 TIMx 寄存器重设为默认值
TIM_TimeBaseInit	根据 TIM_TimeBaseInitStruct 中指定的参数，初始化 TIMx 的时间基数单位
TIM_OCInit	根据 TIM_OCInitStruct 中指定的参数，初始化外设 TIMx
TIM_ICInit	根据 TIM_ICInitStruct 中指定的参数，初始化外设 TIMx
TIM_TimeBaseStructInit	把 TIM_TimeBaseInitStruct 中的每个参数按默认值填入
TIM_OCStructInit	把 TIM_OCInitStruct 中的每个参数按默认值填入
TIM_ICStructInit	把 TIM_ICInitStruct 中的每个参数按默认值填入
TIM_Cmd	使能或失能 TIMx 外设
TIM_ITConfig	使能或失能指定的 TIM 中断
TIM_DMAConfig	设置 TIMx 的 DMA 接口
TIM_DMACmd	使能或失能指定的 TIMx 的 DMA 请求
TIM_InternalClockConfig	设置 TIMx 内部时钟
TIM_ITRxExternalClockConfig	设置 TIMx 内部触发为外部时钟模式
TIM_TIxExternalClockConfig	设置 TIMx 触发为外部时钟
TIM_ETRClockMode1Config	配置 TIMx 外部时钟模式 1
TIM_ETRClockMode2Config	配置 TIMx 外部时钟模式 2
TIM_ETRConfig	配置 TIMx 外部触发
TIM_SelectInputTrigger	选择 TIMx 输入触发源
TIM_PrescalerConfig	设置 TIMx 预分频
TIM_CounterModeConfig	设置 TIMx 计数器模式
TIM_ForcedOC1Config	置 TIMx 输出 1 为活动或非活动电平
TIM_ForcedOC2Config	置 TIMx 输出 2 为活动或非活动电平
TIM_ForcedOC3Config	置 TIMx 输出 3 为活动或非活动电平
TIM_ForcedOC4Config	置 TIMx 输出 4 为活动或非活动电平
TIM_ARRPreloadConfig	使能或失能 TIMx 在 ARR 上的预装载寄存器
TIM_SelectCCDMA	选择 TIMx 外设的捕获比较 DMA 源
TIM_OC1PreloadConfig	使能或失能 TIMx 在 CCR1 上的预装载寄存器
TIM_OC2PreloadConfig	使能或失能 TIMx 在 CCR2 上的预装载寄存器
TIM_OC3PreloadConfig	使能或失能 TIMx 在 CCR3 上的预装载寄存器
TIM_OC4PreloadConfig	使能或失能 TIMx 在 CCR4 上的预装载寄存器
TIM_OC1FastConfig	设置 TIMx 捕获 / 比较 1 快速特征
TIM_OC2FastConfig	设置 TIMx 捕获 / 比较 2 快速特征

续表

函 数 名	描 述
TIM_OC3FastConfig	设置 TIMx 捕获 / 比较 3 快速特征
TIM_OC4FastConfig	设置 TIMx 捕获 / 比较 4 快速特征
TIM_ClearOC1Ref	在一个外部事件时清除或保持 OCREF1 信号
TIM_ClearOC2Ref	在一个外部事件时清除或保持 OCREF2 信号
TIM_ClearOC3Ref	在一个外部事件时清除或保持 OCREF3 信号
TIM_ClearOC4Ref	在一个外部事件时清除或保持 OCREF4 信号
TIM_UpdateDisableConfig	使能或失能 TIMx 更新事件
TIM_EncoderInterfaceConfig	设置 TIMx 编码界面
TIM_GenerateEvent	设置 TIMx 事件由软件产生
TIM_OC1PolarityConfig	设置 TIMx 通道 1 极性
TIM_OC2PolarityConfig	设置 TIMx 通道 2 极性
TIM_OC3PolarityConfig	设置 TIMx 通道 3 极性
TIM_OC4PolarityConfig	设置 TIMx 通道 4 极性
TIM_UpdateRequestConfig	设置 TIMx 更新请求源
TIM_SelectHallSensor	使能或失能 TIMx 霍尔传感器接口
TIM_SelectOnePulseMode	设置 TIMx 单脉冲模式
TIM_SelectOutputTrigger	选择 TIMx 触发输出模式
TIM_SelectSlaveMode	选择 TIMx 从模式
TIM_SelectMasterSlaveMode	设置或重置 TIMx 主 / 从模式
TIM_SetCounter	设置 TIMx 计数器寄存器值
TIM_SetAutoreload	设置 TIMx 自动重装载寄存器值
TIM_SetCompare1	设置 TIMx 捕获 / 比较 1 寄存器值
TIM_SetCompare2	设置 TIMx 捕获 / 比较 2 寄存器值
TIM_SetCompare3	设置 TIMx 捕获 / 比较 3 寄存器值
TIM_SetCompare4	设置 TIMx 捕获 / 比较 4 寄存器值
TIM_SetIC1Prescaler	设置 TIMx 输入捕获 1 预分频
TIM_SetIC2Prescaler	设置 TIMx 输入捕获 2 预分频
TIM_SetIC3Prescaler	设置 TIMx 输入捕获 3 预分频
TIM_SetIC4Prescaler	设置 TIMx 输入捕获 4 预分频
TIM_SetClockDivision	设置 TIMx 的时钟分割值
TIM_GetCapture1	获得 TIMx 输入捕获 1 的值
TIM_GetCapture2	获得 TIMx 输入捕获 2 的值
TIM_GetCapture3	获得 TIMx 输入捕获 3 的值
TIM_GetCapture4	获得 TIMx 输入捕获 4 的值
TIM_GetCounter	获得 TIMx 计数器的值
TIM_GetPrescaler	获得 TIMx 预分频值

函　数　名	描　　述
TIM_GetFlagStatus	检查指定的 TIM 标志位设置与否
TIM_ClearFlag	清除 TIMx 的待处理标志位
TIM_GetITStatus	检查指定的 TIM 中断发生与否
TIM_ClearITPendingBit	清除 TIMx 的中断待处理位

1. TIM_DeInit 函数

❏ 函数名：TIM_DeInit。

❏ 函数原型：void TIM_DeInit（TIM_TypeDef* TIMx）。

❏ 功能描述：将外设 TIMx 寄存器重设为默认值。

❏ 输入参数：TIMx，x 可以为 1，2，…，8，用于选择 TIM 外设。

❏ 输出参数：无。

❏ 返回值：无。

❏ 示例：

```
/* 重置 TIM2*/
TIM_DeInit（TIM2）;
```

2. TIM_TimeBaseInit 函数

❏ 函数名：TIM_TimeBaseInit。

❏ 函数原型：void TIM_TimeBaseInit（TIM_TypeDef* TIMx，TIM_TimeBaseInitTypeDef* TIM_TimeBaseInitStruct）。

❏ 功能描述：根据 TIM_TimeBaseInitStruct 中指定的参数初始化 TIMx 的时间基数单位。

❏ 输入参数 1：TIMx，x 可以为 1，2，…，8，用于选择 TIM 外设。

❏ 输入参数 2：TIMTimeBase_InitStruct，指向 TIM_TimeBaseInitTypeDef 结构体的指针，包含了 TIMx 时间基数单位的配置信息。

❏ 输出参数：无。

❏ 返回值：无。

1）TIM_TimeBaseInitTypeDef 结构体

TIM_TimeBaseInitTypeDef 定义于 stm32f10x_tim.h 文件。

```
typedef struct
{
    uint16_t TIM_Prescaler;
    uint16_t TIM_CounterMode;
    uint16_t TIM_Period;
    uint16_t TIM_ClockDivision;              // 仅高级定时器 TIM1 和 TIM8 有效
    uint8_t TIM_RepetitionCounter;
} TIM_TimeBaseInitTypeDef;
```

2）TIM_Period

TIM_Period 设置了在下一个更新事件装入活动的自动重装载寄存器周期的值。它的取值必须为 0x0000 ~ 0xFFFF。

3）TIM_Prescaler

TIM_Prescaler 设置了用来作为 TIMx 时钟频率除数的预分频值。它的取值必须为 0x0000 ~ 0xFFFF。

4）TIM_ClockDivision

TIM_ClockDivision 设置了时钟分割，取值如表 7-3 所示。

表 7-3　TIM_ClockDivision 取值

TIM_ClockDivision	描　述
TIM_CKD_DIV1	TDTS=Tck_tim
TIM_CKD_DIV2	TDTS=2Tck_tim
TIM_CKD_DIV4	TDTS=4Tck_tim

5）TIM_CounterMode

TIM_CounterMode 选择了计数器模式，取值如表 7-4 所示。

表 7-4　TIM_CounterMode 取值

TIM_CounterMode	描　述
TIM_CounterMode_Up	TIM 向上计数模式
TIM_CounterMode_Down	TIM 向下计数模式
TIM_CounterMode_CenterAligned1	TIM 中央对齐模式 1 计数模式
TIM_CounterMode_CenterAligned2	TIM 中央对齐模式 2 计数模式
TIM_CounterMode_CenterAligned3	TIM 中央对齐模式 3 计数模式

例如：

```
TIM_TimeBaseInitTypeDef   TIM_TimeBaseStructure;
TIM_TimeBaseStructure.TIM_Period =0xFFFF;
TIM_TimeBaseStructure.TIM_Prescaler = 0xF;
TIM_TimeBaseStructure.TIM_ClockDivision = 0x0;
TIM_TimeBaseStructure.TIM_CounterMode = TIM_CounterMode_Up;
TIM_TimeBaseInit(TIM2, &TIM_TimeBaseStructure);
```

3. TIM_OC1Init 函数

❑ 函数名：TIM_OC1Init。

❑ 函数原型：void TIM_OC1Init（TIM_TypeDef* TIMx，TIM_OCInitTypeDef* TIM_OCInitStruct）。

❑ 功能描述：根据 TIM_OCInitStruct 中指定的参数初始化 TIMx 通道 1。

❑ 输入参数 1：TIMx，x 可以是 1、2、3、4、5 或 8，用于选择 TIM 外设。
❑ 输入参数 2：TIM_OCInitStruct，指向 TIM_OCInitTypeDef 结构体的指针，包含了
  TIMx 时间基数单位的配置信息。
❑ 输出参数：无。
❑ 返回值：无。

1）TIM_OCInitTypeDef 结构体

TIM_OCInitTypeDef 结构体定义于 stm32f10x_tim.h 文件。

```
typedef struct
{
  u16 TIM_OCMode;
  u16 TIM_OutputState;
  u16 TIM_OutputNState;              // 仅高级定时器有效
  u16 TIM_Pulse;
  u16 TIM_OCPolarity;
  u16 TIM_OCNPolarity;              // 仅高级定时器有效
  u16 TIM_OCIdleState;             // 仅高级定时器有效
  u16 TIM_OCNIdleState;            // 仅高级定时器有效
} TIM_OCInitTypeDef
```

2）TIM_OCMode

TIM_OCMode 用于选择定时器模式，取值如表 7-5 所示。

表 7-5　TIM_OCMode 取值

TIM_OCMode	描　　述
TIM_OCMode_TIMing	TIM 输出比较时间模式
TIM_OCMode_Active	TIM 输出比较主动模式
TIM_OCMode_Inactive	TIM 输出比较非主动模式
TIM_OCMode_Toggle	TIM 输出比较触发模式
TIM_OCMode_PWM1	TIM 脉冲宽度调制模式 1
TIM_OCMode_PWM2	TIM 脉冲宽度调制模式 2

3）TIM_OutputState

TIM_OutputState 用于选择输出比较状态，取值如表 7-6 所示。

表 7-6　TIM_OutputState 取值

TIM_OutputState	描　　述
TIM_OutputState_Disable	失能输出比较状态
TIM_OutputState_Enable	使能输出比较状态

4）TIM_OutputNState

TIM_OutputNState 用于选择互补输出比较状态，取值如表 7-7 所示。

表 7-7　TIM_OutputNState 取值

TIM_OutputNState	描　述
TIM_OutputNState_Disable	失能输出比较 N 状态
TIM_OutputNState_Enable	使能输出比较 N 状态

5）TIM_Pulse

TIM_Pulse 设置了待装入捕获 / 比较寄存器的脉冲值。它的取值必须为 0x0000 ～ 0xFFFF。

6）TIM_OCPolarity

TIM_OCPolarity 用于输出极性，取值如表 7-8 所示。

表 7-8　TIM_OCPolarity 取值

TIM_OCPolarity	描　述
TIM_OCPolarity_High	TIM 输出比较极性高
TIM_OCPolarity_Low	TIM 输出比较极性低

7）TIM_OCNPolarity

TIM_OCNPolarity 用于互补输出极性，取值如表 7-9 所示。

表 7-9　TIM_OCNPolarity 取值

TIM_OCNPolarity	描　述
TIM_OCNPolarity_High	TIM 输出比较 N 极性高
TIM_OCNPolarity_Low	TIM 输出比较 N 极性低

8）TIM_OCIdleState

TIM_OCIdleState 用于选择空闲状态下的非工作状态，取值如表 7-10 所示。

表 7-10　TIM_OCIdleState 取值

TIM_OCIdleState	描　述
TIM_OCIdleState_Set	当 MOE=0 时设置 TIM 输出比较空闲状态
TIM_OCIdleState_Reset	当 MOE=0 时重置 TIM 输出比较空闲状态

9）TIM_OCNIdleState

TIM_OCNIdleState 用于选择空闲状态下的非工作状态，取值如表 7-11 所示。

表 7-11 **TIM_OCNIdleState 取值**

TIM_OCNIdleState	描　　述
TIM_OCNIdleState_Set	当 MOE=0 时设置 TIM 输出比较 N 空闲状态
TIM_OCNIdleState_Reset	当 MOE=0 时重置 TIM 输出比较 N 空闲状态

例如：

```
/* 配置 TIM1 通道在 PWM 模式 */
TIM_OCInitTypeDef  TIM_OCInitStructure;
TIM_OCInitStructure.TIM_OCMode=TIM_OCMode_PWM1;
TIM_OCInitStructure.TIM_OutputState =TIM_OutputState_Enable;
TIM_OCInitStructure.TIM_OutputNState=TIM_OutputNState_Enable;
TIM_OCInitStructure.TIM_Pulse=0x7FF;
TIM_OCInitStructure.TIM_OCPolarity=TIM_OCPolarity_Low;
TIM_OCInitStructure.TIM_OCNPolarity =TIM_OCNPolarity_Low;
TIM_OCInitStructure.TIM_OCIdleState = TIM_OCIdleState_Set;
TIM_OCInitStructure.TIM_OCNIdleState=TIM_OCIdleState_Reset;
TIM_OC1Init(TIM1,&TIM_OCInitStructure);
```

4.　TIM_OC2Init 函数

❑ 函数名：TIM_OC2Init。

❑ 函数原型：void TIM_OC2Init（TIM_TypeDef* TIMx，TIM_OCInitTypeDef* TIM_OCInitStruct）。

❑ 功能描述：根据 TIM_OCInitStruct 中指定的参数初始化 TIMx 通道 2。

❑ 输入参数 1：TIMx，x 可以是 1、2、3、4、5 或 8，用于选择 TIM 外设。

❑ 输入参数 2：TIM_OCInitStruct，指向 TIM_OCInitTypeDef 结构体的指针，包含了 TIMx 时间基数单位的配置信息。

❑ 输出参数：无。

❑ 返回值：无。

5.　TIM_OC3Init 函数

❑ 函数名：TIM_OC3Init。

❑ 函数原型：void TIM_OC3Init（TIM_TypeDef* TIMx，TIM_OCInitTypeDef* TIM_OCInitStruct）。

❑ 功能描述：根据 TIM_OCInitStruct 中指定的参数初始化 TIMx 通道 3。

❑ 输入参数 1：TIMx，x 可以是 1、2、3、4、5 或 8，用于选择 TIM 外设。

❑ 输入参数 2：TIM_OCInitStruct，指向 TIM_OCInitTypeDef 结构体的指针，包含了 TIMx 时间基数单位的配置信息。

❑ 输出参数：无。

❑ 返回值：无。

6. TIM_OC4Init 函数
- 函数名：TIM_OC4Init。
- 函 数 原 型：void TIM_OC4Init（TIM_TypeDef* TIMx，TIM_OCInitTypeDef* TIM_OCInitStruct）。
- 功能描述：根据 TIM_OCInitStruct 中指定的参数初始化 TIMx 通道 4。
- 输入参数 1：TIMx，x 可以是 1、2、3、4、5 或 8，用于选择 TIM 外设。
- 输入参数 2：TIM_OCInitStruct，指向 TIM_OCInitTypeDef 结构体的指针，包含了 TIMx 时间基数单位的配置信息。
- 输出参数：无。
- 返回值：无。

7. TIM_Cmd 函数
- 函数名：TIM_Cmd。
- 函数原型：void TIM_Cmd（TIM_TypeDef* TIMx，FunctionalState NewState）。
- 功能描述：使能或失能 TIMx 外设。
- 输入参数 1：TIMx，x 可以是 1，2，…，8，用于选择 TIM 外设。
- 输入参数 2：NewState，外设 TIMx 的新状态，取值为 ENABLE 或 DISABLE。
- 输出参数：无。
- 返回值：无。
- 示例：

```
/* 使能 TIM2 计数器 */
TIM_Cmd（TIM2，ENABLE）;
```

8. TIM_ITConfig 函数
- 函数名：TIM_ITConfig。
- 函数原型：void TIM_ITConfig（TIM_TypeDef* TIMx，u16 TIM_IT，FunctionalState NewState）。
- 功能描述：使能或失能指定的 TIM 中断。
- 输入参数 1：TIMx，x 可以是 1，2，…，8，用于选择 TIM 外设。
- 输入参数 2：TIM_IT，待使能或失能的 TIM 中断源，可以取表 7-12 中的一个或多个取值的组合作为该参数的值。
- 输入参数 3：NewState，TIMx 中断的新状态，取值为 ENABLE 或 DISABLE。
- 输出参数：无。
- 返回值：无。
- 示例：

```
/* 使能 TIM2 捕获 / 比较 1 中断源 */
TIM_ITConfig（TIM2，TIM_IT_CC1，ENABLE）;
```

表 7-12　TIM_IT 取值

TIM_IT	描　述
TIM_IT_Update	TIM 中断源
TIM_IT_CC1	TIM 捕获 / 比较 1 中断源
TIM_IT_CC2	TIM 捕获 / 比较 2 中断源
TIM_IT_CC3	TIM 捕获 / 比较 3 中断源
TIM_IT_CC4	TIM 捕获 / 比较 4 中断源
TIM_IT_Trigger	TIM 触发中断源

9. TIM_OC1PreloadConfig 函数

❏ 函数名：TIM_OC1PreloadConfig。
❏ 函数原型：void TIM_OC1PreloadConfig（TIM_TypeDef* TIMx, u16 TIM_OCPreload）。
❏ 功能描述：使能或失能 TIMx 在 CCR1 上的预装载寄存器。
❏ 输入参数 1：TIMx，x 可以是 1、2、3、4、5 或 8，用于选择 TIM 外设。
❏ 输入参数 2：TIM_OCPreload，输出比较预装载状态，可以使能或失能，取值如表 7-13 所示。
❏ 输出参数：无。
❏ 返回值：无。
❏ 示例：

```
/* 使能 TIM2 在 CCR1 上的预装载寄存器 */
TIM_OC1PreloadConfig（TIM2, TIM_OCPreload_Enable）;
```

表 7-13　TIM_OCPreload 值取

TIM_OCPreload	描　述
TIM_OCPreload_Enable	使能 TIMx 在 CCR1 上的预装载寄存器
TIM_OCPreload_Disable	失能 TIMx 在 CCR1 上的预装载寄存器

10. TIM_OC2PreloadConfig 函数

❏ 函数名：TIM_OC2PreloadConfig。
❏ 函数原型：void TIM_OC2PreloadConfig（TIM_TypeDef* TIMx, u16 TIM_OCPreload）。
❏ 功能描述：使能或失能 TIMx 在 CCR2 上的预装载寄存器。
❏ 输入参数 1：TIMx，x 可以是 1、2、3、4、5 或 8，用于选择 TIM 外设。
❏ 输入参数 2：TIM_OCPreload，输出比较预装载状态（使能或失能）。
❏ 输出参数：无。
❏ 返回值：无。
❏ 示例：

```
/* 使能 TIM2 在 CCR2 上的预装载寄存器 */
TIM_OC2PreloadConfig (TIM2, TIM_OCPreload_Enable);
```

11. TIM_OC3PreloadConfig 函数
- 函数名：TIM_OC3PreloadConfig。
- 函数原型：void TIM_OC3PreloadConfig（TIM_TypeDef* TIMx，u16 TIM_OCPreload）。
- 功能描述：使能或失能 TIMx 在 CCR3 上的预装载寄存器。
- 输入参数 1：TIMx，x 可以是 1、2、3、4、5 或 8，用于选择 TIM 外设。
- 输入参数 2：TIM_OCPreload，输出比较预装载状态（使能或失能）。
- 输出参数：无。
- 返回值：无。
- 示例：

```
/* 使能 TIM2 在 CCR3 上的预装载寄存器 */
TIM_OC3PreloadConfig (TIM2, TIM_OCPreload_Enable);
```

12. TIM_OC4PreloadConfig 函数
- 函数名：TIM_OC4PreloadConfig。
- 函数原型：void TIM_OC4PreloadConfig（TIM_TypeDef* TIMx，u16 TIM_OCPreload）。
- 功能描述：使能或失能 TIMx 在 CCR4 上的预装载寄存器。
- 输入参数 1：TIMx，x 可以是 1、2、3、4、5 或 8，用于选择 TIM 外设。
- 输入参数 2：TIM_OCPreload，输出比较预装载状态（使能或失能）。
- 输出参数：无。
- 返回值：无。
- 示例：

```
/* 使能 TIM2 在 CCR4 上的预装载寄存器 */
TIM_OC4PreloadConfig (TIM2, TIM_OCPreload_Enable);
```

13. TIM_GetFlagStatus 函数
- 函数名：TIM_GetFlagStatus。
- 函数原型：FlagStatus TIM_GetFlagStatus（TIM_TypeDef* TIMx，u16 TIM_FLAG）。
- 功能描述：检查指定的 TIM 标志位设置与否。
- 输入参数 1：TIMx，x 可以是 1，2，…，8，用于选择 TIM 外设。
- 输入参数 2：TIM_FLAG，检查的 TIM 标志位。表 7-14 给出了所有可以被 TIM_GetFlagStatus 函数检查的标志位。
- 输出参数：无。
- 返回值：TIM_FLAG 的新状态（SET 或 RESET）。

❑ 示例：

```
/* 检查 TIM2 捕获 / 比较 1 标志位是否被置位或重置 */
 if (TIM_GetFlagStatus (TIM2, TIM_FLAG_CC1) ==SET)
{
 }
```

表 7-14　TIM_FLAG 取值

TIM_FLAG	描　　述
TIM_FLAG_Update	TIM 更新标志位
TIM_FLAG_CC1	TIM 捕获 / 比较 1 标志位
TIM_FLAG_CC2	TIM 捕获 / 比较 2 标志位
TIM_FLAG_CC3	TIM 捕获 / 比较 3 标志位
TIM_FLAG_CC4	TIM 捕获 / 比较 4 标志位
TIM_FLAG_Trigger	TIM 触发标志位
TIM_FLAG_CC1OF	TIM 捕获 / 比较 1 溢出标志位
TIM_FLAG_CC2OF	TIM 捕获 / 比较 2 溢出标志位
TIM_FLAG_CC3OF	TIM 捕获 / 比较 3 溢出标志位
TIM_FLAG_CC4OF	TIM 捕获 / 比较 4 溢出标志位

14. TIM_ClearFlag 函数

❑ 函数名：TIM_ ClearFlag。
❑ 函数原型：void TIM_ClearFlag (TIM_TypeDef* TIMx, uint16_t TIM_FLAG)。
❑ 功能描述：清除 TIMx 的待处理标志位。
❑ 输入参数 1：TIMx，x 可以是 1，2，…，8，用于选择 TIM 外设。
❑ 输入参数 2：TIM_FLAG，清除的 TIM 标志位。
❑ 输出参数：无。
❑ 返回值：无。
❑ 示例：

```
/* 清除 TIM2 捕获 / 比较 1 标志位 */
TIM_ClearFlag (TIM2, TIM_FLAG_CC1);
```

15. TIM_GetITStatus 函数

❑ 函数名：TIM_ GetITStatus。
❑ 函数原型：ITStatus TIM_GetITStatus (TIM_TypeDef* TIMx, u16 TIM_IT)。
❑ 功能描述：检查指定的 TIM 中断发生与否。
❑ 输入参数 1：TIMx，x 可以是 1，2，…，8，用于选择 TIM 外设。
❑ 输入参数 2：TIM_IT，检查的 TIM 中断源。

❑ 输出参数：无。

❑ 返回值：TIM_IT 的新状态。

❑ 示例：

```
/* 检查 TIM2 捕获 / 比较 1 中断是否发生 */
if (TIM_GetITStatus (TIM2, TIM_IT_CC1) ==SET)
{
}
```

16. TIM_ClearITPendingBit 函数

❑ 函数名：TIM_ ClearITPendingBit。

❑ 函数原型：void TIM_ClearITPendingBit（TIM_TypeDef* TIMx，u16 TIM_IT）。

❑ 功能描述：清除 TIMx 的中断待处理位。

❑ 输入参数 1：TIMx，x 可以是 1，2，…，8，用于选择 TIM 外设。

❑ 输入参数 2：TIM_IT，检查的 TIM 中断待处理位。

❑ 输出参数：无。

❑ 返回值：无。

❑ 示例：

```
/* 清除 TIM2 捕获 / 比较 1 中断挂起位 */
TIM_ClearITPendingBit(TIM2,TIM_IT_CC1);
```

17. TIM_SetCompare1 函数

❑ 函数名：TIM_SetCompare1。

❑ 函数原型：void TIM_SetCompare1（TIM_TypeDef* TIMx，u16 Compare1）。

❑ 功能描述：设置 TIMx 捕获 / 比较 1 寄存器值。

❑ 输入参数 1：TIMx，x 可以是 1、2、3、4、5 或 8，用于选择 TIM 外设。

❑ 输入参数 2：Compare1，捕获 / 比较 1 寄存器新值。

❑ 输出参数：无。

❑ 返回值：无。

❑ 示例：

```
/* 设置 TIM2 新的捕获 / 比较 1 寄存器值 */
u16 TIMCompare1=0x7FFF;
TIM_SetCompare1(TIM2,TIMCompare1);
```

18. TIM_SetCompare2 函数

❑ 函数名：TIM_SetCompare2。

❑ 函数原型：void TIM_SetCompare2（TIM_TypeDef* TIMx，u16 Compare2）。

❑ 功能描述：设置 TIMx 捕获 / 比较 2 寄存器值。

❑ 输入参数 1：TIMx，x 可以是 1、2、3、4、5 或 8，用于选择 TIM 外设。

❑ 输入参数 2：Compare2，捕获 / 比较 2 寄存器新值。

❑ 输出参数：无。

❑ 返回值：无。

19. TIM_SetCompare3 函数

❑ 函数名：TIM_SetCompare3。

❑ 函数原型：void TIM_SetCompare3（TIM_TypeDef* TIMx，u16 Compare3）。

❑ 功能描述：设置 TIMx 捕获 / 比较 3 寄存器值。

❑ 输入参数 1：TIMx，x 可以是 1、2、3、4、5 或 8，用于选择 TIM 外设。

❑ 输入参数 2：Compare3，捕获 / 比较 3 寄存器新值。

❑ 输出参数：无。

❑ 返回值：无。

20. TIM_SetCompare4 函数

❑ 函数名：TIM_SetCompare4。

❑ 函数原型：void TIM_SetCompare4（TIM_TypeDef* TIMx，u16 Compare4）。

❑ 功能描述：设置 TIMx 捕获 / 比较 4 寄存器值。

❑ 输入参数 1：TIMx，x 可以是 1、2、3、4、5 或 8，用于选择 TIM 外设。

❑ 输入参数 2：Compare4，捕获 / 比较 4 寄存器新值。

❑ 输出参数：无。

❑ 返回值：无。

7.5　STM32 定时器应用实例

7.5.1　STM32 的通用定时器配置流程

通用定时器具有多种功能，但其原理大致相同，流程有所区别。以使用中断方式为例，主要包括 3 部分，即 NVIC 设置、TIM 中断配置、定时器中断服务程序。

1. NVIC 设置

NVIC 设置用来完成中断分组、中断通道选择、中断优先级设置及使能中断的功能，其流程图如 5.5.1 节图 5-5 所示。值得注意的是，通道的选择，对于不同的定时器，不同事件发生时产生不同的中断请求，针对不同的功能要选择相应的中断通道。

2. TIM 中断配置

TIM 中断配置用来配置定时器时基及开启中断。TIM 中断配置流程如图 7-15 所示。

高级控制定时器使用的是 APB2 总线，基本定时器和通用定时器使用 APB1 总线采用相应函数开启时钟。

预分频将输入时钟频率按 1 ～ 65536 的系数任意分频。分频值决定了计数频率。计数值为计数的个数,当计数寄存器的值达到计数值时,产生溢出,发生中断。例如,TIM1 系统时钟为 72MHz,若设定的预分频 TIM_Prescaler=7200−1,计数值 TIM_Period=10000,则计数时钟周期(TIM_Pescaler+1)/72MHz=0.1ms,即定时器产生 10000×0.1ms=1000ms 的定时,即每 1s 产生一次中断。

计数模式可以设置为向上计数、向下计数或双向计数,设置好时基参数后,调用 TIM_TimeBaseInt 函数完成时基设置。

为了避免在设置时进入中断,这里需要清除中断标志位。若设置为向上计数模式,则调用 TIM_ClearFlag(TIM1,TIM_FLAG_Update)函数清除向上溢出中断标志位。

中断在使用时必须使能,如向上溢出中断,则需调用 TIM_ITConfig 函数。不同的模式,其参数不同,如向上计数模式时为 TIM_ITConfig(TIM1,TIMIT_Update,ENABLE)。

在需要时使用 TIM_CMD 函数开启定时器。

3. 定时器中断服务程序

进入定时器中断后需要根据设计完成响应操作,定时器中断服务程序流程如图 7-16 所示。

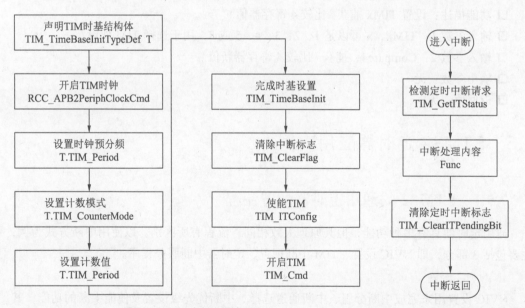

图 7-15 TIM 中断配置流程　　　　　　图 7-16 定时器中断服务程序流程

在启动文件中定义了定时器中断的入口,对于不同的中断请求要采用相应的中断函数名,代码如下。

```
DCD TIM1_BRK_IRQHandler; TIM1 Break
DCD TIM1_UP_IRQHandler ; TIM1 Update
DCD TIM1_TRG_COM_IRQHandler; TIM1 Trigger and Commutation
```

```
DCD TIM1_CC_IRQHandler; TIM1 Capture Compare
DCD TIM2_IRQHandler; TIM2
DCD TIM3_IRQHandler; TIM3
DCD TIM4_IRQHandler; TIM4
```

进入中断后，首先要检测中断请求是否为所需中断，以防误操作。如果确实是所需中断，则进行中断处理，中断处理完后清除中断标志位，否则会一直处于中断中。

7.5.2　定时器应用的硬件设计

本实例利用基本定时器 TIM6/7 定时 1s，1s 时间到 LED 翻转一次。基本定时器是单片机内部的资源，没有外部 I/O，不需要接外部电路，只需要一个 LED 即可。

7.5.3　定时器应用的软件设计

编写两个定时器驱动文件 bsp_timbase.h 和 bsp_timbase.h，用来配置定时器中断优先级和初始化定时器。

编程要点如下。

（1）开定时器时钟 TIM6_CLK 或 TIM7_CLK。

（2）初始化时基结构体。

（3）使能 TIM6 或 TIM7，更新中断。

（4）打开定时器。

（5）编写中断服务程序。

通用定时器和高级定时器的定时编程要点与基本定时器差不多，只是还要再选择计数器的计数模式。因为基本定时器只能向上计数，且没有配置计数模式的寄存器，默认是向上计数模式。

1. bsp_timbase.h 头文件

```
#ifndef __BSP_TIMEBASE_H
#define __BSP_TIMEBASE_H

#include "stm32f10x.h"
/******************** 基本定时器 TIM 参数定义，只限 TIM6 和 TIM7***********/
#define BASIC_TIM6                              // 如果使用 TIM7，则注释掉这个宏

#ifdef  BASIC_TIM6                              // 使用基本定时器 TIM6
#define        BASIC_TIM                 TIM6
#define        BASIC_TIM_APBxClock_FUN   RCC_APB1PeriphClockCmd
#define        BASIC_TIM_CLK             RCC_APB1Periph_TIM6
#define        BASIC_TIM_Period          1000-1
#define        BASIC_TIM_Prescaler       71
#define        BASIC_TIM_IRQ             TIM6_IRQn
```

```
#define               BASIC_TIM_IRQHandler            TIM6_IRQHandler

#else                                                 // 使用基本定时器 TIM7
#define               BASIC_TIM                       TIM7
#define               BASIC_TIM_APBxClock_FUN         RCC_APB1PeriphClockCmd
#define               BASIC_TIM_CLK                   RCC_APB1Periph_TIM7
#define               BASIC_TIM_Period                1000-1
#define               BASIC_TIM_Prescaler             71
#define               BASIC_TIM_IRQ                   TIM7_IRQn
#define               BASIC_TIM_IRQHandler            TIM7_IRQHandler

#endif
/************************* 函数声明 *****************************/
void BASIC_TIM_Init(void);
#endif /* __BSP_TIMEBASE_H */
```

基本定时器有 TIM6 和 TIM7，可以有选择地使用。为了提高代码的可移植性，把当需要修改定时器时修改的代码定义成宏，默认使用的是 TIM6。如果想修改成 TIM7，则只需要把宏 BASIC_TIM6 注释掉。

2. bsp_timbase.c 程序

```
// 基本定时器 TIMx 定时初始化函数
#include "bsp_timbase.h"
// 中断优先级配置
static void BASIC_TIM_NVIC_Config(void)
{
    NVIC_InitTypeDef NVIC_InitStructure;
    // 设置中断组为 0
    NVIC_PriorityGroupConfig(NVIC_PriorityGroup_0);
    // 设置中断来源
    NVIC_InitStructure.NVIC_IRQChannel = BASIC_TIM_IRQ ;
    // 设置抢占式优先级为 0
    NVIC_InitStructure.NVIC_IRQChannelPreemptionPriority = 0;
    // 设置响应优先级为 3
    NVIC_InitStructure.NVIC_IRQChannelSubPriority = 3;
    NVIC_InitStructure.NVIC_IRQChannelCmd = ENABLE;
    NVIC_Init(&NVIC_InitStructure);
}

static void BASIC_TIM_Mode_Config(void)
{
    TIM_TimeBaseInitTypeDef  TIM_TimeBaseStructure;

    // 开启定时器时钟，即内部时钟 CK_INT=72MHz
    BASIC_TIM_APBxClock_FUN(BASIC_TIM_CLK, ENABLE);
```

```
    // 自动重装载寄存器的值，累计 TIM_Period+1 个频率后产生一个更新或中断
    TIM_TimeBaseStructure.TIM_Period = BASIC_TIM_Period;

    // 时钟预分频数
    TIM_TimeBaseStructure.TIM_Prescaler= BASIC_TIM_Prescaler;

    // 时钟分频因子，基本定时器没有，不用设置
    //TIM_TimeBaseStructure.TIM_ClockDivision=TIM_CKD_DIV1;

    // 计数器计数模式，基本定时器只能向上计数，没有计数模式的设置
    //TIM_TimeBaseStructure.TIM_CounterMode=TIM_CounterMode_Up;

    // 重复计数器的值，基本定时器没有，不用设置
    //TIM_TimeBaseStructure.TIM_RepetitionCounter=0;

    // 初始化定时器
    TIM_TimeBaseInit(BASIC_TIM, &TIM_TimeBaseStructure);

    // 清除计数器中断标志位
    TIM_ClearFlag(BASIC_TIM, TIM_FLAG_Update);

    // 开启计数器中断
    TIM_ITConfig(BASIC_TIM,TIM_IT_Update,ENABLE);

    // 使能计数器
    TIM_Cmd(BASIC_TIM, ENABLE);
}
```

设置自动重装载寄存器 ARR 的值为 1000，设置时钟预分频器值为 71，驱动计数器的时钟为 CK_CNT=CK_INT/（71+1）=1MHz，计数器计数一次的时间为 1/CK_CNT=1μs，当计数器计数到 ARR 的值 1000 时，产生一次中断，则中断一次的时间为 1/CK_CNT × ARR=1ms。

在初始化定时器时，定义了一个 TIM_TimeBaseInitTypeDef 结构体。TIM_TimeBaseInitTypeDef 结构体中有 5 个成员，TIM6 和 TIM7 的寄存器中只有 TIM_Prescaler 和 TIM_Period，另外 3 个成员基本定时器是没有的，所以使用 TIM6 和 TIM7 时只初始化这两个成员即可，另外 3 个成员通用定时器和高级定时器才有。

```
void BASIC_TIM_Init(void)
{
  BASIC_TIM_NVIC_Config();
  BASIC_TIM_Mode_Config();
}
```

3. 定时器中断服务程序

```c
#include "stm32f10x_it.h"
#include "bsp_timbase.h"
extern volatile uint32_t time;

void  BASIC_TIM_IRQHandler (void)
{
  if ( TIM_GetITStatus( BASIC_TIM, TIM_IT_Update) != RESET )
  {
      time++;
      TIM_ClearITPendingBit(BASIC_TIM, TIM_FLAG_Update);
  }
}
```

定时器中断一次的时间是 1ms，定义一个全局变量 time，每当进一次中断，让 time 变量记录进入中断的次数。如果想实现一个 1s 的定时，判断 time 是否等于 1000 即可，1000个 1ms 就是 1s。然后把 time 变量清零，重新计数，如此循环往复。在中断服务程序的最后，要把相应的中断标志位清除掉。

4. main.c 程序

```c
// 基本定时器 TIMx 定时应用
#include "stm32f10x.h"
#include "bsp_led.h"
#include "bsp_timbase.h"

volatile uint32_t time = 0;                       // ms 计时变量

/**********************
  * @brief   主函数
  * @param   无
  * @retval  无
  **********************/
int main(void)
{
  /* LED 端口配置 */
  LED_GPIO_Config();
  BASIC_TIM_Init();
  while(1)
  {
    /* 1000 * 1 ms = 1s 时间到 */
    if ( time == 1000 )
    {
      time = 0;
```

```
        /* LED1 取反 */
        LED1_TOGGLE;
    }
}
```

　　main 函数做一些必要的初始化，然后在一个死循环中不断地判断 time 的值，time 的值会在定时器中断中改变，每加一次表示定时器过了 1ms，当 time 等于 1000 时，1s 时间到，LED1 翻转一次，并把 time 清零。

　　把编写好的程序下载到开发板，可以看到 LED 灯以 1s 的频率闪烁。

7.6　SysTick 系统滴答定时器

7.6.1　SysTick 功能综述

　　SysTick 系统滴答定时器是属于 CM3 内核中的一个外设，内嵌在 NVIC 中。SysTick 定时器是一个 24 位的向下递减的计数器，计数器每计数一次的时间为 1/SYSCLK，一般设置时钟 SYSCLK 为 72MHz。当自动重装载寄存器的值递减到 0 时，SysTick 定时器就发生一次中断，如此循环往复。

　　因为 SysTick 定时器是属于 CM3 内核的外设，所以所有基于 CM3 内核的单片机都具有这个定时器，这使得软件在 CM3 单片机中很容易被移植。SysTick 定时器一般用于操作系统，用于产生时基，维持操作系统的"心跳"。

　　当计数器到达 0 时，产生 SysTick 中断，计完 0 之后将从重装载寄存器中自动重装载定时初值。只要不把它在 SysTick 控制及状态寄存器中的使能位清除，就永不停息。SysTick 定时器工作时序如图 7-17 所示。

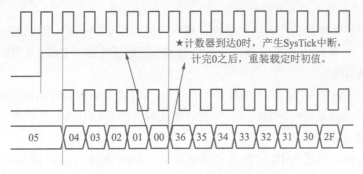

图 7-17　SysTick 定时器工作时序图

　　系统时钟节拍（SysTick）控制与状态寄存器如图 7-18 所示，SysTick 控制与状态寄存器的位分配如表 7-15 所示。

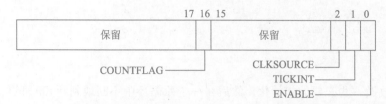

图 7-18　系统时钟节拍（SysTick）控制与状态寄存器

表 7-15　SysTick 控制与状态寄存器的位分配

域	名　称	定　义
[16]	COUNTFLAG	从上次读取定时器开始，如果定时器计数到 0，则返回 1，读取时清零
[2]	CLKSOURCE	0：外部参考时钟 1：内核时钟 如果没有提供参考时钟，那么该位保持为 1，并且因此赋予和内核时钟一样多的时间 内核时钟比参考时钟至少要快 2.5 倍，否则计数值将不可预测
[1]	TICKINT	1：向下计数至 0 会导致挂起 SysTick 处理器，使用 SysTick 中断 0：向下计数至 0 不会导致挂起 SysTick 处理器，软件可以使用 COUNTFLAG 判断是否计数到 0
[0]	ENABLE	1：计数器工作在连拍模式（Multi-shot），即计数器重装载值后接着开始计数，到计数到 0 时将 COUNTFLAG 设为 1，此时根据 TICKINT 的值可以选择是否挂起 SysTick 处理器，接着又再次重装载值，并重新开始计数 0：失能计数器

1）连拍式（Multi-shot）定时器

每 $N+1$ 个时钟脉冲就触发一次，周而复始，此处 N=1–0x00FFFFFF。如果每 100 个时钟脉冲就请求一次时钟中断（Tick Interrupt），那么必须向自动重装载寄存器写入 99。

2）单拍式（Single-shot）定时器

如果每次时钟中断后都写入一个新值，那么可以看作单拍模式，因而必须写入实际的倒计数值。例如，如果在 400 个时钟脉冲后想请求一个时钟中断（Tick），那么必须向自动重装载寄存器写入 400。

CM3 允许为 SysTick 提供两个时钟源以供选择。第 1 个是内核的自由运行时钟 FCLK。"自由"表现在它不来自系统时钟 HCLK，因此在系统时钟停止时 FCLK 也继续运行。第 2 个是一个外部的参考时钟。

STM32 的 RCC 通过 AHB 时钟 8 分频后供给 Cortex 系统定时器的 SysTick 外部时钟。通过对 SysTick 控制与状态寄存器的设置，可选择上述时钟或 Cortex AHB 时钟作为 SysTick 时钟。STM32 的 SysTick 时钟只能为 AHB 时钟 8 分频或 AHB 时钟。

当 SysTick 定时器从 1 计到 0 时，将把 COUNTFLAG 位置位，而以下方法可以将其清零。

（1）读取 SysTick 控制及状态寄存器（STCSR）。

（2）向 SysTick 当前值寄存器（STCVR）中写任何数据。

关于 SysTick 定时器的详细说明，请参考有关手册。

7.6.2　SysTick 配置例程

SysTick 寄存器结构体 SysTick_TypeDeff 在 stm32f10x_map.h 文件中的定义如下。

```
typedef struct
{
    vu32 CTRL;
    vu32 LOAD;
    vu32 VAL;
    vu32 CALIB;
} SysTick_TypeDef;
```

SysTick 配置流程如下。

（1）选择时钟源：SysTick_CLKSourceConfig 函数。

（2）配置中断优先级：NVIC_SystemHandlerPriorityConfig 函数。

（3）配置定时周期：SysTick_SetReload 函数。

（4）使能中断：SysTick_ITConfig 函数。

（5）使能定时器：SysTick_CounterCmd 函数。

（6）编写中断函数：SysTickHandler 函数。

下面详细介绍仪表的 SysTick 配置函数。

```
/****************************************************************************
* 函数名：SysTick_Configuration
* 描述：SysTick 定时器 1ms 溢出中断
* 输入参数：无
* 输出参数：无
* 返回值：无
* 调用处：main 函数初始化
****************************************************************************/
void SysTick_Configuration(void)
{
    /* 选择 SysTick 定时器的时钟源为 AHB 时钟，即 72MHz*/
    SysTick_CLKSourceConfig(SysTick_CLKSource_HCLK);
    /* SysTick 定时器优先级为（2,1）*/
    NVIC_SystemHandlerPriorityConfig(SystemHandler_SysTick, 2, 1);
    /*定时周期 1ms，设置自动重装载寄存器为 71999，SysTick 时钟为 72MHz，定时周期 =（71999+1）/
72MHz=1ms*/
    SysTick_SetReload(71999);
    /* 使能 SysTick 中断。SysTick 定时器只支持一种中断，即向下溢出中断，SysTick 是一个递减的
定时器，当定时器递减至 0 时，产生中断，自动重装载寄存器中的值就会被重装载，继续开始递减 */
    SysTick_ITConfig(ENABLE);
```

```
    /* 使能 SysTick 定时器 */
    SysTick_CounterCmd(SysTick_Counter_Enable);
}
/* 中断函数的编写。使用 SysTick 中断, 不需要清除中断标志位（没有中断标志）*/
void SysTickHandler(void)
{
}
```

注意：定时周期的设定在连拍式和单拍式时不同；在 AHB 确定的情况下，SysTick 定时器的最小和最大定时周期可以确定，使用时应考虑是否满足要求。

第 8 章

STM32 通用同步/异步收发器

本章讲述 STM32 通用同步 / 异步收发器，包括串行通信基础、STM32 的 USART 工作原理、USART 库函数和 USART 串行通信应用实例。

8.1 串行通信基础

在串行通信中，参与通信的两台或多台设备通常共享一条物理通路。发送者依次逐位发送一串数据信号，按一定的约定规则被接收者接收。由于串行端口通常只是规定了物理层的接口规范，所以为确保每次传输的数据报文能准确到达目的地，使每个接收者能够接收到所有发向它的数据，必须在通信连接上采取相应的措施。

由于借助串行端口所连接的设备功能、型号往往互不相同，其中大多数设备除了等待接收数据之外还会有其他任务。例如，一个数据采集单元需要周期性地收集和存储数据；一个控制器需要负责控制计算或向其他设备发送报文；一台设备可能会在接收方正在进行其他任务时向它发送信息。因此，必须有能应对多种不同工作状态的一系列规则保证通信的有效性。这里所讲的保证串行通信有效性的方法包括：使用轮询或中断检测、接收信息；设置通信帧的起始、停止位；建立连接握手；实行对接收数据的确认、数据缓存以及错误检查等。

8.1.1 串行异步通信数据格式

无论是 RS-232 还是 RS-485，均可采用串行异步收发数据格式。

在串行端口的异步传输中，接收方一般事先并不知道数据会在何时到达。在它检测到数据并作出响应之前，第 1 个数据位就已经过去了。因此，每次异步传输都应该在发送的数据之前设置至少一个起始位，以通知接收方有数据到达，给接收方一个准备接收数据、缓存数据和作出其他响应所需要的时间。而在传输过程结束时，则应有一个停止位通知接收方本次传输过程已终止，以便接收方正常终止本次通信而转入其他工作程序。

通用异步接收 / 发送设备（Universal Asynchronous Receiver/Transmitter，UART）通信的数据格式如图 8-1 所示。

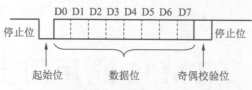

图 8-1　通用异步接收 / 发送设备通信的数据格式

若通信线上无数据发送，该线路应处于逻辑 1 状态（高电平）。当计算机向外发送一个字符数据时，应先送出起始位（逻辑 0，低电平），随后紧跟数据位，这些数据构成要发送的字符信息。有效数据位的个数可以规定为 5、6、7 或 8。奇偶校验位视需要设定，紧跟其后的是停止位（逻辑 1，高电平），其位数可在 1、1.5、2 中选择其一。

8.1.2　串行同步通信数据格式

同步通信是由 1 ~ 2 个同步字符和多字节数据位组成，同步字符作为起始位以触发同步时钟开始发送或接收数据；多字节数据之间不允许有空隙，每位占用的时间相等；空闲位需要发送同步字符。

微课视频

同步通信传送的多字节数据由于中间没有空隙，因而传输速度较快，但要求有准确的时钟实现收发双方的严格同步，对硬件要求较高，适用于成批数据传输。串行同步收发通信的数据格式如图 8-2 所示。

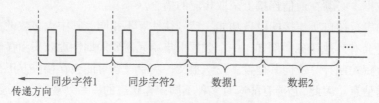

图 8-2　串行同步收发通信的数据格式

8.2　STM32 的 USART 工作原理

通信是嵌入式系统的重要功能之一。嵌入式系统中使用的通信接口有很多，如 UART、SPI、I2C、USB 和 CAN 等。其中，UART 是最常见、最方便、使用最频繁的通信接口。在嵌入式系统中，很多微控制器或外设模块都带有 UART 接口，如 STM32F103 系列微控制器、6 轴运动处理组件 MPU6050（包括 3 轴陀螺仪和 3 轴加速度计）、超声波测距模块 US-100、GPS 模块 UBLOX、13.56MHz 非接触式 IC 卡读卡模块 RC522 等。它们彼此通过 UART 相互通信交换数据，但由于 UART 通信距离较短，一般仅能支持板级通信，因此，通常在 UART 的基础上，经过简单扩展或变换，就可以得到实际生活中常用的各种适用于较长距离的串行数据通信接口，如 RS-232、RS-485 和 IrDA 等。

出于成本和功能两方面的考虑，目前大多数半导体厂商选择在微控制器内部集成 UART 模块。意法半导体公司的 STM32F103 系列微控制器也不例外，在它内部配备了强大的 UART 模块 USART（通用同步/异步收发器）。STM32F103 的 USART 模块不仅具备 UART 接口的基本功能，还支持同步单向通信、局部互联网（Local Interconnect Network，LIN）协议、智能卡协议、IrDA SIR 编码/解码规范、调制解调器操作。

8.2.1　USART 介绍

通用同步/异步收发器（USART）可以说是嵌入式系统中除了 GPIO 外最常用的一种外设。USART 常用的原因不在于其性能超强，而是因为 USART 简单、通用。自 Intel 公司 20 世纪 70 年代发明 USART 以来，上至服务器、PC 之类的高性能计算机，下至 4 位或 8 位的单片机几乎都配置了 USART 端口，通过 USART，嵌入式系统可以和绝大多数计算机系统进行简单的数据交换。USART 端口的物理连接也很简单，只要 2～3 根线即可实现通信。

与 PC 软件开发不同，很多嵌入式系统没有完备的显示系统，开发者在软/硬件开发和调试过程中很难实时地了解系统的运行状态。一般开发者会选择用 USART 作为调试手段：开发首先完成 USART 的调试，在后续功能的调试中就通过 USART 向 PC 发送嵌入式系统运行状态的提示信息，以便定位软/硬件错误，加快调试进度。

USART 通信的另一个优势是可以适应不同的物理层。例如，使用 RS-232 或 RS-485 接口可以明显提升 USART 通信的距离，无线频移键控（Frequency-Shift Keying，FSK）调制可以降低布线施工的难度。所以，USART 在工控领域也有着广泛的应用，是串行接口的工业标准（Industry Standard）。

USART 提供了一种灵活的方法与使用工业标准不归零码（Non-Return Zero，NRZ）异步串行数据格式的外部设备之间进行全双工数据交换。USART 利用分数波特率发生器提供宽范围的波特率选择。它支持同步单向通信和半双工单线通信，也支持 LIN（局部互联网）、智能卡协议和 IrDA（红外数据组织）SIR ENDEC 规范，以及调制解调器操作。它还允许多处理器通信，使用多缓冲器配置的 DMA 方式，可以实现高速数据通信。

SM32F103 微控制器的小容量产品有两个 USART，中等容量产品有 3 个 USART，大容量产品有 3 个 USART 和两个 UART。

8.2.2　USART 的主要特性

USART 的主要特性如下。

（1）全双工，异步通信。

（2）NRZ 标准格式。

（3）分数波特率发生器系统。发送和接收共用的可编程波特率最高达 4.5MBaud/s。

（4）可编程数据字长度（8 位或 9 位）。

（5）可配置的停止位：支持 1 或 2 个停止位。

（6）LIN 主发送同步断开符的能力以及 LIN 从检测断开符的能力。当 USART 硬件配置成 LIN 时，生成 13 位断开符；检测 10/11 位断开符。

（7）发送方为同步传输提供时钟。

（8）IrDA SIR 编码器 / 解码器。在正常模式下支持 3/16 位的持续时间。

（9）智能卡模拟功能。智能卡接口支持 ISO 7816-3 标准中定义的异步智能卡协议；智能卡用到 0.5 和 1.5 个停止位。

（10）单线半双工通信。

（11）可配置的使用 DMA 的多缓冲器通信。在 SRAM 中利用集中式 DMA 缓冲接收 / 发送字节。

（12）单独的发送器和接收器使能位。

（13）检测标志：接收缓冲器满、发送缓冲器空、传输结束标志。

（14）校验控制：发送校验位；对接收数据进行校验。

（15）4 个错误检测标志：溢出错误、噪声错误、帧错误、校验错误。

（16）10 个带标志的中断源：CTS 改变；LIN 断开符检测；发送数据寄存器空；发送完成；接收数据寄存器满；检测到总线为空闲；溢出错误；帧错误；噪声错误；校验错误。

（17）多处理器通信。如果地址不匹配，则进入静默模式。

（18）从静默模式中唤醒。通过空闲总线检测或地址标志检测。

（19）两种唤醒接收器的方式：地址位（MSB，第 9 位）、总线空闲。

8.2.3　USART 的功能

STM32F103 微控制器 USART 接口通过 3 个引脚与其他设备连接在一起，其内部结构如图 8-3 所示。

任何 USART 双向通信至少需要两个引脚：接收数据输入（RX）和发送数据输出（TX）。RX 接收数据串行输入，通过过采样技术区别数据和噪声，从而恢复数据。

TX 发送数据串行输出。当发送器被禁止时，输出引脚恢复到它的 I/O 端口配置。当发送器被激活，并且不发送数据时，TX 引脚处于高电平。在单线和智能卡模式下，此 I/O 端口被同时用于数据的发送和接收。

（1）总线在发送或接收前应处于空闲状态。

（2）一个起始位。

（3）一个数据字（8 或 9 位），最低有效位在前。

（4）0.5、1.5、2 个的停止位，由此表明数据帧的结束。

（5）使用分数波特率发生器：12 位整数和 4 位小数的表示方法。

（6）一个状态寄存器（USART_SR）。

（7）数据寄存器（USART_DR）。

（8）一个波特率寄存器（USART_BRR），12 位的整数和 4 位小数。

（9）一个智能卡模式下的保护时间寄存器（USART_GTPR）。

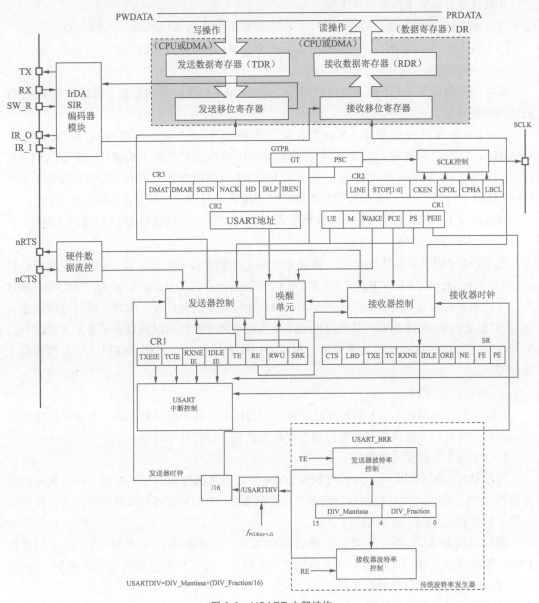

图 8-3　USART 内部结构

在同步模式下需要以下 CK 引脚。此引脚输出用于同步传输的时钟。它可以用来控制带有移位寄存器的外部设备（如 LCD 驱动器）。时钟相位和极性都是软件可编程的。在智能卡模式下，CK 可以为智能卡提供时钟。

在 IrDA 模式下需要以下引脚。

（1）IrDA_RDI：IrDA 模式下的数据输入。

（2）IrDA_TDO：IrDA 模式下的数据输出。

在硬件流控模式下需要以下引脚。

（1）nCTS：清除发送，若是高电平，在当前数据传输结束时阻断下一次的数据发送。

（2）nRTS：发送请求，若是低电平，表明 USART 准备好接收数据。

1. 波特率控制

波特率控制即图 8-3 下部虚线框的部分。通过对 USART 时钟的控制，可以控制 USART 的数据传输速度。

USART 外设时钟源根据 USART 的编号不同而不同。对于挂载在 APB2 总线上的 USART1，它的时钟源是 f_{PCLK2}；对于挂载在 APB1 总线上的其他 USART（如 USART2 和 USART3 等），它们的时钟源是 f_{PCLK1}。以上 USART 外设时钟源经各自 USART 的分频系数 USARTDIV 分频后，分别输出作为发送器时钟和接收器时钟，控制发送和接收的时序。

通过改变 USART 外设时钟源的分频系数 USARTDIV，可以设置 USART 的波特率。

2. 收发控制

收发控制即图 8-3 的中间部分。该部分由若干控制寄存器组成，如 USART 控制寄存器（Control Register）CR1、CR2、CR3 和 USART 状态寄存器（Status Register）SR 等。通过向以上控制寄存器写入各种参数，控制 USART 数据的发送和接收。同时，通过读取状态寄存器，可以查询 USART 当前的状态。USART 状态的查询和控制可以通过库函数来实现，因此，无须深入了解这些寄存器的具体细节（如各个位代表的意义），学会使用 USART 相关的库函数即可。

3. 数据存储转移

数据存储转移即图 8-3 上部的灰色部分。它的核心是两个移位寄存器：发送移位寄存器和接收移位寄存器。这两个移位寄存器负责收发数据并进行并串转换。

1）USART 数据发送过程

当 USART 发送数据时，内核指令或 DMA 外设先将数据从内存（变量）写入发送数据寄存器 TDR。然后，发送控制器适时地自动把数据从 TDR 加载到发送移位寄存器，将数据一位一位地通过 TX 引脚发送出去。

数据完成从 TDR 到发送移位寄存器的转移后，会产生发送寄存器 TDR 已空的事件 TXE。数据从发送移位寄存器全部发送到 TX 引脚后，会产生数据发送完成事件 TC。这些事件都可以在状态寄存器中查询到。

2）USART 数据接收过程

USART 数据接收是 USART 数据发送的逆过程。

当 USART 接收数据时，数据从 RX 引脚一位一位地输入接收移位寄存器。然后，接收控制器自动将接收移位寄存器的数据转移到接收数据寄存器 RDR 中。最后，内核指令或 DMA 将接收数据寄存器 RDR 的数据读入内存（变量）中。

接收移位寄存器的数据转移到接收数据寄存器 RDR 后，会产生接收数据寄存器 RDR 非空/已满事件 RXNE。

8.2.4　USART 的通信时序

可以通过编程 USART_CR1 寄存器中的 M 位，选择 8 位或 9 位字长，如图 8-4 所示。

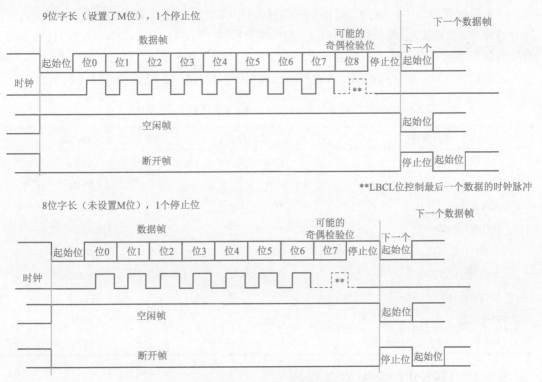

图 8-4　USART 通信时序

在起始位期间，TX 引脚处于低电平，在停止位期间处于高电平。空闲符号被视为完全由 1 组成的一个完整的数据帧，后面跟着包含了数据的下一帧的起始位。断开符号被视为在一个帧周期内全部收到 0。在断开帧结束时，发送器再插入一或两个停止位（1）应答起始位。发送和接收由一个共用的波特率发生器驱动，当发送器和接收器的使能位分别置位时，分别为其产生时钟。

图 8-4 中的 LBCL 位控制最后一位时钟脉冲（Last Bit Clock Pulse），为控制寄存器 2（USART_CR2）的位 8。在同步模式下，该位用于控制是否在 CK 引脚输出最后发送的那个数据位（最高位）对应的时钟脉冲。0 表示最后一位数据的时钟脉冲不从 CK 输出；1 表示最后一位数据的时钟脉冲会从 CK 输出。

注意：最后一个数据位就是第 8 个或第 9 个发送的位（根据 USART_CR1 寄存器中的 M 位所定义的 8 位或 9 位数据帧格式）；UART4 和 UART5 上不存在这一位。

8.2.5　USART 的中断

STM32F103 系列微控制器的 USART 主要有以下各种中断事件。

（1）发送期间的中断事件，包括发送完成（TC）、清除发送（CTS）、发送数据寄存器空（TXE）。

（2）接收期间的中断事件，包括空闲总线检测（IDLE）、溢出错误（ORE）、接收数据寄存器非空（RXNE）、校验错误（PE）、LIN 断开检测（LBD）、噪声错误（NE，仅在多缓冲器通信）和帧错误（FE，仅在多缓冲器通信）。

如果设置了对应的使能控制位，这些事件就可以产生各自的中断，如表 8-1 所示。

表 8-1　STM32F103 系列微控制器 USART 的中断事件及其使能标志位

中断事件	事件标志	使　能　位
发送数据寄存器空	TXE	TXEIE
CTS 标志	CTS	CTSIE
发送完成	TC	TCIE
接收数据就绪可读	RXNE	RXNEIE
检测到数据溢出	ORE	OREIE
检测到空闲线路	IDLE	IDLEIE
奇偶检验错	PE	PEIE
断开标志	LBD	LBDIE
噪声标志、溢出错误和帧错误	NE、ORE 或 FE	EIE

8.2.6　USART 的相关寄存器

下面介绍 STM32F103 的 USART 相关寄存器名称，可以用半字（16 位）或字（32 位）的方式操作这些外设寄存器，由于采用库函数方式编程，故不作进一步探讨。

（1）状态寄存器（USART_SR）。

（2）数据寄存器（USART_DR）。

（3）波特比率寄存器（USART_BRR）。

（4）控制寄存器 1（USART_CR1）。

（5）控制寄存器 2（USART_CR2）。

（6）控制寄存器 3（USART_CR3）。

（7）保护时间和预分频寄存器（USART_GTPR）。

8.3　STM32 的 USART 库函数

　　STM32 标准库提供了几乎覆盖 USART 操作的函数，如表 8-2 所示。为了理解这些函数的具体使用方法，下面对标准库中部分函数进行详细介绍。

　　STM32F10x 的 USART 库函数存放在 STM32F10x 标准外设库的 stm32f10x_usart.h、stm32f10x_usart.c 等文件中。其中，头文件 stm32f10x_usart.h 用来存放 USART 相关结构体和宏定义以及 USART 库函数的声明，源代码文件 stm32f10x_usart.c 用来存放 USART 库函数定义。

表 8-2　USART 库函数

函数名称	功　　能
USART_DeInit	将外设 USARTx 寄存器重设为默认值
USART_Init	根据 USART_InitStruct 中指定的参数初始化外设 USARTx 寄存器
USART_StructInit	把 USART_InitStruct 中的每个参数按默认值填入
USART_Cmd	使能或失能 USART 外设
USART_ITConfig	使能或失能指定的 USART 中断
USART_DMAConfig	使能或失能指定 USART 的 DMA 请求
USART_SetAddress	设置 USART 节点的地址
USART_WakeUpConfig	选择 USART 的唤醒方式
USART_ReceiveWakeUpConfig	检查 USART 是否处于静默模式
USART_LINBreakDetectLengthConfig	设置 USART LIN 中断检测长度
USART_LINCmd	使能或失能 USARTx 的 LIN 模式
USART_SendData	通过外设 USARTx 发送数据
USART_ReceiveData	通过外设 USARTx 接收数据
USART_SendBreak	发送中断字
USART_SetGuardTime	设置指定的 USART 保护时间
USART_SetPrescaler	设置 USART 时钟预分频
USART_SmartCardCmd	使能或失能指定 USART 的智能卡模式
USART_SmartCardNackCmd	使能或失能 Nack 传输
USART_HalfDuplexCmd	使能或失能 USART 半双工模式
USART_IrDAConfig	设置 USART IrDA 模式
USART_IrDACmd	使能或失能 USART IrDA 模式
USART_GetFlagStatus	检查指定的 USART 标志位设置与否
USART_ClearFlag	清除 USARTx 的待处理标志位
USART_GetITStatus	检查指定的 USART 中断发生与否
USART_ClearITPendingBit	清除 USARTx 的中断待处理位

微课视频

1. USART_DeInit 函数

❏ 函数名：USART_DeInit。

❏ 函数原型：void USART_DeInit（USART_TypeDef* USARTx）。

❏ 功能描述：将外设 USARTx 寄存器重设为默认值。

❏ 输入参数：USARTx，x 可以是 1、2 或 3，用于选择 USART 外设。

❏ 输出参数：无。

❏ 返回值：无。

❏ 示例：

```
/* 重置 USART1 寄存器为默认值 */
USART_DeInit(USART1);
```

2. USART_Init 函数

❏ 函数名：USART_Init。

❏ 函数原型：void USART_Init（USART_TypeDef* USARTx，USART_InitTypeDef* USART_InitStruct）。

❏ 功能描述：根据 USART_InitStruct 中指定的参数初始化外设 USARTx 寄存器。

❏ 输入参数 1：USARTx，x 可以是 1、2 或 3，用于选择 USART 外设。

❏ 输入参数 2：USART_InitStruct，指向 USART_InitTypeDef 结构体的指针，包含了外设 USART 的配置信息。

❏ 输出参数：无。

❏ 返回值：无。

❏ 示例：

```
/* 配置 USART1 */
USART_InitTypeDef  USART_InitStructure;
USART_InitStructure.USART_BaudRate = 9600;
USART_InitStructure.USART_WordLength=USART_WordLength_8b;
USART_InitStructure.USART_StopBits = USART_StopBits_1;
USART_InitStructure.USART_Parity = USART_Parity_Odd;
USART_InitStructure.USART_Mode = USART_Mode_Tx |USART_Mode_Rx;
USART_InitStructure.USART_HardwareFlowControl=USART_HardwareFlowControl_RTS_CTS;
USART_Init(USART1,&USART_InitStructure);
```

1）USART_InitTypeDef 结构体

USART_InitTypeDef 结构体定义于 stm32f10x_usart.h 文件中。

```
typedef struct
{
   uint32_t USART_BaudRate;
   uint16_t USART_WordLength;
```

```
    uint16_t USART_StopBits;
    uint16_t USART_Parity;
    uint16_t USART_Mode;
    uint16_t USART_HardwareFlowControl;
}USART_InitTypeDef
```

2）USART_BaudRate

该参数设置了 USART 传输的波特率，可以由以下公式计算。

IntegerDivider =APBClock / （16 × （USART_InitStruct → USART_BaudRate ））

FractionalDivider= （IntegerDivider– （（u32 ）IntegerDivider ）） × 16+0.5

3）USART_WordLength

USART_WordLength 提示了在一帧中传输或接收到的数据位数，取值如表 8-3 所示。

表 8-3　USART_WordLength 取值

USART_WordLength	描　　述
USART_WordLength_8b	8 位数据
USART_WordLength_9b	9 位数据

4）USART_StopBits

USART_StopBits 定义了发送的停止位数目，取值如表 8-4 所示。

表 8-4　USART_StopBits 取值

USART_StopBits	描　　述
USART_StopBits_1	在帧结尾传输 1 个停止位
USART_StopBits_0_5	在帧结尾传输 0.5 个停止位
USART_StopBits_2	在帧结尾传输 2 个停止位
USART_StopBits_1_5	在帧结尾传输 1.5 个停止位

5）USART_Parity

USART_Parity 定义了奇偶模式，取值如表 8-5 所示。

表 8-5　USART_Parity 取值

USART_Parity	描　　述
USART_Parity_No	奇偶失能
USART_Parity_Even	偶模式
USART_Parity_Odd	奇模式

注意：奇偶校验一旦使能，在发送数据的 MSB 位插入经计算的奇偶位（9 位字长时的第 9 位，8 位字长时的第 8 位）。

6）USART_Mode

USART_Mode 指定了使能或失能发送和接收模式，取值如表 8-6 所示。

表 8-6　USART_Mode 取值

USART_Mode	描　述
USART_Mode_Tx	发送使能
USART_Mode_Rx	接收使能

7）USART_HardwareFlowControl

USART_HardwareFlowControl 指定了硬件流控制模式使能还是失能，取值如表 8-7 所示。

表 8-7　USART_HardwareFlowControl 取值

USART_HardwareFlowControl	描　述
USART_HardwareFlowControl_None	硬件流控制失能
USART_HardwareFlowControl_RTS	发送请求 RTS 使能
USART_HardwareFlowControl_CTS	清除发送 CTS 使能
USART_HardwareFlowControl_RTS_CTS	RTS 和 CTS 使能

3．USART_Cmd 函数

- 函数名：USART_Cmd。
- 函数原型：void USART_Cmd（USART_TypeDef* USARTx，FunctionalState NewState）。
- 功能描述：使能或失能外设 USART。
- 输入参数 1：USARTx，x 可以是 1、2 或 3，用于选择 USART 外设。
- 输入参数 2：NewState，外设 USARTx 的新状态，取值为 ENABLE 或 DISABLE。
- 输出参数：无。
- 返回值：无。
- 示例：

```
/* 使能 USART1 */
USART_Cmd(USART1,ENABLE);
```

4．USART_SendData 函数

- 函数名：USART_SendData。
- 函数原型：void USART_SendData（USART_TypeDef* USARTx，uint16_t Data）。
- 功能描述：通过外设 USARTx 发送单个数据。
- 输入参数 1：USARTx，x 可以是 1、2 或 3，用于选择 USART 外设。
- 输入参数 2：Data，待发送的数据。

❏ 输出参数：无。

❏ 返回值：无。

❏ 示例：

```
/* 在 USART3 上发送一个半字 */
USART_SendData(USART3, 0x26);
```

5. USART_ReceiveData 函数

❏ 函数名：USART_ReceiveData。

❏ 函数原型：u16 USART_ReceiveData（USART_TypeDef* USARTx）。

❏ 功能描述：返回 USARTx 最新接收到的数据。

❏ 输入参数 1：USARTx，x 可以是 1、2 或 3，用于选择 USART 外设。

❏ 输出参数：无。

❏ 返回值：接收到的字。

❏ 示例：

```
/* 在 USART2 上收到一个半字 */
u16 RxData;
RxData=USART_ReceiveData(USART2);
```

6. USART_GetFlagStatus 函数

❏ 函数名：USART_GetFlagStatus。

❏ 函数原型：FlagStatus USART_GetFlagStatus（USART_TypeDef* USARTx，uint16_t USART_FLAG）。

❏ 功能描述：检查指定的 USART 标志位设置与否。

❏ 输入参数 1：USARTx，x 可以是 1、2 或 3，用于选择 USART 外设。

❏ 输入参数 2：USART_FLAG，待指定的 USART 标志位。表 8-8 给出了所有可以被 USART_GetFlagStatus 函数检查的标志位。

❏ 输出参数：无。

❏ 返回值：USART_FLAG 的新状态（SET 或 RESET）。

❏ 示例：

```
/* 检查传输数据寄存器是否已满 */
FlagStatus Status;
Status =USART_GetFlagStatus (USART1, USART_FLAG_TXE);
```

表 8-8　USART_FLAG 取值

USART_FLAG	描　　述
USART_FLAG_CTS	CTS 标志位
USART_FLAG_LBD	LIN 中断检测标志位

USART_FLAG	描　述
USART_FLAG_TXE	发送数据寄存器标志位
USART_FLAG_TC	发送完成标志位
USART_FLAG_RXNE	接收数据寄存器非空标志位
USART_FLAG_IDLE	空闲总线标志位
USART_FLAG_ORE	溢出错误标志位
USART_FLAG_NE	噪声错误标志位
USART_FLAG_FE	帧错误标志位
USART_FLAG_PE	奇偶错误标志位

7. USART_ClearFlag 函数

❏ 函数名: USART_ClearFlag。

❏ 函数原型: void USART_ClearFlag（USART_TypeDef* USARTx, uint16_t USART_FLAG）。

❏ 功能描述: 清除 USARTx 的待处理标志位。

❏ 输入参数 1: USARTx, x 可以是 1、2 或 3, 用于选择 USART 外设。

❏ 输入参数 2: USART_FLAG, 待清除的 USART 标志位。

❏ 输出参数: 无。

❏ 返回值: 无。

❏ 示例:

```
/* 清除溢出错误标志 */
USART_ClearFlag(USART1,USART_FLAG_OR);
```

8. USART_ITConfig 函数

❏ 函数名: USART_ITConfig。

❏ 函数原型: void USART_ITConfig（USART_TypeDef* USARTx, uint16_t USART_IT, FunctionalState NewState）。

❏ 功能描述: 使能或失能指定的 USART 中断。

❏ 输入参数 1: USARTx, x 可以是 1、2 或 3, 用于选择 USART 外设。

❏ 输入参数 2: USART_IT, 待使能或失能的 USART 中断源。可以取表 8-9 的一个或多个取值的组合作为该参数的值。

❏ 输入参数 3: NewState, USARTx 中断的新状态, 取值为 ENABLE 或 DISABLE。

❏ 输出参数: 无。

❏ 返回值: 无。

❏ 示例:

```
/* 使能 USART1 传输中断 */
USART_ITConfig(USART1,USART_IT_Transmit ENABLE);
```

表 8-9　USART_IT 取值

USART_IT	描　述
USART_IT_PE	奇偶错误中断
USART_IT_TXE	发送中断
USART_IT_TC	传输完成中断
USART_IT_RXNE	接收中断
USART_IT_IDLE	空闲总线中断
USART_IT_LBD	LIN 中断检测中断
USART_IT_CTS	CTS 中断
USART_IT_ERR	错误中断

9. USART_GetITStatus 函数

❑ 函数名：USART_GetITStatus。

❑ 函数原型：ITStatus USART_GetITStatus（USART_TypeDef* USARTx, uint16_t USART_IT）。

❑ 功能描述：检查指定的 USART 中断发生与否。

❑ 输入参数 1：USARTx，x 可以是 1、2 或 3，用于选择 USART 外设。

❑ 输入参数 2：USART_IT，待检查的 USART 中断源。表 8-10 给出了所有可以被 USART_GetITStatus 函数检查的中断标志位。

❑ 输出参数：无。

❑ 返回值：USART_IT 的新状态。

❑ 示例：

```
/* 获取 USART1 溢出错误中断状态 */
ITStatus  ErrorITStatus;
ErrorITStatus =USART_GetITStatus(USART1,USART_IT_ORE);
```

表 8-10　USART_GetITStatus 值

USART_GetITStatus	描　述
USART_IT_PE	奇偶错误中断
USART_IT_TXE	发送中断
USART_IT_TC	传输完成中断
USART_IT_RXNE	接收中断
USART_IT_IDLE	空闲总线中断
USART_IT_LBD	LIN 中断检测中断

USART_GetITStatus	描　　述
USART_IT_CTS	CTS 中断
USART_IT_ORE	溢出错误中断
USART_IT_NE	噪声错误中断
USART_IT_FE	帧错误中断

10. USART_ClearITPendingBit 函数

❑ 函数名：USART_ClearITPendingBit。

❑ 函数原型：void USART_ClearITPendingBit（USART_TypeDef* USARTx，uint16_t USART_IT）。

❑ 功能描述：清除 USARTx 的中断待处理位。

❑ 输入参数 1：USARTx，x 可以是 1、2 或 3，用于选择 USART 外设。

❑ 输入参数 2：USART_IT，待检查的 USART 中断源。

❑ 输出参数：无。

❑ 返回值：无。

❑ 示例：

```
/* 清除溢出错误中断挂起位 */
USART_ClearITPendingBit(USART1,USART_IT_OverrunError);
```

11. USART_DMACmd 函数

❑ 函数名：USART_DMACmd。

❑ 函数原型：void USART_DMACmd（USART_TypeDef* USARTx，uint16_t USART_DMAReq，FunctionalState NewState）。

❑ 功能描述：使能或失能指定 USART 的 DMA 请求。

❑ 输入参数 1：USARTx，x 可以是 1、2 或 3，用于选择 USART 外设。

❑ 输入参数 2：USART_DMAReq，指定待使能或失能的 DMA 请求。表 8-11 给出了该参数的取值。

❑ 输入参数 3：NewState，USARTx DMA 请求源的新状态，取值为 ENABLE 或 DISABLE。

❑ 输出参数：无。

❑ 返回值：无。

❑ 示例：

```
/* 使能 USART2 的 Rx 和 Tx 动作上的 DMA 传输 */
USART_DMACmd(USART2,USART_DMAReq_Rx| USART_DMAReq_Tx, ENABLE);
```

表 8-11　USART_DMAReq 取值

USART_DMAReq	描　述
USART_DMAReq_Tx	发送 DMA 请求
USART_DMAReq_Rx	接收 DMA 请求

8.4　STM32 的 USART 串行通信应用实例

STM32 通常具有 3 个以上的串行通信口（USART），可根据需要选择其中一个。

在串行通信应用的实现中，难点在于正确配置、设置相应的 USART。与 51 单片机不同的是，除了要设置串行通信口的波特率、数据位数、停止位和奇偶校验等参数外，还要正确配置 USART 涉及的 GPIO 和 USART 端口本身的时钟，即使能相应的时钟。否则，无法正常通信。

串行通信通常有查询法和中断法两种。如果采用中断法，还必须正确配置中断向量、中断优先级，使能相应的中断，并设计具体的中断函数；如果采用查询法，则只要判断发送、接收的标志，即可进行数据的发送和接收。

USART 只需两根信号线即可完成双向通信，对硬件要求低，使得很多模块都预留 USART 接口实现与其他模块或控制器进行数据传输，如 GSM 模块、Wi-Fi 模块、蓝牙模块等。在硬件设计时，注意还需要一根"共地线"。

现实中经常使用 USART 实现控制器与计算机之间的数据传输，这使得调试程序非常方便。例如，可以把一些变量的值、函数的返回值、寄存器标志位等通过 USART 发送到串口调试助手，这样可以非常清楚程序的运行状态，在正式发布程序时再把这些调试信息去掉即可。不仅可以将数据发送到串口调试助手，还可以从串口调试助手发送数据给控制器，控制器程序根据接收到的数据进行下一步工作。

首先，编写一个程序实现开发板与计算机通信，在开发板上电时通过 USART 发送一串字符串给计算机，然后开发板进入中断接收等待状态。如果计算机发送数据过来，开发板就会产生中断，通过中断服务函数接收数据，并把数据返回给计算机。

8.4.1　STM32 的 USART 基本配置流程

STM32F1 的 USART 功能有很多，最基本的功能就是发送和接收。其功能的实现需要串口工作方式配置、串口发送和串口接收 3 部分程序。本节只介绍基本配置，其他功能和技巧都是在基本配置的基础上完成的，读者可参考相关资料。USART 的基本配置流程如图 8-5 所示。

需要注意的是，串口是 I/O 的复用功能，需要根据数据手册将相应的 I/O 配置为复用功能。如 USART1 的发送引脚和 PA9 复用，需要将 PA9 配置为复用推挽输出；接收引脚和 PA10 复用，需要将 PA10 配置为浮空输入，并开启复用功能时钟。另外，根据需要设置串口波特率和数据格式。

和其他外设一样，完成配置后一定要使能串口功能。

使用 USART_SendData 函数发送数据。发送数据时一般要判断发送状态，等发送完成后再执行后面的程序，如下所示。

```
/* 发送数据 */
USART_SendData (USART1, i);
/* 等待发送完成 */
while (USART_GetFlagStatus (USART1, USART_FLAG_TC)! =SET);
```

使用 USART_ReceiveData 函数接收数据。无论使用中断方式接收还是查询方式接收，首先要判断接收数据寄存器是否为空，非空时才进行接收，如下所示。

```
/* 接收寄存器非空 */
(USART_GetFlagStatus (USART1, USART_IT_RXNE) ==SET);
/* 接收数据 */
i=USART_ReceiveData (USARTI);
```

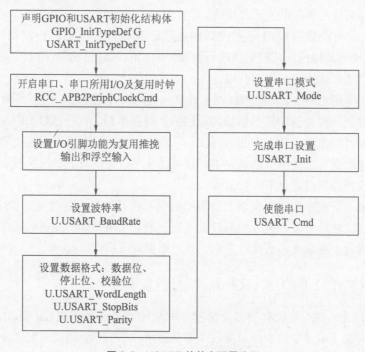

图 8-5　USART 的基本配置流程

8.4.2　USART 串行通信应用的硬件设计

为利用 USART 实现开发板与计算机通信，需要用到一个 USB 转 USART 的集成电路，选择 CH340G 芯片实现这个功能。CH340G 是一枚 USB 总线的转接芯片，实现 USB 转 USART、USB 转 IrDA 或 USB 转打印机接口。使用 CH340G 芯片的 USB 转 USART 功能，具体电路设计如图 8-6 所示。

将 CH340G 芯片的 TXD 引脚与 USART1 的 RX 引脚连接，将 CH340G 芯片的 RXD 引脚与 USART1 的 TX 引脚连接。CH340G 芯片集成在开发板上，其地线（GND）已与控制器的 GND 相连。

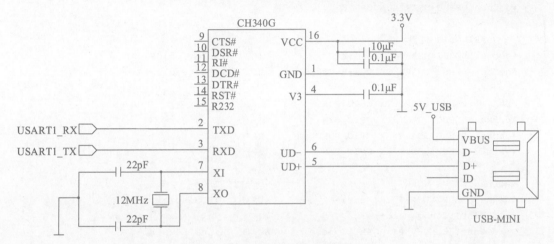

图 8-6　USB 转 USART 的硬件电路设计

8.4.3　USART 串行通信应用的软件设计

创建两个文件 bsp_usart.c 和 bsp_usart.h，用来存放 USART 驱动程序及相关宏定义。编程要点如下。

（1）使能 RX 和 TX 引脚的 GPIO 时钟和 USART 时钟。

（2）初始化 GPIO，并将 GPIO 复用到 USART 上。

（3）配置 USART 参数。

（4）配置中断控制器并使能 USART 接收中断。

（5）使能 USART。

（6）在 USART 接收中断服务函数中实现数据接收和发送。

1. bsp_usart.h 头文件

```
#ifndef __USART_H
#define __USART_H

#include "stm32f10x.h"
#include <stdio.h>
/*
```

```
 *  串口宏定义，不同的串口挂载的总线和 I/O 不一样，移植时需要修改这几个宏
 *  1- 修改总线时钟的宏，USART1 挂载到 APB2 总线，其他 USART 挂载到 APB1 总线
 *  2- 修改 GPIO 的宏
 */
// 串口 1-USART1
#define   DEBUG_USARTx                    USART1
#define   DEBUG_USART_CLK                 RCC_APB2Periph_USART1
#define   DEBUG_USART_APBxClkCmd          RCC_APB2PeriphClockCmd
#define   DEBUG_USART_BAUDRATE            115200


// USART GPIO 引脚宏定义
#define   DEBUG_USART_GPIO_CLK            (RCC_APB2Periph_GPIOA)
#define   DEBUG_USART_GPIO_APBxClkCmd     RCC_APB2PeriphClockCmd


#define   DEBUG_USART_TX_GPIO_PORT        GPIOA
#define   DEBUG_USART_TX_GPIO_PIN         GPIO_Pin_9
#define   DEBUG_USART_RX_GPIO_PORT        GPIOA
#define   DEBUG_USART_RX_GPIO_PIN         GPIO_Pin_10


#define   DEBUG_USART_IRQ                 USART1_IRQn
#define   DEBUG_USART_IRQHandler          USART1_IRQHandler
void USART_Config(void);
void Usart_SendByte( USART_TypeDef * pUSARTx, uint8_t ch);
void Usart_SendString( USART_TypeDef * pUSARTx, char *str);
void Usart_SendHalfWord( USART_TypeDef * pUSARTx, uint16_t ch);


#endif /* __USART_H */
```

使用宏定义方便程序移植和升级。开发板中的 CH340G 芯片的收发引脚通过跳线帽连接到 USART1，如果想使用其他串口，可以把 CH340G 芯片与 USART1 直接连接的跳线帽拔掉，再把其他串口的 I/O 用杜邦线接到 CH340G 芯片的收发引脚即可。

这里使用 USART1，设定波特率为 115200，选定 USART 的 GPIO 为 PA9 和 PA10。

2. bsp_usart.c 文件

1）NVIC_Configuration 函数

```
#include "bsp_usart.h"
/*************************************
 * @brief   配置嵌套向量中断控制器 NVIC
 * @param   无
 * @retval  无
 *************************************/
static void NVIC_Configuration(void)
{
  NVIC_InitTypeDef NVIC_InitStructure;
```

```
    /* 嵌套向量中断控制器组选择 */
    NVIC_PriorityGroupConfig(NVIC_PriorityGroup_2);
    /* 配置 USART 为中断源 */
    NVIC_InitStructure.NVIC_IRQChannel = DEBUG_USART_IRQ;
    /* 抢占式优先级 */
    NVIC_InitStructure.NVIC_IRQChannelPreemptionPriority = 1;
    /* 响应优先级 */
    NVIC_InitStructure.NVIC_IRQChannelSubPriority = 1;
    /* 使能中断 */
    NVIC_InitStructure.NVIC_IRQChannelCmd = ENABLE;
    /* 初始化配置 NVIC */
    NVIC_Init(&NVIC_InitStructure);
}
```

2）USART_Config 函数

```
/*******************************************
 * @brief   USART GPIO 配置，工作参数配置
 * @param   无
 * @retval  无
 *******************************************/
void USART_Config(void)
{
    GPIO_InitTypeDef GPIO_InitStructure;
    USART_InitTypeDef USART_InitStructure;

    // 打开串口 GPIO 的时钟
    DEBUG_USART_GPIO_APBxClkCmd(DEBUG_USART_GPIO_CLK, ENABLE);

    // 打开串口外设的时钟
    DEBUG_USART_APBxClkCmd(DEBUG_USART_CLK, ENABLE);

    // 将 USART TX 的 GPIO 配置为推挽复用模式
    GPIO_InitStructure.GPIO_Pin = DEBUG_USART_TX_GPIO_PIN;
    GPIO_InitStructure.GPIO_Mode = GPIO_Mode_AF_PP;
    GPIO_InitStructure.GPIO_Speed = GPIO_Speed_50MHz;
    GPIO_Init(DEBUG_USART_TX_GPIO_PORT, &GPIO_InitStructure);

    // 将 USART RX 的 GPIO 配置为浮空输入模式
    GPIO_InitStructure.GPIO_Pin = DEBUG_USART_RX_GPIO_PIN;
    GPIO_InitStructure.GPIO_Mode = GPIO_Mode_IN_FLOATING;
    GPIO_Init(DEBUG_USART_RX_GPIO_PORT, &GPIO_InitStructure);

    // 配置串口的工作参数
    // 配置波特率
    USART_InitStructure.USART_BaudRate = DEBUG_USART_BAUDRATE;
```

```
    // 配置数据字长
    USART_InitStructure.USART_WordLength = USART_WordLength_8b;
    // 配置停止位
    USART_InitStructure.USART_StopBits = USART_StopBits_1;
    // 配置校验位
    USART_InitStructure.USART_Parity = USART_Parity_No ;
    // 配置硬件流控制
    USART_InitStructure.USART_HardwareFlowControl =
    USART_HardwareFlowControl_None;
    // 配置工作模式，收发一起
    USART_InitStructure.USART_Mode = USART_Mode_Rx | USART_Mode_Tx;
    // 完成串口的初始化配置
    USART_Init(DEBUG_USARTx, &USART_InitStructure);
    // 串口中断优先级配置
    NVIC_Configuration();
    // 使能串口接收中断
    USART_ITConfig(DEBUG_USARTx, USART_IT_RXNE, ENABLE);
    // 使能串口
    USART_Cmd(DEBUG_USARTx, ENABLE);
}
```

使用 GPIO_InitTypeDef 和 USART_InitTypeDef 结构体定义一个 GPIO 初始化变量以及一个 USART 初始化变量。

调用 RCC_APB2PeriphClockCmd 函数开启 GPIO 端口时钟，使用 GPIO 之前必须开启对应端口的时钟。调用 RCC_APB2PeriphClockCmd 函数开启 USART 时钟。

使用 GPIO 之前需要初始化配置它，并且还要添加特殊设置，因为使用它作为外设的引脚，一般都有特殊功能。在初始化时需要把它的模式设置为复用功能。这里把串口的 TX 引脚配置为复用推挽输出，RX 引脚配置为浮空输入，数据完全由外部输入决定。

接下来，配置 USART1 通信参数：波特率为 115200，字长为 8，一个停止位，没有校验位，不使用硬件流控制，收发一体工作模式，然后调用 USART 初始化函数完成配置。

程序用到 USART 接收中断，需要配置 NVIC，这里调用 NVIC_Configuration 函数完成配置。配置完 NVIC 之后调用 USART_ITConfig 函数使能 USART 接收中断。

最后调用 USART_Cmd 函数使能 USART，这个函数最终配置的是 USART_CR1 的 UE 位，具体的作用是开启 USART 的工作时钟，没有时钟，USART 就不能工作。

3）Usart_SendByte 函数

```
/****************  发送一字节  ********************/
void Usart_SendByte( USART_TypeDef * pUSARTx, uint8_t ch)
{
    /* 发送一字节数据到 USART */
    USART_SendData(pUSARTx,ch);
```

```
    /* 等待发送数据寄存器为空 */
    while (USART_GetFlagStatus(pUSARTx, USART_FLAG_TXE) == RESET);
}
```

4）Usart_SendArray 函数

```
/******************* 发送 8 位的数组 ************************/
void Usart_SendArray( USART_TypeDef * pUSARTx, uint8_t *array, uint16_t num)
{
  uint8_t i;

  for(i=0; i<num; i++)
  {
      /* 发送一字节数据到 USART */
      Usart_SendByte(pUSARTx,array[i]);
  }
  /* 等待发送完成 */
  while(USART_GetFlagStatus(pUSARTx,USART_FLAG_TC)==RESET);
}
```

5）Usart_SendString 函数

```
/******************* 发送字符串 ***********************/
void Usart_SendString( USART_TypeDef * pUSARTx, char *str)
{
  unsigned int k=0;
  do
  {
      Usart_SendByte( pUSARTx, *(str + k) );
      k++;
  } while(*(str + k)!='\0');

  /* 等待发送完成 */
  while(USART_GetFlagStatus(pUSARTx,USART_FLAG_TC)==RESET)
  {}
}
```

6）Usart_SendHalfWord 函数

```
/***************** 发送一个 16 位数据 *********************/
void Usart_SendHalfWord( USART_TypeDef * pUSARTx, uint16_t ch)
{
    uint8_t temp_h, temp_l;

    /* 取出高 8 位 */
    temp_h = (ch&0XFF00)>>8;
    /* 取出低 8 位 */
```

```
    temp_l = ch&0XFF;

    /* 发送高 8 位 */
    USART_SendData(pUSARTx,temp_h);
    while (USART_GetFlagStatus(pUSARTx, USART_FLAG_TXE) == RESET);

    /* 发送低 8 位 */
    USART_SendData(pUSARTx,temp_l);
    while (USART_GetFlagStatus(pUSARTx, USART_FLAG_TXE) == RESET);
}
```

7）fputc 函数

```
// 重定向 C 库函数 printf 到串口，重定向后可使用 printf 函数
int fputc(int ch, FILE *f)
{
    /* 发送一字节数据到串口 */
    USART_SendData(DEBUG_USARTx, (uint8_t) ch);

    /* 等待发送完毕 */
    while (USART_GetFlagStatus(DEBUG_USARTx, USART_FLAG_TXE) == RESET);

    return (ch);
}
```

8）fgetc 函数

```
// 重定向 C 库函数 scanf 到串口，重写向后可使用 scanf、getchar 等函数
int fgetc(FILE *f)
{
    /* 等待串口输入数据 */
    while (USART_GetFlagStatus(DEBUG_USARTx, USART_FLAG_RXNE) == RESET);

    return (int)USART_ReceiveData(DEBUG_USARTx);
}
```

3. 串口中断服务程序

```
// 串口中断服务程序
void DEBUG_USART_IRQHandler(void)
{
    uint8_t ucTemp;
    if(USART_GetITStatus(DEBUG_USARTx,USART_IT_RXNE)!=RESET)
    {
        ucTemp = USART_ReceiveData(DEBUG_USARTx);
        USART_SendData(DEBUG_USARTx,ucTemp);
    }
}
```

　　这段代码是存放在 stm32f10x_it.c 文件中的，该文件用来集中存放外设中断服务程序。当使能了中断并且中断发生时，就会执行这里的中断服务程序。

　　在 USART_Config 函数中使能了 USART 接收中断，当 USART 接收到数据时就会执行 USART_IRQHandler 函数。USART_GetITStatus 函数与 USART_GetFlagStatus 函数类似，用来获取标志位状态，但 USART_GetITStatus 函数是专门用来获取中断事件标志的，并返回该标志位状态。使用 if 语句判断是否真的产生 USART 数据接收这个中断事件，如果是真的，就使用 USART 数据读取函数 USART_ReceiveData 读取数据到指定存储区。然后再调用 USART 数据发送函数 USART_SendData，把数据发送给源设备，即 PC 端的串口调试助手。

4. main 函数

```
#include "stm32f10x.h"
#include "bsp_usart.h"
/*********************
  * @brief    主函数
  * @param    无
  * @retval   无
 *********************/
int main(void)
{
    /* 初始化 USART，配置模式为 115200 8-N-1，中断接收 */
    USART_Config();

    /* 发送一个字符串 */
    Usart_SendString( DEBUG_USARTx," 这是一个串口中断接收回显实验 \n");
    printf(" 欢迎使用野火 STM32 开发板 \n\n\n\n");

    while(1)
    {

    }
}
```

　　首先需要调用 USART_Config 函数完成 USART 初始化配置，包括 GPIO 配置、USART 配置、接收中断使能等。

　　接下来就可以调用字符发送函数把数据发送给串口调试助手了。

　　最后，main 函数什么都不做，只是静静地等待 USART 接收中断的产生，并在中断服务函数中回传数据。

　　下载验证时，要保证开发板相关硬件连接正确，用 USB 线连接开发板的 USB 转串口与计算机，在计算机端打开串口调试助手并配置好相关参数（115200 8-N-1），把编译好的程序下载到开发板，此时串口调试助手即可收到开发板发来的数据。在串口调试助手发送区域输入任意字符，单击"发送数据"按钮，在野火多功能调试助手接收区即可看到相同的字符。
例如，在发送区发送字符 1234567890，收到的同样字符在接收区显示出来，如图 8-7 所示。

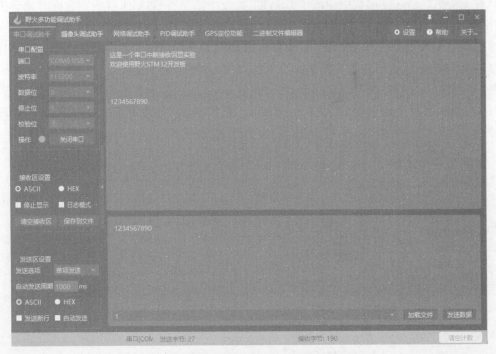

图 8-7　野火多功能调试助手发送区和接收区显示界面

第 9 章

STM32 SPI 串行总线

本章讲述 STM32 SPI 串行总线，包括 STM32 的 SPI 通信原理、STM32F103 SPI 串行总线的工作原理、STM32 的 SPI 库函数、STM32 SPI 与 Flash 存储器接口的应用实例。

9.1　STM32 的 SPI 通信原理

实际生产生活当中，有些系统的功能无法完全通过 STM32 的片上外设来实现，如 16 位及以上的 A/D 转换器、温 / 湿度传感器、大容量 EEPROM 或 Flash、大功率电机驱动芯片、无线通信控制芯片等。此时，只能通过扩展特定功能的芯片实现这些功能。另外，有的系统需要两个或两个以上的主控器（STM32 或 FPGA），而这些主控器之间也需要通过适当的芯片间通信方式实现通信。

微课视频

常见的系统内通信方式有并行和串行两种。并行方式指同一个时刻，在嵌入式处理器和外围芯片之间传递数据有多位；串行方式则是指每个时刻传递的数据只有一位，需要通过多次传递才能完成一字节的传输。并行方式具有传输速度快的优点，但连线较多，且传输距离较近；串行方式虽然较慢，但连线数量少，且传输距离较远。早期的 MCS-51 单片机只集成了并行接口，但在实际应用中，人们发现对于可靠性、体积和功耗要求较高的嵌入式系统，串行通信更加实用。

串行通信可以分为同步串行通信和异步串行通信两种。它们的不同点在于判断一个数据位结束，另一个数据位开始的方法。同步串行端口通过另一个时钟信号判断数据位的起始时刻。在同步通信中，这个时钟信号被称为同步时钟，如果失去了同步时钟，同步通信将无法完成。异步通信则通过时间判断数据位的起始，即通信双方约定一个相同的时间长度作为每个数据位的时间长度，这个时间长度的倒数称为波特率。当某位的时间到达后，发送方就开始发送下一位的数据，而接收方也把下一个时刻的数据存放到下一个数据位的位置。使用中，同步串行端口虽然比异步串行端口多一根时钟信号线，但由于无需计时操作，同步串行接口硬件结构比较简单，且通信速度比异步串行接口快得多。

根据在实际嵌入式系统中的重要程度，本书分别在后续章节中介绍两种同步串行接口的使用方法：SPI 模式和 I2C 模式。

全系列的 STM32F1 嵌入式处理器上都集成了硬件的 SPI。除小容量 STM32 外，集成的 SPI 可以配置为支持 SPI 协议或 I2S 协议。小容量和中容量产品不支持 I2S 音频协议。

下面介绍 STM32F1 上的 SPI 不同于常见 SPI 的功能特点。

（1）SPI1 连接到 Cortex-M3 的高速外设总线 APB2 上，其他 SPI 连接到低速外设总线 APB1 上。由于 SPI 需要至少对总线时钟进行 2 分频后才可以作为同步时钟 SCK 使用，所以 SPI1 的最高通信频率为 72MHz/2=36MHz，而其他 SPI 的最高通信频率为 36MHz/2=18MHz。当然，SPI 也可以使用其他 8 种分频系数（2、4、8、16、32、64、128、256）对 APB 时钟进行分频后作为同步时钟 SCK。

（2）除支持常见的全双工主从式双机方式外，STM32F1 上的 SPI 还支持只使用一根数据线的半双工同步通信方式以及多主机通信模式。

（3）可作为 DMA 数据传输中的外设侧设备，实现内存和 SPI 之间的快速数据交换，而无须担心频繁地打断 Cortex-M3 内核的工作。其中，SPI1 使用 DMA1 的通道 2 和通道 3，SPI2 使用 DMA1 的通道 4 和通道 5，SPI3 使用 DMA2 的通道 1 和通道 2。

（4）可配置为 8 位或 16 位传输的帧格式。虽然在实用当中可以由两次 8 位传输"拼"成一次 16 位传输，但单独使用一次 16 位传输可以提高通信的平均速率，并降低软件的复杂度。

（5）无论工作在 SPI 的主模式还是从模式下，STM32F1 系列都可以配置成硬件或软件控制片选线 SS。当由软件控制时，片选功能可由任意 GPIO 实现，只需要在通信开始前用软件拉低所需的 GPIO，即可实现从机选择；当由硬件控制时，SPI 硬件电路将在写入缓冲寄存器时自动产生从机选择信号。软件控制的优势是可以适应更加灵活多样的应用场合。

（6）能够对 SPI 通信数据进行硬件的循环冗余校验（CRC），即由片上集成的硬件实现计算产生通信数据的 CRC 结果，并与对方发送的循环校验结果进行对比。使用该功能能够大大提高 SPI 通信数据的可靠性，但要求与 STM32 进行 SPI 通信的另一个设备也支持循环冗余校验，否则无法实现。因此，该功能一般应用在两片 STM32 进行 SPI 通信的场合。

（7）可配置 SPI 通信的数据顺序，实现 MSB 或 LSB 在前的通信方式。

9.1.1　SPI 串行总线概述

串行外设接口（SPI）是由美国摩托罗拉（Motorola）公司提出的一种高速全双工串行同步通信接口，首先出现在 M68HC 系列处理器中，由于其简单方便、成本低廉、传输速度快，因此被其他半导体厂商广泛使用，从而成为事实上的标准。

SPI 与 USART 相比，其数据传输速度要快得多，因此被广泛地应用于微控制器与 ADC、LCD 等设备的通信，尤其是高速通信的场合。微控制器还可以通过 SPI 组成一个小型同步网络进行高速数据交换，完成较复杂的工作。

作为全双工同步串行通信接口，SPI 采用主 / 从模式（Master/Slave），支持一个或多个从设备，能够实现主设备和从设备之间的高速数据通信。

SPI 具有硬件简单、成本低廉、易于使用、传输数据速度快等优点，多应用于成本敏感或高速通信的场合。但同时 SPI 也存在无法检查纠错、不具备寻址能力和接收方没有应答信号等缺点，不适合复杂或可靠性要求较高的场合。

SPI 是同步全双工串行通信接口。由于同步，SPI 有一根公共的时钟线；由于全双工，SPI 至少有两根数据线实现数据的双向同时传输；由于串行，SPI 收发数据只能一位一位地在各自的数据线上传输，因此最多只有两根数据线，即一根发送数据线和一根接收数据线。由此可见，SPI 在物理层体现为 4 根信号线，分别是 SCK、MOSI、MISO 和 SS。

（1）SCK（Serial Clock）即时钟线，由主设备产生。不同的设备支持的时钟频率不同。但每个时钟周期可以传输一位数据，经过 8 个时钟周期，一个完整的字节数据就传输完成了。

（2）MOSI（Master Output Slave Input）即主设备数据输出 / 从设备数据输入线。这根信号线上的方向是从主设备到从设备，即主设备通过这根信号线发送数据，从设备通过这根信号线接收数据。有的半导体厂商（如 Microchip 公司）站在从设备的角度，将其命名为 SDI。

（3）MISO（Master Input Slave Output）即主设备数据输入 / 从设备数据输出线。这根信号线上的方向是由从设备到主设备，即从设备通过这根信号线发送数据，主设备通过这根信号线接收数据。有的半导体厂商（如 Microchip 公司）站在从设备的角度，将其命名为 SDO。

（4）SS（Slave Select），有时也叫 CS（Chip Select），SPI 从设备选择信号线，当有多个 SPI 从设备与 SPI 主设备相连（即一主多从）时，SS 用来选择激活指定的从设备，由 SPI 主设备（通常是微控制器）驱动，低电平有效。当只有一个 SPI 从设备与 SPI 主设备相连（即一主一从）时，SS 并不是必需的。因此，SPI 也称为 3 线同步通信接口。

除了 SCK、MOSI、MISO 和 SS 这 4 根信号线外，SPI 还包含一个串行移位寄存器，如图 9-1 所示。

SPI 主设备向它的 SPI 串行移位数据寄存器写入一字节发起一次传输，该寄存器通过数据线 MOSI 一位一位地将字节传输给 SPI 从设备；与此同时，SPI 从设备也将自己的 SPI 串行移位数据寄存器中的内容通过数据线 MISO 返回给主设备。这样，SPI 主设备和 SPI 从设备的两个数据寄存器中的内容相互交换。需要注意的是，对从设备的写操作和读操作是同步完成的。

如果只进行 SPI 从设备写操作（即 SPI 主设备向 SPI 从设备发送一字节数据），忽略收到字节即可。反之，如果要进行 SPI 从设备读操作（即 SPI 主设备要读取 SPI 从设备发送的一字节数据），则 SPI 主设备发送一个空字节触发从设备的数据传输。

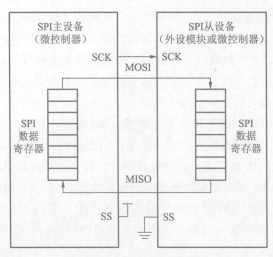

图 9-1   SPI 组成

9.1.2   SPI 串行总线互连方式

SPI 串行总线主要有一主一从和一主多从两种互连方式。

1. 一主一从

在一主一从的 SPI 互连方式下，只有一个 SPI 主设备和一个 SPI 从设备进行通信。这种情况下，只需要分别将主设备的 SCK、MOSI、MISO 和从设备的 SCK、MOSI、MISO 直接相连，并将主设备的 SS 置为高电平，从设备的 SS 接地（置为低电平，片选有效，选中该从设备）即可，如图 9-2 所示。

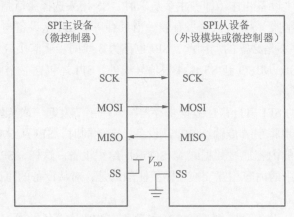

图 9-2   一主一从的 SPI 互连

值得注意的是，USART 互连时，通信双方 USART 的两根数据线必须交叉连接，即一端的 TXD 必须与另一端的 RXD 相连；对应地，一端的 RXD 必须与另一端的 TXD 相连。而当 SPI 互连时，主设备和从设备的两根数据线必须直接相连，即主设备的 MISO 与从设备的 MISO 相连，主设备的 MOSI 与从设备的 MOSI 相连。

2. 一主多从

在一主多从的 SPI 互连方式下，一个 SPI 主设备可以和多个 SPI 从设备相互通信。这种情况下，所有 SPI 设备（包括主设备和从设备）共享时钟线和数据线，即 SCK、MOSI、MISO 这 3 根线，并在主设备端使用多个 GPIO 引脚选择不同的 SPI 从设备，如图 9-3 所示。显然，在多个从设备的 SPI 互连方式下，片选信号 SS 必须对每个从设备分别进行选通，增加了连接的难度和连接的数量，失去了串行通信的优势。

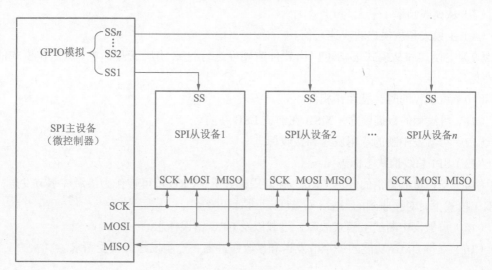

图 9-3　一主多从的 SPI 互连

需要特别注意的是，在多个从设备的 SPI 系统中，由于时钟线和数据线为所有 SPI 设备共享，因此，在同一时刻只能有一个从设备参与通信。而且，当主设备与其中一个从设备进行通信时，其他从设备的时钟和数据线都应保持高阻态，以避免影响当前数据的传输。

9.2　STM32F1 SPI 串行总线的工作原理

串行外设接口（SPI）允许芯片与外部设备以半 / 全双工、同步、串行方式通信。此接口可以被配置成主模式，并为外部从设备提供通信时钟（SCK），接口还能以多主的配置方式工作。SPI 可用于多种用途，包括使用一根双向数据线的双线单工同步传输，还可使用 CRC 校验的可靠通信。

9.2.1　SPI 串行总线的特征

STM32F103 微控制器的小容量产品有一个 SPI，中等容量产品有两个 SPI，大容量产品则有 3 个 SPI。

STM32F103 微控制器 SPI 主要具有以下特征。

（1）3 线全双工同步传输。

（2）带或不带第 3 根双向数据线的双线单工同步传输。

（3）8 或 16 位传输帧格式选择。

（4）主或从操作。

（5）支持多主模式。

（6）8 个主模式波特率预分频系数（最大为 $f_{PCLK/2}$）。

（7）从模式频率（最大为 $f_{PCLK/2}$）。

（8）主模式和从模式的快速通信。

（9）主模式和从模式下均可以由软件或硬件进行 NSS 引脚管理：主 / 从操作模式的动态改变。

（10）可编程的时钟极性和相位。

（11）可编程的数据顺序，MSB 在前或 LSB 在前。

（12）可触发中断的专用发送和接收标志。

（13）SPI 总线忙状态标志。

（14）支持可靠通信的硬件 CRC。在发送模式下，CRC 值可被作为最后一字节发送；在全双工模式下，对接收到的最后一字节自动进行校验。

（15）可触发中断的主模式故障、过载以及 CRC 错误标志。

（16）支持 DMA 功能的一字节发送和接收缓冲器，产生发送和接受请求。

9.2.2 SPI 串行总线的内部结构

STM32F103 微控制器 SPI 内部结构如图 9-4 所示。波特率发生器用来产生 SPI 的 SCK 时钟信号，收发控制主要由控制寄存器组成，数据存储转移主要由移位寄存器、接收缓冲区和发送缓冲区等构成。

通常 SPI 通过 4 个引脚与外部器件相连。

（1）MISO：主设备输入 / 从设备输出引脚。该引脚在从模式下发送数据，在主模式下接收数据。

（2）MOSI：主设备输出 / 从设备输入引脚。该引脚在主模式下发送数据，在从模式下接收数据。

（3）SCK：串口时钟，作为主设备的输出，从设备的输入。

（4）NSS：从设备选择。这是一个可选的引脚，用来选择主 / 从设备。它的功能是用来作为片选引脚，让主设备可以单独地与特定从设备通信，避免数据线上的冲突。

STM32 系列微控制器 SPI 的功能主要由波特率控制、收发控制和数据存储转移 3 部分构成。

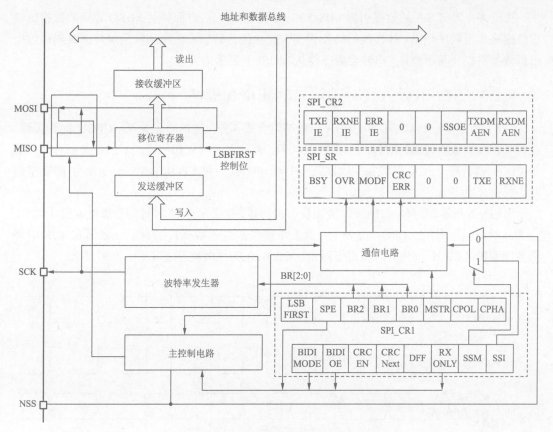

图 9-4　STM32F103 微控制器 SPI 内部结构

1. 波特率控制

波特率发生器可产生 SPI 的 SCK 时钟信号。波特率预分频系数为 2、4、8、16、32、64、128 或 256。通过设置波特率控制位（BR）可以控制 SCK 的输出频率，从而控制 SPI 的传输速率。

2. 收发控制

收发控制由若干控制寄存器组成，如 SPI 控制寄存器 SPI_CR1、SPI_CR2 和 SPI 状态寄存器 SPI_SR 等。

SPI_CR1 寄存器主控收发电路，用于设置 SPI 的协议，如时钟极性、相位和数据格式等。

SPI_CR2 寄存器用于设置各种 SPI 中断使能，如使能 TXE 的 TXEIE 和 RXNE 的 RXNEIE 等。通过 SPI_SR 寄存器中的各个标志位可以查询 SPI 当前的状态。

SPI 的控制和状态查询可以通过库函数实现。

3. 数据存储转移

数据存储转移如图 9-4 的左上部分所示，主要由移位寄存器、接收缓冲区和发送缓冲区等构成。

　　移位寄存器与 SPI 的数据引脚 MISO 和 MOSI 连接，一方面将从 MISO 收到的数据位根据数据格式及顺序经串 / 并转换后转发到接收缓冲区，另一方面将从发送缓冲区收到的数据根据数据格式及顺序经并 / 串转换后逐位从 MOSI 上发送出去。

9.2.3　SPI 串行总线时钟信号的相位和极性

　　SPI_CR 寄存器的 CPOL 和 CPHA 位能够组合成 4 种可能的时序关系。CPOL（时钟极性）位控制在没有数据传输时时钟的空闲状态电平，此位对主模式和从模式下的设备都有效。如果 CPOL 被清零，SCK 引脚在空闲状态保持低电平；如果 CPOL 被置 1，SCK 引脚在空闲状态保持高电平。

　　如图 9-5 所示，如果 CPHA（时钟相位）被清零，数据在 SCK 时钟的奇数跳变沿（CPOL位为 0 时就是上升沿，CPOL 位为 1 时就是下降沿）进行数据位的存取，数据在 SCK 时钟偶数跳变沿（CPOL 位为 0 时就是下降沿，CPOL 位为 1 时就是上升沿）准备就绪。

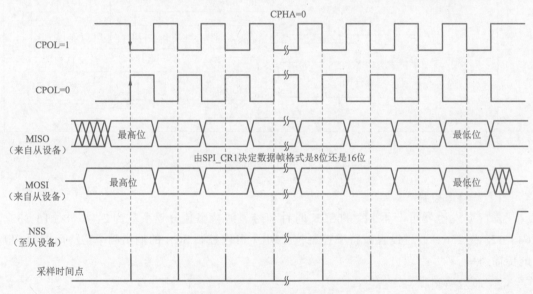

图 9-5　CPHA=0 时 SPI 时序图

　　如图 9-6 所示，如果 CPHA（时钟相位）被置 1，数据在 SCK 时钟的偶数跳变沿（CPOL位为 0 时就是下降沿，CPOL 位为 1 时就是上升沿）进行数据位的存取，数据在 SCK 时钟奇数跳变沿（CPOL 位为 0 时就是上升沿，CPOL 位为 1 时就是下降沿）准备就绪。

　　CPOL 时钟极性和 CPHA 时钟相位的组合选择数据捕捉的时钟边沿。图 9-5 和 图 9-6显示了 SPI 传输的 4 种 CPHA 和 CPOL 位组合。它们可以解释为主设备和从设备的 SCK、MISO、MOSI 引脚直接连接的主或从时序图。

　　根据 SPI_CR1 寄存器中的 LSBFIRST 位，输出数据位时可以 MSB 在先，也可以 LSB在先。

　　根据 SPI_CR1 寄存器的 DFF 位，每个数据帧可以是 8 位或 16 位。所选择的数据帧格式决定发送 / 接收的数据长度。

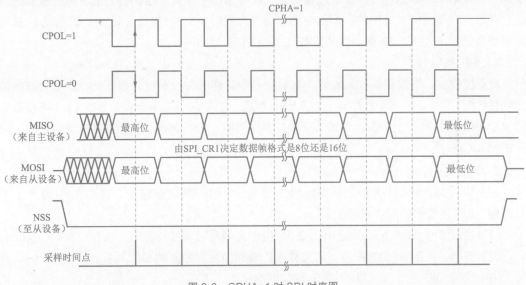

图 9-6　CPHA=1 时 SPI 时序图

9.2.4　STM32 的 SPI 配置

1. 配置 SPI 为从模式

　　在从模式下，SCK 引脚用于接收从主设备来的串行时钟。SPI_CR1 寄存器中 BR［2:0］的设置不影响数据传输速率。

　　建议在主设备发送时钟之前使能 SPI 从设备，否则可能会发生意外的数据传输。在通信时钟的第 1 个跳变沿到来之前或正在进行的通信结束之前，从设备的数据寄存器必须就绪。在使能从设备和主设备之前，通信时钟的极性必须处于稳定的数值。

　　SPI 从模式的配置步骤如下。

　　（1）设置 DFF 位，定义数据帧格式为 8 位或 16 位。

　　（2）选择 CPOL 和 CPHA 位定义数据传输和串行时钟之间的相位关系。为保证正确的数据传输，从设备和主设备的 CPOL 和 CPHA 位必须配置成相同的方式。

　　（3）帧格式（SPI_CR1 寄存器中的 LSBFIRST 位定义的"最高位在前"还是"最低位在前"）必须与主设备相同。

　　（4）在 NSS 引脚管理硬件模式下，在数据帧传输过程中，NSS 引脚必须为低电平。在 NSS 引脚管理软件模式下，设置 SPI_CR1 寄存器中的 SSM 位并清除 SSI 位。

　　（5）在 SPI_CR1 寄存器中，清除 MSTR 位，设置 SPE 位，使相应引脚工作于 SPI 模式。

　　在这个配置中，MOSI 引脚是数据输入，MISO 引脚是数据输出。

1）数据发送过程

在写操作中，数据字被并行地写入发送缓冲器。当从设备收到时钟信号，并且在 MOSI 引脚上出现第 1 个数据位时，发送过程开始，此时第 1 个位被发送出去，余下的位被装进移位寄存器。当发送缓冲器中的数据传输到移位寄存器时，SPI_SR 寄存器的 TXE 标志位被置位，如果设置了 SPI_CR2 寄存器的 TXEIE 位，将会产生中断。

2）数据接收过程

对于接收器，当数据接收完成时，在最后一个采样时钟边沿后，移位寄存器中的数据传送到接收缓冲器，SPI_SR 寄存器中的 RXNE 标志位被置位。如果设置了 SPI_CR2 寄存器中的 RXNEIE 位，则产生中断。当读 SPI_DR 寄存器时，SPI 设备返回接收缓冲器的数值，同时清除 RXNE 位。

2. 配置 SPI 为主模式

在主模式时，MOSI 引脚是数据输出，而 MISO 引脚是数据输入，在 SCK 引脚产生串行时钟。SPI 主模式的配置步骤如下。

（1）通过 SPI_CR1 寄存器的 BR［2:0］位定义串行时钟波特率。

（2）选择 CPOL 和 CPHA 位，定义数据传输和串行时钟间的相位关系。

（3）设置 DFF 位，定义 8 位或 16 位数据帧格式。

（4）配置 SPI_CR1 寄存器的 LSBFIRST 位，定义帧格式。

（5）如果需要 NSS 引脚工作在输入模式，在硬件模式下，在整个数据帧传输期间应把 NSS 引脚连接到高电平；在软件模式下，需要设置 SPI_CR1 寄存器的 SSM 位和 SSI 位。如果 NSS 引脚工作在输出模式，则只需要设置 SSOE 位。

（6）必须设置 MSTR 位和 SPE 位（只当 NSS 引脚被连到高电平，这些位才能保持置位）。

1）数据发送过程

当写入数据到发送缓冲器时，发送过程开始。在发送第 1 个数据位时，数据通过内部总线被并行地传入移位寄存器，然后串行地移出到 MOSI 引脚上；先输出最高位还是最低位，取决于 SPLCR1 寄存器中的 LSBFIRST 位的设置。数据从发送缓冲器传输到移位寄存器时 TXE 标志位将被置位，如果设置了 SPI_CR1 寄存器中的 TXEIE 位，将产生中断。

2）数据接收过程

对于接收器，当数据传输完成时，在最后的采样时钟边沿，移位寄存器中接收到的数据被传输到接收缓冲器，并且 RXNE 标志位被置位。如果设置了 SPI_CR2 寄存器中的 RXNEIE 位，则产生中断。读 SPI_DR 寄存器时，SPI 设备返回接收缓冲器中的数据，同时将清除 RXNE 标志位。

一旦传输开始，如果下一个将发送的数据被放进了发送缓冲器，就可以维持一个连续的传输流。在试图写发送缓冲器之前，确认 TXE 标志位应为 1。

在 NSS 硬件模式下，从设备的 NSS 输入由 NSS 引脚控制或另一个由软件驱动的 GPIO 引脚控制。

3. 配置 SPI 为单工通信

SPI 模块能够以两种配置工作于单工方式。

1）一根时钟线和一根双向数据线（BIDIMODE=1）

通过设置 SPI_CR1 寄存器中的 BIDIMODE 位启用此模式。在这个模式下，SCK 引脚作为时钟，主设备使用 MOSI 引脚而从设备使用 MISO 引脚作为数据通信。传输的方向由 SPI_CR1 寄存器中的 BIDIOE 位控制，当这个位为 1 时，数据线是输出，否则是输入。

2）一根时钟线和一根单向数据线（BIDIMODE=0）

在这个模式下，SPI 模块可以或者作为只发送，或者作为只接收。

只发送模式类似于全双工模式（BIDIMODE=0，RXONLY=0）。数据在发送引脚（主模式时是 MOSI，从模式时是 MISO）上传输，而接收引脚（主模式时是 MISO，从模式时是 MOSI）可以作为通用的 I/O 使用。此时，软件不必理会接收缓冲器中的数据（数据寄存器不包含任何接收数据）。

在只接收模式下，可以通过设置 SPI_CR2 寄存器的 RXONLY 位关闭 SPI 的输出功能，此时，发送引脚（主模式时是 MOSI，从模式时是 MISO）被释放，可以作为其他功能使用。

配置并使能 SPI 模块为只接收模式的方法如下。

（1）在主模式下，一旦使能 SPI，通信立即启动，当清除 SPE 位时立即停止当前的接收。在此模式下，不必读取 BSY 标志位，在 SPI 通信期间这个标志位始终为 1。

（2）在从模式下，只要 NSS 被拉低（或在 NSS 软件模式时，SSI 位为 0）同时 SCK 有时钟脉冲，SPI 就一直在接收。

9.2.5　STM32 的 SPI 数据发送与接收过程

1. 接收与发送缓冲器

接收时，接收到的数据被存放在接收缓冲器中；发送时，数据在被发送之前，首先被存放在发送缓冲器中。

读 SPI_DR 寄存器将返回接收缓冲器的内容；写入 SPI_DR 寄存器的数据将被写入发送缓冲器中。

2. 主模式下的数据传输

1）全双工模式（BIDIMODE=0 且 RXONLY=0）

（1）写入数据到 SPI_DR 寄存器（发送缓冲器）后，传输开始。

（2）在传输第 1 位数据的同时，数据被并行地从发送缓冲器传输到 8 位移位寄存器中，然后按顺序被串行地移位送到 MOSI 引脚上。

（3）与此同时，在 MISO 引脚上接收到的数据，按顺序被串行地移位送入 8 位移位寄存器中，然后被并行地传输到 SPI_DR 寄存器（接收缓冲器）中。

2）单向的只接收模式（BIDIMODE=0 且 RRXONLY=1）

（1）SPE=1 时，传输开始。

（2）只有接收器被激活，在 MISO 引脚上接收到的数据按顺序被串行地移位送入 8 位移位寄存器，然后被并行地传输到 SPI_DR 寄存器（接收缓冲器）。

3）双向模式，发送时（BIDIMODE=1 且 BIDIOE=1）

（1）写入数据到 SPI_DR 寄存器（发送缓冲器）后，传输开始。

（2）在传输第 1 位数据的同时，数据被并行地从发送缓冲器送入 8 位移位寄存器，然后按顺序被串行地移位传输到 MOSI 引脚上。

（3）不接收数据。

4）双向模式，接收时（BIDIMODE=1 且 BIDIOE=0）

（1）SPE=1 且 BIDIOE=0 时，传输开始。

（2）在 MOSI 引脚上接收到的数据，按顺序被串行地移位送入 8 位移位寄存器，然后被并行地传输到 SPI_DR 寄存器（接收缓冲器）。

（3）不激活发送缓冲器，没有数据被串行地传输到 MOSI 引脚上。

3. 从模式下的数据传输

1）全双工模式（BIDIMODE=1 且 RXONLY=0）

（1）当从设备接收到时钟信号并且第 1 个数据位出现在 MOSI 引脚时，数据传输开始，随后的数据位依次移动进入移位寄存器。

（2）与此同时，发送缓冲器中的数据被并行地传输到 8 位移位寄存器，随后被串行地发送到 MISO 引脚上。必须保证在 SPI 主设备开始数据传输之前在发送缓冲器中写入要发送的数据。

2）单向的只接收模式（BIDIMODE=0 且 RXONLY=1）

（1）当从设备接收到时钟信号并且第 1 个数据位出现在 MOSI 引脚时，数据传输开始，随后数据位依次移动进入移位寄存器。

（2）不启动发送缓冲器，没有数据被串行地传输到 MISO 引脚上。

3）双向模式发送时（BIDIMODE=1 且 BIDIOE=1）

（1）当从设备接收到时钟信号并且发送缓冲器中的第 1 个数据位被传输到 MISO 引脚时，数据传输开始。

（2）在第 1 个数据位被传输到 MISO 引脚上的同时，发送缓冲器中要发送的数据被并行地传输到 8 位移位寄存器中，随后被串行地发送到 MISO 引脚上。软件必须保证在 SPI 主设备开始数据传输之前在发送缓冲器中写入要发送的数据。

（3）不接收数据。

4）双向模式接收时（BIDIMODE=1 且 BIDIOE=0）

（1）当从设备接收到时钟信号并且第 1 个数据位出现在 MOSI 引脚上时，数据传输开始。

（2）从 MISO 引脚上接收到的数据被串行地传输到 8 位移位寄存器中，然后被并行地传输到 SPI_DR 寄存器（接收缓冲器）。

（3）不启动发送器，没有数据被串行地传输到 MISO 引脚上。

4．处理数据的发送与接收

当数据从发送缓冲器传输到移位寄存器时，TXE 标志位置位（发送缓冲器空），表示发送缓冲器可以接收下一个数据；如果在 SPI_CR2 寄存器中设置了 TXEIE 位，则此时会产生中断；写入数据到 SPI_DR 寄存器即可清除 TXE 位。

在写入发送缓冲器之前，软件必须确认 TXE 标志位为 1，否则新的数据会覆盖已经在发送缓冲器中的数据。

在采样时钟的最后一个边沿，当数据被从移位寄存器传输到接收缓冲器时，设置 RXNE 标志位（接收缓冲器非空），表示数据已经就绪，可以从 SPI_DR 寄存器读出；如果在 SPI_CR2 寄存器中设置了 RXNEIE 位，则此时会产生一个中断；读 SPI_DR 寄存器即可清除 RXNIE 标志位。

9.3　STM32 的 SPI 库函数

SPI 固件库支持 21 种库函数，如表 9-1 所示。为了理解这些函数的具体使用方法，对标准库中部分函数进行详细介绍。

表 9-1　SPI 库函数

函 数 名	描　　述
SPI_DeInit	将外设 SPIx 寄存器重设为默认值
SPI_Init	根据 SPI_InitStruct 中指定的参数初始化外设 SPIx 寄存器
SPI_StructInit	把 SPI_InitStruct 中的每个参数按默认值填入
SPI_Cmd	使能或失能 SPI 外设
SPI_ITConfig	使能或失能指定的 SPI 中断
SPI_DMACmd	使能或失能指定 SPI 的 DMA 请求
SPI_SendData	通过外设 SPIx 发送一个数据
SPI_ReceiveData	返回通过 SPIx 最近接收的数据
SPI_DMALastTransferCmd	令下一次 DMA 传输为最后一次传输
SPI_NSSInternalSoftwareConfig	为选定的 SPI 软件配置内部 NSS 引脚
SPI_SSOutputCmd	使能或失能指定的 SPI
SPI_DataSizeConfig	设置选定的 SPI 数据大小
SPI_TransmitCRC	发送 SPIx 的 CRC 值
SPI_CalculateCRC	使能或失能指定 SPI 的传输字 CRC 值计算
SPI_GetCRC	返回指定 SPI 的发送或者接收 CRC 寄存器值
SPI_GetCRCPolynomial	返回指定 SPI 的 CRC 多项式寄存器值
SPI_BiDirectionalLineConfig	选择指定 SPI 在双向模式下的数据传输方向
SPI_GetFlagStatus	检查指定的 SPI 标志位设置与否

续表

函 数 名	描　述
SPI_ClearFlag	清除 SPIx 的待处理标志位
SPI_GetITStatus	检查指定的 SPI 中断发生与否
SPI_ClearITPendingBit	清除 SPIx 的中断待处理位

1. SPI_DeInit 函数

❑ 函数名：SPI_DeInit。

❑ 函数原型：void SPI_DeInit（SPI_TypeDef* SPIx）。

❑ 功能描述：将外设 SPIx 寄存器重设为默认值。

❑ 输入参数：SPIx，x 可以是 1 或 2，用于选择 SPI 外设。

❑ 输出参数：无。

❑ 返回值：无。

2. SPI_Init 函数

❑ 函数名：SPI_Init。

❑ 函数原型：void SPI_Init（SPI_TypeDef* SPIx，SPI_InitTypeDef* SPI_InitStruct）。

❑ 功能描述：根据 SPI_InitStruct 中指定的参数初始化外设 SPIx 寄存器。

❑ 输入参数 1：SPIx，x 可以是 1 或 2，用于选择 SPI 外设。

❑ 输入参数 2：SPI_InitStruct，指向 SPI_InitTypeDef 结构体的指针，包含了外设 SPI 的配置信息。

❑ 输出参数：无。

❑ 返回值：无。

3. SPI_Cmd 函数

❑ 函数名：SPI_Cmd。

❑ 函数原型：void SPI_Cmd（SPI_TypeDef* SPIx，FunctionalState NewState）。

❑ 功能描述：使能或失能 SPI 外设。

❑ 输入参数 1：SPIx，x 可以是 1 或 2，用来选择 SPI 外设。

❑ 输入参数 2：NewState，外设 SPIx 的新状态，取值为 ENABLE 或 DISABLE。

❑ 输出参数：无。

❑ 返回值：无。

4. SPI_SendData 函数

❑ 函数名：SPI_SendData。

❑ 函数原型：void SPI_SendData（SPI_TypeDef* SPIx，u16 Data）。

❑ 功能描述：通过外设 SPIx 发送一个数据。

❑ 输入参数 1：SPIx，x 可以是 1 或 2，用于选择 SPI 外设。

❑ 输入参数 2：Data，待发送的数据。

- 输出参数：无。
- 返回值：无。

5. SPI_ReceiveData 函数

- 函数名：SPI_ReceiveData。
- 函数原型：u16 SPI_ReceiveData（SPI_TypeDef* SPIx）。
- 功能描述：返回通过 SPIx 最近接收的数据。
- 输入参数：SPIx，x 可以是 1 或 2，用于选择 SPI 外设。
- 输出参数：无。
- 返回值：接收到的字。

6. SPI_ITConfig 函数

- 函数名：SPI_ITConfig。
- 函 数 原 型：void SPI_ITConfig（SPI_TypeDef* SPIx，uint8_t SPI_IT，Functional-State NewState）。
- 功能描述：使能或失能指定的 SPI 中断。
- 输入参数 1：SPIx，x 可以是 1 或 2，用于选择 SPI 外设。
- 输入参数 2：SPI_IT，待使能或失能的 SPI 中断源。
- 输入参数 3：NewState，SPIx 中断的新状态，取值为 ENABLE 或 DISABLE。
- 输出参数：无。
- 返回值：无。

7. SPI_GetITStatus 函数

- 函数名：SPI_GetITStatus。
- 函数原型：ITStatus SPI_GetITStatus（SPI_TypeDef* SPIx，uint8_t SPI_IT）。
- 功能描述：检查指定的 SPI 中断发生与否。
- 输入参数 1：SPIx，x 可以是 1 或 2，用于选择 SPI 外设。
- 输入参数 2：SPI_IT，待检查的 SPI 中断源。
- 输出参数：无。
- 返回值：SPI_IT 的新状态。

8. SPI_ClearFlag 函数

- 函数名：SPI_ClearFlag。
- 函数原型：void SPI_ClearFlag（SPI_TypeDef* SPIx，uint16_t SPI_FLAG）。
- 功能描述：清除 SPI 的待处理标志位。
- 输入参数 1：SPIx，x 可以是 1 或 2，用于选择 SPI 外设。
- 输入参数 2：SPI_FLAG，待清除的 SPI 标志位。
- 输出参数：无。
- 返回值：无。

9.4　STM32 SPI 与 Flash 存储器接口的应用实例

Flash 存储器又称为闪存，它与 EEPROM 都是掉电后数据不丢失的存储器，但 Flash 存储器的容量普遍大于 EEPROM，现在基本取代了 EEPROM 的地位。我们生活中常用的 U 盘、SD 卡、SSD 固态硬盘以及 STM32 芯片内部用于存储程序的设备，都是 Flash 存储器。

本节以一种使用 SPI 通信的串行 Flash 存储芯片 W25Q64 的读写为例，讲述 STM32 的 SPI 使用方法。实例中 STM32 的 SPI 外设采用主模式，通过查询事件的方式确保正常通信。

9.4.1　STM32 的 SPI 配置流程

SPI 是一种串行同步通信协议，由一个主设备和一个或多个从设备组成，主设备启动一个与从设备的同步通信，从而完成数据的交换。该总线大量用在 Flash、ADC、RAM 和显示驱动器等慢速外设器件中。因为不同的器件通信命令不同，这里具体介绍 STM32 上 SPI 的配置方法，关于具体器件请参考相关说明书。

SPI 配置流程如图 9-7 所示，主要包括开启时钟、相关引脚配置和 SPI 工作模式设置。其中，GPIO 配置需要将 SPI 器件片选设置为高电平，SCK、MISO、MOSI 设置为复用功能。

配置完成后，可根据器件功能和命令进行读写操作。

图 9-7　SPI 配置流程

9.4.2　SPI 与 Flash 存储器接口的硬件设计

W25Q64 SPI 串行 Flash 硬件连接如图 9-8 所示。

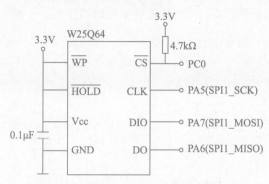

图 9-8　W25Q64 SPI 串行 Flash 硬件连接

开发板中的 Flash 芯片（W25Q64）是一种使用 SPI 通信协议的 NOR Flash 存储器，它的 $\overline{CS}$、CLK、DIO、DO 引脚分别连接到 STM32 对应的 SPI 引脚 NSS、SCK、MOSI、MISO 上，其中 STM32 的 NSS 引脚是一个普通的 GPIO，不是 SPI 的专用 NSS 引脚，所以程序中要使用软件控制的方式。

Flash 芯片中还有 $\overline{WP}$ 和 $\overline{HOLD}$ 引脚。$\overline{WP}$ 引脚可控制写保护功能，当该引脚为低电平时，禁止写入数据，直接接电源，不使用写保护功能。$\overline{HOLD}$ 引脚可用于暂停通信，该引脚为低电平时，通信暂停，数据输出引脚输出高阻抗状态，时钟和数据输入引脚无效，直接接电源，不使用通信暂停功能。

关于 Flash 芯片的更多信息，可参考 W25Q64 数据手册。若使用的开发板 Flash 型号或控制引脚不一样，根据工程模板修改即可，程序的控制原理相同。

9.4.3　SPI 与 Flash 存储器接口的软件设计

为了使工程更加有条理，把读写 Flash 相关的代码独立分开存储，方便以后移植。
在工程模板之上新建 bsp_spi_flash.c 及 bsp_spi_flash.h 文件。
编程要点如下。
（1）初始化通信使用的目标引脚及端口时钟。
（2）使能 SPI 外设的时钟。
（3）配置 SPI 外设的模式、地址、速率等参数并使能 SPI 外设。
（4）编写基本 SPI 按字节收发的函数。
（5）编写对 Flash 擦除及读写操作的函数。
（6）编写测试程序，对读写数据进行校验。

1. bsp_spi_flash.h 文件

把 SPI 硬件相关的配置都以宏的形式定义在 bsp_spi_flash.h 文件中。

根据硬件连接，把与 Flash 通信使用的 SPI 号、GPIO 等都以宏封装起来，并且定义控制 CS（NSS）引脚输出电平的宏，以便配置产生起始和停止信号时使用。

```
#ifndef __SPI_Flash_H
#define __SPI_Flash_H

#include "stm32f10x.h"
#include <stdio.h>

#define sFlash_ID                    0XEF4017      //W25Q64

#define SPI_Flash_PageSize           256
#define SPI_Flash_PerWritePageSize   256

/* 命令定义 - 开头 ******************************/
#define W25X_WriteEnable             0x06
#define W25X_WriteDisable            0x04
#define W25X_ReadStatusReg           0x05
#define W25X_WriteStatusReg          0x01
#define W25X_ReadData                0x03
#define W25X_FastReadData            0x0B
#define W25X_FastReadDual            0x3B
#define W25X_PageProgram             0x02
#define W25X_BlockErase              0xD8
#define W25X_SectorErase             0x20
#define W25X_ChipErase               0xC7
#define W25X_PowerDown               0xB9
#define W25X_ReleasePowerDown        0xAB
#define W25X_DeviceID                0xAB
#define W25X_ManufactDeviceID        0x90
#define W25X_JedecDeviceID           0x9F

/* WIP(busy) 标志，Flash 内部正在写入 */
#define WIP_Flag                     0x01
#define Dummy_Byte                   0xFF
/* 命令定义 - 结尾 ******************************/

/*SPI 接口定义 - 开头 ******************************/
#define     Flash_SPIx                   SPI1
#define     Flash_SPI_APBxClock_FUN      RCC_APB2PeriphClockCmd
#define     Flash_SPI_CLK                RCC_APB2Periph_SPI1

//CS(NSS) 引脚 选普通 GPIO 即可
#define     Flash_SPI_CS_APBxClock_FUN   RCC_APB2PeriphClockCmd
```

```
#define        Flash_SPI_CS_CLK                    RCC_APB2Periph_GPIOC
#define        Flash_SPI_CS_PORT                   GPIOC
#define        Flash_SPI_CS_PIN                    GPIO_Pin_0
//SCK 引脚
#define        Flash_SPI_SCK_APBxClock_FUN         RCC_APB2PeriphClockCmd
#define        Flash_SPI_SCK_CLK                   RCC_APB2Periph_GPIOA
#define        Flash_SPI_SCK_PORT                  GPIOA
#define        Flash_SPI_SCK_PIN                   GPIO_Pin_5
//MISO 引脚
#define        Flash_SPI_MISO_APBxClock_FUN        RCC_APB2PeriphClockCmd
#define        Flash_SPI_MISO_CLK                  RCC_APB2Periph_GPIOA
#define        Flash_SPI_MISO_PORT                 GPIOA
#define        Flash_SPI_MISO_PIN                  GPIO_Pin_6
//MOSI 引脚
#define        Flash_SPI_MOSI_APBxClock_FUN        RCC_APB2PeriphClockCmd
#define        Flash_SPI_MOSI_CLK                  RCC_APB2Periph_GPIOA
#define        Flash_SPI_MOSI_PORT                 GPIOA
#define        Flash_SPI_MOSI_PIN                  GPIO_Pin_7


#define  SPI_Flash_CS_LOW()  GPIO_ResetBits( Flash_SPI_CS_PORT, Flash_SPI_CS_PIN )
#define  SPI_Flash_CS_HIGH() GPIO_SetBits( Flash_SPI_CS_PORT, Flash_SPI_CS_PIN )

/*SPI 接口定义 - 结尾 ****************************/

/* 等待超时时间 */
#define SPIT_FLAG_TIMEOUT          ((uint32_t)0x1000)
#define SPIT_LONG_TIMEOUT          ((uint32_t)(10 * SPIT_FLAG_TIMEOUT))

/* 信息输出 */
#define Flash_DEBUG_ON            1

#define Flash_INFO(fmt,arg...)        printf("<<-Flash-INFO->> "fmt"\n",##arg)
#define Flash_ERROR(fmt,arg...)       printf("<<-Flash-ERROR->> "fmt"\n",##arg)
#define Flash_DEBUG(fmt,arg...)       do{\
                                      if(Flash_DEBUG_ON)\
                                      printf("<<-Flash-DEBUG->> [%d]"fmt"\n", __LINE__,\
                                       ##arg);\
                                       }while(0)

void SPI_Flash_Init(void);
void SPI_Flash_SectorErase(u32 SectorAddr);
void SPI_Flash_BulkErase(void);
void SPI_Flash_PageWrite(u8* pBuffer, u32 WriteAddr, u16 NumByteToWrite);
void SPI_Flash_BufferWrite(u8* pBuffer, u32 WriteAddr, u16 NumByteToWrite);
void SPI_Flash_BufferRead(u8* pBuffer, u32 ReadAddr, u16 NumByteToRead);
u32  SPI_Flash_ReadID(void);
```

```
u32   SPI_Flash_ReadDeviceID(void);
void  SPI_Flash_StartReadSequence(u32 ReadAddr);
void  SPI_Flash_PowerDown(void);
void  SPI_Flash_WAKEUP(void);

u8    SPI_Flash_ReadByte(void);
u8    SPI_Flash_SendByte(u8 byte);
u16   SPI_Flash_SendHalfWord(u16 HalfWord);
void  SPI_Flash_WriteEnable(void);
void  SPI_Flash_WaitForWriteEnd(void);

#endif /* __SPI_Flash_H */
```

2. bsp_spi_flash.c 文件

利用上面的宏，编写 SPI 的初始化函数。

1）初始化 SPI 的 GPIO

与所有使用到 GPIO 的外设一样，都要先初始化使用到的 GPIO 引脚模式，配置好复用功能。GPIO 初始化流程如下。

（1）使用 GPIO_InitTypeDef 定义 GPIO 初始化结构体变量，以便下面用于存储 GPIO 配置。

（2）调用 RCC_APB2PeriphClockCmd 库函数使能 SPI 引脚使用的 GPIO 端口时钟。

（3）向 GPIO 初始化结构体赋值，把 SCK、MOSI、MISO 引脚初始化为复用推挽模式。而由于使用软件控制，把 CS（NSS）引脚配置为普通的推挽输出模式。

（4）使用以上初始化结构体的配置，调用 GPIO_Init 函数向寄存器写入参数，完成 GPIO 的初始化。

```
#include "./Flash/bsp_spi_flash.h"
static __IO uint32_t  SPITimeout = SPIT_LONG_TIMEOUT;
static uint16_t SPI_TIMEOUT_UserCallback(uint8_t errorCode);

/*******************************
  * @brief  SPI_Flash初始化
  * @param  无
  * @retval 无
  *****************************/
void SPI_Flash_Init(void)
{
  SPI_InitTypeDef  SPI_InitStructure;
  GPIO_InitTypeDef GPIO_InitStructure;

  /* 使能SPI时钟 */
  Flash_SPI_APBxClock_FUN ( Flash_SPI_CLK, ENABLE );
```

```
/* 使能 SPI 引脚相关的时钟 */
Flash_SPI_CS_APBxClock_FUN ( Flash_SPI_CS_CLK|Flash_SPI_SCK_CLK|
Flash_SPI_MISO_PIN|Flash_SPI_MOSI_PIN, ENABLE );

/* 配置 SPI 的 CS 引脚，普通 I/O 即可 */
GPIO_InitStructure.GPIO_Pin = Flash_SPI_CS_PIN;
GPIO_InitStructure.GPIO_Speed = GPIO_Speed_50MHz;
GPIO_InitStructure.GPIO_Mode = GPIO_Mode_Out_PP;
GPIO_Init(Flash_SPI_CS_PORT, &GPIO_InitStructure);

/* 配置 SPI 的 SCK 引脚 */
GPIO_InitStructure.GPIO_Pin = Flash_SPI_SCK_PIN;
GPIO_InitStructure.GPIO_Mode = GPIO_Mode_AF_PP;
GPIO_Init(Flash_SPI_SCK_PORT, &GPIO_InitStructure);

/* 配置 SPI 的 MISO 引脚 */
GPIO_InitStructure.GPIO_Pin = Flash_SPI_MISO_PIN;
GPIO_Init(Flash_SPI_MISO_PORT, &GPIO_InitStructure);

/* 配置 SPI 的 MOSI 引脚 */
GPIO_InitStructure.GPIO_Pin = Flash_SPI_MOSI_PIN;
GPIO_Init(Flash_SPI_MOSI_PORT, &GPIO_InitStructure);

/* 停止信号 Flash：CS 引脚高电平 */
SPI_Flash_CS_HIGH();
}
```

2）配置 SPI 的模式

以上只是配置了 SPI 使用的引脚，在配置 STM32 的 SPI 模式前，要先了解从机端的 SPI 模式。

根据 Flash 芯片的说明，它支持 SPI 模式 0 及模式 3，支持双线全双工，使用 MSB 先行模式，支持最高通信时钟为 104MHz，数据帧长度为 8 位。

```
/* SPI 模式配置 */
// Flash 芯片支持 SPI 模式 0 及模式 3，据此设置 CPOL CPHA
SPI_InitStructure.SPI_Direction = SPI_Direction_2Lines_FullDuplex;
SPI_InitStructure.SPI_Mode = SPI_Mode_Master;
SPI_InitStructure.SPI_DataSize = SPI_DataSize_8b;
SPI_InitStructure.SPI_CPOL = SPI_CPOL_High;
SPI_InitStructure.SPI_CPHA = SPI_CPHA_2Edge;
SPI_InitStructure.SPI_NSS = SPI_NSS_Soft;
SPI_InitStructure.SPI_BaudRatePrescaler = SPI_BaudRatePrescaler_4;
SPI_InitStructure.SPI_FirstBit = SPI_FirstBit_MSB;
SPI_InitStructure.SPI_CRCPolynomial = 7;
SPI_Init(Flash_SPIx , &SPI_InitStructure);
```

```
/* 使能 SPI */
SPI_Cmd(Flash_SPIx , ENABLE);
```

这段代码中,把 STM32 的 SPI 外设配置为主机端,双线全双工模式,数据帧长度为 8 位,使用 SPI 模式 3(CPOL=1,CPHA=1),NSS 引脚由软件控制,MSB 先行模式。代码中把 SPI 的时钟频率配置为 4 分频,实际上可以配置为 2 分频以提高通信速率。最后一个成员为 CRC 计算式,由于与 Flash 芯片通信不需要 CRC,并没有使能 SPI 的 CRC 功能,这时 CRC 计算式的成员值是无效的。

赋值结束后调用 SPI_Init 库函数把这些配置写入寄存器,并调用 SPI_Cmd 函数使能外设。

3. main 函数

```c
#include "stm32f10x.h"
#include "./usart/bsp_usart.h"
#include "./led/bsp_led.h"
#include "./Flash/bsp_spi_flash.h"

typedef enum { FAILED = 0, PASSED = !FAILED} TestStatus;

/* 获取缓冲区的长度 */
#define TxBufferSize1    (countof(TxBuffer1) - 1)
#define RxBufferSize1    (countof(TxBuffer1) - 1)
#define countof(a)       (sizeof(a) / sizeof(*(a)))
#define BufferSize       (countof(Tx_Buffer)-1)

#define  Flash_WriteAddress       0x00000
#define  Flash_ReadAddress        Flash_WriteAddress
#define  Flash_SectorToErase      Flash_WriteAddress

 /* 发送缓冲区初始化 */
uint8_t Tx_Buffer[] = "感谢您选用野火 STM32 开发板 \r\n";
uint8_t Rx_Buffer[BufferSize];

__IO uint32_t DeviceID = 0;
__IO uint32_t FlashID = 0;
__IO TestStatus TransferStatus1 = FAILED;
// 函数原型声明
void Delay(__IO uint32_t nCount);
TestStatus Buffercmp(uint8_t* pBuffer1,uint8_t* pBuffer2, uint16_t BufferLength);
/*********************
 * 函数名: main
 * 描述:主函数
 * 输入:无
 * 输出:无
 *********************/
```

```
int main(void)
{
    LED_GPIO_Config();
    LED_BLUE;

    /* 配置串口为 115200 8-N-1 */
    USART_Config();
    printf("\r\n 这是一个 8MB 串行 Flash(W25Q64) 实验 \r\n");

    /* 8MB 串行 Flash（W25Q64）初始化 */
    SPI_Flash_Init();

    /* 获取 Flash 设备 ID */
    DeviceID = SPI_Flash_ReadDeviceID();
    Delay( 200 );

    /* 获取 SPI Flash ID */
    FlashID = SPI_Flash_ReadID();
    printf("\r\n FlashID is 0x%X,\
Manufacturer Device ID is 0x%X\r\n", FlashID, DeviceID);

    /* 检验 SPI Flash ID */
    if (FlashID == sFlash_ID)
    {
        printf("\r\n 检测到串行 Flash W25Q64 !\r\n");

        /* 擦除将要写入的 SPI Flash 扇区，Flash 写入前要先擦除 */
        // 这里擦除 4KB，即一个扇区，擦除的最小单位是扇区
        SPI_Flash_SectorErase(Flash_SectorToErase);

        /* 将发送缓冲区的数据写到 Flash 中 */
        // 这里写一页，一页的大小为 256B
        SPI_Flash_BufferWrite(Tx_Buffer, Flash_WriteAddress, BufferSize);
        printf("\r\n 写入的数据为: %s \r\t", Tx_Buffer);

        /* 将刚刚写入的数据读出来放到接收缓冲区中 */
        SPI_Flash_BufferRead(Rx_Buffer, Flash_ReadAddress, BufferSize);
        printf("\r\n 读出的数据为: %s \r\n", Rx_Buffer);

        /* 检查写入的数据与读出的数据是否相等 */
        TransferStatus1 = Buffercmp(Tx_Buffer, Rx_Buffer, BufferSize);

        if( PASSED == TransferStatus1 )
        {
            LED_GREEN;
            printf("\r\n 8MB 串行 Flash(W25Q64) 测试成功 !\n\r");
        }
```

```
    else
    {
        LED_RED;
        printf("\r\n 8MB 串行 Flash(W25Q64) 测试失败 !\n\r");
    }
}// if (FlashID == sFlash_ID)
else// if (FlashID == sFlash_ID)
{
    LED_RED;
    printf("\r\n 获取不到 W25Q64 ID!\n\r");
}

    while(1);
}
```

函数中初始化了 LED、UART 串口、SPI 外设，然后读取 Flash 芯片的 ID 进行校验，如果 ID 校验通过，则向 Flash 的特定地址写入测试数据，然后再从该地址读取数据，测试读写是否正常。

用 USB 线连接开发板"USB 转串口"接口与计算机，在计算机端打开串口调试助手，把编译好的程序下载到开发板。在串口调试助手可看到 Flash 测试的调试信息，如图 9-9 所示。

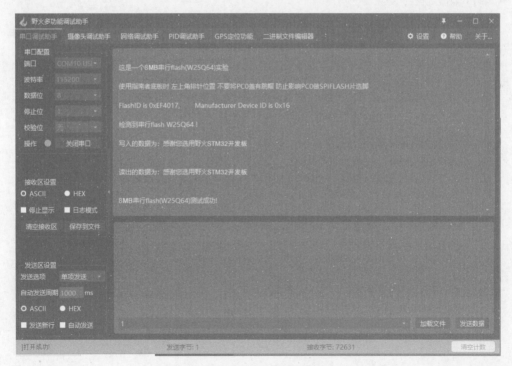

图 9-9　Flash 测试的调试信息

第 10 章

STM32 I2C 串行总线

本章讲述 STM32 I2C 串行总线，包括 STM32 I2C 串行总线的通信原理、STM32 I2C 串行总线接口、STM32F1 的 I2C 库函数和 STM32 I2C 与 EEPROM 接口的应用实例。

10.1 STM32 I2C 串行总线的通信原理

I2C 总线是原 Philips 公司推出的一种用于 IC 器件之间连接的 2 线制串行扩展总线，它通过两根信号线（SDA 串行数据线和 SCL 串行时钟线）在连接到总线上的器件之间传输数据，所有连接在总线的 I2C 器件都可以工作于发送方式或接收方式。

微课视频

I2C 总线主要是用来连接整体电路，I2C 是一种多向控制总线，也就是说，多枚芯片可以连接到同一总线结构下，同时每枚芯片都可以作为实时数据传输的控制源。这种方式简化了信号传输总线接口。

I2C 总线最早用于解决电视中 CPU 与外设之间的通信问题。由于其引脚少、硬件简单、易于建立、可扩展性强，因此 I2C 的应用范围早已远远超出家电范畴，目前已经成为事实上的工业标准，被广泛地应用于微控制器、存储器和外设模块中。例如，STM32F103 系列微控制器、EEPROM 模块 24Cxx 系列、温度传感器模块 TMP102、气压传感器模块 BMP180、光照传感器模块 BH1750FVI、电子罗盘模块 HMC5883L、CMOS 图像传感器模块 OV7670、超声波测距模块 KS103 和 SRF08、数字调频（FM）立体声无线电接收机模块 TEA5657、13.56MHz 非接触式 IC 卡读卡模块 RC522 等都集成了 I2C 接口。

10.1.1 STM32 I2C 串行总线概述

I2C 总线结构如图 10-1 所示，I2C 总线的 SDA 和 SCL 是双向 I/O 线，必须通过上拉电阻接到正电源，当总线空闲时，两线都是高。所有连接在 I2C 总线上的器件引脚必须是开漏或集电极开路输出，即具有"线与"功能。所有挂在总线上器件的 I2C 引脚接口也应该是双向的；SDA 输出电路用于总线上发送数据，而 SDA 输入电路用于接收总线上的数据；主机通过 SCL 输出电路发送时钟信号，同时其本身的接收电路需要检测总线上 SCL 电平，以决定下一步的动作，从机的 SCL 输入电路接收总线时钟，并在 SCL 控制下向 SDA 发出或从

SDA 上接收数据，另外也可以通过拉低 SCL（输出）延长总线周期。

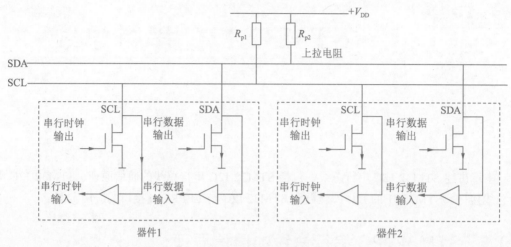

图 10-1　I2C 总线结构

I2C 总线上允许连接多个器件，支持多主机通信。但是，为了保证数据可靠地传输，任意时刻总线只能由一台主机控制，其他设备此时均表现为从机。I2C 总线的运行（指数据传输过程）由主机控制。所谓主机控制，就是由主机发出启动信号和时钟信号，控制传输过程结束时发出停止信号等。每个接到 I2C 总线上的设备或器件都有一个唯一独立的地址，以便主机寻访。主机与从机之间的数据传输，可以是主机发送数据到从机，也可以是从机发送数据到主机。因此，在 I2C 协议中，除了使用主机、从机的定义外，还使用了发送器、接收器的定义。发送器表示数据发送方，可以是主机，也可以是从机；接收器表示数据接收方，同样也可以代表主机或代表从机。在 I2C 总线上一次完整的通信过程中，主机和从机的角色是固定的，SCL 时钟由主机发出，但发送器和接收器是不固定的，经常变化，这一点请读者特别留意，尤其在学习 I2C 总线时序过程中，不要混淆。

在 I2C 总线上，双向串行的数据以字节为单位传输，位速率在标准模式下可达 100Kb/s，在快速模式下可达 400Kb/s，在高速模式下可达 3.4Mb/s。各种被控制电路均并联在总线的 SDA 和 SCL 上，每个器件都有唯一的地址。通信由充当主机的器件发起，它像打电话一样呼叫希望与之通信的从机的地址（相当于从机的电话号码），只有被呼叫了地址的器件才能占据总线与主机"对话"。地址由器件的类别识别码和硬件地址共同组成，其中的器件类别包括微控制器、LCD 驱动器、存储器、实时时钟或键盘接口等，各类器件都有唯一的识别码。硬件地址则通过从机上的管脚连线设置。在信息的传输过程中，主机初始化 I2C 总线通信，并产生同步信号的时钟信号。任何被寻址的器件都被认为是从机，总线上并接的每个器件既可以是主机，又可以是从机，这取决于它所要完成的功能。如果两个或更多主机同时初始化数据传输，可以通过冲突检测和仲裁防止数据被破坏。I2C 总线上挂接的器件数量只受到信号线上的总负载电容的限制，只要不超过 400pF 的限制，理论上可以连接任意数量的器件。

与 SPI 相比，I2C 接口最主要的优点是简单性和有效性。

（1）I2C 仅用两根信号线（SDA 和 SCL）就实现了完善的半双工同步数据通信，且能够方便地构成多机系统和外围器件扩展系统。I2C 总线上的器件地址采用硬件设置方法，寻址则由软件完成，避免了从机选择线寻址时造成的片选线众多的弊端，使系统具有更简单、更灵活的扩展方法。

（2）I2C 支持多主控系统，I2C 总线上任何能够进行发送和接收的设备都可以成为主机，所有主控都能够控制信号的传输和时钟频率。当然，在任何时间点上只能有一个主控。

（3）I2C 接口被设计成漏极开路的形式。在这种结构中，高电平水平只由电阻上拉电平 $+V_{DD}$ 电压决定。图 10-1 中的上拉电阻 R_{p1} 和 R_{p2} 的阻值决定了 I2C 的通信速率，理论上阻值越小，波特率越高。一般而言，当通信速率为 100Kb/s 时，上拉电阻取 4.7kΩ；而当通信速率为 400Kb/s 时，上拉电阻取 1kΩ。

1. I2C 接口

I2C 是半双工同步串行通信，相比于 UART 和 SPI，它所需的信号最少，只需 SCL 和 SCK 两根线。

（1）SCL（Serial Clock，串行时钟线）：I2C 通信中用于传输时钟的信号线，通常由主机发出。SCL 采用集电极开路或漏极开路的输出方式。这样，I2C 器件只能使 SCL 下拉到逻辑 0，而不能强制 SCL 上拉到逻辑 1。

（2）SDA（Serial Data，串行数据线）：I2C 通信中用于传输数据的信号线。与 SCL 类似，SDA 也采用集电极开路或漏极开路的输出方式。这样，I2C 器件同样也只能使 SDA 下拉到逻辑 0，而不能强制 SDA 上拉到逻辑 1。

2. I2C 互连

I2C 总线（即 SCL 和 SDA）上可以方便地连接多个 I2C 器件。与 SPI 互连相比，I2C 互连主要具有以下特点。

1）必须在 I2C 总线上外接上拉电阻

由于 I2C 总线（SCL 和 SDA）采用集电极开路或漏极开路的输出方式，连接到 I2C 总线上的任何器件都只能使 SCL 或 SDA 置 0，因此必须在 SCL 和 SDA 上外接上拉电阻，使两根信号线进行置 1，才能正确进行数据通信。

当一个 I2C 器件将一根信号线下拉到逻辑 0 并释放该信号线后，上拉电阻将该信号线重新置逻辑 1。I2C 标准规定这段时间（即 SCL 或 SDA 的上升时间）必须小于 1000ns。由于和信号线相连的半导体结构中不可避免地存在电容，且节点越多，电容越高（最大为 400pF），因此根据 RC 时间常数的计算方法可以计算出所需的上拉电阻阻值。上拉电阻的默认阻值范围为 1 ～ 5.1kΩ，通常选用 5.1kΩ（5V）或 4.7kΩ（3.3V）。

2）通过地址区分挂载在 I2C 总线上的不同器件

多个 I2C 器件可以并联在 I2C 总线上。SPI 使用不同的片选线区分挂载在总线上的各个器件，这样，增加了连线数量，给器件扩展带来诸多不便。而 I2C 使用地址识别总线上的器件，更易于器件的扩展。在 I2C 互连系统中，每个 I2C 器件都有一个唯一而独立的身份标识（ID）——器件地址（Address）。

正如在电话系统中每台座机有自己唯一的号码，只有先在线路上拨出正确的号码，才能通过线路和对应的座机进行通话。I2C 通信也是如此。I2C 主机必须先在总线上发送想要通信的 I2C 从机的地址，得到对方的响应后，才能和它进行数据通信。

3）支持多主机互连

I2C 带有竞争检测和仲裁电路，实现了真正的多主机互连。当多主机同时使用总线发送数据时，根据仲裁方式决定由哪个设备占用总线，以防止数据冲突和数据丢失。当然，尽管 I2C 支持多主机互连，但同一时刻只能有一个主机。

目前 I2C 接口已经获得了广大开发者和设备生产商的认同，市场上存在众多集成了 I2C 接口的器件。意法半导体（ST）、微芯（Microchip）、德州仪器（TI）和恩智浦（NXP）等嵌入式处理器的主流厂商产品中几乎都集成有 I2C 接口。外围器件也有越来越多的低速、低成本器件使用 I2C 接口作为数据或控制信息的接口标准。

10.1.2　STM32 I2C 串行总线的数据传输

1. 数据位的有效性规定

如图 10-2 所示，I2C 总线进行数据传输时，时钟信号为高电平期间，数据线上的数据必须保持稳定，只有在时钟线上的信号为低电平期间，数据线上的高电平或低电平状态才允许变化。

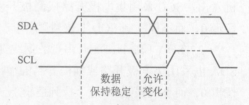

图 10-2　I2C 数据有效性规定

2. 起始和终止信号

I2C 总线规定，当 SCL 为高电平时，SDA 的电平必须保持稳定不变的状态，只有当 SCL 处于低电平时，才可以改变 SDA 的电平值，但起始信号和停止信号是特例。因此，当 SCL 处于高电平时，SDA 的任何跳变都会被识别成为一个起始信号或停止信号。如图 10-3 所示，SCL 线为高电平期间，SDA 线由高电平向低电平的变化表示起始信号；SCL 线为高电平期间，SDA 线由低电平向高电平的变化表示终止信号。

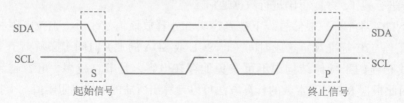

图 10-3　I2C 总线起始和终止信号

起始和终止信号都是由主机发出的，在起始信号产生后，总线就处于被占用的状态；在终止信号产生后，总线就处于空闲状态。连接到 I2C 总线上的器件，若具有 I2C 总线的硬件接口，则很容易检测到起始和终止信号。

每当发送器件传输完一字节的数据后，后面必须紧跟一个校验位，这个校验位是接收端通过控制 SDA（数据线）实现的，以提醒发送端已经接收完成，数据传输可以继续进行。

3. 数据传输格式

1）字节传输与应答

在 I2C 总线的数据传输过程中，发送到 SDA 信号线上的数据以字节为单位，每字节必须为 8 位，而且是高位（MSB）在前，低位（LSB）在后，每次发送数据的字节数量不受限制。但在这个数据传输过程中需要着重强调的是，当发送方发送完每字节后，都必须等待接收方返回一个应答响应信号，如图 10-4 所示。响应信号宽度为 1 位，紧跟在 8 个数据位后面，所以发送 1 字节的数据需要 9 个 SCL 时钟脉冲。响应时钟脉冲也是由主机产生的，主机在响应时钟脉冲期间释放 SDA 线，使其处在高电平。

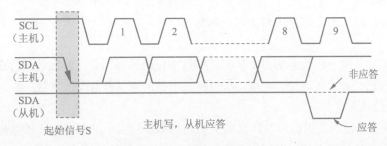

图 10-4　I2C 总线字节传输与应答

而在响应时钟脉冲期间，接收方需要将 SDA 拉低，使 SDA 在响应时钟脉冲高电平期间保持稳定的低电平，即为有效应答信号（ACK 或 A），表示接收器已经成功地接收高电平期间数据。

如果在响应时钟脉冲期间，接收方没有将 SDA 线拉低，使 SDA 在响应时钟脉冲高电平期间保持稳定的高电平，即为非应答信号（NAK 或 /A），表示接收器接收该字节没有成功。

由于某种原因从机不对主机寻址信号应答时（如从机正在进行实时性的处理工作而无法接收总线上的数据），它必须将数据线置于高电平，而由主机产生一个终止信号以结束总线的数据传输。

如果从机对主机进行了应答，但在数据传输一段时间后无法继续接收更多的数据，从机可以通过对无法接收的第 1 个数据字节的"非应答"通知主机，主机则应发出终止信号以结束数据的继续传送。

当主机接收数据时，它收到最后一个数据字节后，必须向从机发出一个结束传输的信号。这个信号是通过对从机的"非应答"实现的。然后，从机释放 SDA 线，以允许主机产生终止信号。

2）总线的寻址

挂在 I2C 总线上的器件可以很多，但相互间只有两根线连接（数据线和时钟线），如何进行识别寻址呢？具有 I2C 总线结构的器件在其出厂时已经给定了器件的地址编码。I2C 总线器件地址 SLA（以 7 位为例）格式如图 10-5 所示。

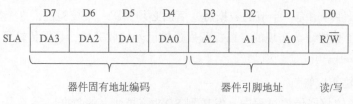

图 10-5　I2C 总线器件地址 SLA 格式

（1）DA3 ～ DA0：4 位器件地址是 I2C 总线器件固有的地址编码，器件出厂时就已给定，用户不能自行设置。例如，I2C 总线器件 EEPROM AT24CXX 的器件地址为 1010。

（2）A2 ～ A0：3 位引脚地址用于相同地址器件的识别。若 I2C 总线上挂有相同地址的器件，或同时挂有多个相同器件时，可用硬件连接方式将 3 位引脚 A2 ～ A0 接 V_{CC} 或接地，形成地址数据。

（3）R/$\overline{W}$：用于确定数据传输方向，R/$\overline{W}$ =1 时，主机接收（读）；R/$\overline{W}$ =0 时，主机发送（写）。

主机发送地址时，总线上的每个从机都将这 7 位地址码与自己的地址进行比较，如果相同，则认为自己正被主机寻址，根据R/$\overline{W}$位将自己确定为发送器或接收器。

3）数据帧格式

I2C 总线上传输的数据信号是广义的，既包括地址信号，又包括真正的数据信号。在起始信号后必须传输一个从机的地址（7 位），第 8 位是数据的传输方向位（R/$\overline{W}$），用 0 表示主机发送数据（W），1 表示主机接收数据（R）。每次数据传输总是由主机产生的终止信号结束。但是，若主机希望继续占用总线进行新的数据传输，则可以不产生终止信号，立即再次发出起始信号对另一从机进行寻址。

4. 传输速率

I2C 的标准传输速率为 100Kb/s，快速传输可达 400Kb/s；目前还增加了高速模式，最高传输速率可达 3.4Mb/s。

微课视频

10.2　STM32 I2C 串行总线接口

STM32 微控制器的 I2C 模块连接微控制器和 I2C 总线，提供多主机功能，支持标准和快速两种传输速率，控制所有 I2C 总线特定的时序、协议、仲裁和定时，同时与 SMBus 2.0 兼容。I2C 模块有多种用途，包括 CRC 码的生成和校验、系统管理总线（System Management Bus，SMBus）和电源管理总线（Power Management Bus，PMBus）。根据特定设备的需要，可以使用 DMA 以减轻 CPU 的负担。

10.2.1　STM32 I2C 串行总线的主要特性

STM32F103 微控制器的小容量产品有一个 I2C，中等容量产品和大容量产品有两个 I2C。

STM32F103 微控制器的 I2C 主要具有以下特性。

（1）所有 I2C 都位于 APB1 总线。

（2）支持标准（100Kb/s）和快速（400Kb/s）两种传输速率。

（3）所有 I2C 可工作于主模式或从模式，可以作为主发送器、主接收器、从发送器或从接收器。

（4）支持 7 位或 10 位寻址和广播呼叫。

（5）具有 3 个状态标志：发送器 / 接收器模式标志、字节发送结束标志、总线忙标志。

（6）具有两个中断向量：一个中断向量用于地址 / 数据通信成功，另一个中断向量用于错误。

（7）具有单字节缓冲器的 DMA。

（8）兼容系统管理总线 SMBus 2.0。

10.2.2　STM32 I2C 串行总线的内部结构

STM32F103 系列微控制器的 I2C 结构，由 SDA 线和 SCL 线展开，主要分为时钟控制、数据控制和控制逻辑，负责实现 I2C 的时钟产生、数据收发、总线仲裁和中断、DMA 等功能，如图 10-6 所示。

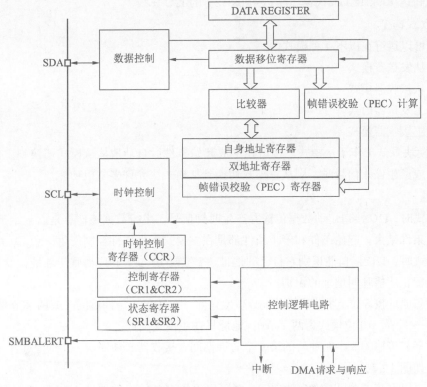

图 10-6　STM32F103 微控制器 I2C 接口内部结构

1. 时钟控制

时钟控制模块根据控制寄存器 CCR、CR1 和 CR2 中的配置产生 I2C 协议的时钟信号，即 SCL 线上的信号。为了产生正确的时序，必须在 I2C_CR2 寄存器中设定 I2C 的输入时钟。当 I2C 工作在标准传输速率时，输入时钟的频率必须大于或等于 2MHz；当 I2C 工作在快速传输速率时，输入时钟的频率必须大于或等于 4MHz。

2. 数据控制

数据控制模块通过一系列控制架构，在将要发送数据的基础上，按照 I2C 的数据格式加上起始信号、地址信号、应答信号和停止信号，将数据一位一位地从 SDA 线上发送出去。读取数据时，则从 SDA 线上的信号中提取接收到的数据值。发送和接收的数据都被保存在数据寄存器中。

3. 控制逻辑

控制逻辑用于产生 I2C 中断和 DMA 请求。

10.2.3 STM32 I2C 串行总线的功能描述

I2C 模块接收和发送数据，并将数据从串行转换为并行，或从并行转换为串行；可以开启或禁止中断；接口通过数据引脚（SDA）和时钟引脚（SCL）连接到 I2C 总线，允许连接到标准（高达 100kHz）或快速（高达 400kHz）的 I2C 总线。

1. 模式选择

接口可以运行在以下 4 种模式。

（1）从发送器模式。

（2）从接收器模式。

（3）主发送器模式。

（4）主接收器模式。

I2C 模块默认工作于从模式。接口在生成起始条件后自动地从从模式切换到主模式；当仲裁丢失或产生停止信号时，则从主模式切换到从模式。允许多主机功能。

2. 通信流

主模式时，I2C 接口启动数据传输并产生时钟信号。串行数据传输总是以起始条件开始，并以停止条件结束。起始条件和停止条件都是在主模式下由软件控制产生。

从模式时，I2C 接口能识别它自己的地址（7 位或 10 位）和广播呼叫地址。软件能够控制开启或禁止广播呼叫地址的识别。

数据和地址按 8 位 / 字节进行传输，高位在前。跟在起始条件后的一或两字节是地址（7 位模式为一字节，10 位模式为两字节）。地址只在主模式发送。

在一字节传输的 8 个时钟后的第 9 个时钟期间，接收器必须回送一个应答位（ACK）给发送器，如图 10-7 所示。

软件可以开启或禁止应答（ACK），并可以设置 I2C 接口的地址（7 位、10 位地址或广播呼叫地址）。

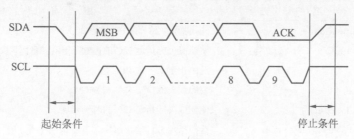

图 10-7　I2C 总线协议

10.3　STM32F103 的 I2C 库函数

STM32 标准库提供了几乎覆盖 I2C 操作的函数，I2C 库函数如表 10-1 所示。为了理解这些函数的具体使用方法，本节将对标准库中部分函数进行详细介绍。

表 10-1　I2C 库函数

函　数　名	描　　述
I2C_DeInit	将外设 I2Cx 寄存器重设为默认值
I2C_Init	根据 I2C_InitStruct 中指定的参数初始化外设 I2Cx 寄存器
I2C_StructInit	把 I2C_InitStruct 中的每个参数按默认值填入
I2C_Cmd	使能或失能 I2C 外设
I2C_DMACmd	使能或失能指定 I2C 的 DMA 请求
I2C_DMALastTransferCmd	令下一次 DMA 传输为最后一次传输
I2C_GenerateSTART	产生 I2Cx 传输 START 条件
I2C_GenerateSTOP	产生 I2Cx 传输 STOP 条件
I2C_AcknowledgeConfig	使能或失能指定 I2C 的应答功能
I2C_OwnAddress2Config	设置指定 I2C 的自身地址 2
I2C_DualAddressCmd	使能或失能指定 I2C 的双地址模式
I2C_GeneralCallCmd	使能或失能指定 I2C 的广播呼叫功能
I2C_ITConfig	使能或失能指定的 I2C 中断
I2C_SendData	通过外设 I2Cx 发送一个数据
I2C_ReceiveData	读取 I2Cx 最近接收的数据
I2C_Send7bitAddress	向指定的 I2C 从设备传输地址字
I2C_ReadRegister	读取指定的 I2C 寄存器并返回其值
I2C_SoftwareResetCmd	使能或失能指定 I2C 的软件复位
I2C_SMBusAlertConfig	驱动指定 I2Cx 的 SMBusAlert 引脚电平为高或低
I2C_TransmitPEC	使能或失能指定 I2C 的 PEC 传输

微课视频

续表

函　数　名	描　　述
I2C_PECPositionConfig	选择指定 I2C 的 PEC 位置
I2C_CalculatePEC	使能或失能指定 I2C 的传输字 PEC 值计算
I2C_GetPEC	返回指定 I2C 的 PEC 值
I2C_ARPCmd	使能或失能指定 I2C 的 ARP
I2C_StretchClockCmd	使能或失能指定 I2C 的时钟延展
I2C_FastModeDutyCycleConfig	选择指定 I2C 的快速模式占空比
I2C_GetLastEvent	返回最近一次 I2C 事件
I2C_CheckEvent	检查最近一次 I2C 事件是否为输入的事件
I2C_GetFlagStatus	检查指定的 I2C 标志位设置与否
I2C_ClearFlag	清除 I2Cx 的待处理标志位
I2C_GetITStatus	检查指定的 I2C 中断发生与否
I2C_ClearITPendingBit	清除 I2Cx 的中断待处理位

1. I2C_DeInit 函数

- 函数名：I2C_DeInit。
- 函数原型：void I2C_DeInit（I2C_TypeDef* I2Cx）。
- 功能描述：将外设 I2Cx 寄存器重设为默认值。
- 输入参数：I2Cx，x 可以是 1 或 2，用于选择 I2C 外设。
- 输出参数：无。
- 返回值：无。
- 先决条件：无。
- 被调用函数：RCC_APB1PeriphClockCmd。
- 示例：

```
/* 重置 I2C2 接口 */
I2C_DeInit（I2C2）;
```

2. I2C_Init 函数

- 函数名：I2C_Init。
- 函数原型：void I2C_Init（I2C_TypeDef* I2Cx，I2C_InitTypeDef* I2C_InitStruct）。
- 功能描述：根据 I2C_InitStruct 中指定的参数初始化外设 I2Cx 寄存器。
- 输入参数 1：I2Cx，x 可以是 1 或 2，用于选择 I2C 外设。
- 输入参数 2：I2C_InitStruct，指向 I2C_InitTypeDef 结构体的指针，包含了外设 GPIO 的配置信息。
- 输出参数：无。
- 返回值：无。

❑ 先决条件：无。

❑ 被调用函数：无。

❑ 示例：

```
/* 根据 I2C_InitStructure 成员初始化 I2C1*/
I2C_InitTypeDef  I2C_InitStructure;
I2C_InitStructure.I2C_Mode =I2C_Mode_SMBusHost;
I2C_InitStructure.I2C_DutyCycle = I2C_DutyCycle_2;
I2C_InitStructure.I2C_OwnAddress1=0x03A2;
I2C_InitStructure.I2C_Ack =I2
I2C_InitStructure.I2C_AcknowledgedAddress=I2C_AcknowledgedAddress_7bit;
I2C_InitStructure.I2C_ClockSpeed = 200000;
I2C_Init(I2C1,&I2C_InitStructure);
```

1）I2C_InitTypeDef 结构体

I2C_InitTypeDef 结构体定义于 stm32f10x_i2c.h 文件中。

```
typedef struct
{
   u16 I2C_Mode;
   u16 I2C_DutyCycle;
   u16 I2C_OwnAddress1;
   u16 I2C_Ack;
   u16 I2C_AcknowledgedAddress;
   u32 I2C_ClockSpeed;
} I2C_InitTypeDef;
```

2）I2C_Mode

I2C_Mode 用于设置 I2C 的模式。表 10-2 给出了该参数可取的值。

表 10-2　I2C_Mode 取值

I2C_Mode	描　述
I2C_Mode_I2C	设置 I2C 为 I2C 模式
I2C_Mode_SMBusDevice	设置 I2C 为 SMBus 设备模式
I2C_Mode_SMBusHost	设置 I2C 为 SMBus 主控模式

3）I2C_DutyCycle

I2C_DutyCycle 用于设置 I2C 的占空比。表 10-3 给出了该参数可取的值。

表 10-3　I2C_DutyCycle 取值

I2C_DutyCycle	描　述
I2C_DutyCycle_16_9	I2C 快速模式 Tlow/Thigh=16/9
I2C_DutyCycle_2	I2C 快速模式 Tlow/Thigh=2

注意：该参数只有在 I2C 工作在快速模式（时钟工作频率高于 100kHz）时才有意义。

4）I2C_OwnAddress1

该参数用来设置第 1 个设备自身地址，它可以是一个 7 位地址或一个 10 位地址。

5）I2C_Ack

I2C_Ack 用于使能或失能应答（ACK）。表 10-4 给出了该参数可取的值。

表 10-4 I2C_Ack 取值

I2C_Ack	描　　述
I2C_Ack_Enable	使能应答（ACK）
I2C_Ack_Disable	失能应答（ACK）

6）I2C_AcknowledgedAddress

I2C_AcknowledgedAddress 定义了应答 7 位地址还是 10 位地址。表 10-5 给出了该参数可取的值。

表 10-5 I2C_AcknowledgedAddress 取值

I2C_AcknowledgedAddress	描　　述
I2C_AcknowledgedAddress_7bit	应答 7 位地址
I2C_AcknowledgedAddress_10bit	应答 10 位地址

7）I2C_ClockSpeed

该参数用来设置时钟频率，这个值不能高于 400kHz。

3．I2C_Cmd 函数

❑ 函数名：I2C_Cmd。

❑ 函数原型：void I2C_Cmd（I2C_TypeDef* I2Cx，FunctionalState NewState）。

❑ 功能描述：使能或失能 I2C 外设。

❑ 输入参数 1：I2Cx，x 可以是 1 或 2，用于选择 I2C 外设。

❑ 输入参数 2：NewState，外设 I2Cx 的新状态，取值为 ENABLE 或 DISABLE。

❑ 输出参数：无。

❑ 返回值：无。

❑ 先决条件：无。

❑ 被调用函数：无。

❑ 示例：

```
/* 使能 I2C1 外设 */
I2C_Cmd(I2C1,ENABLE);
```

4. I2C_ GenerateSTART 函数

- ❏ 函数名：I2C_GenerateSTART。
- ❏ 函数原型：void I2C_GenerateSTART（I2C_TypeDef* I2Cx，FunctionalState NewState）。
- ❏ 功能描述：产生 I2Cx 传输 START 条件。
- ❏ 输入参数 1：I2Cx，x 可以是 1 或 2，用于选择 I2C 外设。
- ❏ 输入参数 2：NewState，I2Cx START 条件的新状态，取值为 ENABLE 或 DISABLE。
- ❏ 输出参数：无。
- ❏ 返回值：无。
- ❏ 先决条件：无。
- ❏ 被调用函数：无。
- ❏ 示例：

```
/* 在 I2C1 上生成一个 START 条件 */
I2C_GenerateSTART（I2C1, ENABLE）;
```

5. I2C_GenerateSTOP 函数

- ❏ 函数名：I2C_GenerateSTOP。
- ❏ 函数原型：void I2C_GenerateSTOP（I2C_TypeDef* I2Cx，FunctionalState NewState）。
- ❏ 功能描述：产生 I2Cx 传输 STOP 条件。
- ❏ 输入参数 1：I2Cx，x 可以是 1 或 2，用于选择 I2C 外设。
- ❏ 输入参数 2：NewState，I2Cx STOP 条件的新状态，取值为 ENABLE 或 DISABLE。
- ❏ 输出参数：无。
- ❏ 返回值：无。
- ❏ 先决条件：无。
- ❏ 被调用函数：无。
- ❏ 示例：

```
/* 在 I2C2 上生成一个 STOP 条件 */
I2C_GenerateSTOP（I2C2, ENABLE）;
```

6. I2C_Send7bitAddress 函数

- ❏ 函数名：I2C_ Send7bitAddress。
- ❏ 函数原型：void I2C_Send7bitAddress（I2C_TypeDef* I2Cx，u8 Address，u8 I2C_Direction）。
- ❏ 功能描述：向指定的 I2C 从设备传输地址字。
- ❏ 输入参数 1：I2Cx，x 可以是 1 或 2，用于选择 I2C 外设。
- ❏ 输入参数 2：Address，待传输的 I2C 从设备地址。
- ❏ 输入参数 3：I2C_Direction，设置指定的 I2C 设备为发送端还是接收端，取值如表

10-6 所示。

❑ 输出参数：无。

❑ 返回值：无。

❑ 先决条件：无。

❑ 被调用函数：无。

❑ 示例：

```
/* 在 I2C1 中以 7 位寻址模式发送从设备地址 0xA8*/
I2C_Send7bitAddress(I2C1, 0xA8, I2C_Direction_Transmitter);
```

表 10-6　I2C_Direction 取值

I2C_Direction	描　述
I2C_Direction_Transmitter	选择发送方向
I2C_Direction_Receiver	选择接收方向

7. I2C_SendData 函数

❑ 函数名：I2C_SendData。

❑ 函数原型：void I2C_SendData（I2C_TypeDef* I2Cx，u8 Data）。

❑ 功能描述：通过外设 I2Cx 发送一个数据。

❑ 输入参数 1：I2Cx，x 可以是 1 或 2，用于选择 I2C 外设。

❑ 输入参数 2：Data，待发送的数据。

❑ 输出参数：无。

❑ 返回值：无。

❑ 先决条件：无。

❑ 被调用函数：无。

❑ 示例：

```
/* 在 I2C2 上发送 0x5D 字节 */
I2C_SendData(I2C2,0x5D);
```

8. I2C_ReceiveData 函数

❑ 函数名：I2C_ReceiveData。

❑ 函数原型：u8 I2C_ReceiveData（I2C_TypeDef* I2Cx）。

❑ 功能描述：返回通过 I2Cx 最近接收的数据。

❑ 输入参数：I2Cx，x 可以是 1 或 2，用于选择 I2C 外设。

❑ 输出参数：无。

❑ 返回值：接收到的字节。

❑ 先决条件：无。

❏ 被调用函数：无。
❏ 示例：

```
/* 读取 I2C1 上接收的字节 */
u8 ReceivedData;
ReceivedData=I2C_ReceiveData(I2C1);
```

10.4　STM32 I2C 与 EEPROM 接口的应用实例

EEPROM 是一种掉电后数据不丢失的存储器，常用来存储一些配置信息，以便系统重新上电时加载。EEPROM 芯片最常用的通信方式就是 I2C 协议，本节以 EEPROM 的读写实验为例，讲解 STM32 的 I2C 使用方法。实例中 STM32 的 I2C 外设采用主模式，分别用作主发送器和主接收器，通过查询事件的方式确保正常通信。

10.4.1　STM32 的 I2C 配置流程

虽然不同器件实现的功能不同，但是只要遵守 I2C 协议，其通信方式都是一样的，配置流程也基本相同。对于 STM32，首先要对 I2C 进行配置，使其能够正常工作，再结合不同器件的驱动程序，完成 STM32 与不同器件的数据传输。STM32 的 I2C 配置流程如图 10-8 所示。

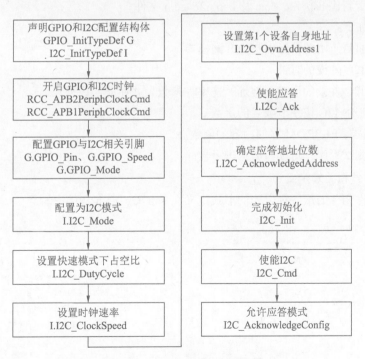

图 10-8　STM32 的 I2C 配置流程

10.4.2　STM32 I2C 与 EEPROM 接口的硬件设计

开发板采用 AT24C02 串行 EEPROM，AT24C02 的 SCL 及 SDA 引脚连接到 STM32 对应的 I2C 引脚，结合上拉电阻，构成了 I2C 通信总线，如图 10-9 所示。EEPROM 芯片的设备地址一共有 7 位，其中高 4 位固定为 1010b，低 3 位则由 A0、A1、A2 信号线的电平决定。

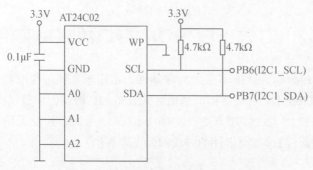

图 10-9　AT24C02 EEPROM 硬件接口电路

10.4.3　STM32 I2C 与 EEPROM 接口的软件设计

为了使工程更加有条理，把读写 EEPROM 相关的代码独立分开存储，以方便以后移植。在工程模板之上新建 bsp_i2c_ee.c 及 bsp_i2c_ee.h 文件。

编程要点如下。

（1）配置通信使用的目标引脚为开漏模式。

（2）使能 I2C 外设的时钟。

（3）配置 I2C 外设的模式、地址、速率等参数，并使能 I2C 外设。

（4）编写基本 I2C 按字节收发的函数。

（5）编写读写 EEPROM 存储内容的函数。

（6）编写测试程序，对读写数据进行校验。

1. I2C 硬件相关宏定义

把 I2C 硬件相关的配置都以宏的形式定义在 bsp_i2c_ee.h 文件中。

```
#include "stm32f10x.h"
/**********************I2C 参数定义，I2C1 或 I2C2*****************************/
#define        EEPROM_I2Cx                        I2C1
#define        EEPROM_I2C_APBxClock_FUN           RCC_APB1PeriphClockCmd
#define        EEPROM_I2C_CLK                     RCC_APB1Periph_I2C1
#define        EEPROM_I2C_GPIO_APBxClock_FUN      RCC_APB2PeriphClockCmd
#define        EEPROM_I2C_GPIO_CLK                RCC_APB2Periph_GPIOB
#define        EEPROM_I2C_SCL_PORT                GPIOB
#define        EEPROM_I2C_SCL_PIN                 GPIO_Pin_6
```

```
#define              EEPROM_I2C_SDA_PORT              GPIOB
#define              EEPROM_I2C_SDA_PIN               GPIO_Pin_7


/* STM32 I2C 快速模式 */
#define I2C_Speed              400000

/* 这个地址只要与 STM32 外挂的 I2C 器件地址不一样即可 */
#define I2Cx_OWN_ADDRESS7      0x0A
/* AT24C01/02 每页有 8 字节 */
#define I2C_PageSize           8

/* 等待超时时间 */
#define I2CT_FLAG_TIMEOUT          ((uint32_t)0x1000)
#define I2CT_LONG_TIMEOUT          ((uint32_t)(10 * I2CT_FLAG_TIMEOUT))

/* 信息输出 */
#define EEPROM_DEBUG_ON             0

#define EEPROM_INFO(fmt,arg...)   printf("<<-EEPROM-INFO->> "fmt"\n",##arg)
#define EEPROM_ERROR(fmt,arg...)  printf("<<-EEPROM-ERROR->> "fmt"\n",##arg)
#define EEPROM_DEBUG(fmt,arg...)  do{\
                                    if(EEPROM_DEBUG_ON)\
                                    printf("<<-EEPROM-DEBUG->> [%d]"fmt"\n",\
                                    __LINE__, ##arg);\
                                    }while(0)
/**********************************************
 * AT24C02 2Kb = 2048b = 256 B
 * 32 pages of 8B each
 *
 * 器件地址
 * 1 0 1 0 A2 A1 A0 R/W
 * 1 0 1 0 0  0  0  0 = 0xA0
 * 1 0 1 0 0  0  0  1 = 0xA1
 **********************************************/

/* EEPROM 地址定义 */
#define EEPROM_Block0_ADDRESS 0xA0   /* E2 = 0 */
//#define EEPROM_Block1_ADDRESS 0xA2 /* E2 = 0 */
//#define EEPROM_Block2_ADDRESS 0xA4 /* E2 = 0 */
//#define EEPROM_Block3_ADDRESS 0xA6 /* E2 = 0 */

void I2C_EE_Init(void);
void I2C_EE_BufferWrite(u8* pBuffer, u8 WriteAddr, u16 NumByteToWrite);
uint32_t I2C_EE_ByteWrite(u8* pBuffer, u8 WriteAddr);
uint32_t I2C_EE_PageWrite(u8* pBuffer, u8 WriteAddr, u8 NumByteToWrite);
uint32_t I2C_EE_BufferRead(u8* pBuffer, u8 ReadAddr, u16 NumByteToRead);
```

```
void I2C_EE_WaitEepromStandbyState(void);

#endif /* __I2C_EE_H */
```

2. 初始化 I2C 的 GPIO

利用上面的宏，编写 I2C GPIO 引脚的初始化函数。

```
#include "./i2c/bsp_i2c_ee.h"
#include "./usart/bsp_usart.h"

uint16_t EEPROM_ADDRESS;
static __IO uint32_t  I2CTimeout = I2CT_LONG_TIMEOUT;
static uint32_t I2C_TIMEOUT_UserCallback(uint8_t errorCode);

/************************
  * @brief  I2C I/O 配置
  * @param  无
  * @retval 无
  **********************/
static void I2C_GPIO_Config(void)
{
  GPIO_InitTypeDef  GPIO_InitStructure;

  /* 使能与 I2C 有关的时钟 */
  EEPROM_I2C_APBxClock_FUN ( EEPROM_I2C_CLK, ENABLE );
  EEPROM_I2C_GPIO_APBxClock_FUN ( EEPROM_I2C_GPIO_CLK, ENABLE );

  /* I2C_SCL, I2C_SDA*/
  GPIO_InitStructure.GPIO_Pin = EEPROM_I2C_SCL_PIN;
  GPIO_InitStructure.GPIO_Speed = GPIO_Speed_50MHz;
  GPIO_InitStructure.GPIO_Mode = GPIO_Mode_AF_OD;             // 开漏输出
  GPIO_Init(EEPROM_I2C_SCL_PORT, &GPIO_InitStructure);

  GPIO_InitStructure.GPIO_Pin = EEPROM_I2C_SDA_PIN;
  GPIO_InitStructure.GPIO_Speed = GPIO_Speed_50MHz;
  GPIO_InitStructure.GPIO_Mode = GPIO_Mode_AF_OD;             // 开漏输出
  GPIO_Init(EEPROM_I2C_SDA_PORT, &GPIO_InitStructure);

}
```

开启相关的时钟并初始化 GPIO 引脚，函数执行流程如下。

（1）使用 GPIO_InitTypeDef 定义 GPIO 初始化结构体变量，以便下面用于存储 GPIO 配置。

（2）调用 RCC_APB1PeriphClockCmd 库函数（代码中为宏 EEPROM_I2C_APBxClock_FUN）使能 PC 外设时钟，调用 RCC_APB2PeriphClockCmd 函数（代码中为宏 EEPROM_

I2C_GPIO_APBxClock_FUN）使能 I2C 引脚使用的 GPIO 端口时钟。

（3）向 GPIO 初始化结构体赋值，把引脚初始化为复用开漏模式。要注意，PC 的引脚必须使用这种模式。

（4）使用以上初始化结构体的配置，调用 GPIO_Init 函数向寄存器写入参数，完成 GPIO 的初始化。

3. 配置 I2C 的模式

```c
/*****************************
 * @brief   I2C 工作模式配置
 * @param  无
 * @retval 无
 ****************************/
static void I2C_Mode_Configu(void)
{
  I2C_InitTypeDef  I2C_InitStructure;
  /* I2C 配置 */
  I2C_InitStructure.I2C_Mode = I2C_Mode_I2C;
  /* 高电平数据稳定，低电平数据变化 SCL 线的占空比 */
  I2C_InitStructure.I2C_DutyCycle = I2C_DutyCycle_2;
  I2C_InitStructure.I2C_OwnAddress1 =I2Cx_OWN_ADDRESS7;
  I2C_InitStructure.I2C_Ack = I2C_Ack_Enable ;

  /* I2C 的寻址模式 */
  I2C_InitStructure.I2C_AcknowledgedAddress = I2C_AcknowledgedAddress_7bit;
  /* 通信速率 */
  I2C_InitStructure.I2C_ClockSpeed = I2C_Speed;
  /* I2C 初始化 */
  I2C_Init(EEPROM_I2Cx, &I2C_InitStructure);
  /* 使能 I2C */
  I2C_Cmd(EEPROM_I2Cx, ENABLE);
}


/******************************************
 * @brief   I2C 外设（EEPROM）初始化
 * @param  无
 * @retval 无
 *****************************************/
void I2C_EE_Init(void)
{
  I2C_GPIO_Config();
  I2C_Mode_Configu();
  /* 根据 i2c_ee.h 头文件中的定义选择 EEPROM 的设备地址 */
  /* 选择 EEPROM Block0 写入 */
  EEPROM_ADDRESS = EEPROM_Block0_ADDRESS;
}
```

把 I2C 外设通信时钟 SCL 的低 / 高电平比设置为 2，使能响应功能，使用 7 位地址 I2C_OWN_ADDRESS7，速率配置为 I2C_Speed（前面在 bsp_i2c_ee.h 文件中定义的宏）。最后调用 I2C_Init 库函数把这些配置写入寄存器，并调用 I2C_Cmd 函数使能外设。

为方便调用，I2C 的 GPIO 及模式配置都用 I2C_EE_Init 函数封装起来。

4. main 函数

```c
#include "stm32f10x.h"
#include "./led/bsp_led.h"
#include "./usart/bsp_usart.h"
#include "./i2c/bsp_i2c_ee.h"
#include <string.h>

#define  EEP_Firstpage      0x00
uint8_t I2c_Buf_Write[256];
uint8_t I2c_Buf_Read[256];
uint8_t I2C_Test(void);

/*************************
  * @brief   主函数
  * @param   无
  * @retval  无
  ************************/
int main(void)
{
    LED_GPIO_Config();

    LED_BLUE;
    /* 串口初始化 */
    USART_Config();

    printf("\r\n 这是一个 I2C 外设 (AT24C02) 读写测试例程 \r\n");

    /* I2C 外设 (AT24C02) 初始化 */
    I2C_EE_Init();

    printf("\r\n 这是一个 I2C 外设 (AT24C02) 读写测试例程 \r\n");

    //EEPROM 读写测试
    if(I2C_Test() ==1)
    {
        LED_GREEN;
    }
    else
    {
        LED_RED;
```

```
    }

    while (1)
    {
    }
}
/***********************************
  * @brief  I2C(AT24C02) 读写测试
  * @param  无
  * @retval 正常返回 1，异常返回 0
 ***********************************/
uint8_t I2C_Test(void)
{
    uint16_t i;

    printf(" 写入的数据 \n\r");

    for ( i=0; i<=255; i++ )                    // 填充缓冲
    {
        I2c_Buf_Write[i] = i;

        printf("0x%02X ", I2c_Buf_Write[i]);
        if(i%16 == 15)
        printf("\n\r");
    }

    // 将 I2c_Buf_Write 中顺序递增的数据写入 EERPOM 中
    I2C_EE_BufferWrite( I2c_Buf_Write, EEP_Firstpage, 256);

    EEPROM_INFO("\n\r 写成功 \n\r");

    EEPROM_INFO("\n\r 读出的数据 \n\r");
    // 将 EEPROM 读出数据顺序保存到 I2c_Buf_Read 中
    I2C_EE_BufferRead(I2c_Buf_Read, EEP_Firstpage, 256);

    // 将 I2c_Buf_Read 中的数据通过串口打印
    for (i=0; i<256; i++)
    {
        if(I2c_Buf_Read[i] != I2c_Buf_Write[i])
        {
            EEPROM_ERROR("0x%02X ", I2c_Buf_Read[i]);
            EEPROM_ERROR(" 错误 :I2C EEPROM 写入与读出的数据不一致 \n\r");
            return 0;
        }
        printf("0x%02X ", I2c_Buf_Read[i]);
        if(i%16 == 15)
            printf("\n\r");
```

```
    }
    EEPROM_INFO("I2C(AT24C02) 读写测试成功 \n\r");

    return 1;
}
```

用 USB 线连接开发板"USB 转串口"接口与计算机，在计算机端打开串口调试助手，把编译好的程序下载到开发板。在串口调试助手可看到 I2C 外设（AT24C02）读写测试信息，如图 10-10 所示。

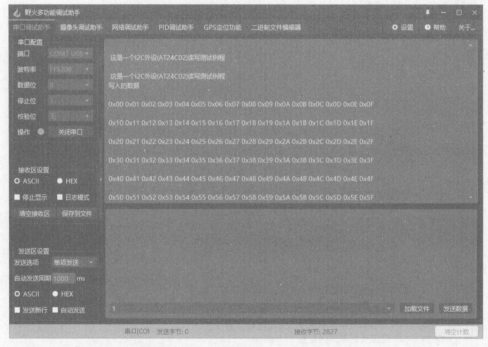

图 10-10　I2C 外设（AT24C02）读写测试信息

第 11 章

STM32 A/D 转换器

本章讲述 STM32 A/D 转换器，包括模拟量输入通道、模拟量输入信号类型与量程自动转换、STM32F103VET6 集成的 ADC 模块、STM32 的 ADC 库函数、模数转换器应用实例。

11.1 模拟量输入通道

11.1.1 模拟量输入通道的组成

模拟量输入通道根据应用要求的不同，可以有不同的结构形式。图 11-1 所示为多路模拟量输入通道的组成。

微课视频

图 11-1 多路模拟量输入通道的组成

从图 11-1 可看出，模拟量输入通道一般由信号处理、模拟开关、放大器、采样 – 保持器和 A/D 转换器组成。

根据需要，信号处理可选择的内容包括小信号放大、信号滤波、信号衰减、阻抗匹配、电平变换、非线性补偿、电流 / 电压转换等。

11.1.2 A/D 转换器简介

在计算机控制系统中，大多采用低、中速的大规模集成 A/D 转换芯片。

对于低、中速 A/D 转换器，这类芯片常用的转换方法有计数比较式、双斜率积分式和逐次逼近式 3 种。计数比较式器件简单，价格便宜，但转换速度慢，较少采用。双斜率积分式器件精度高，有时也采用。由于逐次逼近式 A/D 转换技术能很好地兼顾速度和精度，故它在 16 位以下的 A/D 转换器件中得到了广泛的应用。

近几年，又出现了 16 位以上的 $\sum$-Δ A/D 转换器、流水线型 A/D 转换器和闪速型 A/D 转换器。

11.2　模拟量输入信号类型与量程自动转换

11.2.1　模拟量输入信号类型

在接到一个具体的测控任务后，需要根据被测控对象选择合适的传感器，从而完成非电物理量到电量的转换，经传感器转换后的量，如电流、电压等，往往信号幅度很小，很难直接进行模数转换，因此，需要对这些模拟电信号进行幅度处理和阻抗匹配、波形变换、噪声抑制等操作，而这些工作需要由放大器完成。

模拟量输入信号主要有两类。

第 1 类为传感器输出的信号，具体如下。

（1）电压信号：一般为毫伏（mV）信号，如热电偶（TC）的输出或电桥输出。

（2）电阻信号：单位为欧姆（Ω），如热电阻（RTD）信号，通过电桥转换为毫伏信号。

（3）电流信号：一般为微安（μA）信号，如电流型集成温度传感器 AD590 的输出信号，通过取样电阻转换为毫伏信号。

微课视频

对于以上这些信号，往往不能直接送 A/D 转换，因为信号的幅值太小，要经运算放大器放大后转换为标准电压信号，如 0 ～ 5V、1 ～ 5V、0 ～ 10V、–5 ～ +5V 等，再送往 A/D 转换器进行采样。有些双积分 A/D 转换器的输入为 –200 ～ +200mV 或 –2 ～ +2V，有些 A/D 转换器内部带有可编程增益放大器，可直接接受毫伏信号。

第 2 类为变送器输出的信号，具体如下。

（1）电流信号：0 ～ 10mA（0 ～ 1.5kΩ 负载）或 4 ～ 20mA（0 ～ 500Ω 负载）。

（2）电压信号：0 ～ 5V 或 1 ～ 5V 等。

电流信号可以远传，通过一个标准精密取样电阻就可以转换为标准电压信号，送往 A/D 转换器进行采样，这类信号一般不需要放大处理。

11.2.2　量程自动转换

由于传感器所提供的信号变化范围很宽（从微伏到伏），特别是在多回路检测系统中，当各回路的参数信号不同时，必须提供各种量程的放大器，才能保证送到计算机的信号一致（如 0 ～ 5V）。在模拟系统中，为了放大不同的信号，需要使用不同倍数的放大器。而在电动单位组合仪表中，常常使用各种类型的变送器，如温度变送器、差压变送器、位移变送器等。但是，这种变送器造价比较贵，系统也比较复杂。随着计算机的应用，为了减少硬件设备，已经研制出可编程增益放大器（Programmable Gain Amplifier，PGA），它是一种通用性很强的放大器，其放大倍数可根据需要用程序进行控制。采用这种放大器，可通过程序调节放大倍数，使 A/D 转换器满量程信号达到均一化，大大提高测量精度。这就是量程自动转换。

11.3　STM32F103ZET6 集成的 ADC 模块

真实世界的物理量，如温度、压力、电流和电压等，都是连续变化的模拟量。但数字计算机处理器主要由数字电路构成，无法直接认知这些连续变换的物理量。ADC 和 DAC（以下称为 A/D 转换器和 D/A 转换器）就是跨越模拟量和数字量之间"鸿沟"的桥梁。A/D 转换器将连续变化的物理量转换为数字计算机可以理解的、离散的数字信号。D/A 转换器则反过来，将数字计算机产生的离散的数字信号转换为连续变化的物理量。如果把嵌入式处理器比作人的大脑，A/D 转换器可以理解为这个大脑的眼、耳、鼻等感觉器官。嵌入式系统作为一种在真实物理世界中和宿主对象协同工作的专用计算机系统，A/D 转换器和 D/A 转换器是其必不可少的组成部分。

传统意义上的嵌入式系统会使用独立的单片 A/D 转换器或 D/A 转换器实现其与真实世界的接口，但随着片上系统技术的普及，设计和制造集成了 A/D 转换器和 D/A 转换功能的嵌入式处理器变得越来越容易。目前市面上常见的嵌入式处理器都集成了 A/D 转换功能。STM32 则是最早把 12 位高精度的 A/D 转换器和 D/A 转换器以及 Cortex-M 系列处理器集成到一起的主流嵌入式处理器。

微课视频

STM32F103ZET6 微控制器集成有 18 路 12 位高速逐次逼近型模数转换器（ADC），可测量 16 个外部和两个内部信号源。各通道的 A/D 转换可以单次、连续、扫描或间断模式执行。转换结果可以左对齐或右对齐方式存储在 16 位数据寄存器中。

模拟看门狗特性允许应用程序检测输入电压是否超出用户定义的高 / 低阈值。

ADC 的输入时钟不得超过 14MHz，由 PCLK2 经分频产生。

11.3.1　STM32 的 ADC 主要特征

STM32F103 的 ADC 主要特征如下。
（1）12 位分辨率。
（2）转换结束、注入转换结束和发生模拟看门狗事件时产生中断。
（3）单次和连续转换模式。
（4）从通道 0 到通道 n 的自动扫描模式。
（5）自校准功能。
（6）带内嵌数据一致性的数据对齐。
（7）采样间隔可以按通道分别编程。

（8）规则转换和注入转换均有外部触发选项。

（9）间断模式。

（10）双重模式（带两个或以上 ADC 器件）。

（11）ADC 转换时间：时钟为 56MHz 时为 1μs，时钟为 72MHz 为 1.17μs。

（12）ADC 供电要求：2.4 ～ 3.6V。

（13）ADC 输入范围：$V_{\text{REF}-} \leqslant V_{\text{IN}} \leqslant V_{\text{REF}+}$。

（14）规则通道转换期间有 DMA 请求产生。

11.3.2　STM32 的 ADC 模块结构

STM32 的 ADC 模块结构如图 11-2 所示。ADC3 只存在于大容量产品中。

ADC 相关引脚如下。

（1）模拟电源 V_{DDA}：等效于 V_{DD} 的模拟电源且 $2.4\text{V} \leqslant V_{\text{DDA}} \leqslant V_{\text{DD}}$（3.6V）。

（2）模拟电源地 V_{SSA}：等效于 V_{SS} 的模拟电源地。

（3）模拟参考正极 $V_{\text{REF}+}$：ADC 使用的高端 / 正极参考电压，$2.4\text{V} \leqslant V_{\text{REF}+} \leqslant V_{\text{DDA}}$。

（4）模拟参考负极 $V_{\text{REF}-}$：ADC 使用的低端 / 负极参考电压，$V_{\text{REF}-} = V_{\text{SSA}}$。

（5）模拟信号输入端 ADCx_IN［15:0］：16 个模拟输入通道。

1. ADC 通道及分组

STM32F103 微控制器的 ADC 最多有 18 路模拟输入通道。除了 ADC1_IN16 与内部温度传感器相连，ADC1_IN17 与内部参照电压 V_{REFINT}（1.2V）相连，其他 16 路通道 ADCx_IN0 ～ ADCx_IN15 都被连接到 STM32F103 微控制器对应的 I/O 引脚上，可以用作模拟信号的输入。例如，ADC1 的通道 8（ADC1_IN8）连接到 STM32F103 微控制器的 PB0 引脚，可以测量 PB0 引脚上输入的模拟电压。ADC 通道（ADCx_IN0 ～ ADCxIN15）与 I/O 引脚之间的映射关系由具体的微控制器型号决定。特别需要注意的是，内部温度传感器和内部参照电压 V_{REFINT} 仅出现在 ADC1 中，ADC2 和 ADC3 都只有 16 路模拟输入通道。

为了更好地进行通道管理和成组转换，借鉴中断中后台程序与前台程序的概念，STM32F103 微控制器的 ADC 根据优先级把所有通道分为两个组：规则通道组和注入通道组。当用户在应用程序中将通道分组设置完成后，一旦触发信号到来，相应通道组中的各个通道即可自动地进行逐个转换。

1）规则通道组

划分到规则通道组（Group of Regular Channel）中的通道称为规则通道。大多数情况下，如果仅是一般模拟输入信号的转换，那么将该模拟输入信号的通道设置为规则通道即可。

规则通道组最多可以有 16 个规则通道，当每个规则通道转换完成后，将转换结果保存到同一个规则通道数据寄存器，同时产生 ADC 转换结束事件，可以产生对应的中断和 DMA 请求。

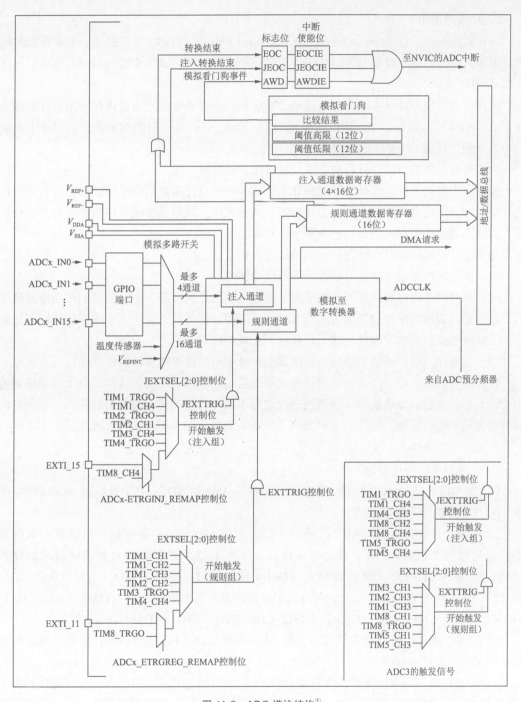

图 11-2　ADC 模块结构①

———————————

① 注：ADC3 的规则转换和注入转换触发与 ADC1 和 ADC2 不同；TIM8_CH4 和 TIM8_TRGO 及它们的重映射位只存在于大容量产品中。

2）注入通道组

划分到注入通道组（Group of Injected Channel）中的通道称为注入通道。如果需要转换的模拟输入信号的优先级较其他模拟输入信号要高，那么可将该模拟输入信号的通道归入注入通道组中。

注入通道组最多可以有 4 个注入通道，对应地，也有 4 个注入通道寄存器用来存放注入通道的转换结果。当每个注入通道转换完成后，产生 ADC 注入转换结束事件，可产生对应的中断，但不具备 DMA 传输能力。

注入通道组转换的启动有两种方式：触发注入和自动注入。

触发注入方式与中断的前后台处理非常相似。中断会打断后台程序的正常运行，转而执行该中断对应的前台中断服务程序。在触发注入方式中，规则通道组可以看作后台的例行程序，而注入通道组可以视作前台的中断服务程序。

与中断处理过程类似，触发注入的具体过程如下。

（1）通过软件或硬件触发启动规则通道组的转换。

（2）在规则通道组转换期间，如果有外部注入触发产生，那么当前转换的规则通道被复位，注入通道组被以单次扫描的方式依次转换。需要注意的是，在注入通道组转换期间如果产生了规则通道组的触发事件，注入转换将不会被中断。

（3）直至注入通道转换完毕后，再恢复上次被中断的规则通道转换继续进行。

在自动注入方式下，注入通道组将在规则通道组后被自动转换。这样，每次启动规则通道组转换后，也会自动转换注入通道组；反之则不成立，启动注入通道组转换后，不会自动对规则通道组进行转换。另外，在该方式下，还必须禁止注入通道的外部触发。

2. ADC 工作过程

ADC 通道的转换过程如下。

（1）输入信号经过 ADC 的输入信号通道 ADCx_IN0 和 ADCx_IN1 被送到 ADC 部件（即图 11-2 中的模拟至数字转换器）。

（2）ADC 部件需要受到触发信号后才开始进行 A/D 转换，触发信号可以使用软件触发，也可以是 EXTI 外部触发或定时器触发。从图 11-2 中可以看到，规则通道组的硬件触发源有 EXTI_11、TIM8_TRGO、TIM1_CH1、TIM1_CH2、TIM1_CH3、TIM2_CH2、TIM3_TRGO 和 TIM4_CH4 等，注入通道组的硬件触发源有 EXTI_15、TIM8_CH4、TIM1_TRGO、TIM1_CH4、TIM2_TRGO、TIM2_CHI、TIM3_CH4 和 TIM4 TRGO 等。

（3）ADC 部件接收到触发信号后，在 ADC 时钟 ADCCLK 的驱动下，对输入通道的信号进行采样、量化和编码。

（4）ADC 部件完成转换后，将转换后的 12 位数值以左对齐或右对齐的方式保存到一个 16 位的规则通道数据寄存器或注入通道数据寄存器中，产生 ADC 转换结束 / 注入转换结束事件，可触发中断或 DMA 请求。这时，程序员可通过 CPU 指令或使用 DMA 方式将其读取到内存（变量）中。特别需要注意的是，仅 ADC1 和 ADC3 具有 DMA 功能，且只有在规则通道转换结束时才发生 DMA 请求。由 ADC2 转换的数据结果可以通过双 ADC 模式利用 ADC1 的 DMA 功能传输。另外，如果配置了模拟看门狗并且采集的电压值大于阈值，会触发看门狗中断。

3. ADC 触发转换

STM32F103 微控制器 A/D 转换可以由外部事件触发（如果设置了 ADC_CR2 寄存器的 EXTTRIG 控制位），如定时器捕获、EXTI 线等。需要特别注意的是，当外部信号被选为触发 ADC 规则转换或注入转换时，只有它的上升沿可以启动 A/D 转换。

对于不同 ADC 的规则通道和注入通道，其外部触发信号也各不相同。

1）ADC1 和 ADC2

（1）规则通道。对于 ADC1 和 ADC2 的规则通道，外部触发转换事件有以下 8 个：SWSTART（软件控制位）、TIM1_CC1、TIM1_CC2、TIM1_CC3、TIM2_CC2、TIM3_TRGO、TIM4_CC4、EXTI_11/TIM8_TRGO。

（2）注入通道。对于 ADC1 和 ADC2 的注入通道，外部触发转换事件有以下 8 个：JSWSTART（软件控制位）、TIM1_TRGO、TIM1_CC4、TIM2_TRGO、TIM2_CC1、TIM3_CC4、TIM4_TRGO、EXTI_15/TIM8_CC4。

2）ADC3

（1）规则通道。对于 ADC3 的规则通道，外部触发转换事件有以下 8 个：SWSTART（软件控制位）、TIM3_CC1、TIM2_CC3、TIM1_CC3、TIM8_CC1、TIM8_TRGO、TIM5_CC1 和 TIM5_CC3。

（2）注入通道。对于 ADC3 的注入通道，外部触发转换事件有以下 7 个：JSWSTART（软件控制位）、TIM1_TRGO、TIM1_CC3、TIM8_CC2、TIM8_CC4、TIM5_TRGO 和 TIM5_CC4。

4. ADC 中断

ADC 在每个通道转换完成后，可产生对应的中断请求。对于规则通道，如果 ADC_CR1 寄存器的 EOCIE 位置 1，则会产生 EOC 中断；对于注入通道，如果 ADC_CR1 寄存器的 JEOCIE 位置 1，则会产生 EOC 中断。而且，当 ADC1 和 ADC3 的规则通道转换完成后，可产生 DMA 请求。

ADC 在每个通道转换完成后，如果总中断和 ADC 中断未被屏蔽，则可产生中断请求，跳转到对应的 ADC 中断服务程序中执行。其中，ADC1 和 ADC2 的中断映射在同一个中断向量上，而 ADC3 的中断有自己的中断向量。

ADC 中断事件主要有以下 3 个。

（1）ADC_IT_EOC：EOC（End of Conversion）中断，即规则组转换结束中断，针对规则通道。

（2）ADC_IT_JEOC：JEOC（End of Injected Conversion）中断，即注入组转换结束中断，针对注入通道。

（3）ADC_IT_AWD：AWDOG（Analog Watch Dog）中断，即模拟看门狗中断。

5. DMA 请求

由于规则通道的转换值存储在一个唯一的数据寄存器 ADC_DR 中，因此当转换多个规则通道时需要使用 DMA，这样可以避免丢失已经存储在数据寄存器 ADC_DR 中的转换结果。而 4 个注入通道有 4 个数据寄存器用来存储每个注入通道的转换结果，因此注入通道无需 DMA。

并非所有 ADC 的规则通道转换结束后都能产生 DMA 请求，只有当 ADC1 和 ADC3 的规则通道转换完成后，可产生 DMA 请求，并将转换的数据从数据寄存器 ADC_DR 传输到用户指定的目标地址。例如，ADC1 的规则通道组中有 4 个通道，依次为通道 2、通道 1、通道 8 和通道 4，并在内存中定义了接收这 4 个通道转换结果的数组 Converted_Value［4］。当以上每个规则通道转换结束时，DMA 将 ADC1 规则通道数据寄存器 ADC_DR 中的数据自动传输到 Converted_Value 数组中。每次数据传输完毕，清除 ADC 的 EOC 标志位，DMA 目标地址自增。

11.3.3　STM32 的 ADC 功能

1. ADC 开关控制

ADC_CR2 寄存器的 ADON 位可给 ADC 上电。当第 1 次设置 ADON 位时，它将 ADC 从断电状态唤醒。ADC 上电延迟一段时间（t_{STAB}）后，再次设置 ADON 位时开始进行转换。

通过清除 ADON 位可以停止转换，并将 ADC 置于断电模式。在这个模式中，ADC 耗电仅几微安。

2. ADC 时钟

由时钟控制器提供的 ADCCLK 时钟和 PCLK2（APB2 时钟）同步。RCC 控制器为 ADC 时钟提供一个专用的可编程预分频器。

3. 通道选择

ADC 有 16 个多路通道，可以把转换组织成两组：规则组和注入组。

规则组：由 16 个转换通道组成。对一组指定的通道，按照指定的顺序，逐个转换这组通道，转换结束后，再从头循环。这些指定的通道组就称为规则组。例如，可以如下顺序完成转换：通道 3、通道 8、通道 2、通道 2、通道 0、通道 2、通道 2、通道 15。规则通道和它们的转换顺序在 ADC_SQRx 寄存器中选择。规则组中的转换总数应写入 ADC_SQRl 寄存器的 L［3:0］位中。

注入组：由 4 个转换通道组成。在实际应用中，有可能需要临时中断规则组的转换，对某些通道进行转换，这些需要中断规则组而进行转换的通道组就称为注入通道组，简称注入组。注入通道和它们的转换顺序在 ADC_JSQR 寄存器中选择。注入组中的转换总数应写入 ADC_JSQR 寄存器的 L［1:0］位中。

如果 ADC_SQRx 或 ADC_JSQR 寄存器在转换期间被更改，当前的转换被清除，一个新的启动脉冲将发送到 ADC 以转换新选择的组。

内部通道：温度传感器和 V_{REFINT}。温度传感器和通道 ADC1_IN16 相连接，内部参照电压 V_{REFINT} 和 ADC1_IN17 相连接。可以按注入或规则通道对这两个内部通道进行转换（温度传感器和 V_{REFINT} 只能出现在 ADC1 中。）

4. 单次转换模式

在单次转换模式下，ADC 只执行一次转换。该模式既可通过设置 ADC_CR2 寄存器的 ADON 位（只适用于规则通道）启动，也可通过外部触发启动（适用于规则通道或注入通道），这时 CONT 位为 0。

一旦选择通道的转换完成，如果一个规则通道转换完成，则转换数据存储在 16 位 ADC_DR 寄存器中；EOC（转换结束）标志位置位；如果设置了 EOCIE 位，则产生中断。如果一个注入通道转换完成，则转换数据存储在 16 位的 ADC_DRJ1 寄存器中；JEOC（注入转换结束）标志位置位；如果设置了 JEOCIE 位，则产生中断。然后 ADC 停止。

5. 连续转换模式

在连续转换模式下，前面 ADC 转换一结束，马上就启动另一次转换。此模式可通过外部触发启动或设置 ADC_CR2 寄存器的 ADON 位启动，此时 CONT 位为 1。

每次转换后，如果一个规则通道转换完成，则转换数据存储在 16 位的 ADC_DR 寄存器中；EOC（转换结束）标志位置位；如果设置了 EOCIE 位，则产生中断。如果一个注入通道转换完成，则转换数据存储在 16 位的 ADC_DRJ1 寄存器中；JEOC（注入转换结束）标志位置位；如果设置了 JEOCIE 位，则产生中断。

6. 时序图

A/D 转换时序图如图 11-3 所示，ADC 在开始精确转换前需要一个稳定时间 t_{STAB}，在开始 A/D 转换 14 个时钟周期后，EOC 标志位被设置，16 位 ADC 数据寄存器包含转换后结果。

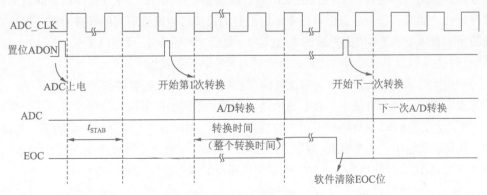

图 11-3　A/D 转换时序图

7. 模拟看门狗

如果被 A/D 转换的模拟电压低于低阈值或高于高阈值，模拟看门狗 AWD 的状态位将被置位，如图 11-4 所示。

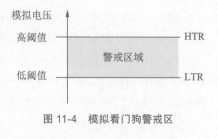

图 11-4　模拟看门狗警戒区

阈值位于 ADC_HTR 和 ADC_LTR 寄存器的最低 12 个有效位中。通过设置 ADC_CR1 寄存器的 AWDIE 位以允许产生相应中断。

阈值的数据对齐模式与 ADC_CR2 寄存器中的 ALIGN 位选择无关，比较是在对齐之前完成的。

通过配置 ADC_CR1 寄存器，模拟看门狗可以作用于一个或多个通道。

8. 扫描模式

扫描模式用来扫描一组模拟通道。可通过设置 ADC_CR1 寄存器的 SCAN 位选择扫描模式。一旦这个位被设置，ADC 就扫描所有被 ADC_SQRx 寄存器（对规则通道）或 ADC_JSQR（对注入通道）选中的所有通道。在每个组的每个通道上执行单次转换。在每次转换结束时，同一组的下一个通道被自动转换。如果设置了 CONT 位，转换不会在选择组的最后一个通道停止，而是再次从选择组的第 1 个通道继续转换。

如果设置了 DMA 位，在每次 EOC 后，DMA 控制器把规则组通道的转换数据传输到 SRAM 中。而注入通道转换的数据总是存储在 ADC_JDRx 寄存器中。

根据扫描通道中是否存在注入通道，扫描模式可分为规则转换扫描模式和注入转换扫描模式。

1）规则转换扫描模式

在规则转换扫描模式下，扫描通道中不包含注入通道。根据不同的转换模式，规则转换扫描模式又可分为单次转换的扫描模式和连续转换的扫描模式。

（1）单次转换的扫描模式。单次转换的扫描模式下，ADC 只执行一次转换，但一次可扫描规则通道组的所有通道。扫描的规则通道数最多可达 16 个，并且允许以不同的采样先后顺序排列。而且，每个通道也可根据不同的被测模拟信号设置不同的采样时间。例如，规则通道组中有 4 个通道，依次为通道 2、通道 1、通道 8 和通道 4，分别以 1.5、7.5、13.5 和 7.5 个 ADC 时钟周期为采样时间对规则通道组进行单次转换扫描。

（2）连续转换的扫描模式。与单次转换的扫描模式类似，连续转换的扫描模式下，ADC 可扫描规则通道组的所有通道，并且每个通道可根据不同的模拟输入信号设置不同的采样周期。不同的是，当 ADC 对规则通道组一轮转换结束后，立即启动对规则通道组的下一轮转换。例如，规则通道组中有 4 个通道，依次为通道 2、通道 1、通道 8 和通道 4，分别以 1.5、7.5、13.5 和 7.5 个 ADC 时钟周期为采样时间对规则通道组进行连续转换扫描。

2）注入转换扫描模式

在注入转换扫描模式下，扫描通道中包括注入通道。根据注入通道组的特点，注入通道的触发转换将中断正在进行的规则通道转换，转而执行注入通道的转换，直至注入通道组全部转换完毕，再回到被中断的规则通道组中继续执行。

9．注入通道管理

1）触发注入

清除 ADC_CR1 寄存器的 JAUTO 位，并设置 SCAN 位，即可使用触发注入功能，过程如下。

（1）利用外部触发或通过设置 ADC_CR2 寄存器的 ADON 位，启动一组规则通道的转换。

（2）如果在规则通道转换期间产生一个外部注入触发，当前转换被复位，注入通道序列被以单次扫描方式进行转换。

（3）然后，恢复上次被中断的规则组通道转换。如果在注入转换期间产生一个规则事件，则注入转换不会被中断，但是规则序列将在注入序列结束后被执行。触发注入转换时序图如图 11-5 所示。

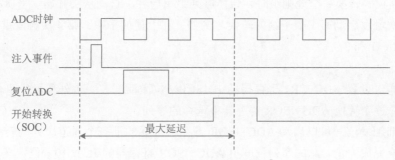

图 11-5　触发注入转换时序图[①]

当使用触发注入转换时，必须保证触发事件的间隔长于注入序列。例如，序列长度为28 个 ADC 时钟周期（即两个具有 1.5 个时钟间隔采样时间的转换），触发之间最小的间隔必须是 29 个 ADC 时钟周期。

2）自动注入

如果设置了 JAUTO 位，在规则组通道之后，注入组通道被自动转换。这种方式可以用来转换在 ADC_SQRx 和 ADC_JSQR 寄存器中设置的至多 20 个转换序列。在该模式中，必须禁止注入通道的外部触发。

如果除 JAUTO 位外还设置了 CONT 位，规则通道至注入通道的转换序列被连续执行。

对于 ADC 时钟，当预分频系数为 4 ～ 8，从规则转换切换到注入序列或从注入转换切换到规则序列时，会自动插入一个 ADC 时钟间隔；当 ADC 时钟预分频系数为 2 时，则有两个 ADC 时钟间隔的延迟。

---

① 最大延迟数值请参考数据手册中有关电气特性部分。

不可能同时使用自动注入和间断模式。

10. 间断模式

1）规则组

此模式通过设置 ADC_CR1 寄存器的 DISCEN 位激活，可以用来执行一个短序列的 n 次转换（$n \leqslant 8$），此转换是 ADC_SQRx 寄存器所选择的转换序列的一部分。数值由 ADC_CR1 寄存器的 DISCNUM［2:0］位给出。

一个外部触发信号可以启动 ADC_SQRx 寄存器中描述的下一轮 n 次转换，直到此序列所有转换完成为止。总的序列长度由 ADC_SQR1 寄存器的 L［3:0］位定义。

例如，若 $n=3$，被转换的通道为 0、1、2、3、6、7、9、10，则：

（1）第 1 次触发：转换的序列为 0、1、2；

（2）第 2 次触发：转换的序列为 3、6、7；

（3）第 3 次触发：转换的序列为 9、10，并产生 EOC 事件；

（4）第 4 次触发：转换的序列为 0、1、2。

当以间断模式转换一个规则组时，转换序列结束后并不自动从头开始。当所有子组转换完成，下一次触发启动第 1 个子组的转换。例如，在上述例子中，第 4 次触发重新转换第 1 子组的通道 0、1 和 2。

2）注入组

此模式通过设置 ADC_CR1 寄存器的 JDISCEN 位激活。在一个外部触发事件后，该模式按通道顺序逐个转换 ADC_JSQR 寄存器中选择的序列。

一个外部触发信号可以启动 ADC_JSQR 寄存器选择的下一个通道序列的转换，直到序列中所有转换完成为止。总的序列长度由 ADC_JSQR 寄存器的 JL［1:0］位定义。

例如，若 $n=1$，被转换的通道为 1、2、3，则：

（1）第 1 次触发：通道 1 被转换；

（2）第 2 次触发：通道 2 被转换；

（3）第 3 次触发：通道 3 被转换，并且产生 EOC 和 JEOC 事件；

（4）第 4 次触发：通道 1 被转换。

当完成所有注入通道转换，下一次触发启动第 1 个注入通道的转换。例如，在上述例子中，第 4 次触发重新转换第 1 个注入通道 1。

不能同时使用自动注入和间断模式。

必须避免同时为规则组和注入组设置间断模式。间断模式只能作用于一组转换。

11.3.4　STM32 的 ADC 应用特征

1. 校准

ADC 有一个内置自校准模式。校准可大幅度减小因内部电容器组的变化而造成的精度误差。在校准期间，在每个电容器上都会计算出一个误差修正码（数字值），这个码用于消除在随后的转换中每个电容器上产生的误差。

通过设置 ADC_CR2 寄存器的 CAL 位启动校准。一旦校准结束，CAL 位被硬件复位，可以开始正常转换。建议在每次上电后执行一次 ADC 校准。启动校准前，ADC 必须处于关电状态（ADON=0）至少两个 ADC 时钟周期。校准阶段结束后，校准码存储在 ADC_DR 中。ADC 校准时序图如图 11-6 所示。

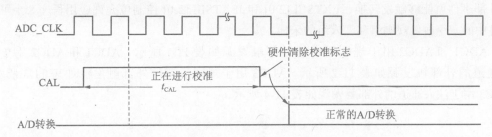

图 11-6　ADC 校准时序图

2. 数据对齐

ADC_CR2 寄存器中的 ALIGN 位选择转换后数据存储的对齐方式。数据可以右对齐或左对齐，如图 11-7 和图 11-8 所示。

注入组

SEXT	SEXT	SEXT	SEXT	D11	D10	D9	D8	D7	D6	D5	D4	D3	D2	D1	D0

规则组

0	0	0	0	D11	D10	D9	D8	D7	D6	D5	D4	D3	D2	D1	D0

图 11-7　数据右对齐

注入组

SEXT	D11	D10	D9	D8	D7	D6	D5	D4	D3	D2	D1	D0	0	0	0

规则组

D11	D10	D9	D8	D7	D6	D5	D4	D3	D2	D1	D0	0	0	0	0

图 11-8　数据左对齐

注入组通道转换的数据值已经减去了 ADC_JOFRx 寄存器中定义的偏移量，因此结果可以是一个负值。SEXT 位是扩展的符号值。

对于规则组通道，不需要减去偏移值，因此只有 12 个位有效。

3. 可编程的通道采样时间

ADC 使用若干 ADC CLK 周期对输入电压采样，采样周期数目可以通过 ADC_SMPR1 和 ADC_SMPR2 寄存器中的 SMP［2:0］位更改。每个通道可以分别用不同的时间采样。

总转换时间为

$$T_{CONV}= 采样时间 +12.5 \text{ 个周期} \qquad (11\text{-}1)$$

例如，当 ADCCLK=14MHz，采样时间为 1.5 个周期时，T_{CONV}=1.5+12.5=14 个周期 =1μs。

4. 外部触发转换

转换可以由外部事件触发（如定时器捕获、EXTI 线）。如果设置了 EXTTRIG 控制位，则外部事件就能够触发转换，EXTSEL[2:0] 和 JEXTSEL[2:0] 控制位允许应用程序 8 个可能事件中的一个触发规则组和注入组的采样。

ADC1 和 ADC2 用于规则通道的外部触发源如表 11-1 所示。ADC1 和 ADC2 用于注入通道的外部触发源如表 11-2 所示。ADC3 用于规则通道的外部触发源如表 11-3 所示。ADC3 用于注入通道的外部触发源如表 11-4 所示。

表 11-1 ADC1 和 ADC2 用于规则通道的外部触发源

触 发 源	连接类型	EXTSEL[2:0]
TIM1_CC1 事件		000
TIM1_CC2 事件		001
TIM1_CC3 事件		010
TIM2_CC2 事件	来自片上定时器的内部信号	011
TIM3_TRGO 事件		100
TIM4_CC4 事件		101
EXTI_11/TIM8_TRGO 事件	外部引脚 / 来自片上定时器的内部信号	110
SWSTART	软件控制位	111

注：（1）TIM8_TRGO 事件只存在于大容量产品；
（2）对于规则通道，选中 EXTI_11 或 TIM8_TRGO 作为外部触发事件，可以分别通过设置 ADC1 和 ADC2 的 ADC1_ETRGREG_REMAP 位和 ADC2_ETRGREG_REMAP 位实现。

表 11-2 ADC1 和 ADC2 用于注入通道的外部触发源

触 发 源	连接类型	EXTSEL[2:0]
TIM1_TRGO 事件		000
TIM1_CC4 事件		001
TIM2_TRGO 事件		010
TIM2_CC1 事件	来自片上定时器的内部信号	011
TIM3_CC4 事件		100
TIM4_TRGO 事件		101
EXTI_15/TIM8_CC4 事件	外部引脚 / 来自片上定时器的内部信号	110
JSWSTART	软件控制位	111

注：（1）TIM8_CC4 事件只存在于大容量产品；
（2）对于注入通道，选中 EXTI_15 或 TIM8_CC4 作为外部触发事件，可以分别通过设置 ADC1 和 ADC2 的 ADC1_ETRGINJ_REMAP 位和 ADC2_ ETRGINJ_REMAP 位实现。

表 11-3　ADC3 用于规则通道的外部触发源

触　发　源	连接类型	EXTSEL[2:0]
TIM3_CC1 事件		000
TIM2_CC3 事件		001
TIM1_CC3 事件		010
TIM8_CC1 事件	来自片上定时器的内部信号	011
TIM8_TRGO 事件		100
TIM5_CC1 事件		101
TIM5_CC3 事件		110
SWSTART 事件	软件控制位	111

表 11-4　ADC3 用于注入通道的外部触发源

触　发　源	连接类型	EXTSEL[2:0]
TIM1_TRGO 事件		000
TIM1_CC4 事件		001
TIM4_CC3 事件		010
TIM8_CC2 事件	来自片上定时器的内部信号	011
TIM8_CC4 事件		100
TIM5_TRGO 事件		101
TIM5_CC4 事件		110
JSWSTART 事件	软件控制位	111

当外部触发信号被选为 ADC 规则或注入转换时，只有上升沿可以启动转换。

软件触发事件可以通过对 ADC_CR2 寄存器的 SWSTART 或 JSWSTART 位置 1 产生。规则组的转换可以被注入触发打断。

5. DMA 请求

因为规则通道转换的值存储在一个相同的数据寄存器 ADC_DR 中，所以当转换多个规则通道时需要使用 DMA，这可以避免丢失已经存储在 ADC_DR 寄存器中的数据。

只有在规则通道的转换结束时才产生 DMA 请求，并将转换的数据从 ADC_DR 寄存器传输到用户指定的目的地址。

注意：只有 ADC1 和 ADC3 拥有 DMA 功能。由 ADC2 转换的数据可以通过双 ADC 模式，利用 ADC1 的 DMA 功能传输。

6. 双 ADC 模式

在有两个或以上 ADC 模块的产品中，可以使用双 ADC 模式。在双 ADC 模式下，根据 ADC1_CR1 寄存器中 DUALMOD [2:0] 位所选的模式，转换的启动可以是 ADC1 主和 ADC2 从的交替触发或同步触发。

在双 ADC 模式下，当转换配置成由外部事件触发时，用户必须将其设置成仅触发主 ADC，从 ADC 设置成软件触发，这样可以防止意外触发从转换。但是，主 ADC 和从 ADC 的外部触发必须同时被激活。

共有 6 种可能的模式：同步注入模式、同步规则模式、快速交叉模式、慢速交叉模式、交替触发模式和独立模式。

另外，可以用下列方式组合使用上面的模式：

（1）同步注入模式 + 同步规则模式；

（2）同步规则模式 + 交替触发模式；

（3）同步注入模式 + 交叉模式。

在双 ADC 模式下，为了在主数据寄存器上读取从转换数据，必须使能 DMA 位，即使不使用 DMA 传输规则通道数据。

11.4 STM32 的 ADC 库函数

微课视频

STM32 标准库提供了几乎覆盖 ADC 操作的函数，如表 11-5 所示，所有 ADC 相关函数均在 stm32f10x_adc.c 和 stm32f10x_adc.h 文件中进行定义和声明。为了理解这些函数的具体使用方法，本节对标准库中部分函数进行详细介绍。

表 11-5 ADC 库函数

函 数 名	功 能
ADC_DeInit	将外设 ADCx 的全部寄存器重设为默认值
ADC_Init	根据 ADC_InitStruct 中指定的参数初始化外设 ADCx 的寄存器
ADC_StructInit	把 ADC_InitStruct 中的每个参数按默认值填入
ADC_Cmd	使能或失能指定的 ADC
ADC_DMACmd	使能或失能指定的 ADC 的 DMA 请求
ADC_ITConfig	使能或失能指定的 ADC 的中断
ADC_ResetCalibration	重置指定的 ADC 的校准寄存器
ADC_GetResetCalibrationStatus	获取 ADC 重置校准寄存器的状态
ADC_StartCalibration	开始指定 ADC 的校准程序
ADC_GetCalibrationStatus	获取指定 ADC 的校准状态
ADC_SoftwareStartConvCmd	使能或失能指定的 ADC 的软件转换启动功能
ADC_GetSoftwareStartConvStatus	获取 ADC 软件转换启动状态
ADC_DiscModeChannelCountConfig	对 ADC 规则组通道配置间断模式
ADC_DiscModeCmd	使能或失能指定的 ADC 规则组通道的间断模式
ADC_RegularChannelConfig	设置指定 ADC 的规则组通道，设置它们的转换顺序和采样时间
ADC_ExternalTrigConvConfig	使能或失能 ADCx 的经外部触发启动转换功能

函 数 名	功 能
ADC_GetConversionValue	得到最近一次 ADCx 规则组的转换结果
ADC_GetDuelModeConversionValue	得到最近一次双 ADC 模式下的转换结果
ADC_AutoInjectedConvCmd	使能或失能指定 ADC 在规则组转换后自动开始注入组转换
ADC_InjectedDiscModeCmd	使能或失能指定 ADC 的注入组间断模式
ADC_ExternalTrigInjectedConvConfig	配置 ADCx 的外部触发启动注入组转换功能
ADC_ExternalTrigInjectedConvCmd	使能或失能 ADCx 的经外部触发启动注入组转换功能
ADC_SoftwareStartInjectedConvCmd	使能或失能 ADCx 软件启动注入组转换功能
ADC_GetsoftwareStartInjectedConvStatus	获取指定 ADC 的软件启动注入组转换状态
ADC_InjectedChannelConfig	设置指定 ADC 的注入组通道，设置它们的转换顺序和采样时间
ADC_InjectedSequencerLengthConfig	设置注入组通道的转换序列长度
ADC_SetInjectedOffset	设置注入组通道的转换偏移值
ADC_GetInjectedConversionValue	返回 ADC 指定注入通道的转换结果
ADC_AnalogWatchdogCmd	使能或失能指定单个 / 全体规则 / 注入组通道上的模拟看门狗
ADC_AnalogWatchdogThresholdsConfig	设置模拟看门狗的高 / 低阈值
ADC_AnalogWatchdogSingleChannelConfig	对单个 ADC 通道设置模拟看门狗
ADC_TampSensorVrefintCmd	使能或失能温度传感器和内部参照电压通道
ADC_GetFlagStatus	检查指定 ADC 标志位置 1 与否
ADC_ClearFlag	清除 ADCx 的待处理标志位
ADC_GetITStatus	检查指定的 ADC 中断是否发生
ADC_ClearITPendingBit	清除 ADCx 的中断待处理位

1. ADC_DeInit 函数

❑ 函数名：ADC_DeInit。

❑ 函数原型：void ADC_DeInit（ADC_TypeDef* ADCx）。

❑ 功能描述：将外设 ADCx 的全部寄存器重设为默认值。

❑ 输入参数：ADCx，x 可以是 1、2 或 3，用于选择 ADC 外设。

❑ 输出参数：无。

❑ 返回值：无。

❑ 示例：

```
/* 重置 ADC2 */
ADC_DeInit（ADC2）;
```

2. ADC_Init 函数

❑ 函数名：ADC_Init。

❑ 函数原型：void ADC_Init（ADC_TypeDef* ADCx，ADC_InitTypeDef* ADC_InitStruct）。

❑ 功能描述：根据 ADC_InitStruct 中指定的参数初始化外设 ADCx 的寄存器。

❑ 输入参数 1：ADCx，x 可以是 1、2 或 3，用于选择 ADC 外设。

❑ 输入参数 2：ADC_InitStruct，指向 ADC_InitTypeDef 结构体的指针，包含了指定外设 ADC 的配置信息。

❑ 输出参数：无。

❑ 返回值：无。

❑ 示例：

```
/* 根据 ADC_InitStructure 成员初始化 ADC1 */
ADC_InitTypeDef  ADC_InitStructure;
ADC_InitStructure.ADC_Mode = ADC_Mode_Independent;
ADC_InitStructure.ADC_ScanConvMode=ENABLE;
ADC_InitStructure.ADC_Cont inuousConvMode=DISABLE;
ADC_InitStructure.ADC_ExternalTrigConv=ADC_ExternalTrigConv_Ext_IT11;
ADC_InitStructure.ADC_DataAlign = ADC_DataAlign_Right;
ADC_InitStructure.ADC_NbrOfChannel=16;
ADC_Init(ADC1,&ADC_InitStructure);
```

1）ADC_InitTypeDef 结构体

ADC_InitTypeDef 结构体定义于 stm32f10x_adc.h 文件中。

```
typedef struct
{
    u32 ADC_Mode;
    FunctionalState ADC_ScanConvMode;
    FunctionalState ADC_Cont inuousConvMode;
    u32 ADC_ExternalTrigConv;
    u32 ADC_DataAlign;
    u8 ADC_NbrOfChannel;
} ADC_InitTypeDef
```

2）ADC_Mode

ADC_Mode 设置 ADC 工作在独立或双 ADC 模式，取值如表 11-6 所示。

表 11-6 ADC_Mode 取值

ADC_Mode	描　　述
ADC_Mode_Independent	ADC1 和 ADC2 工作在独立模式
ADC_Mode_RegInjecSimult	ADC1 和 ADC2 工作在同步规则和同步注入模式
ADC_Mode_RegSimult_AlterTrig	ADC1 和 ADC2 工作在同步规则模式和交替触发模式
ADC_Mode_InjecSimult_FastInterl	ADC1 和 ADC2 工作在同步规则模式和快速交替模式
ADC_Mode_InjecSimult_SlowInterl	ADC1 和 ADC2 工作在同步注入模式和慢速交替模式
ADC_Mode_InjecSimult	ADC1 和 ADC2 工作在同步注入模式
ADC_Mode_RegSimult	ADC1 和 ADC2 工作在同步规则模式

续表

ADC_Mode	描　述
ADC_Mode_FastInterl	ADC1 和 ADC2 工作在快速交替模式
ADC_Mode_SlowInterl	ADC1 和 ADC2 工作在慢速交替模式
ADC_Mode_AlterTrig	ADC1 和 ADC2 工作在交替触发模式

3）ADC_ScanConvMode

ADC_ScanConvMode 规定了模数转换工作在扫描模式（多通道）还是单次（单通道）模式，取值为 ENABLE 或 DISABLE。

4）ADC_ContinuousConvMode

ADC_ContinuousConvMode 规定了模数转换工作在连续还是单次模式，取值为 ENABLE 或 DISABLE。

5）ADC_ExternalTrigConv

ADC_ExternalTrigConv 定义了使用外部触发启动规则通道的模数转换，取值如表 11-7 所示。

表 11-7　ADC_ExternalTrigConv 取值

ADC_ExternalTrigConv	描　述
ADC_ExternalTrigConv_T1_CC1	选择定时器 1 的捕获 / 比较 1 作为转换外部触发
ADC_ExternalTrigConv_T1_CC2	选择定时器 1 的捕获 / 比较 2 作为转换外部触发
ADC_ExternalTrigConv_T1_CC3	选择定时器 1 的捕获 / 比较 3 作为转换外部触发
ADC_ExternalTrigConv_T2_CC2	选择定时器 2 的捕获 / 比较 2 作为转换外部触发
ADC_ExternalTrigConv_T3_TRGO	选择定时器 3 的 TRGO 作为转换外部触发
ADC_ExternalTrigConv_T4_CC4	选择定时器 4 的捕获 / 比较 4 作为转换外部触发
ADC_ExternalTrigConv_Ext_IT11	选择外部中断线 11 事件作为转换外部触发
ADC_ExternalTrigConv_None	转换由软件而不是外部触发启动

6）ADC_DataAlign

ADC_DataAlign 规定了 ADC 数据左对齐还是右对齐，取值如表 11-8 所示。

表 11-8　ADC_DataAlign 取值

ADC_DataAlign	描　述
ADC_DataAlign_Right	ADC 数据右对齐
ADC_DataAlign_Left	ADC 数据左对齐

7）ADC_NbrOfChannel

ADC_NbrOfChannel 规定了顺序进行规则转换的 ADC 通道的数目，取值为 1，2，…，16。为了能够正确地配置每个 ADC 通道，用户在调用 ADC_Init 函数之后，必须调用 ADC_

ChannelConfig 函数配置每个所使用通道的转换次序和采样时间。

3. ADC_RegularChannelConfig 函数

❑ 函数名：ADC_RegularChannelConfig。

❑ 函数原型：void ADC_RegularChannelConfig（ADC_TypeDef* ADCx，u8 ADC_Channel，u8 Rank，u8 ADC_SampleTime）。

❑ 功能描述：设置指定 ADC 的规则组通道，设置它们的转换顺序和采样时间。

❑ 输入参数 1：ADCx，x 可以是 1、2 或 3，用于选择 ADC 外设。

❑ 输入参数 2：ADC_Channel，被设置的 ADC 通道。

❑ 输入参数 3：Rank，规则组采样顺序，取值为 1，2，…，16。

❑ 输入参数 4：ADC_SampleTime，指定 ADC 通道的采样时间值。

❑ 输出参数：无。

❑ 返回值：无。

❑ 示例：

```
/* 配置 ADC1 通道 2 为第 1 个转换通道, 11.5 个周期采样时间 */
ADC_RegularChanne1Conf ig（ADC1, ADC_Channel_2, 1, ADC_SampleTime_7Cycles5）;
/* 配置 ADC1 通道 8 为第 2 个转换通道, 1.5 个周期采样时间 */
ADC_RegularChannelConfig（ADC1, ADC_Channel_8, 2, ADC_SampleTime_1Cycles5）;
```

1）ADC_Channel

ADC_Channel 参数指定了通过调用 ADC_RegularChannelConfig 函数设置的 ADC 通道，取值如表 11-9 所示。

表 11-9 ADC_Channel 取值

ADC_Channel	描　　述
ADC_Channel_0	选择 ADC 通道 0
ADC_Channel_1	选择 ADC 通道 1
ADC_Channel_2	选择 ADC 通道 2
ADC_Channel_3	选择 ADC 通道 3
ADC_Channel_4	选择 ADC 通道 4
ADC_Channel_5	选择 ADC 通道 5
ADC_Channel_6	选择 ADC 通道 6
ADC_Channel_7	选择 ADC 通道 7
ADC_Channel_8	选择 ADC 通道 8
ADC_Channel_9	选择 ADC 通道 9
ADC_Channel_10	选择 ADC 通道 10
ADC_Channel_11	选择 ADC 通道 11
ADC_Channel_12	选择 ADC 通道 12
ADC_Channel_13	选择 ADC 通道 13

续表

ADC_Channel	描　述
ADC_Channel_14	选择 ADC 通道 14
ADC_Channel_15	选择 ADC 通道 15
ADC_Channel_16	选择 ADC 通道 16
ADC_Channel_17	选择 ADC 通道 17

2）ADC_SampleTime

ADC_SampleTime 设定了选中通道的 ADC 采样时间，取值如表 11-10 所示。

表 11-10　ADC_SampleTime 取值

ADC_SampleTime	描　述
ADC_SampleTime_1Cycles5	采样时间为 1.5 周期
ADC_SampleTime_7Cycles5	采样时间为 7.5 周期
ADC_SampleTime_13Cycles5	采样时间为 13.5 周期
ADC_SampleTime_28Cycles5	采样时间为 28.5 周期
ADC_SampleTime_41Cycles5	采样时间为 41.5 周期
ADC_SampleTime_55Cycles5	采样时间为 55.5 周期
ADC_SampleTime_71Cycles5	采样时间为 71.5 周期
ADC_SampleTime_239Cycles5	采样时间为 239.5 周期

4. ADC_InjectedChannleConfig 函数

❑ 函数名：ADC_InjectedChannelConfig。

❑ 函数原型：void ADC_InjectedChannelConfig（ADC_TypeDef* ADCx，u8 ADC_Channel，u8 Rank，u8 ADC_SampleTime）。

❑ 功能描述：设置指定 ADC 的注入通道，设置它们的转换顺序和采样时间。

❑ 输入参数 1：ADCx，x 可以是 1、2 或 3，用于选择 ADC 外设。

❑ 输入参数 2：ADC_Channel，被设置的 ADC 通道。

❑ 输入参数 3：Rank，规则组采样顺序，取值为 1、2、3 或 4。

❑ 输入参数 4：ADC_SampleTime，指定 ADC 通道的采样时间值。

❑ 输出参数：无。

❑ 返回值：无。

❑ 示例：

```
/* 配置 ADC1 通道 12 为第 2 个转换通道，28.5 个周期采样时间 */
ADC_InjectedChannelConfig (ADC1, ADC_Channel_12, 2, ADC_SampleTime_28Cycles5);
```

5. ADC_Cmd 函数

❑ 函数名：ADC_Cmd。

❑ 函数原型：ADC_Cmd（ADC_TypeDef* ADCx，FunctionalState NewState）。

❑ 功能描述：使能或失能指定的 ADC。

❑ 输入参数 1：ADCx，x 可以是 1、2 或 3，用于选择 ADC 外设。

❑ 输入参数 2：NewState，外设 ADCx 的新状态，取值为 ENABLE 或 DISABLE。

❑ 输出参数：无。

❑ 返回值：无。

❑ 示例：

```
/* 使能 ADC1*/
ADC_Cmd(ADC1,ENABLE);
```

注意：ADC_Cmd 函数只能在其他 ADC 设置函数之后被调用。

6. ADC_ResetCalibration 函数

❑ 函数名：ADC_ResetCalibration。

❑ 函数原型：void ADC_ResetCalibration（ADC_TypeDef* ADCx）。

❑ 功能描述：重置指定的 ADC 的校准寄存器。

❑ 输入参数：ADCx，x 可以是 1、2 或 3，用于选择 ADC 外设。

❑ 输出参数：无。

❑ 返回值：无。

❑ 示例：

```
/* 重置 ADC1 校准寄存器 */
ADC_ResetCalibration(ADC1);
```

7. ADC_GetResetCalibrationStatus 函数

❑ 函数名：ADC_GetResetCalibrationStatus。

❑ 函数原型：FlagStatus ADC_GetResetCalibrationStatus（ADC_TypeDef* ADCx）。

❑ 功能描述：获取 ADC 重置校准寄存器的状态。

❑ 输入参数：ADCx，x 可以是 1、2 或 3，用于选择 ADC 外设。

❑ 输出参数：无。

❑ 返回值：ADC 重置校准寄存器的新状态（SET 或 RESET）。

❑ 示例：

```
/* 获取 ADC2 重置校准寄存器状态 */
FlagStatus  Status;
Status = ADC_GetResetCalibrationStatus(ADC2);
```

8. ADC_StartCalibration 函数

❑ 函数名：ADC_StartCalibration。

❑ 函数原型：void ADC_StartCalibration（ADC_TypeDef* ADCx）。

❑ 功能描述：开始指定 ADC 的校准程序。

❑ 输入参数：ADCx，x 可以是 1、2 或 3，用于选择 ADC 外设。

❑ 输出参数：无。

❑ 返回值：无。

❑ 示例：

```
/* 开始校准 ADC2 */
ADC_StartCalibration(ADC2);
```

9.　ADC_GetCalibrationStatus 函数

❑ 函数名：ADC_GetCalibrationStatus。

❑ 函数原型：FlagStatus ADC_GetCalibrationStatus（ADC_TypeDef* ADCx）。

❑ 功能描述：获取指定 ADC 的校准程序。

❑ 输入参数：ADCx，x 可以是 1、2 或 3，用于选择 ADC 外设。

❑ 输出参数：无。

❑ 返回值：ADC 校准的新状态（SET 或 RESET）。

❑ 示例：

```
/* 获取 ADC2 校准状态 */
FlagStatus   Status;
Status =ADC_GetCalibrationStatus(ADC2); 262
```

10.　ADC_SoftwareStartConvCmd 函数

❑ 函数名：ADC_SoftwareStartConvCmd。

❑ 函数原型：void ADC_SoftwareStartConvCmd（ADC_TypeDef* ADCx，FunctionalState NewState）。

❑ 功能描述：使能或失能指定的 ADC 的软件转换启动功能。

❑ 输入参数 1：ADCx，x 可以是 1、2 或 3，用于选择 ADC 外设。

❑ 输入参数 2：NewState，指定 ADC 的软件转换启动新状态，取值为 ENABLE 或 DISABLE。

❑ 输出参数：无。

❑ 返回值：无。

❑ 示例：

```
/* 由软件启动 ADC1 转换 */
ADC_SoftwareStartConvCmd(ADC1,ENABLE);
```

11.　ADC_GetConversionValue 函数

❑ 函数名：ADC_GetConversionValue。

❑ 函数原型：u16 ADC_GetConversionValue（ADC_TypeDef * ADCx）。

❑ 功能描述：返回最近一次 ADCx 规则组的转换结果。

❑ 输入参数：ADCx，x 可以是 1、2 或 3，用于选择 ADC 外设。

❑ 输出参数：无。

❑ 返回值：转换结果。

❑ 示例：

```
/* 返回最后一个转换通道的 ADC1 主数据值 */
u16 DataValue;
DataValue = ADC_GetConversionValue(ADC1);
```

12. ADC_GetFlagStatus 函数

❑ 函数名：ADC_GetFlagStatus。

❑ 函数原型：FlagStatus ADC_GetFlagStatus（ADC_TypeDef* ADCx，u8 ADC_FLAG）。

❑ 功能描述：检查指定 ADC 标志位置 1 与否。

❑ 输入参数 1：ADCx，x 可以是 1、2 或 3，用于选择 ADC 外设。

❑ 输入参数 2：ADC_FLAG，指定需检查的标志位，取值如表 11-11 所示。

❑ 输出参数：无。

❑ 返回值：无。

❑ 示例：

```
/* 检查是否设置了 ADC1 EOC 标志位 */
FlagStatus  Status;
Status=ADC_GetFlagStatus（ADC1，ADC_FLAG_EOC）;
```

表 11-11　ADC_FLAG 取值

ADC_FLAG	描　　述
ADC_FLAG_AWD	模拟看门狗标志位
ADC_FLAG_EOC	转换结束标志位
ADC_FLAG_JEOC	注入组转换结束标志位
ADC_FLAG_JSTRT	注入组转换开始标志位
ADC_FLAG_STRT	规则组转换开始标志位

13. ADC_DMACmd 函数

❑ 函数名：ADC_DMACmd。

❑ 函数原型：ADC_DMACmd（ADC_TypeDef* ADCx，FunctionalState NewState）。

❑ 功能描述：使能或失能指定的 ADC 的 DMA 请求。

❑ 输入参数 1：ADCx，x 可以是 1、2 或 3，用于选择 ADC 外设。

❑ 输入参数 2：NewState，ADC DMA 传输的新状态，取值为 ENABLE 或 DISABLE。

❑ 输出参数：无。

❏ 返回值：无。
❏ 示例：

```
/* 使能 ADC2 DMA 传输 */
ADC_DMACmd (ADC2, ENABLE);
```

11.5　STM32 的模数转换器应用实例

STM32 的 ADC 功能繁多，比较基础实用的是单通道采集，实现开发板上电位器的动触点输出引脚电压的采集，并通过串口输出至 PC 端串口调试助手。单通道采集使用 A/D 转换完成中断，在中断服务函数中读取数据，不使用 DMA 传输，在多通道采集时才使用 DMA 传输。

11.5.1　STM32 的 ADC 配置流程

STM32 的 ADC 功能较多，以 DMA、中断等方式进行数据的传输，结合标准库并根据实际需要，按步骤进行配置，可以大大提高 ADC 的使用效率，ADC 配置流程如图 11-9 所示。

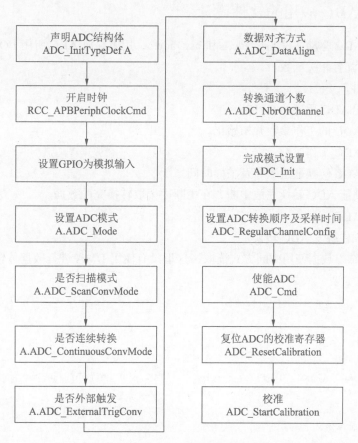

图 11-9　ADC 配置流程

如果使用中断功能,还需要进行中断配置;如果使用 DMA 功能,需要进行 DMA 配置。值得注意的是,DMA 通道外设基地址的计算,对于 ADC1,其 DMA 通道外设基地址为 ADC1 外设基地址(0x4001 2400)加上 ADC 数据寄存器(ADC_DR)的偏移地址(0x4C),即 0x4001 244C。

ADC 设置完成后,根据触发方式,当满足触发条件时 ADC 进行转换。若不使用 DMA 传输,通过 ADC_GetConversionValue 函数可得到转换后的值。

11.5.2　ADC 应用的硬件设计

开发板板载一个贴片滑动变阻器,电路设计如图 11-10 所示。

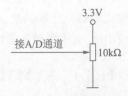

图 11-10　ADC 采集电路设计

贴片滑动变阻器的动触点连接至 STM32 芯片的 A/D 通道引脚。当旋转滑动变阻器调节旋钮时,其动触点电压也会随之改变,电压变化范围为 0 ~ 3.3V,也是开发板默认的 ADC 电压采集范围。

11.5.3　ADC 应用的软件设计

编写两个 ADC 驱动文件 bsp_adc.h 和 bsp_adc.c,用来存放 ADC 所用 I/O 引脚的初始化函数以及 ADC 配置相关函数。

编程要点如下。

(1)初始化 ADC 用到的 GPIO。

(2)设置 ADC 的工作参数并初始化。

(3)设置 ADC 工作时钟。

(4)设置 ADC 转换通道顺序及采样时间。

(5)配置使能 ADC 转换完成中断,在中断内读取转换完的数据。

(6)使能 ADC。

(7)使能软件触发 ADC 转换。

ADC 转换结果数据使用中断方式读取,这里没有使用 DMA 进行数据传输。

1. ADC 宏定义

```
#ifndef __ADC_H
#define __ADC_H
#include "stm32f10x.h"
// ADC 编号选择
#define     ADC_APBxClock_FUN               RCC_APB2PeriphClockCmd
#define     ADCx                            ADC2
#define     ADC_CLK                         RCC_APB2Periph_ADC2
// ADC GPIO 宏定义
```

```
// 用作 ADC 采集的 I/O 必须没有复用，否则采集电压会有影响
#define      ADC_GPIO_APBxClock_FUN           RCC_APB2PeriphClockCmd
#define      ADC_GPIO_CLK                     RCC_APB2Periph_GPIOC
#define      ADC_PORT                         GPIOC
#define      ADC_PIN                          GPIO_Pin_1
// ADC 通道宏定义
#define      ADC_CHANNEL                      ADC_Channel_11
// ADC 中断相关宏定义
#define      ADC_IRQ                          ADC1_2_IRQn
#define      ADC_IRQHandler                   ADC1_2_IRQHandler


void ADCx_Init(void);
#endif /* __ADC_H */
```

2. ADC 的 GPIO 初始化函数

```
#include "bsp_adc.h"

__IO uint16_t ADC_ConvertedValue;



/********************************
  * @brief  ADC GPIO 初始化
  * @param  无
  * @retval 无
  ********************************/
static void ADCx_GPIO_Config(void)
{
  GPIO_InitTypeDef GPIO_InitStructure;

  // 打开 ADC I/O 端口时钟
  ADC_GPIO_APBxClock_FUN ( ADC_GPIO_CLK, ENABLE );

  // 配置 ADC I/O 引脚模式
  // 必须为模拟输入
  GPIO_InitStructure.GPIO_Pin = ADC_PIN;
  GPIO_InitStructure.GPIO_Mode = GPIO_Mode_AIN;

  // 初始化 ADC I/O
  GPIO_Init(ADC_PORT, &GPIO_InitStructure);
}
```

3. 配置 ADC 的工作模式

```
/********************************
  * @brief   配置 ADC 工作模式
```

```
 * @param  无
 * @retval 无
 **********************************/
static void ADCx_Mode_Config(void)
{
  ADC_InitTypeDef ADC_InitStructure;

  // 打开 ADC 时钟
  ADC_APBxClock_FUN ( ADC_CLK, ENABLE );

  // ADC 模式配置
  // 只使用一个 ADC，属于独立模式
  ADC_InitStructure.ADC_Mode = ADC_Mode_Independent;

  // 禁止扫描模式，多通道才需要，单通道不需要
  ADC_InitStructure.ADC_ScanConvMode = DISABLE ;

  // 连续转换模式
  ADC_InitStructure.ADC_ContinuousConvMode = ENABLE;

  // 不用外部触发转换，软件开启即可
  ADC_InitStructure.ADC_ExternalTrigConv = ADC_ExternalTrigConv_None;

  // 转换结果右对齐
  ADC_InitStructure.ADC_DataAlign = ADC_DataAlign_Right;

  // 一个转换通道
  ADC_InitStructure.ADC_NbrOfChannel = 1;

  // 初始化 ADC
  ADC_Init(ADCx, &ADC_InitStructure);

  // 配置 ADC 时钟为 PCLK2 的 8 分频，即 9MHz
  RCC_ADCCLKConfig(RCC_PCLK2_Div8);

  // 配置 ADC 通道转换顺序和采样时间
  ADC_RegularChannelConfig(ADCx, ADC_CHANNEL, 1, ADC_SampleTime_55Cycles5);

  // A/D 转换结束产生中断，在中断服务程序中读取转换值
  ADC_ITConfig(ADCx, ADC_IT_EOC, ENABLE);

  // 开启 ADC，并开始转换
  ADC_Cmd(ADCx, ENABLE);
```

```
// 初始化 ADC 校准寄存器
ADC_ResetCalibration(ADCx);
// 等待校准寄存器初始化完成
while(ADC_GetResetCalibrationStatus(ADCx));

// ADC 开始校准
ADC_StartCalibration(ADCx);
// 等待校准完成
while(ADC_GetCalibrationStatus(ADCx));

// 由于没有采用外部触发, 所以使用软件触发 A/D 转换
ADC_SoftwareStartConvCmd(ADCx, ENABLE);
}
```

　　首先, 定义一个 ADC 初始化结构体 ADC_InitTypeDef, 用来配置 ADC 具体的工作模式。然后调用 ADC_APBxClock_FUN 函数开启 ADC 时钟。

　　ADC 工作参数具体配置为: 独立模式, 单通道采集不需要扫描, 启动连续转换, 使用内部软件触发, 无需外部触发事件, 使用右对齐数据格式, 转换通道为 1, 并调用 ADC_Init 函数完成 ADC1 工作环境配置。

　　RCC_ADCCLKConfig 函数用来配置 ADC 的工作时钟, 接收一个参数, 设置的是 PCLK2 的分频系数, ADC 时钟最大不能超过 14MHz。

　　ADC_RegularChannelConfig 函数用来绑定 ADC 通道的转换顺序和时间。它接收 4 个形参: 第 1 个形参选择 ADC 外设, 可为 ADC1、ADC2 或 ADC3; 第 2 个形参选择通道, 总共可选 18 个通道; 第 3 个形参为通道的转换顺序, 可选为 1, 2, …, 16; 第 4 个形参选择采样周期, 采样周期越短, ADC 转换数据输出周期就越短, 但数据精度也越低, 采样周期越长, ADC 转换数据输出周期就越长, 同时数据精度越高。

　　利用 ADC 转换完成中断可以非常方便地保证读取到的数据是转换完成后的数据, 而不用担心该数据可能是 ADC 正在转换时"不稳定"的数据。调用 ADC_ITConfig 函数使能 ADC 转换完成中断, 并在中断服务函数中读取转换结果数据。

　　ADC_Cmd 函数控制 ADC 转换启动和停止。

　　在 ADC 校准之后调用 ADC_SoftwareStartConvCmd 函数进行软件触发, ADC 开始转换。

　　4. ADC 的中断配置

```
static void ADC_NVIC_Config(void)
{
  NVIC_InitTypeDef NVIC_InitStructure;
  // 优先级分组
  NVIC_PriorityGroupConfig(NVIC_PriorityGroup_1);
```

```
    // 配置中断优先级
    NVIC_InitStructure.NVIC_IRQChannel = ADC_IRQ;
    NVIC_InitStructure.NVIC_IRQChannelPreemptionPriority = 1;
    NVIC_InitStructure.NVIC_IRQChannelSubPriority = 1;
    NVIC_InitStructure.NVIC_IRQChannelCmd = ENABLE;
    NVIC_Init(&NVIC_InitStructure);
}
```

5. ADC 的初始化

```
/*************************
  * @brief   ADC 初始化
  * @param   无
  * @retval  无
 *************************/
void ADCx_Init(void)
{
  ADCx_GPIO_Config();
  ADCx_Mode_Config();
  ADC_NVIC_Config();
}
```

6. ADC 中断服务函数

```
void ADC_IRQHandler(void)
{
  if (ADC_GetITStatus(ADCx,ADC_IT_EOC)==SET)
  {
    // 读取 ADC 的转换值
    ADC_ConvertedValue = ADC_GetConversionValue(ADCx);
  }
  ADC_ClearITPendingBit(ADCx,ADC_IT_EOC);
}
```

中断服务函数一般定义在 stm32f10x_it.c 文件中，使能了 A/D 转换完成中断，在 A/D 转换完成后就会进入中断服务函数，在中断服务函数内直接读取 A/D 转换结果，保存在变量 ADC_ConvertedValue（在 main.c 文件中定义）中。

ADC_GetConversionValue 函数是获取 ADC 转换结果的库函数，只有一个形参，为 ADC 外设，可选为 ADC1、ADC2 或 ADC3，该函数还返回一个 16 位的 A/D 转换结果值。

7. main 函数

```
// ADC 单通道采集，不使用 DMA，一般只有 ADC2 才这样使用，因为 ADC2 不能使用 DMA
#include "stm32f10x.h"
#include "bsp_usart.h"
```

```c
#include "bsp_adc.h"
extern __IO uint16_t ADC_ConvertedValue;
// 局部变量，用于保存转换计算后的电压值
float ADC_ConvertedValueLocal;
// 软件延时
void Delay(__IO uint32_t nCount)
{
  for(; nCount != 0; nCount--);
}
/*********************
 * @brief   主函数
 * @param   无
 * @retval  无
 *********************/
int main(void)
{
  // 配置串口
  USART_Config();
  // ADC 初始化
  ADCx_Init();
  printf("\r\n ---- 这是一个 ADC 单通道中断读取实验 ----\r\n");
  while (1)
  {
      ADC_ConvertedValueLocal =(float) ADC_ConvertedValue/4096*3.3;
      printf("\r\n The current AD value = 0x%04X \r\n",
      ADC_ConvertedValue);
      printf("\r\n The current AD value = %f V \r\n",ADC_ConvertedValueLocal);
      printf("\r\n\r\n");
      Delay(0xffffee);
  }
}
```

main 函数先调用 USART_Config 函数配置调试串口相关参数，函数定义在 bsp_debug_usart.c 文件中。

接下来调用 ADCx_Init 函数进行 ADC 初始化配置并启动 ADC。ADCx_Init 函数定义在 bsp_adc.c 文件中，它只是简单地分别调用 ADC_GPIO_Config、ADC_Mode_Config 和 ADC_NVIC_Config 函数。

Delay 函数只是一个简单的延时函数。

在 ADC 中断服务函数中，把 A/D 转换结果保存在变量 ADC_ConvertedValue 中，根据之前的分析可以非常清楚地计算出对应的电位器动触点的电压值。

最后把相关数据输出至串口调试助手。

用 USB 线连接开发板"USB 转串口"接口与计算机，在计算机端打开串口调试助手，

把编译好的程序下载到开发板中。在串口调试助手中可看到不断有数据从开发板传输过来，此时旋转电位器改变其电阻值，那么对应的数据也会有变化，如图 11-11 所示。

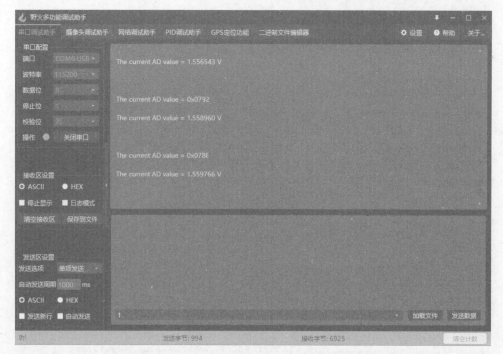

图 11-11　野火多功能调试助手显示的电压采集界面

第 12 章

STM32 DMA 控制器

本章讲述 STM32 DMA 控制器，包括 STM32 DMA 的基本概念、DMA 的结构和主要特征、DMA 的功能描述、DMA 库函数和 DMA 应用实例。

12.1　STM32 DMA 的基本概念

在很多实际应用中，有进行大量数据传输的需求，这时如果 CPU 参与数据的转移，则在数据传输过程中不能进行其他工作。如果找到一种可以不需要 CPU 参与的数据传输方式，则可解放 CPU，让其去进行其他操作。特别是在大量数据传输的应用中，这一需求显得尤为重要。

直接存储器访问（DMA）就是基于以上设想设计的，它的作用就是解决大量数据转移过度消耗 CPU 资源的问题。DMA 是一种可以大大减轻 CPU 工作量的数据转移方式，用于在外设与存储器之间及存储器与存储器之间提供高速数据传输。DMA 操作可以在无须任何 CPU 操作的情况下快速移动数据，从而解放 CPU 资源以用于其他操作。DMA 使 CPU 专注于更加实用的操作，如计算、控制等。

DMA 传输方式无须 CPU 直接控制传输，也没有中断处理方式那样保留现场和恢复现场过程，通过硬件为 RAM 和外设开辟一条直接传输数据的通道，使 CPU 的效率大大提高。

DMA 的作用就是实现数据的直接传输，虽然去掉了传统数据传输需要 CPU 寄存器参与的环节，但本质上是一样的，都是从内存的某一区域传输到内存的另一区域（外设的数据寄存器本质上就是内存的一个存储单元）。在用户设置好参数（主要涉及源地址、目标地址、传输数据量）后，DMA 控制器就会启动数据传输，传输的终点就是剩余传输数据量为 0（循环传输不是这样的）。

12.1.1　DMA 的定义

学过计算机组成原理的读者都知道，DMA 是一个计算机术语，是直接存储器访问（Direct Memory Access）的缩写。它是一种完全由硬件执行数据交换的工作方式，用来提供在外设与存储器之间，或者存储器与存储器之间的高速数据传输。DMA 在无须 CPU 干预的情况下能够实现存储器之间的数据快速移动。图 12-1 所示为 DMA 数据传输示意图。

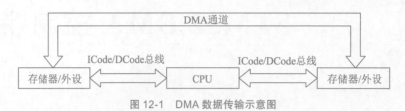

图 12-1　DMA 数据传输示意图

　　CPU 通常是存储器或外设间数据交互的中介和核心，在 CPU 上运行的软件控制了数据交互的规则和时机。但许多数据交互的规则是非常简单的，如很多数据传输会从某个地址区域连续地读出数据转存到另一个连续的地址区域。这类简单的数据交互工作往往由于传输的数据量巨大而占据了大量的 CPU 时间。DMA 的设计思路正是通过硬件控制逻辑电路产生简单数据交互所需的地址调整信息，在无须 CPU 参与的情况下完成存储器或外设之间的数据交互。从图 12-1 中可以看到，DMA 越过 CPU 构建了一条直接的数据通路，这将 CPU 从繁重、简单的数据传输工作中解脱出来，提高了计算机系统的可用性。

12.1.2　DMA 在嵌入式实时系统中的价值

　　DMA 可以在存储器之间交互数据，还可以在存储器和 STM32 的外围设备（外设）之间交换数据。这种交互方式对应了 DMA 另一条更简单的地址变更规则——地址持续不变。STM32 将外设的数据寄存器映射为地址空间中的一个固定地址，当使用 DMA 在固定地址的外设数据寄存器和连续地址的存储器之间进行数据传输时，就能够将外设产生的连续数据自动存储到存储器中，或者将存储器中存储的数据连续地传输到外设中。以 ADC 为例，当 DMA 被配置成从 ADC 的结果寄存器向某个连续的存储区域传输数据后，就能够在 CPU 不参与的情况下，得到连续的 A/D 转换结果。

　　这种外设和 CPU 之间的数据 DMA 交换方式，在实时性（Real-Time）要求很高的嵌入式系统中的价值往往被低估。同样以 DMA 控制 A/D 转换为例，嵌入式工程师通常习惯于通过定时器中断实现等时间间隔的 A/D 转换，即 CPU 在定时器中断后通过软件控制 ADC 采样和存储。但 CPU 进入中断并控制 A/D 转换往往需要几条乃至几十条指令，还可能被其他中断打断，且每次进入中断所需的指令条数也不一定相等，从而造成采样率达不到和采样间隔抖动等问题。而 DMA 由更为简单的硬件电路实现数据转存，在每次 A/D 转换事件发生后很短时间内将数据转存到存储器。只要 ADC 能够实现严格、快速的定时采样，DMA 就能够将 ADC 得到的数据实时地转存到存储器中，从而大大提高嵌入式系统的实时性。实际上，在嵌入式系统中 DMA 对实时性的作用往往高于它对于节省 CPU 时间的作用，这一点希望引起读者的注意。

12.1.3　DMA 传输的基本要素

每次 DMA 传输都由以下基本要素构成。

（1）传输源地址和目的地址：顾名思义，定义了 DMA 传输的源地址和目的地址。

（2）触发信号：引发 DMA 进行数据传输的信号。如果是存储器之间的数据传输，则由软件一次触发后连续传输直至完成即可。数据何时传输，则要由外设的工作状态决定，并且可能需要多次触发才能完成。

（3）传输的数据量：每次 DMA 数据传输的数据量及 DMA 传输存储器的大小。

（4）DMA 通道：每个 DMA 控制器能够支持多个通道的 DMA 传输，每个 DMA 通道都有自己独立的传输源地址和目的地址，以及触发信号和传输数量。当然，各个 DMA 通道使用总线的优先级也不相同。

（5）传输方式：包括 DMA 传输是在两个存储器之间还是在存储器和外设之间进行；传输方向是从存储器到外设，还是从外设到存储器；存储器地址递增的方式和递增值的大小，以及每次传输的数据宽度（8 位、16 位或 32 位等）；到达存储区域边界后地址是否循环（循环方式多用于存储器和外设之间的 DMA 数据传输）等要素。

（6）其他要素：包括 DMA 传输通道使用总线资源的优先级、DMA 完成或出错后是否起中断等要素。

12.1.4　DMA 传输过程

具体地说，一个完整的 DMA 数据传输过程如下。

（1）DMA 请求。CPU 初始化 DMA 控制器，外设（I/O 接口）发出 DMA 请求。

（2）DMA 响应。DMA 控制器判断 DMA 请求的优先级及屏蔽，向总线仲裁器提出总线请求。当 CPU 执行完当前总线周期时，可释放总线控制权。此时，总线仲裁器输出总线应答，表示 DMA 已经响应，DMA 控制器从 CPU 接管对总线的控制，并通知外设（I/O 接口）开始 DMA 传输。

（3）DMA 传输。DMA 数据以规定的传输单位（通常是字）传输，每个单位的数据传送完成后，DMA 控制器修改地址，并对传输单位进行计数，继而开始下一个单位数据的传输，如此循环往复，直至达到预先设定的传输单位数量为止。

（4）DMA 结束。当规定数量的 DMA 数据传输完成后，DMA 控制器通知外设（I/O 接口）停止传输，并向 CPU 发送一个信号（产生中断或事件）报告 DMA 数据传输操作结束，同时释放总线控制权。

12.1.5　DMA 的优点与应用

DMA 具有以下优点。

首先，从 CPU 使用率角度，DMA 控制数据传输的整个过程，既不通过 CPU，也不需要 CPU 干预，都在 DMA 控制器的控制下完成。因此，CPU 除了在数据传输开始前配置，在数据传输结束后处理外，在整个数据传输过程中可以进行其他的工作。DMA 降低了 CPU 的负担，释放了 CPU 资源，使 CPU 的使用效率大大提高。

其次，从数据传输效率角度，当 CPU 负责存储器和外设之间的数据传输时，通常先将数据从源地址存储到某个中间变量（该变量可能位于 CPU 的寄存器中，也可能位于内存中），再将数据从中间变量转送到目标地址。当使用 DMA 由 DMA 控制器代替 CPU 负责数据传输时，不再需要通过中间变量，而直接将源地址上的数据送到目标地址。这样，显著地提高了数据传输的效率，能满足高速 I/O 设备的要求。

最后，从用户软件开发角度，由于在 DMA 数据传输过程中，没有保存现场、恢复现场之类的工作，另外，存储器地址修改、传输单位的计数等也不是由软件而是由硬件直接实现的，因此用户软件开发的代码量得以减少，程序变得更加简洁，编程效率得以提高。

由此可见，DMA 带来的不是"双赢"，而是"三赢"：它不仅减轻了 CPU 的负担，而且提高了数据传输的效率，还减少了用户开发的代码量。

当然，DMA 也存在弊端。由于 DMA 允许外设直接访问内存，从而形成在一段时间内对总线的独占。如果 DMA 传输的数据量过大，会造成中断延时过长，不适合在一些实时性要求较强的（硬实时）嵌入式系统中使用。

正由于具有以上特点，DMA 一般用于高速传输成组数据的应用场合。

微课视频

12.2　STM32 DMA 的结构和主要特征

DMA 用来提供在外设和存储器之间或在存储器和存储器之间的高速数据传输，无须 CPU 干预，是所有现代计算机的重要特色。在 DMA 模式下，CPU 只须向 DMA 控制器下达指令，让 DMA 控制器处理数据的传输，数据传输完毕再把信息反馈给 CPU，这样在很大程度上降低了 CPU 资源占有率，可以大大节省系统资源。DMA 主要用于快速设备和主存储器成批交换数据的场合。在这种应用中，处理问题的出发点集中在两点：一是不能丢失快速设备提供的数据，二是进一步减少快速设备 I/O 操作过程中对 CPU 的打扰。这可以通过把这批数据的传输过程交由 DMA 来控制，让 DMA 代替 CPU 控制在快速设备与主存储器之间直接传输数据来实现。当完成一批数据传输时，快速设备还是要向 CPU 发一次中断请求，报告本次传输结束的同时，"请示"下一步的操作要求。

STM32 的两个 DMA 控制器有 12 个通道（DMA1 有 7 个通道，DMA2 有 5 个通道），每个通道专门用来管理来自一个或多个外设对存储器访问的请求。还有一个仲裁器用于协调各个 DMA 请求的优先权。DMA 的功能框图如图 12-2 所示。

STM32F103VET6 的 DMA 模块具有以下特征。

（1）12 个独立的可配置的通道（请求）：DMA1 有 7 个通道，DMA2 有 5 个通道。

（2）每个通道都直接连接专用的硬件 DMA 请求，每个通道都支持软件触发。这些功能通过软件来配置。

（3）在同一个 DMA 模块上，多个请求间的优先权可以通过软件编程设置（共有 4 级：很高、高、中等和低），优先权设置相等时由硬件决定（请求 0 优先于请求 1，以此类推）。

（4）独立数据源和目标数据区的传输宽度（字节、半字、全字）是独立的，模拟打包和拆包的过程。源地址和目的地址必须按数据传输宽度对齐。

（5）支持循环的缓冲器管理。

（6）每个通道都有 3 个事件标志（DMA 半传输、DMA 传输完成和 DMA 传输出错），这 3 个事件标志通过逻辑或运算成为一个单独的中断请求。

（7）存储器和存储器之间的传输。

（8）外设和存储器、存储器和外设之间的传输。

（9）Flash、SRAM、外设的 SRAM、APB1、APB2 和 AHB 外设均可作为访问的源和目标。

（10）可编程的数据传输最大数目为 65536。

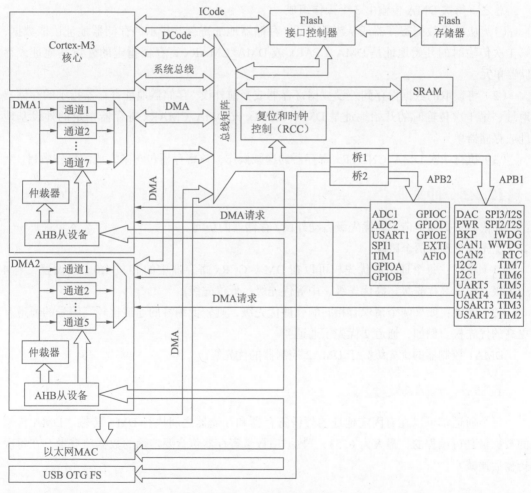

图 12-2　DMA 的功能框图

12.3　STM32 DMA 的功能描述

DMA 控制器和 Cortex-M3 核心共享系统数据总线，执行直接存储器数据传输。当 CPU 和 DMA 同时访问相同的目标（RAM 或外设）时，DMA 请求会暂停 CPU 访问系统总线若干周期，总线仲裁器执行循环调度，以保证 CPU 至少可以得到一半的系统总线（存储器或外设）使用时间。

12.3.1　DMA 处理

发生一个事件后，外设向 DMA 控制器发送一个请求信号。DMA 控制器根据通道的优先权处理请求。当 DMA 控制器开始访问发出请求的外设时，DMA 控制器立即发送给外设一个应答信号。当从 DMA 控制器得到应答信号时，外设立即释放请求。一旦外设释放了请求，DMA 控制器同时撤销应答信号。如果有更多的请求，外设可以在下一个周期启动请求。

总之，每次 DMA 传输由 3 个操作组成。

（1）从外设数据寄存器或从当前外设 / 存储器地址寄存器指示的存储器地址读取数据，第 1 次传输时的开始地址是 DMA_CPARx 或 DMA_CMARx 寄存器指定的外设基地址或存储器单元。

微课视频

（2）将读取的数据保存到外设数据寄存器或当前外设 / 存储器地址寄存器指示的存储器地址，第 1 次传输时的开始地址是 DMA_CPARx 或 DMA_CMARx 寄存器指定的外设基地址或存储器单元。

（3）执行一次 DMA_CNDTRx 寄存器的递减操作，该寄存器包含未完成的操作数目。

12.3.2　仲裁器

仲裁器根据通道请求的优先级启动外设 / 存储器的访问。

优先权管理分两个阶段。

（1）软件：每个通道的优先权可以在 DMA_CCRx 寄存器中的 PL［1:0］位设置，有 4 个等级，即最高优先级、高优先级、中等优先级、低优先级。

（2）硬件：如果两个请求有相同的软件优先级，则较低编号的通道比较高编号的通道有更高的优先权。例如，通道 2 优先于通道 4。

DMA1 控制器的优先级高于 DMA2 控制器的优先级。

12.3.3　DMA 通道

每个通道都可以在有固定地址的外设寄存器和存储器之间执行 DMA 传输。DMA 传输的数据量是可编程的，最大为 65535。数据项数量寄存器包含要传输的数据项数量，在每次传输后递减。

1. 可编程的数据量

外设和存储器的传输数据量可以通过 DMA_CCRx 寄存器中的 PSIZE 和 MSIZE 位编程设置。

2. 指针增量

通过设置 DMA_CCRx 寄存器中的 PINC 和 MINC 标志位，外设和存储器的指针在每次传输后可以有选择地完成自动增量。当设置为增量模式时，下一个要传输的地址将是前一个地址加上增量值，增量值取决于所选的数据宽度（1、2 或 4）。第 1 个传输的地址存放在 DMA_CPARx/DMA_CMARx 寄存器中。在传输过程中，这些寄存器保持它们初始的数值，软件不能改变和读出当前正在传输的地址（它在内部的当前外设 / 存储器地址寄存器中）。

当通道配置为非循环模式时，传输结束后（即传输计数变为 0）将不再产生 DMA 操作。要开始新的 DMA 传输，需要在关闭 DMA 通道的情况下，向 DMA_CNDTRx 寄存器中重新写入传输数目。

在循环模式下，最后一次传输结束时，DMA_CNDTRx 寄存器的内容会自动地被重新加载为其初始数值，内部的当前外设 / 存储器地址寄存器也被重新加载为 DMA_CPARx/DMA_CMARx 寄存器设定的初始地址。

3. 通道配置过程

配置 DMA 通道 x 的过程（x 代表通道号）如下。

（1）在 DMA_CPARx 寄存器中设置外设寄存器的地址。发生外设数据传输请求时，这个地址将是数据传输的源或目标。

（2）在 DMA_CMARx 寄存器中设置数据存储器的地址。发生存储器数据传输请求时，传输的数据将从这个地址读出或写入这个地址。

（3）在 DMA_CNDTRx 寄存器中设置要传输的数据量。在每次数据传输后，这个数值递减。

（4）在 DMA_CCRx 寄存器的 PL［1:0］位中设置通道的优先级。

（5）在 DMA_CCRx 寄存器中设置数据传输的方向、循环模式、外设和存储器的增量模式、外设和存储器的数据宽度、传输一半产生中断或传输完成产生中断。

（6）设置 DMA_CCRx 寄存器的 ENABLE 位，启动该通道。

一旦启动了 DMA 通道，即可响应连到该通道上的外设的 DMA 请求。

传输一半数据后，半传输标志位（HTIF）被置 1，当设置了允许半传输中断位（HTIE）时，将产生中断请求。在数据传输结束后，传输完成标志位（TCIF）被置 1，如果设置了允许传输完成中断位（TCIE），则将产生中断请求。

4. 循环模式

循环模式用于处理循环缓冲区和连续的数据传输（如 ADC 的扫描模式）。DMA_CCR 寄存器中的 CIRC 位用于开启这一功能。当循环模式启动时，要被传输的数据数目会自动地被重新装载成配置通道时设置的初值，DMA 操作将会继续进行。

5. 存储器到存储器模式

DMA 通道的操作可以在没有外设请求的情况下进行，这种操作就是存储器到存储器模式。

如果设置了 DMA_CCRx 寄存器中的 MEM2MEM 位，在软件设置了 DMA_CCRx 寄存器中的 EN 位启动 DMA 通道时，DMA 传输将马上开始。当 DMA_CNDTRx 寄存器为 0 时，DMA 传输结束。存储器到存储器模式不能与循环模式同时使用。

12.3.4　DMA 中断

每个 DMA 通道都可以在 DMA 传输过半、传输完成和传输错误时产生中断。为应用的灵活性考虑，通过设置寄存器的不同位打开这些中断。相关的中断事件标志位及对应的使能控制位分别如下。

（1）传输过半的中断事件标志位是 HTIF，中断使能控制位是 HTIE。

（2）传输完成的中断事件标志位是 TCIF，中断使能控制位是 TCIE。

（3）传输错误的中断事件标志位是 TEIF，中断使能控制位是 TEIE。

微课视频

读写一个保留的地址区域，将会产生 DMA 传输错误。在 DMA 读写操作期间发生 DMA 传输错误时，硬件会自动清除发生错误的通道所对应的通道配置寄存器（DMA_CCRx）的 EN 位，该通道操作被停止。此时，在 DMA_IFR 寄存器中对应该通道的传输错误中断标志位（TEIF）将被置 1，如果在 DMA_CCRx 寄存器中设置了传输错误中断允许位，则将产生中断。

12.4　STM32 的 DMA 库函数

DMA 固件库支持 10 种库函数，如表 12-1 所示。为了理解这些函数的具体使用方法，本节将对部分函数进行详细介绍。

表 12-1　DMA 库函数

函 数 名	功　　能
DMA_DeInit	将 DMA 的通道 x 寄存器重设为默认值
DMA_Init	根据 DMA_InitStruct 中指定的参数，初始化 DMA 的通道 x 寄存器
DMA_StructInit	把 DMA_InitStruct 中的每个参数按默认值填入
DMA_Cmd	使能或失能指定 DMA 通道 x
DMA_ITConfig	使能或失能指定 DMA 通道 x 的中断
DMA_GetCurrDataCounter	得到当前 DMA 通道 x 剩余的待传输数据数目
DMA_GetFlagStatus	检查指定的 DMA 通道 x 标志位设置与否
DMA_ClearFlag	清除 DMA 通道 x 待处理标志位

函　数　名	功　　能
DMA_GetITStatus	检查指定的 DMA 通道 x 中断发生与否
DMA_ClearITPendingBit	清除 DMA 通道 x 中断待处理标志位

1. DMA_DeInit 函数

❑ 函数名：DMA_DeInit。

❑ 函数原型：void DMA_DeInit（DMA_Channel_TypeDef* DMAy_Channelx）。

❑ 功能描述：将 DMAy_Channelx 寄存器重设为默认值。

❑ 输入参数：DMAy_Channelx，DMAy 的通道 x，其中 y 可以是 1 或 2。对于 DMA1，x 可以是 1，2，…，7；对于 DMA2，x 可以是 1，2，…，5。

❑ 输出参数：无。

❑ 返回值：无。

❑ 示例：

```
/* 重置 DMA1 通道 2*/
DMA_DeInit(DMA1_Channel2);
```

2. DMA_Init 函数

❑ 函数名：DMA_Init。

❑ 函数原型：void DMA_Init（DMA_Channel_TypeDef* DMAy_Channelx，DMA_InitTypeDef * DMA_InitStruct）。

❑ 功能描述：根据 DMA_InitStruct 指定的参数初始化 DMAy 的通道 x 寄存器。

❑ 输入参数 1：DMAy_Channelx，DMAy 的通道 x，其中 y 可以是 1 或 2。对于 DMA1，x 可以是 1，2，…，7；对于 DMA2，x 可以是 1，2，…，5。

❑ 输入参数 2：DMA_InitStruct，指向 DMA_InitTypeDef 结构体的指针，包含了 DMAy 通道 x 的配置信息。

❑ 输出参数：无。

❑ 返回值：无。

❑ 示例：

```
/* 根据 DMA_InitStructure 成员初始化 DMA1 通道 */
DMA_InitTypeDef  DMA_InitStructure;
DMA_InitStructure.DMA_PeripheralBaseAddr=0x40005400;
DMA_InitStructure.DMA_MemoryBaseAddr=0x20000100;
DMA_InitStructure.DMA_DIR=DMA_DIR_PeripheralSRC;
DMA_InitStructure.DMA_BufferSize=256;
DMA_InitStructure.DMA_PeripheralInc-DMA_PeripheralInc_Disable;
DMA_InitStructure.DMA_MemoryInc-DMA_MemoryInc_Enable;
```

```
DMA_InitStructure.DMA_PeripheralDataSize=DMA_PeripheralDataSize_HalfWord;
DMA_InitStructure.DMA_MemoryDataSize=DMA_MemoryDataSize_HalfWord;
DMA_InitStructure.DMA_Mode=DMA_Mode_Normal;
DMA_InitStructure.DMA_Priority=DMA_Priority_Medium;
DMA_InitStructure.DMA_M2M=DMA_M2M_Disable;
DMA_Init(DMA1_Channel1,&DMA_InitStructure);
```

1）DMA_InitTypeDef 结构体

DMA_InitTypeDef 定义于 stm32f10x_dma.h 文件中。

```
typedef struct
{
    u32 DMA_PeripheralBaseAddr;
    u32 DMA_MemoryBaseAddr;
    u32 DMA_DIR;
    u32 DMA_BufferSize;
    u32 DMA_PeripheralInc;
    u32 DMA_MemoryInc;
    u32 DMA_PeripheralDataSize;
    u32 DMA_MemoryDataSize;
    u32 DMA_Mode;
    u32 DMA_Priority;
    u32 DMA_M2M;
}DMA_InitTypeDef;
```

2）DMA_PeripheralBaseAddr

DMA_PeripheralBaseAddr 参数用来定义 DMA 外设基地址。

3）DMA_MemoryBaseAddr

DMA_MemoryBaseAddr 参数用来定义 DMA 内存基地址。

4）DMA_DIR

DMA_DIR 规定了外设是作为数据传输的目的还是源。表 12-2 给出了该参数的取值。

表 12-2 DMA_DIR 取值

DMA_DIR	描　　述
DMA_DIR_PeripheralDST	外设作为数据传输的目的
DMA_DIR_PeripheralSRC	外设作为数据传输的源

5）DMA_BufferSize

DMA_BufferSize 用来定义指定 DMA 通道的 DMA 缓存的大小，单位为数据单位。根据传输方向，数据单位等于 DMA_InitTypeDef 结构体中 DMA_PeripheralDataSize 参数或 DMA_MemoryDataSize 参数的值。

6）DMA_PeripheralInc

DMA_PeripheralInc 用来设定外设地址寄存器递增与否。表 12-3 给出了该参数的取值。

表 12-3　DMA_PeripheralInc 取值

DMA_PeripheralInc	描　述
DMA_PeripheralInc_Enable	外设地址寄存器递增
DMA_PeripheralIne_Disable	外设地址寄存器不变

7）DMA_MemoryInc

DMA_MemoryInc 用来设定内存地址寄存器递增与否。表 12-4 给出了该参数的取值。

表 12-4　DMA_MemoryInc 取值

DMA_MemoryInc	描　述
DMA_MemoryInc_Enable	内存地址寄存器递增
DMA_MemoryInc_Disable	内存地址寄存器不变

8）DMA_PeripheralDataSize

DMA_PeripheralDataSize 设定了外设数据宽度。表 12-5 给出了该参数的取值。

表 12-5　DMA_PeripheralDataSize 取值

DMA_PeripheralDataSize	描　述
DMA_PeripheralDataSize_Byte	数据宽度为 8 位
DMA_PeripheralDataSize_HalfWord	数据宽度为 16 位
DMA_PeripheralDataSize_Word	数据宽度为 32 位

9）DMA_MemoryDataSize

DMA_MemoryDataSize 设定了内存数据宽度。表 12-6 给出了该参数的取值。

表 12-6　DMA_MemoryDataSize 取值

DMA_MemoryDataSize	描　述
DMA_MemoryDataSize_Byte	数据宽度为 8 位
DMA_MemoryDataSize_HalfWord	数据宽度为 16 位
DMA_MemoryDataSize_Word	数据宽度为 32 位

10）DMA_Mode

DMA_Mode 设置了 DMA 的工作模式。表 12-7 给出了该参数的取值。

表 12-7 DMA_Mode 取值

DMA_Mode	描述
DMA_Mode_Circular	工作在循环缓存模式
DMA_Mode_Normal	工作在正常缓存模式

注：当指定 DMA 通道数据传输配置为内存到内存时，不能使用循环缓存模式。

11）DMA_Priority

DMA_Priority 设定 DMA 通道 x 的软件优先级。表 12-8 给出了该参数的取值。

表 12-8 DMA_Priority 取值

DMA_Priority	描述
DMA_Priority_VeryHigh	DMA 通道 x 拥有最高优先级
DMA_Priority_High	DMA 通道 x 拥有高优先级
DMA_Priority_Medium	DMA 通道 x 拥有中等优先级
DMA_Priority_Low	DMA 通道 x 拥有低优先级

12）DMA_M2M

DMA_M2M 使能 DMA 通道的内存到内存传输。表 12-9 给出了该参数的取值。

表 12-9 DMA_M2M 取值

DMA_M2M	描述
DMA_M2M_Enable	DMA 通道 x 设置为内存到内存传输
DMA_M2M_Disable	DMA 通道 x 没有设置为内存到内存传输

3. DMA_GetCurrDataCounter 函数

- 函数名：DMA_GetCurrDataCounter。
- 函数原型：u16 DMA_GetCurrDataCounter（DMA_Channel_TypeDef* DMAy_Channelx）。
- 功能描述：返回当前 DMAy 通道 x 剩余的待传输数据数目。
- 输入参数：DMAy_Channelx，选择 DMAy 通道 x。
- 输出参数：无。
- 返回值：DMAy 通道 x 剩余的待传输数据数目。
- 示例：

```
/* 获取当前 DMA1 通道 2 传输中剩余的数据单元数 */
u16 CurrDataCount;
CurrDataCount=DMA_GetCurrDataCounter(DMA1_Channel2);
```

4. DMA_Cmd 函数

- 函数名：DMA_Cmd。
- 函数原型：void DMA_Cmd（DMA_Channel_TypeDef* DMAy_Channelx, FunctionalState

NewState）。

- 功能描述：使能或失能指定的 DMAy 通道 x。
- 输入参数 1：DMAy_Channelx，选择 DMAy 通道 x。
- 输入参数 2：NewState，DMAy 通道 x 的新状态，取值为 ENABLE 或 DISABLE。
- 输出参数：无。
- 返回值：无。
- 示例：

```
/* 使能 DMA1 通道 7*/
DMA_Cmd(DMA1_Channel7,ENABLE);
```

5. DMA_GetFlagStatus 函数

- 函数名：DMA_GetFlagStatus。
- 函数原型：FlagStatus DMA_GetFlagStatus（uint32_t DMAy_FLAG）。
- 功能描述：检查指定的 DMAy 通道 x 标志位设置与否。
- 输入参数：DMAyFLAG，待检查的 DMAy 通道 x 标志位，取值如表 12-10 所示。
- 输出参数：无。
- 返回值：DMA_FLAG 的新状态（SET 或 RESET）。
- 示例：

```
/* 测试是否设置了 DMA1 通道 6 半传输中断标志位 */
FlagStatus Status;
Status=DMA_GetFlagStatus(DMA1_FLAG_HT6);
```

表 12-10　DMA_FLAG 取值

DMA_FLAG	描　　述
DMA1_FLAG_GL1	DMA1 通道 1 全局标志位
DMA1_FLAG_TC1	DMA1 通道 1 传输完成标志位
DMA1_FLAG_HT1	DMA1 通道 1 传输过半标志位
DMA1_FLAG_TE1	DMA1 通道 1 传输错误标志位
DMA1_FLAG_GL2	DMA1 通道 2 全局标志位

6. DMA_ClearFlag 函数

- 函数名：DMA_ClearFlag。
- 函数原型：void DMA_ClearFlag（u32 DMAy_FLAG）。
- 功能描述：清除 DMAy 通道 x 待处理标志位。
- 输入参数：DMAyFLAG，待清除的 DMAy 标志位，使用操作符"|"可以同时选中多个标志位。
- 输出参数：无。

❏ 返回值：无。

❏ 示例：

```
/* 清除 DMA1 通道 3 传输错误中断挂起位 */
DMA_ClearFlag(DMA1_FLAG_TE3);
```

7. DMA_ITConfig 函数

❏ 函数名：DMA_ITConfig。

❏ 函 数 原 型：void DMA_ITConfig（DMA_Channel_TypeDef * DMAy_Channelx，u32 DMA_IT，FunctionalState NewState）。

❏ 功能描述：使能或失能指定的 DMAy 通道 x 中断。

❏ 输入参数 1：DMAy_Channelx，选择 DMAy 通道 x。

❏ 输入参数 2：DMA_IT，待使能或失能的 DMA 中断源，使用"|"操作符可以同时选中多个 DMA 中断源。可以取表 12-11 中的一个或多个取值的组合作为该参数的值。

❏ 输入参数 3：NewState：DMAy 通道 x 中断的新状态，取值为 ENABLE 或 DISABLE。

❏ 输出参数：无。

❏ 返回值：无。

❏ 示例：

```
/* 使能 DMA1 通道 5 完全传输中断 */
 DMA_ITConfig(DMA1_Channel5, DMA_IT_TC, ENABLE);
```

表 12-11　DMA_IT 取值

DMA_IT	描　　述
DMA_IT_TC	传输完成中断屏蔽
DMA_IT_HT	传输过半中断屏蔽
DMA_IT_TE	传输错误中断屏蔽

8. DMA_GetITStatus 函数

❏ 函数名：DMA_GetITStatus。

❏ 函数原型：ITStatus DMA_GetITStatus（uint32_t DMAy_IT）。

❏ 功能描述：检查指定的 DMAy 通道 x 中断发生与否。

❏ 输入参数：DMAy_IT，待检查的 DMAy 的通道 x 中断源，取值如表 12-12 所示。

❏ 输出参数：无。

❏ 返回值：DMA_IT 的新状态（SET 或 RESET）。

表 12-12　DMAy_IT 取值

DMAy_IT	描　述
DMA1_IT_GL1	通道 1 全局中断
DMA1_IT_TC1	通道 1 传输完成中断
DMA1_IT_HT1	通道 1 传输过半中断
DMA1_IT_TE1	通道 1 传输错误中断
DMA1_IT_GL2	通道 2 全局中断
DMA1_IT_TC2	通道 2 传输完成中断
DMA1_IT_HT2	通道 2 传输过半中断
DMA1_IT_TE2	通道 2 传输错误中断
…	…

12.5　STM32 的 DMA 应用实例

本节讲述一个从存储器到外设的 DMA 应用实例。先定义一个数据变量,存于 SRAM 中,通过 DMA 的方式传输到串口的数据寄存器,然后通过串口把这些数据发送到计算机显示出来。

12.5.1　STM32 的 DMA 配置流程

DMA 的应用广泛,可完成外设到外设、外设到内存、内存到外设的传输。以使用中断方式为例,基本流程由 3 部分构成,即 NVIC 设置、DMA 模式及中断配置、DMA 中断服务。

1. NVIC 设置

NVIC 设置用来完成中断分组、中断通道选择、中断优先级设置及使能中断的功能,流程如图 5-5 所示。

2. DMA 模式及中断配置

DMA 模式及中断配置用来配置 DMA 工作模式及开启 DMA 中断,流程如图 12-3 所示。DMA 使用的是 AHB 总线,调用 RCC_AHBPeriphClockCmd 函数开启 DMA 时钟。

某外设的 DMA 通道外设基地址是由该设备的外设基地址加上相应数据存储器的偏移地移地址(0x4C)得到的 0x4001 244C,即为 ADC1 的 DMA 通道外设基地址。如果使用内存,则基地址为内存数组地址。传输方向是针对外设而言的,即外设为源或目标。缓冲区大小可以为 0 ~ 65536。对于外设,应禁止地址自增;对于存储器,则需要使用地址自增。数据宽度都有 3 种选择,即字节、半字和字,应根据外设特点选择相应的宽度。传输模式可选普通模式(传输一次)或循环模式,内存到内存传输时,只能选择普通模式。

以上参数在 DMA_Init 函数中有详细描述,这里不再赘述。

3. DMA 中断服务

进入定时器中断后需要根据设计完成响应操作,DMA 中断服务流程如图 12-4 所示。

启动文件中定义了定时器中断的入口,对于不同的中断请求,要采用相应的中断函数名。进入中断后首先要检测中断请求是否为所需中断,以防误操作。如果是所需中断,则进行中断处理,中断处理完成后清除中断标志位,避免重复处于中断。

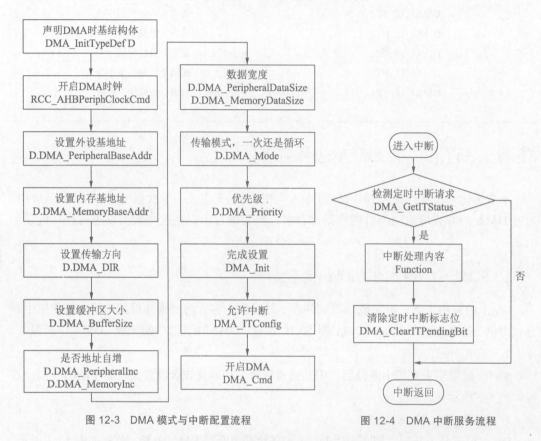

图 12-3　DMA 模式与中断配置流程　　　　图 12-4　DMA 中断服务流程

12.5.2　DMA 应用的硬件设计

存储器到外设模式使用 USART1 功能,具体电路设置参考图 8-6,无需其他硬件设计。

12.5.3　DMA 应用的软件设计

这里只讲解部分核心的代码,有些变量的设置、头文件的包含等并没有涉及,完整的代码请参考开发板的工程模板。编写两个串口驱动文件 bsp_usart_dma.c 和 bsp_usartdma.h,有关串口和 DMA 的宏定义以及驱动函数都在其中。

编程要点如下。

（1）配置 USART 通信功能。

（2）设置串口 DMA 工作参数。

（3）使能 DMA。

（4）DMA 传输的同时，CPU 可以运行其他任务。

对 DMA 的主要操作是 DMA 的初始化设置，包括以下几个步骤。

（1）开启 DMA 时钟。

（2）定义 DMA 通道外设基地址（DMA_InitStructure.DMA_PeripheralBaseAddr）。

（3）定义 DMA 通道存储器地址（DMA_InitStructure.DMA_MemoryBaseAddr）。

（4）指定源地址（方向）（DMA_InitStructure.DMA_DIR）。

（5）定义 DMA 缓冲区大小（DMA_InitStructure.DMA_BufferSize）。

（6）设置外设寄存器地址的变化特性（DMA_InitStructure.DMA_PeripheralInc）。

（7）设置存储器地址的变化特性（DMA_InitStructure.DMA_MemoryInc）。

（8）定义外设数据宽度（DMA_InitStructure.DMA_PeripheralDataSize）。

（9）定义存储器数据宽度（DMA_InitStructure.DMA_MemoryDataSize）。

（10）设置 DMA 的通道操作模式（DMA_InitStructure.DMA_Mode）。

（11）设置 DMA 的通道优先级（DMA_InitStructure.DMA_Priority）。

（12）设置是否允许 DMA 通道进行存储器到存储器传输（DMA_InitStructure.DMA_M2M）。

（13）初始化 DMA 通道（DMA_Init 函数）。

（14）使能 DMA 通道（DMA_Cmd 函数）。

（15）中断配置（如果使用中断的话）（DMA_ITConfig 函数）。

1. USART 和 DMA 宏定义

```
#ifndef __USARTDMA_H
#define __USARTDMA_H

#include "stm32f10x.h"
#include <stdio.h>

// 串口工作参数宏定义
#define   DEBUG_USARTx                     USART1
#define   DEBUG_USART_CLK                  RCC_APB2Periph_USART1
#define   DEBUG_USART_APBxClkCmd           RCC_APB2PeriphClockCmd
#define   DEBUG_USART_BAUDRATE             115200

// USART GPIO 引脚宏定义
#define   DEBUG_USART_GPIO_CLK             (RCC_APB2Periph_GPIOA)
#define   DEBUG_USART_GPIO_APBxClkCmd      RCC_APB2PeriphClockCmd
```

```
#define   DEBUG_USART_TX_GPIO_PORT          GPIOA
#define   DEBUG_USART_TX_GPIO_PIN           GPIO_Pin_9
#define   DEBUG_USART_RX_GPIO_PORT          GPIOA
#define   DEBUG_USART_RX_GPIO_PIN           GPIO_Pin_10

// 串口对应的 DMA 请求通道
#define   USART_TX_DMA_CHANNEL              DMA1_Channel4
// 外设寄存器地址
#define   USART_DR_ADDRESS                  (USART1_BASE+0x04)
// 一次发送的数据量
#define   SENDBUFF_SIZE                     5000

void USART_Config(void);
void USARTx_DMA_Config(void);

#endif /* __USARTDMA_H */
```

2. 串口 DMA 传输配置

```
/**************************************************************
 * @brief  USARTx TX DMA 配置，内存到外设 (USART1->DR)
 * @param  无
 * @retval 无
 **************************************************************/
void USARTx_DMA_Config(void)
{
   DMA_InitTypeDef DMA_InitStructure;

   // 开启 DMA 时钟
   RCC_AHBPeriphClockCmd(RCC_AHBPeriph_DMA1, ENABLE);
   // 设置 DMA 源地址：串口数据寄存器地址
   DMA_InitStructure.DMA_PeripheralBaseAddr = USART_DR_ADDRESS;
   // 内存地址（要传输的变量的指针）
   DMA_InitStructure.DMA_MemoryBaseAddr = (u32)SendBuff;
   // 方向：从内存到外设
   DMA_InitStructure.DMA_DIR = DMA_DIR_PeripheralDST;
   // 传输大小
   DMA_InitStructure.DMA_BufferSize = SENDBUFF_SIZE;
   // 外设地址不增
   DMA_InitStructure.DMA_PeripheralInc = DMA_PeripheralInc_Disable;
   // 内存地址自增
   DMA_InitStructure.DMA_MemoryInc = DMA_MemoryInc_Enable;
   // 外设数据单位
   DMA_InitStructure.DMA_PeripheralDataSize = DMA_PeripheralDataSize_Byte;
   // 内存数据单位
```

```
    DMA_InitStructure.DMA_MemoryDataSize = DMA_MemoryDataSize_Byte;
    // DMA 模式，一次或循环模式
    DMA_InitStructure.DMA_Mode = DMA_Mode_Normal;
    //DMA_InitStructure.DMA_Mode = DMA_Mode_Circular;
    // 优先级：中
    DMA_InitStructure.DMA_Priority = DMA_Priority_Medium;
    // 禁止内存到内存的传输
    DMA_InitStructure.DMA_M2M = DMA_M2M_Disable;
    // 配置 DMA 通道
    DMA_Init(USART_TX_DMA_CHANNEL, &DMA_InitStructure);
    // 使能 DMA
    DMA_Cmd (USART_TX_DMA_CHANNEL,ENABLE);
}
```

首先定义一个 DMA 初始化变量，用来填充 DMA 的参数，然后使能 DMA 时钟。

因为数据是从存储器到串口，所以设置存储器为源地址，串口的数据寄存器为目标地址。如果要发送的数据有很多且都先存储在存储器中，则存储器地址指针递增；如果串口数据寄存器只有一个，则外设地址不变，两边数据单位设置成一致，传输模式可选一次或循环传输；只有一个 DMA 请求，优先级随便设置，最后调用 DMA_Init 函数把这些参数写到 DMA 的寄存器中，然后使能 DMA 开始传输。

3. main 函数

```
#include "stm32f10x.h"
#include "bsp_usart_dma.h"
#include "bsp_led.h"
extern uint8_t SendBuff[SENDBUFF_SIZE];
static void Delay(__IO u32 nCount);
/***********************
  * @brief  主函数
  * @param  无
  * @retval 无
 ***********************/
int main(void)
{
  uint16_t i;
  /* 初始化 USART */
  USART_Config();
  /* 配置使用 DMA 模式 */
  USARTx_DMA_Config();
  /* 配置 RGB 彩色灯 */
  LED_GPIO_Config();
  //printf("\r\n USART1 DMA TX 测试 \r\n");
  /* 填充将要发送的数据 */
  for(i=0;i<SENDBUFF_SIZE;i++)
```

```
    {
      SendBuff[i] = 'P';
    }

    /* USART1 向 DMA 发出 TX 请求 */
    USART_DMACmd(DEBUG_USARTx, USART_DMAReq_Tx, ENABLE);

    /* 此时 CPU 是空闲的，可以做其他事情 */
    // 例如同时控制 LED
    while(1)
    {
      LED1_TOGGLE
      Delay(0xFFFFF);
    }
}

static void Delay(__IO uint32_t nCount)          // 简单的延时函数
{
    for(; nCount != 0; nCount--);
}
```

USART_Config 函数定义在 bsp_usart_dma.c 文件中，它完成 USART 初始化配置，包括 GPIO 初始化、USART 通信参数设置等。

USARTx_DMA_Config 函数也定义在 bsp_usart_dma.c 文件中。

LED_GPIO_Config 函数定义在 bsp_led.c 文件中，它完成 RGB 彩色灯初始化配置。

使用 for 循环填充源数据，SendBuff［SENDBUFF_SIZE］是定义在 bsp_usart_dma.c 文件中的一个全局无符号 8 位整数数组，是 DMA 传输的源数据，在 USART_DMA_Config 函数中已经被设置为存储器地址。

USART_DMACmd 函数用于控制 USART 的 DMA 请求的启动和关闭。它接收 3 个参数：第 1 个参数用于设置串口外设，可以是 USART1/2/3 和 UART4/5 这 5 个参数之一；第 2 个参数设置串口的具体 DMA 请求，有串口发送请求 USART_DMAReq_Tx 和接收请求 USART_DMAReq_Rx 可选；第 3 个参数用于设置启动请求（ENABLE）或关闭请求（DISABLE）。运行该函数后 USART 的 DMA 发送传输就开始了，根据配置存储器的数据会发送到串口。

DMA 传输过程是不占用 CPU 资源的，可以一边传输一边运行其他任务。

保证开发板相关硬件连接正确，用 USB 线连接开发板的"USB 转串口"接口和计算机，在计算机端打开串口调试助手，把编译好的程序下载到开发板中。程序运行后在串口调试助手中可接收到 5000 个字符 P 的数据，同时开发板上的 RGB 彩色灯不断闪烁。串口调试助手显示界面如图 12-5 所示。

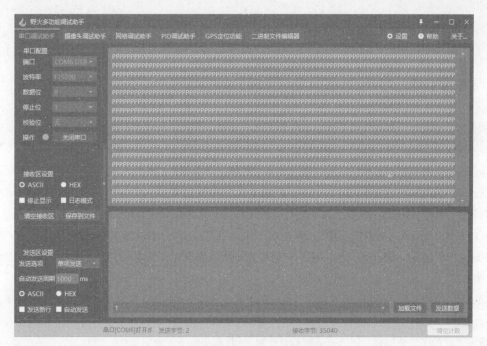

图 12-5　串口调试助手显示界面

　　这里要注意，为演示 DMA 持续运行并且 CPU 还能处理其他事情，持续使用 DMA 发送数据，量非常大，长时间运行可能会导致计算机端串口调试助手卡死、鼠标指针乱飞的情况，所以在测试时最好把 DMA 配置中的循环模式改为单次模式。

参 考 文 献

[1] 李正军，李潇然. 现场总线及其应用技术 [M]. 3 版. 北京：机械工业出版社，2022.

[2] 李正军，李潇然. 现场总线与工业以太网 [M]. 武汉：华中科技大学出版社，2021.

[3] 李正军. 计算机控制系统 [M]. 4 版. 北京：机械工业出版社，2022.

[4] 李正军. 计算机控制技术 [M]. 北京：机械工业出版社，2022.

[5] 冯新宇. ARM Cortex-M3 嵌入式系统原理及应用 [M]. 北京：清华大学出版社，2020.

[6] 陈桂友. 基于 ARM 的微机原理与接口技术 [M]. 北京：清华大学出版社，2020.

[7] 何乐生，周永录，葛孚华，等. 基于 STM32 的嵌入式系统原理与应用 [M]. 北京：科学出版社，
    2021.

[8] 黄克亚. ARM Cortex-M3 嵌入式原理及应用：基于 STM32F103 微控制器 [M]. 北京：清华大学
    出版社，2020.

[9] 徐灵飞，黄宇，贾国强. 嵌入式系统设计 [M]. 北京：电子工业出版社，2021.

[10] 张洋，刘军，严汉宇，等. 原子教你玩 STM32：库函数版 [M]. 北京：北京航空航天大学出版社，
    2021.